Anakondas

Monographische Revision der Gattung *Eunectes* WAGLER, 1830 (Serpentes, Boidae)

von
Dr. Lutz Dirksen

Dieses Buch basiert auf einer Dissertation
zur Erlangung des Doktorgrades (Dr. rer. nat.)
der Mathematisch-Naturwissenschaftlichen Fakultät
der Rheinischen Friedrich-Wilhelms-Universität Bonn.

Angefertigt mit der Genehmigung
der Mathematisch-Naturwissenschaftlichen Fakultät
der Rheinischen Friedrich-Wilhelms-Universität Bonn

1. Referent: Prof. Dr. W. Böhme
2. Referent: Prof. Dr. C. Naumann

NTV Wissenschaft

Umschlagfotos:
Hintergrund: Anakonda-Biotop im brasilianischen Pantanal Foto: H. Werning;
Vorderseite: *Eunectes Notaeus*, Foto: H. Bosch;
Rückseite: Lutz Dirksen mit 3,55 m langem *Eunectes Notaeus*-Weibchen, Foto: L. Dirksen;

Die Deutsche Bibliothek - CIP-Einheitsaufnahme

Dirksen, Lutz:
Anakondas : monographische Revision der Gattung Eunectes Wagler, 1830
(Serpentes, Boidae) / von Lutz Dirksen. - Münster : Natur-und-Tier-Verl., 2002
Zugl.: Bonn, Univ., diss., 2001 u.d.T.: Dirksen, Lutz: Monographische Revision der
Gattung Eunectes Wagler, 1830 (Serpentes, Boidae)
ISBN 3-931587-43-6

0101 deutsche buecherei

Angefertigt mit der Genehmigung
der Mathematisch-Naturwissenschaftlichen Fakultät
der Rheinischen Friedrich-Wilhelms-Universität Bonn

1. Referent: Prof. Dr. W. Böhme
2. Referent: Prof. Dr. C. Naumann

ISBN 3-931587-43-6

An der Kleimannbrücke 39/41 - 48157 Münster
Geschäftsführung: Matthias Schmidt
Layout: Angela Neuhäuser
Lektorat: Heiko Werning, Kriton Kunz
Druck: Merkur Druck GmbH & Co. KG, Detmold

Inhaltsverzeichnis

Zum Geleit

Inzwischen ist es sogar bis zu vielen Laien durchgedrungen, daß die gewaltige Diversität an Pflanzen- und Tierarten auf unserem Globus erst zu einem kleinen Teil bekannt, d. h. erfaßt, registriert, beschrieben und wissenschaftlich benannt ist. Andererseits weiß man, daß die Lebensraumzerstörung gerade in den Tropen so rasant voranschreitet, daß viele Arten vernichtet werden, bevor sie die Wissenschaft überhaupt kennenlernen konnte. Erfassung und Erforschung des Arteninventars der Erde muß daher große Priorität haben, und in diesem Sinne machte sich 1994 auch Lutz Dirksen aus meiner Arbeitsgruppe in die Tropen auf, um in seiner Diplomarbeit die nur mangelhaft bekannte Reptilienfauna Boliviens zu untersuchen. Dabei gelang ihm ein spektakulärer Fund: eine Anakonda, die sich keiner der vier nominellen, bekannten Arten der Gattung *Eunectes* zuordnen ließ! Beim Stichwort Entdeckung unbekannter, für die Wissenschaft neuer Arten denkt man natürlich zunächst an kleine, unscheinbare und daher leicht zu übersehende Spezies, doch Lutz Dirksens Fund, dem noch ein zweiter folgte, legte bloß, daß nicht einmal bei so großen und populären Reptilien wie der Anakonda, der – zumindest vom Volumen und Gewicht her – größten Schlange der Welt, klar war, in wievielen Arten sie auf dem Globus heute noch existiert. Dies war der Anlaß, eine generelle Nachuntersuchung und Revision der Anakondas vorzunehmen, zunächst in den großen naturhistorischen Museen der Welt, dann auch im Freiland, im Habitat dieser charismatischen Schlangen.

Ist es auch normalerweise üblich, Museumsexemplare im wissenschaftlichen Leihverkehr auch über Kontinentgrenzen hinweg zu verschicken, so stößt dieses Verfahren bald an logistische und ökonomische Grenzen, wenn die Objekte mehrere Meter lang sind. Es war daher nötig und auch viel effektiver, daß Lutz Dirksen selbst die großen, einschlägigen Museen mit guten Anakonda-Beständen aufsuchte, vor allem in Nord- und auch in Südamerika. So konnte er insgesamt in fast 30 Sammlungen über 750 Anakondas eigenhändig untersuchen und ihre Merkmale analysieren, wobei auch moderne molekulargenetische Methoden nicht ausgespart blieben. Diese Analysen füllten zusammen mit einer erschöpfenden Literaturauswertung die 245 Seiten seiner Dissertation, die hier nun die Substanz zu einer umfassenden, modernen Darstellung der Anakondas in Gestalt des vorliegenden Buches liefert. Als Besonderheit enthält es auch die Beschreibung und Benennung der durch die Dissertation klar bestätigten neuen Anakonda-Art aus Bolvien, die aber natürlich – parallel zum Erscheinen dieses Buches – auch in einer wissenschaftlichen Zeitschrift für die Fachwelt begründet und charakterisiert wird.

Insgesamt hat Lutz Dirksen fast 20 Jahre nach der damaligen populären Anakonda-Monographie von H. G. Petzold aus der "Neuen Brehm-Bücherei" eine neue Bearbeitung dieser faszinierenden Riesenschlangen-Gattung vorgelegt, deren aktuelle und zum Teil überraschende Ergebnisse ihr sicher einen breiten Interessentenkreis bei Ophidiophilen jeder Schattierung sichern werden.

Bonn, im Januar 2001 Prof. Dr. Wolfgang Böhme

Bild 1: Große Anakonda auf einer Briefmarke aus Paraguay

Vorwort

Im Oktober 1994, zu Beginn der Regenzeit, die zum Aufspüren von Reptilien und Amphibien als besonders günstig gilt, bereiste ich Bolivien, um Daten für meine Diplomarbeit über die Herpetofauna dieses Landes zu gewinnen. Bolivien, im Schnittpunkt vielfältiger Großlebensräume im zentralen Südamerika, gilt bis heute als zoologisch nahezu unerforschtes Terrain, auch wenn es gerade in jüngster Zeit als El Dorado von Forschern verschiedenster naturwissenschaftlicher Disziplinen entdeckt worden ist.

Noch oft sollte ich mich daran erinnern, wie es beim Durchqueren des amazonisch geprägten Benis mit einem geliehenen Jeep plötzlich zu einer Vollbremsung kam. Ein langer „Gegenstand" befand sich auf der Spur, der sich bei näherer Betrachtung als eine 3,2 m lange Anakonda herausstellte – die erste Anakonda meines Lebens, wenn man mal von diversen Zoobesuchen absieht, lag überfahren auf der staubigen Piste (Bild 117). Ein paar Tage später mußte ich wiederum stark abbremsen. Diesmal jedoch folgten emsige Tätigkeiten: Der Reptilien-Fanghandschuh für große oder giftige Schlangen wurde übergestreift, die Jeeptür aufgerissen, vor das Auto gelaufen und beherzt zugegriffen. Diese Anakonda, ca. 1,70 m lang, war im Begriff, die Piste zu überqueren, als sie gefangen wurde (Bild 2). Natürlich stellte die Anakonda ein begehrtes Fotoobjekt dar und sie dankte es durch Ablassen eines äußerst übelriechenden, weißen Sekretes. Selbstverständlich wurde sie anschließend wieder freigelassen, und das nicht nur wegen ihres penetranten Geruches. Wie alle Boiden unterliegen auch die Anakondas dem Washingtoner Artenschutzübereinkommen. Außerdem hatte ich keine der Größe dieses Tieres entsprechenden Transport- oder Konservierungsmaterialien dabei. Damals konnte ich mir nicht vorstellen, daß diese zwei anscheinend gewöhnlichen Anakondas die Initialzündung der vorliegenden Doktorarbeit werden würden.

Später, während des Niederschreibens der Diplomarbeit, stieß ich beim Bestimmen der zwei Anakondas anhand des Fotomaterials auf Schwierigkeiten und zog den Betreuer meiner Diplomarbeit, Prof. Dr. Wolfgang Böhme, zu Rate. Sein vielgerühmtes fotographisches Gedächtnis arbeitete lautlos, schnell und präzise und führte zu dem meinen weiteren Lebensweg bestimmenden Ausspruch:

„Mit den Anakondas stimmt etwas nicht!"

Bild 2: Letztlich der Auslöser dieses Anakonda-Buches: Meine erste Begegnung mit einer lebenden *Eunectes* sp. 1994 auf einer staubigen Piste nahe Trinidad im Beni Boliviens. Foto: L. Dirksen

1. Einleitung

1.1. Anakondas, unerforschte Riesenschlangen

Praktisch jeder hat schon von Anakondas gehört, und meistens ist auch dem Laien bekannt, daß sie in Südamerika im Amazonas und seinen Zuflüssen leben und ihre Beute durch Erwürgen und Ertränken töten. Wenn man über die Anakonda spricht, geht es oft darum, ob sie die längste Schlange der Welt ist, oder ob vielleicht dem Netzpython (*Python reticulatus*) oder gar dem Felsenpython (*Python sebae*) dieser Platz zukommt. Um es vorweg zu sagen, diese Frage wird weder in diesem Buch noch überhaupt jemals wirklich beantwortet werden können. Nie wird sich ergründen lassen, welche der vielen Berichte über besonders lange Exemplare der Riesenschlangen der Wahrheit entsprechen (Dirksen 1999a), da die Hauptakteure, die Anakondas und Pythons selbst, in aller Regelmäßigkeit fehlen. Fragt man jedoch nach der größten Schlange, so läßt sich eine eindeutige Aussage treffen, wenn man die Größe durch Länge, Gewicht und Körperumfang definiert. Die Große Anakonda (*Eunectes murinus*) wird erheblich dicker und schwerer als jede *Python*-Art und ist somit bei ungefähr gleicher Länge die größte Schlange weltweit.

Die enorme Größe vieler Exemplare und die allgemeine Bekanntheit erwecken den Eindruck, daß man über Anakondas schon so ziemlich alles wisse. So erging es auch mir, als ich als angehender Diplomand 1994 in Bolivien zwei Anakondas auf der Straße fand und sie für mich in erster Linie ein sehr willkommenes Fotomotiv abgaben. Hinzu kam die Genugtuung, eine Anakonda in freier Wildbahn gefangen zu haben. Zurück von der Reise stellte sich heraus, daß ich in unverzeihlicher Weise auf das Schuppenzählen verzichtet hatte. Bei der überfahren aufgefundenen Anakonda, einem 3,2 m langen Exemplar, hatte ich immerhin den Kopf konserviert und diesen später der Colección

Bild 3: Mythos Anakonda: Bilddokument einer ca. 6–7 m langen Großen Anakonda (*Eunectes murinus*) aus der brasilianischen Presse

Bild 4: Angeblich 32 m lange und drei Tonnen schwere Anakonda. Man beachte die retuschierten hellen Augen. Früher wurde erzählt, daß die Anakondas nachts mit scheinwerferartigen Augen durch das Wasser schwimmen. Ein Abzug des Fotos hängt im MPEG in Belem

Boliviana di Fauna (CBF) in La Paz übergeben. Bei meiner späteren Suche nach Anakondas in Museumssammlungen stellte sich heraus, daß allgemein nur wenige Exemplare mit Fundortangaben in wissenschaftliche Museen gebracht wurden. Dadurch wird man zunächst mit dem Problem konfrontiert, daß es an Material fehlt, wenn man die Anakondas systematisch bearbeiten will. Um eine entsprechende Anzahl Anakondas zu untersuchen, bedarf es der Bereitschaft, lange Reisen auf sich zu nehmen, um die wenigen Museen mit größerem Bestand zu besuchen. Wegen ihrer Größe ist es zu kostspielig, viele Anakondas zu verschicken, wie dies ansonsten bei kleineren Tieren zwischen Museen üblich ist. Daher war es für mich unerläßlich, im Rahmen dieser Arbeit Europa, Nordamerika und Südamerika zu bereisen.

Aus der beschriebenen Situation heraus wird verständlich, warum bis heute noch nie eine große Anzahl Anakondas auf ihre Merkmale hin untersucht wurde – geschweige denn aus dem gesamten Verbreitungsgebiet, den verschiedenen Ländern und inklusive der verschiedenen Arten. Deshalb fiel es im allgemeinen auch gar nicht auf, daß die Systematik der Anakondas noch vollkommen unzureichend bearbeitet war. Die jüngste taxonomische Arbeit stammt von Dunn & Conant (1936) und wurde mit nur sehr wenig Vergleichsmaterial erarbeitet. Diese Veröffentlichung hat es allerdings in sich, da etwas voreilig zwei neue Arten anhand jeweils eines Zooexemplars sowie eine neue Unterart beschrieben wurden, die seitdem allgemein als gültige Taxa galten und in vielen zoologischen Publikationen Einzug fanden. Zwar wurde gelegentlich darauf hingewiesen, daß die Gattung einer Revision bedarf, doch ist dies bis heute nicht geschehen. Wie viele Arten und Unterarten existieren also? Und – wo kommen die einzelnen Taxa vor? Welche Merkmale besitzen sie? Welche An-

Bild 5: Diese Abbildung von 1796 zeigt eine 22-Fuß-Anakonda.

sprüche an ihren Lebensraum stellen sie? Welche Strategien und Adaptationen haben sie entwickelt? Welche Lebensweisen besitzen sie? Fragen, mit denen sich die Wissenschaft bisher nur oberflächlich beschäftigt hat. Die vorliegende Arbeit beleuchtet in erster Linie Systematik und Verbreitung der Anakondas, streift aber immer wieder auch andere Aspekte, wie z. B. Verhalten, Nahrungsspektrum, Fortpflanzung, Handel und Terrarienhaltung, oder verweist zumindest auf weiterführende Literatur.

1.2. Systematische Stellung der Anakondas innerhalb der Serpentes

Die Anakondas gehören zu der Familiengruppe der Henophidia (= Booidea), urtümliche Schlangen, die oft noch Rudimente der Becken- und Hinterextremitäten besitzen. Die Henophidia beinhalten 90 anerkannte Arten (BAUCHOT 1994). Die Verwandtschaftsverhältnisse innerhalb der Henophidia sind nach wie vor Thema aktueller Forschungen (UNDERWOOD 1976, MCDOWELL 1979, DESSAUER et al. 1987, KLUGE 1991) und sollten nicht allzu statisch betrachtet werden, zumal aktuelle biomolekulare Methoden neue Einsichten in phylogenetische Zusammenhänge erwarten lassen. Die Henophidia setzen sich aus fünf rezenten und bisher drei bekannten fossilen Familien zusammen:

Boidae (Riesenschlangen)	† Dinilysiidae
Bolyeriidae (Mauritius-Boas)	† Madtsoiidae
Loxocemidae (Spitzkopfpythons)	† Palaeophiidae
Tropidophiidae (Erdboas)	
Xenopeltidae (Regenbogenschlangen)	

Die Henophidia zeichnen sich dadurch aus, daß sich der Kopf vom Körper abhebt, die Oberkieferknochen wenig beweglich sind, das Maul für große Beute weit geöffnet werden kann (Schädel fällt auseinander) und normalerweise breite Ventralia vorhanden sind.

Die Gattung *Eunectes* gehört zu der Familie Boidae, die sich durch folgende Merkmale von den anderen Familien der Henophidia unterscheiden: Unterkiefer länger als Schädel; weit voneinander verschiebbare Dentalia; mehrere Reihen nadelartiger, nach hinten gebogener Zähne; Rudimente des Beckengürtels und der Hintergliedmaßen mit erkennbaren Afterspornen bei den Männchen; relativ groß ausgebildeter linker Lungenflügel. Letztgenanntes plesiomorphes Merkmal ist bei den Anakondas mit einer linken Lunge, die 80 % der Länge der rechten erreicht, stärker ausgeprägt als bei jeder anderen Schlange (PETZOLD 1982).

Die Boinae wiederum unterscheiden sich von den Pythoninae und Erycinae durch das Fehlen von Augenbrauenknochen sowie die Abwesenheit von Zähnen auf den Praemaxillaria, die nach SMITH et al. (1953) bei Boinen auch embryonal nicht entwickelt werden, außerdem durch meist einreihige Subcaudalia und durch Ovoviviparie von den Pythoninae. Außer in der Neotropis (*Boa*, *Corallus*, *Epicrates*, *Eunectes*, *Xenoboa*) sind die Boinae noch auf Madagaskar (*Acrantophis* und *Sanzinia*) und auf einigen Pazifikinseln (*Candoia*) beheimatet. Nur auf wenigen Pazifikinseln kommen die Boinae mit den Pythoninae sympatrisch vor.

Bild 6: *Boa constrictor imperator* Foto: L. Dirksen

Die Gattung *Eunectes* hat sich als einzige auf eine halbaquatische Lebensweise spezialisiert. Wie auch bei anderen ans Wasser adaptierten Schlangen sitzen die Augen und Nasenöffnungen besonders hoch am Kopf. Letztere sind verschließbar. Von den anderen Schlangen der Unterfamilie Boinae unterscheiden die Anakondas sich durch das Fehlen von Wärme-Sinnesgruben in den Labialia, durch kleinere Ventralia und nicht vergrößerte vordere Zähne.

1.2.1. Bisherige Systematik der Gattung *Eunectes*

LINNAEUS (1758) bezeichnete in seiner maßgebenden „Systema Naturae" die Große Anakonda als *Boa murina*. In einer 1766 erschienenen Ausgabe nannte er sie jedoch *Boa scytale*. Diesen Namen benutzte LINNAEUS bereits in seiner Ausgabe von 1758 vor *Boa murina*, wobei er sich jedoch eindeutig auf den heutigen *Anilius scytale* (Familie Aniliidae) bezog; *Boa scytale* LINNAEUS, 1766 ist daher durch *Boa scytale* LINNAEUS, 1758 präokkupiert (s. a. Kap. 1.3.4).

Überraschend spät wurde die Paraguay-Anakonda beschrieben (COPE 1862). Bereits 1830 hatte WAGLER der Großen Anakonda den neuen Gattungsnamen *Eunectes* (altgriechisch: „Guter Schwimmer") gegeben. DUNN & CONANT (1936) beschrieben zwei neue Arten, *Eunectes barbouri* und *Eunectes deschauenseei*, revalidierten das Taxon *Boa gigas* LATREILLE (1801), ein Synonym zu *Boa murina*, und bewerteten es als Unterart *Eunectes murinus gigas*. Außer einer weiteren Artbeschreibung, der einzigen bekannten fossilen Anakonda, die aus Schichten des Miozäns (Friasian) von Kolumbien stammt (HOFFSTETTER & RAGE 1977), wurden bis heute keine weiteren Neubeschreibungen oder taxonomischen Änderungen mehr vorgenommen. Demnach präsentierte sich die Liste der Arten und Unterarten der Gattung *Eunectes* zu Beginn dieser Arbeit Anfang 1996 wie folgt:

- ***Eunectes murinus*** (LINNEAUS, 1758) – Große oder Grüne Anakonda
  - *Eunectes murinus murinus* (LINNEAUS, 1758)
  - *Eunectes murinus gigas* (LATREILLE, 1801)
- ***Eunectes notaeus*** COPE, 1862 – Paraguay- oder Gelbe Anakonda
- ***Eunectes barbouri*** DUNN & CONANT, 1936 – Barbours Anakonda
- ***Eunectes deschauenseei*** DUNN & CONANT, 1936 – De Schauensees Anakonda
- † ***Eunectes stirtoni*** HOFFSTETTER & RAGE, 1977 – Stirtons Anakonda

Bild 7: ***Epicrates cenchria maura*** Foto: L. Dirksen

1.2.2. Paläontologie der Gattung *Eunectes*

Die älteste Schlange, deren Schädel hinreichend bekannt ist (*Dinilysia*, Boidae), stammt aus der Oberkreide Südamerikas, das heißt von dem damaligen Superkontinent Gondwana, und gehört, wie auch *Eunectes*, der urtümlichen Familiengruppe Henophidia an (CARROLL 1993). Die Vorfahren der Schlangen zweigten vermutlich bereits vor Ende des Juras (213–144 Mill. Jahre) von den Eidechsen (Lacertilia) ab (CARROLL 1993; RAGE 1994). Aus dem Cenomanian der mittleren Kreide von Israel stammen zwei weitere Schlangenskelette, die zunächst als *Pachyrhachis problematicus* HAAS, 1979 und *Ophiomorphus colberti* HAAS, 1980a beschrieben wurden. HAAS (1980b) war sich unsicher, ob er beide Funde ursprünglichen Schlangen oder varanoiden Echsen zuordnen sollte, da einerseits typische Schlangenmerkmale, wie ein sehr kinetischer Schädel und ein langgestreckter Körper mit vielen Wirbeln vorlag, andererseits jedoch ein funktioneller Beckengürtel und Hinterextremitäten, einschließlich Fibula, Tibia, Astragalus und Calcaenum, auf eine nähere Verwandtschaft zu den Echsen hindeuteten. Bei einer erneuten, detaillierten Untersuchung beider Skelette wurde zunächst festgestellt, daß beide Arten derselben Spezies angehören und außerdem als die bisher primitivsten bekannten Schlangen angesehen werden können (CALDWELL & LEE 1997; LEE & CALDWELL 1998), deren größte Ähnlichkeit innerhalb der Varanoidea (Platynota) mit den Mosasauriern besteht. Obwohl die Beweise nicht endgültig erbracht sind, geht man davon aus, daß die Schlangen innerhalb der Lacertilia von frühen Vertretern der Platynota abstammen, da auch z. B. der Bau der Zunge, die Art und Weise des Zahnwechsels und das Vorhandensein einer intramandibulären Gelenkung Hinweise auf eine solche Abstammung liefern (CARROLL 1993; RAGE 1994). Auf eine weiterführende Diskussion zu der Abstammung und einer möglichen ursprünglich unterirdischen Phase in der Entwicklung der Schlangen (RAGE 1994) soll an dieser Stelle verzichtet werden.

E. stirtoni aus dem Miozän Kolumbiens ist bisher der einzige fossile Fund der Gattung *Eunectes*. Von dieser Art liegen lediglich ein rechtes Prootikum, ein Basisphenoid sowie Wirbelfragmente vor. Die Knochen besitzen größere Ähnlichkeit mit *E. murinus* als mit *E. notaeus* (HOFFSTETTER & RAGE 1977). Entgegen der Verbreitung der rezenten Arten sind die Exemplare von *E. stirtoni* auf der Mittelamerika zugewandten Seite der Anden in einem Tal bei La Venta und Los Mangos in der Nähe des Rio Magdalena gefunden worden. HOFFSTETTER & RAGE (1977) werfen die Hypothese auf, daß im Miozän westlich der Anden eine weitere von *E. stirtoni* geographisch isolierte Anakonda-Art gelebt haben könnte, die bisher noch nicht entdeckt worden ist. Andererseits könnte *E. stirtoni* auch ein direkter Vorfahre von *E. murinus* und eventuell auch von den anderen Arten sein. Rätselhaft bleibt, warum die Gattung *Eunectes* sich nördlich der Anden nicht behauptet hat und dort heute nicht vorkommt, anders als bei den verwandten Gattungen *Boa*, *Epicrates* und *Corallus*. Unter dem Aspekt, daß die Hauptgebirgsfaltung der Anden erst zum Beginn des Miozäns begann, ist *E. stirtoni* möglicherweise von Süden in das Gebiet des Tals des Rio Magdalena eingewandert, jedoch nie weiter nach Norden über die Anden vorgedrungen. Hier bleibt zu hoffen, daß weitere Funde künftig ein besseres Bild von der Entwicklung und früheren Verbreitung der Gattung *Eunectes* liefern werden.

Es ist nicht bekannt, wann sich die Entwicklung der Vorfahren in Richtung der aquatisch lebenden und entsprechend adaptierten Gattung *Eunectes* vollzogen hat; sie kann theoretisch schon weit vor dem Miozän stattgefunden haben. Grundsätzlich hat sich die Verbreitung der Anakondas nach den jeweiligen klimatischen Verhältnissen, dem Vorhandensein von wenigstens saisonalen Gewässern und den geographischen Barrieren gerichtet. Nach der Trennung von Gondwana hat es auch in Südamerika mehrere einschneidende klimatische Veränderungen gegeben (siehe Kapitel 2.3), die sich stark auf die Vegetation und das Vorkommen der einzelnen Faunenelemente ausgewirkt haben. Während Kalt- und Trockenphasen im Pleistozän ist der Lebensraum der tropisch-subtropisch adaptierten, semiaquatischen Anakondas erheblich kleiner gewesen. Möglicherweise ist auch in einer solchen Ära *E. stirtoni* durch besonders ungünstige klimatische Verhältnisse nördlich der Anden ausgestorben.

Im Prinzip befinden sich die Anakondas heute – nach der letzten Eiszeit – noch in der Phase der Ausdehnung durch Dispersion, da es theoretisch erreichbare Lebensräume gibt, in denen die einzelnen Arten nicht vorkommen, z. B. Südamerika nordwestlich der Anden und auch Mittelamerika, da die Anden z. B. entlang der Küsten umgangen werden könnten. Aber auch die Llanos von Venezuela und Kolumbien böten vermutlich ideale Lebensbedingungen für *E. deschauenseei* und *E. notaeus*, zumal diese Gebiete über Flußsysteme erreicht werden könnten.

Neben den heutigen großen Boiden sind auch aus dem Alttertiär extrem große Vertreter dieser Familie bekannt geworden. Funde von sehr großen Wirbeln führen zu der Annahme, daß *Madtsoia* aus dem Eozän Patagoniens 10 m lang werden konnte. Ebenso im Eozän lebte die Riesenschlange *Gigantophis* im heutigen Ägypten, von der man für möglich hält, daß sie sogar 10–15 m Länge erreichen konnte (SCHMIDT 1996). Nach RAGE (1994) existierten unter den Madtsoiidae sogar mehrere über 15 m lange Riesenschlangen. Auch wasserlebende Schlangen aus der Familie der Palaeophiidae sollen nach Wirbelfunden 10 m Länge erreicht haben können (RAGE 1994).

1.3. Synonymie- und Chresonymielisten

1.3.1. *Eunectes*

1758 *Boa*	LINNEAUS	Systema Naturae, Ed. 10: 215.
1830 *Eunectes*	WAGLER	Nat. Syst. Amphib.: 167.
1903 *Epicrates*	STEINDACHNER	Sitz. Math.-Naturwiss. Kl. Akad. Wiss. Wien 112(1): 15.

1.3.2. *Eunectes barbouri*

1936 *Eunectes barbouri*	DUNN & CONANT	Proc. Acad. Nat. Sci. 88: 504. (Holotypus: ANSP 20892)

1.3.3. *Eunectes deschauenseei*

1936 *Eunectes deschauenseei*		DUNN & CONANT Proc. Acad. Nat. Sci. 88: 505. (Holotypus: ANSP 20891)

1.3.4. *Eunectes murinus*

1758 *Boa murina*	LINNEAUS	Systema Naturae, Ed. 10: 215. (Holotypus: NRS No. Lin. 9)
1766 *Boa scytale*	LINNEAUS	Systema Naturae, Ed. 13: 373.
1801 *Boa gigas*	LATREILLE	in SONNINI & LATREILLE – Hist. Nat. Rept. 3: 136.
1803 *Boa anaconda*	DAUDIN	Hist. Nat. Rept. 5: 161.
1824 *Boa aquatica*	WIED-NEUWIED	Isis von Oken 6: 664.
1830 *Eunectes murinus*	WAGLER	Nat. Syst. Amph.: 167.
1831 *Eunectes murina*	GRAY	Synopsis Species Class Reptilia, in GRIFFITH, Cuvier's Animal Kingdom 9: 96.
1935 *Eunectes scytale*	STULL	O. P. Bosten Soc. Nat. Hist. 60(8): 403.
1946 *Eunectes gigas*	BEEBE	Zoologica 31(1): 20.

1.3.5. *Eunectes notaeus*

1862 *Eunectes notaeus*	COPE	Proc. Acad. Nat. Sci. Philadelphia: 70. (Holotypus: USNM 4707); trotz umfangreicher Suche verschollen (G. ZUG, pers. Mitt.)
1895 *Eunectes murinus*	PERACCA	(von E. murinus [LINNAEUS]) – Boll. Mus. Zool. Anat. Comp. Torino 10(195): 13.
1896 *Eunectes notaeus*	BOULENGER	Cat. Snak. Brit. Mus. (nat. Hist.) 3: 594.
1903 *Epicrates wieningeri*	STEINDACHNER	Sitz. Math.-Naturwiss. Kl. Akad. Wiss. Wien 112(1): 15.
1910 *Eunectes murina*	IHERING	Rev. Mus. Paulista 8: 323.

1.3.6. † *Eunectes stirtoni*

1977 † *Eunectes stirtoni*	HOFFSTETTER & RAGE	Ann. Paléont. (Vert.) 63(2): 180. (Holotypus: MNHN VIV 8)

1.4. Kenntnisstand

Nachdem DUNN & CONANT (1936) zwei neue Arten beschrieben sowie das synonyme Taxon *Boa gigas* LATREILLE, 1801 als Unterart *E. m. gigas* revalidiert hatten, sind keine weiteren Arbeiten zur Systematik der Anakondas mehr erschienen. Seitdem galten die vier Arten *E. barbouri*, *E. deschauenseei*, *E. murinus* und *E. notaeus* als valide Arten. Auch die beiden Unterarten *E. m. murinus* und *E. m. gigas* haben zunächst allgemeine Akzeptanz gefunden (ROZE 1957, 1966; STIMSON 1969; GASC & RODRIGUES 1980; PETZOLD 1982; PETERS et al. 1986; CHIPPAUX 1986; PÉREZ-SANTOZ & MORENO 1988, 1991; KLUGE 1991), es sind aber auch mehrfach Bedenken an der Validität der Unterscheidungskriterien geäußert worden, die auch zu der Annahme führten, daß *E. murinus* eine monotypische Art sein könnte (AMARAL 1944; CUNHA & NASCIMENTO 1978; GORZULA & PILGRIMM 1992; STRIMPLE 1986a, 1993; WALLER & MICUCCI 1993; WALLER et al. 1995). Außer einer Farbvariante in der Temporal-

Bild 8: Obwohl weltbekannt, ist der tatsächliche Kenntnisstand über Anakondas immer noch gering. Telemetrische Untersuchungen, wie von Tomás Waller (l.) (hier mit dem Autor) in Argentinien an *E. notaeus* durchgeführt, sollen helfen, mehr über die Freilandbiologie dieser Riesenschlangen zu erfahren. Foto: L. Dirksen

region, einem Unterschied in der Gestalt der Schnauze und einer etwas kleineren Anzahl Ventralia und Subcaudalia bei *E. m. murinus* an wenigen untersuchten Exemplaren vermuteten Dunn & Conant (1936) lediglich, daß es auch andere Unterschiede gebe: „It is probable that there are other differences since the number of ventrals and subcaudals, in the few specimens we have seen, averages somewhat less than in *murina* and the shape of the snout is different." Jede nähere Erläuterung dieser Darstellung – wie die Angabe der Sammlungsnummern, der Fundorte, der Anzahl der untersuchten Stücke, der gezählten Ventralia und Subcaudalia sowie eine Erläuterung der verschiedenen Schnauzenformen – unterblieb.

E. barbouri und *E. deschauenseei* grenzten sie lediglich aufgrund von Zeichnungsbesonderheiten der im Zoo von Philadelphia entdeckten Einzeltiere von *E. murinus* und *E. notaeus* ab. Der Holotypus von *E. barbouri* besitzt ausgeprägte helle Zentren (Ozellen) in den dorsalen schwarzen Flecken. Wiederholt wurden auch hier Zweifel am artlichen Status letzterer oder sogar beider neuer Artbeschreibungen geäußert (Amaral 1944, 1948; Hoffstetter & Rage 1977; Petzold 1982; Kluge 1991; Waller & Micucci 1993; Waller et al. 1995). Anders als bei *E. barbouri*, der im Verbreitungsgebiet der extrem ähnlichen *E. murinus* vorkommt, sind *E. deschauenseei* und *E. notaeus* zumindest derzeit klar geographisch voneinander getrennt. Kenntnisse über ungewöhnliche Anakondas aus Bolivien lagen zu Beginn dieser Untersuchung nur in der eigenen Diplomarbeit vor (Dirksen 1995).

Bild 9: Einer gefangenen Paraguay-Anakonda wird ein Peilsender und Temperaturfühler eingepflanzt. Foto: L. Dirksen

Es ist festzustellen, daß in verschiedenen Publikationen die Pholidosewerte der Anakondas teilweise sehr unterschiedlich beschrieben werden (s. Tab. 5.1 und 5.2). Offensichtlich haben die Untersuchungen nicht anhand einer größeren Menge Anakondas stattgefunden, da einzelne größere Würfe bereits eine höhere Variabilität vieler Werte zeigen.

Auch bezüglich der Verbreitung der Anakondas bestehen große Wissenslücken. Alle Karten zur Gesamtverbreitung sind ohne tatsächliche Fundorte erstellt worden und beruhen für viele Gebiete auf Vermutungen. Zumindest bis zum Beginn dieser Dissertation existierten keine Verbreitungskarten, geschweige denn Fundortkarten für *E. deschauenseei* aus Brasilien, für *E. murinus* aus Bolivien, Brasilien, Ecuador, Guyana, Peru und Trinidad und Tobago sowie für *E. notaeus* aus Bolivien und Brasilien. Die wenigen Karten mit eingetragenen Fundorten weisen häufig weniger als 10–15 Lokalitäten auf. Das Vorkommen von *E. notaeus* wurde im Auftrag von CITES und TRAFFIC für Paraguay von WALLER et al. (1995) umfassend bearbeitet. Beim Vergleich von Karten verschiedener Autoren zur Gesamtverbreitung der Anakondas fällt auf, wie unterschiedlich die Verbreitung dargestellt wird. So hat TRUTNAU (1982) z. B. ganz Uruguay und das nördliche Bolivien für *E. notaeus* eingezeichnet, während PETZOLD (1982) diese beiden Gebiete aussparte (Abb. 4.1). Im besonderen die Gebietsausdehnung der Großen Anakonda nach Süden ist sehr verschieden dargestellt worden.

Seit kurzer Zeit sind die Anakondas, die im Washingtoner Artenschutzübereinkommen unter Anhang II (CITES) sowie in der EU-Artenschutzverordnung Anhang B geführt werden, wieder öfter Thema wissenschaftlicher Projekte und Publikationen geworden. In einer groß angelegten Untersuchung wurde die Ökologie und Biologie der Großen Anakonda unter Leitung von J. RIVAS (UT) in den venezolanischen Llanos untersucht (CALLE et al. 1994; RIVAS et al. 1995; RIVAS 1999a, 1999b, 1999c; RIVAS et al. 1999). Im besonderen ist die Fortpflanzungsbiologie untersucht worden. Die Lebensweise der Paraguay-Anakonda im Pantanal ist Thema einer Dissertation von C. STRÜSSMANN (PUCRS), in der unter anderem telemetrische Studien betrieben werden (STRÜSSMANN 1997; STRÜSSMANN & SAZIMA 1991, 1993). Im Auftrag von CITES und TRAFFIC sind Untersuchungen zu Handel und Schutz der Anakondas sowie weiterer Boiden für Guyana (GORZULA & PILGRIMM 1992) und Paraguay (WALLER et al. 1995) erstellt worden. In Argentinien leitet T. WALLER (IUCN und IBERA) derzeit die Feldforschungen des großen Kooperationsprojektes „The management of wetland recources at Mercosur: Ibera, a case study" in Zusammenarbeit mit den Universitäten von Siena (Italien) und Salvador (Argentinien), gefördert mit EU-Geldern. Neben einer ökologischen Studie an *Caiman yacare* im Ibera Marshland (Corrientes, Argentinien) und einer Inventarisierung des Gebietes richtet T. WALLER (s. Foto 10) sein spezielles Augenmerk auf *E. notaeus* und seine Fortpflanzungszyklen. Das zunehmende Interesse an Anakondas hat auch wiederholt Zweifel an der aktuellen Systematik aufkommen lassen (WALLER & MICUCCI 1993) und bereits zu neuen Vorschlägen geführt (STRIMPLE et al. 1997; DIRKSEN & BÖHME 1998a, 1998b). Weitere wissenschaftliche Publikationen verschiedener Fachrichtungen sind in Bearbeitung.

Schließlich nicht unerwähnt bleiben darf die erste Monographie „Die Anakondas" von H.-G. PETZOLD (1982), die bis heute in jeder Hinsicht als Standardwerk über Anakondas gelten muß. Er selbst schreibt, daß sein Band dem Leser Kenntnisse in populärwissenschaftlicher Form vermitteln soll. Tatsächlich hat PETZOLD mit Hilfe einer umfassenden Literaturarbeit auch den damaligen wissenschaftlichen Kenntnisstand voll erfaßt und ein überaus informatives und lesenswertes Buch geschrieben. Zur Systematik stellt er fest, daß eine Revision nötig, dies aber nicht Thema des vorliegenden Bandes sei, da umfangreiche Museumsstudien notwendig gewesen wären.

Bild 10: Der Klassiker der Anakonda-Literatur: Petzolds Arbeit aus dem Jahr 1982

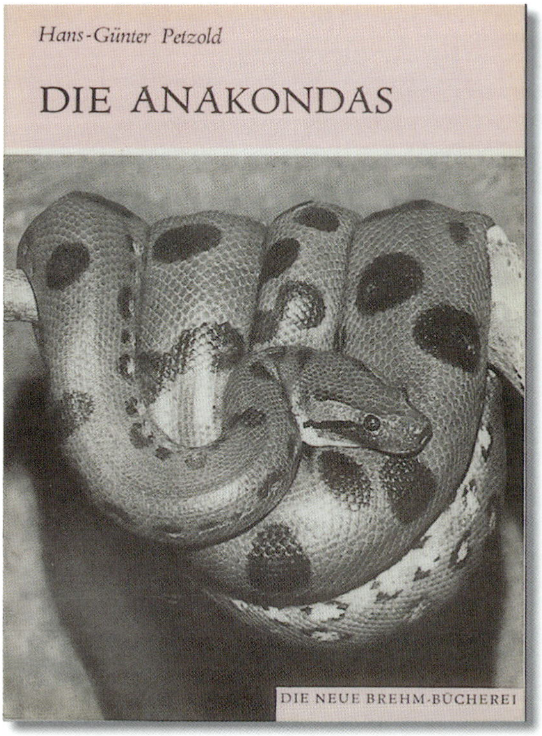

1.5. Zielsetzung

Ziel der vorliegenden Arbeit ist es, eine umfassende Revision der Gattung *Eunectes* zu erstellen. Dazu wird erstmals eine große Anzahl Anakondas aller Taxa und Herkunftsländer auf ihre Merkmale untersucht, um ein Basiswissen über jedes Taxon zu erhalten. Hiernach werden die Taxa verglichen, um ihre Verwandtschaftsverhältnisse zu ermitteln und letztlich auch ihre Validität zu überprüfen. Dazu werden die in einer Datenbank gespeicherten Daten unter anderem mit modernen Rechenprogrammen (Multivarianzanalyse) analysiert. Um eine zeitgerechte Revision der phylogenetischen Verwandtschaftsverhältnisse zu erstellen, wurde DNA aus Blutproben von Anakondas und anderen Boiden (Outgroups) gewonnen und mit den modernen, biomolekularen Methoden RAPD und DNA-Sequenzierung untersucht. Die Ergebnisse der verschiedenen Methoden werden verglichen und führen nach genauer Prüfung zu einem neuen phylogenetischen Modell. Hierbei ist die taxonomische Situation der bereits erwähnten, 1994 in Bolivien entdeckten Anakondas von besonderem Interesse, da sie sich keinem bekannten Taxon zuordnen lassen. Aber auch die von Dunn & Conant (1936) beschriebenen Taxa *E. barbouri*, *E. deschauenseei* und *E. m. gigas* werden ausführlich überprüft. Gerade bei dieser bedrohten, industriell ausgebeuteten Boidengattung erscheint es besonders wichtig zu wissen, ob vier, drei oder gar nur zwei Arten existieren!

Besondere Aufmerksamkeit wird auch auf die Verbreitung der einzelnen Arten gerichtet, da bisher praktisch alle Angaben auf Spekulationen beruhten bzw. bloß einzelne Staaten ohne weitere Differenzierung genannt wurden. Erstmals werden Fundortkarten für alle Vorkommensländer erstellt. Um eine möglichst große Anzahl Fundorte bzw. Sichtungen von Herpetologen zu bekommen, wurden so viele Museen mit konservierten Anakondas wie möglich besucht sowie eine umfangreiche Korrespondenz geführt. Hierzu, wie auch zu anderen Aspekten der Arbeit, gehört selbstverständlich eine umfangreiche Literaturrecherche.

Grundsätzlich fließen alle ermittelten Daten, dem Thema angemessen in mehr oder weniger ausführlicher Form, in diese Arbeit ein. Auf diese Weise soll ein möglichst vollständiges Bild dieser beeindruckenden Riesenschlangen vermittelt werden.

Bild 11: Porträt eines *E. murinus* Foto: C. Homrighausen

2. Südamerika

2.1. Geographie

Südamerika ist der einzige Kontinent, auf dem die Gattung *Eunectes* vorkommt. Es liegt zwischen 12° nördlicher und 57° südlicher Breite sowie 35° und 82° westlicher Länge. Im Westen wird es vom Pazifik und im Osten vom Atlantik eingerahmt. Über Mittelamerika besteht eine schmale Landverbindung mit Nordamerika. Der Äquator verläuft durch Nordbrasilien, Südkolumbien und Nordecuador. Bei einer Fläche von 17.834.000 km² ist Südamerika im besonderen durch das Hochgebirge der Anden und das größte zusammenhängende, tropische Urwaldgebiet im Bereich des Amazonas- und Orinokosystems geprägt. Das Faltengebirge der Anden zieht sich an der gesamten Pazifikküste entlang und erreicht im Norden auch die Karibik, so daß es eine geographische Barriere zur Landverbindung mit Mittel- und Nordamerika bildet. Weitere wichtige Erhebungen sind im Nordwesten das Hochland von Guayana und das große brasilianische Bergland (Cerrados und Catingaas) in der südlichen Hälfte von Brasilien. Neben dem Amazonas- und Orinokosystem ist das Paraná-Paraguay-System im Süden des Kontinents zu erwähnen, zu dem auch das große Überschwemmungsgebiet Pantanal gehört. Im Norden Argentiniens und Paraguays sowie im Süden Boliviens liegt der aride Gran Chaco, geprägt durch seinen Trockenwald. Der Süden des Kontinents ist mit großflächigen Grassavannen sowie Strauch- und Dornbuschsteppen bedeckt, die weiter nach Süden immer trockener und kälter werden.

Politisch ist Südamerika in die Staaten Argentinien, Bolivien, Brasilien, Chile, Ecuador, Französisch-Guayana (zu Frankreich), Guyana, Kolumbien, Paraguay, Peru, Surinam, Uruguay und Venezuela sowie den Inselstaat Trinidad und Tobago unterteilt. Die Gesamteinwohnerzahl beläuft sich auf 254 Millionen (1982). Brasilien ist das bei weitem größte südamerikanische Land. Weitere Informationen zu Hauptstadt, Einwohnerzahl, Landesnatur und Klima für die einzelnen Länder mit Anakondavorkommen werden im Kapitel 4.1.2. gegeben.

Bild 12: Ankonda-Habitat auf der brasilianischen Insel Marajó Foto: L. Dirksen

2.2. Geologie und Paläo-Klimatologie

Am Ende des Jura (vor 190–135 Mill. Jahren) begann der Superkontinent Gondwana, der aus den heutigen Kontinenten Südamerika, Afrika, Antarktis, Australien sowie Indien bestand, auseinanderzubrechen. Mit dem Ende der Kreide (vor 135–65 Mill. Jahren) trennte sich Südamerika endgültig von Afrika und bis in junge geologische Zeit von Nordamerika (GOULD et al. 1993).

Nach dem gemäßigten Paläozän (vor 65–55 Mill. Jahren) wärmte sich die Erde im Eozän (vor 55–38 Mill. Jahren) wieder stark auf, so daß sich riesige tropische Gürtel bilden konnten. Aus dieser Zeit stammen auch Funde aus dem mitteleuropäischen Messel (SCHAL & ZIEGLER 1988), die eindeutig einem tropisch-subtropischen Klima zuzuordnen sind. Dazu gehören z. B. Krokodile und Riesenschlangen (*Palaeopython*).

Bis in das Eozän existierte eine Landverbindung von Südamerika über die Antarktis bis nach Australien. Einen faunistischen Beweis für diese Tatsache liefern unter anderem die Beuteltiere, die ihren Ursprung in Südamerika haben und über die Antarktis, die im warmen Eozän sogar bewaldet war, nach Australien gelangten. Im Eozän brach zunächst die Landverbindung zwischen der Antarktis und Australien endgültig ab. Eine Verbindung der Antarktis mit Südamerika hat vermutlich bis in das Oligozän (vor 38–25 Mill. Jahren) bestanden.

Im Oligozän kühlte sich die Erde wieder stark ab, und es entstanden weltweit ausgeprägte Jahreszeiten (GOULD et al. 1993). Die Fläche der tropischen Regenwälder schrumpfte wiederum.

Das Miozän (vor 25–5 Mill. Jahren) war die Zeit der Hauptgebirgsbildung der Anden, die bereits Ende der Kreide begonnen hatte, indem durch die Kontinentalverschiebungen die Amerikanische Platte und die westlich gelegene Nazca-Platte, die zu der großen Pazifischen Platte gehört, „aufeinanderprallten". Dadurch bildete sich am westlichen Rand von Südamerika ein Faltengebirge (die Ostkordilleren der Anden), das sich im Plio-Pleistozän – bis heute – durch Blockhebungen noch vergrößerte. Die Westkordilleren der Anden sind vulkanischen Ursprungs und Teil des „Feuerkranzes", der entlang der pazifischen Platte die Ursache für häufige Erdbeben und Vulkanismus bildet. Das untere und mittlere Miozän beinhaltete eine warme, relativ trockene Phase. Danach kühlte

Bild 13: Habitat von *E. murinus* Foto: H. Werning

sich die Erde im oberen Miozän und Pliozän (vor 5–1,8 Mill. Jahren) wieder ab; es blieb jedoch relativ trocken. Tropenwälder wurden zu subtropischen Wäldern. Ausgedehnte Graslandschaften bildeten sich, die sich im Pliozän (vor 5–1,8 Mill. Jahren) noch weiter ausbreiteten. Am Ende des Pliozän, vor ungefähr 2,5 Mill. Jahren, bildete sich über Mittelamerika eine Landbrücke zwischen Nord- und Südamerika, was zu einem großen Faunenaustausch führte (GOULD et al. 1993).

Das Pleistozän (vor 1,8 Mill. bis 12.000 Jahren) ist durch mindestens vier große und viele kleinere Glaziale (Eiszeiten) geprägt, die einerseits mit ihrer Kälte die Tropenwälder zurückdrängten und sie andererseits austrockneten, weil große Wassermassen an den Polen und in den Gletschern gebunden waren. Dadurch sank der Meeresspiegel um bis zu 180 m ab, was zu einem weltweit trockeneren Klima führte. Es entstanden großflächige, trockene Graslandschaften (Savannen, Prärien, Steppen, Pampas). Während dieser Perioden mußten sich die tropisch adaptierten Tiere in die verbleibenden tropisch-subtropischen Refugien mit stabilen klimatischen Verhältnissen zurückziehen (GOULD et al. 1993). Daraus läßt sich auch das vielfach anzutreffende disjunkte Verbreitungsmuster stenöker Arten erklären, das häufig zur Bildung neuer Arten führte. Daß sich eine Veränderung bis hin zur Fragmentierung bestimmter Vegetationszonen Südamerikas vollzog, wird unter anderem mit den biogeographischen Verteilungsmustern von endemischen Vögeln (HAFFER 1969), Eidechsen (VANZOLINI 1970; VANZOLINI & WILLIAMS 1970), Amphibien (DUELLMAN 1982) und einigen Pflanzenfamilien (PRANCE 1982, 1987) belegt, die in Konjunktion mit Gebieten stehen, die heutzutage extrem hohe Niederschläge verzeichnen. In den Interglazialen, wie unserer heutigen Zeit, konnten sich die Wälder wieder weiter ausdehnen.

2.3. Klima

Im weiteren Bereich des Äquators dominiert ein ganzjährig niederschlagsreiches, heißes Klima, das nach Norden und Süden durch subtropische Klimate abgelöst wird, in denen ausgeprägtere Jahreszeiten – verbunden mit einer trockenen Periode – vorherrschen. Je nach Region sind die Temperaturen, Niederschlagsmengen, Monate und Länge der Regenzeiten sehr verschieden. Im Süden des Kontinentes wechselt das subtropische Klima in gemäßigt warme Klimate über. Von Westen wehen Passatwinde über den Kontinent, die sich an den Andenhängen abregnen. Diese großen Niederschlagsmengen können über 5000 mm pro Jahr betragen und sind die Grundvorraussetzungen für die Existenz der Bergregenwälder (Yungas). Die Hochebenen (Altiplano) und die Ostseite der Anden liegen im Regenschatten und sind daher meist sehr trocken. Die klimatischen Verhältnisse im einzelnen werden für die Länder mit Anakondavorkommen im Kapitel 4.1.2 gesondert behandelt.

2.4. Flora und Vegetation

Südamerika besitzt am Amazonas und Orinoko, einschließlich der Zuflüsse, das größte zusammenhängende, tropische Regenwaldgebiet überhaupt. Außerdem existieren zwei weitere tropische Regenwaldgebiete, eines im Küstenbereich des südlichen Brasiliens, wo sich die atlantischen Luftmassen an den östlichen Hängen von Gebirgen abregnen, und zum anderen die pazifischen Küstenregenwälder auf der Westseite der Anden zwischen Ecuador und Kolumbien. In Nordkolumbien und Venezuela liegen die Llanos, große, saisonal überflutete Graslandschaften. Die südliche Hälfte von Brasilien wird durch die gebirgigen Cerrados und Caatingas geprägt. Inmitten Südamerikas befindet sich das größte Sumpfgebiet weltweit, das Pantanal. Westlich davon liegt der aride Gran Chaco mit seinen niedrigen Trockenwäldern. Weiter im Süden befinden sich ausgeprägte, meist ziemlich trokkene, oft steppenartige Graslandschaften. Sehr regenreiche Bergregenwälder, die Yungas, wachsen an den östlichen Andenhängen. Das Hochland (Altiplano) der Anden ist wegen Trockenheit und Kälte ziemlich vegetationsarm. Entlang der Atlantikküste existieren im subtropisch-tropischen Klima ausgedehnte Mangrovenwälder.

Nachfolgend werden die für diese Arbeit wichtigen Großvegetationszonen näher charakterisiert. In den Kurzbeschreibungen zur Natur der Länder mit Anakondavorkommen wird im Kapitel 4.1.2 noch eingehender auf die Vegetationszonen und ihr Auftreten in den betreffenden Ländern eingegangen.

Amazonischer Regenwald:

Hohe, artenreiche, humide Wälder in tropischem, regenreichem Klima mit Niederschlagsmengen zwischen 2000 und 3000 mm und örtlichen Maxima bis 5000 mm. Die mittlere Jahrestemperatur beträgt zwischen 24 und 26 °C. Die Regenwälder werden in der Botanik weiter in unterschiedliche Vegetationstypen untergliedert (SPLETT 1997).

Caatinga:

[indianisch-portugiesisch = weißer Wald]: Xeromorphe, offene Gehölzformation des semiariden Nordostbrasiliens. Charakteristisch sind überwiegend immergrüne und häufig dornige Sträucher und Bäume, Sukkulenten, Flaschen- und Tonnenbäume (z. B. Bombacaceae). Die Niederschlagsmengen liegen durchschnittlich zwischen 300 und 1000 mm (SPLETT 1997).

Cerrado:

Semihumide, savannenartige Großlandschaft des zentralbrasilianischen Hochplateaus, welche sich von Feuchtsavannen durch eine andere und artenreichere Flora abhebt. Häufige, oft anthropogen bedingte Brände führen zu vereinzelt stehenden, meist feuerangepaßten Bäumen. Die Niederschlagsmengen liegen zwischen 600 und 2000 mm (SPLETT 1997).

Bild 14: Das Wasserschwein oder Capybara gehört zu den für Südamerika tpyischen Vertretern der Tierwelt und wird oft von Anakondas erbeutet. Foto: L. Dirksen

Chaco:

Aride Großlandschaft mit Hauptausdehnung in Paraguay, Südbolivien und Nordargentinien. Die Flora des Chaco besteht aus Buschwald und Strauchdickicht, in denen fiederblättrige, dornenbesetzte Bäume, Kakteen, Fächerpalmen und Ananasstauden wachsen. Häufig sind die Wälder von Grasfluren durchsetzt.

Llanos:

Saisonal überschwemmte Grassavannen zwischen Kolumbien und Venezuela, in denen es im Winter eine ausgeprägte Trockenzeit gibt.

Pantanal:

Riesiges Überschwemmungsgebiet des Rio Paraguay, das durch tektonisch bedingte Senkung des Gebietes entstanden ist und im eigentlichen Sinn kein Sumpfgebiet, sondern eine mit Sedimenten gefüllte, saisonal überschwemmte Großlandschaft darstellt, deren Flora sich aus unterschiedlichen Vegetationstypen zusammensetzt (Splett 1997).

Yungas:

Artenreiche, sehr feuchte Berg- und Nebelwälder an den östlichen Andenhängen. Charakteristisch ist der Bewuchs der Bäume mit Epiphyten. Die Niederschlagsmenge kann regional über 5000 mm liegen.

2.5. Fauna

Südamerika bildet mit Mittelamerika die zoogeographische Großregion der Neotropis. Die Wirbeltierfauna Südamerikas ist geprägt durch die Isolation von den anderen Kontinenten im ungefähren Zeitraum des Tertiärs und die klimatischen Wechsel der letzten 50 Mill. Jahre, speziell jedoch des Quartärs mit seinen Glazialen und Interglazialen. Die lange Isolation Südamerikas führte dazu, daß sich eine reichhaltige, auf der Erde einzigartige Fauna entwickeln konnte. Typische, rezente Vertreter der Amniota sind unter anderen die Tejus (Teiidae), Mikroteiiden (Gymnophthalmidae), Riesenschlangen (Boinae), Breitnasenaffen (Platyrrhina), Gürteltiere (Dasypodidae), Faultiere (Pilosa), Ameisenbären (Vermilingua) und caviomorphe Nagetiere wie die Wasserschweine, Chinchillas und Meerschweinchen.

Über die Landverbindung über Mittelamerika nach Nordamerika wanderten viele holarktische Faunenelemente der Ordnungen Artiodactyla (z. B. Schweine), Perissodactyla (z. B. Pferde), Lagomorpha (Kaninchen), Rodentia (z. B. Muriden), Carnivora (z. B. Katzen) und Primates (Affen und Menschen) nach Südamerika ein.

Eine wichtige Rolle im zoogeographischen Verständnis Südamerikas spielen die Anden, da sie einerseits die nordwestlichen Küstenregionen vom Rest des Kontinents isolierten, andererseits durch die tiefen, steil abfallenden Täler zu geographischer Isolation und somit neuer Artbildung führen konnten, wie das eindrucksvoll die große Artenzahl der Gattung *Liolaemus* (Tropiduridae) in den Andenstaaten Peru, Bolivien, Argentinien und Chile zeigt (Dirksen & De la Riva 1999). Die Bergregenwälder der Anden spielten aber während der glazialen Perioden des Quartärs für feuchtwarm adaptierte Arten als Refugium eine wichtige Rolle, da die amazonischen Regenwälder während der Eiszeiten erheblich zurückgegangen sein sollen. Diese Hypothese erklärt auch die hohe Endemismusrate in den Bergregenwäldern und die in Südamerika häufig anzutreffende disjunkte Verbreitung vieler Arten.

Bild 15: Kaimane (hier *Caiman yacare*) und Anakondas leben oft in den selben Habitaten. Je nach Größe erbeuten sie sich gegenseitig und oft kommt es zu erbitterten Kämpfen. Foto: L. Dirksen

3. Material und Methoden

3.1 Karten und Fundorte

Die Fundorte der Anakondas sind in den Länderkarten eingetragen und im Text mit der jeweiligen Quelle aufgeführt. Zu den Ländern mit Anakondavorkommen werden im Kapitel 4.1.2 stichwortartige Informationen zu Größe, Geographie und Klima gegeben.

Die in den Verbreitungskarten eingetragenen Fundorte von Anakondas geben Daten aus Museumssammlungen, veröffentlichter Literatur, Berichten von Herpetologen und nicht zuletzt auch eigenen Beobachtungen wieder. Die Museumsakronyme sind im Anhang aufgeführt. Im Literaturverzeichnis sind die Autorenzitate alphabetisch geordnet. In der Danksagung sind Museumsakronyme und Sitze der Herpetologen aufgeführt, die mir ihre Beobachtungen freundlicherweise mitgeteilt haben. Die Bedeutung der in den Verbreitungskarten verwendeten Zeichen variiert in den einzelnen Karten und ist der jeweiligen Legende zu entnehmen. Jedes Zeichen beinhaltet einen Nachweis. Ausnahmen sind das östlich von Marajó gelegene Gebiet des Dep. Parás von Brasilien und der brasilianische Bundesstaat São Paulo, da hier zu viele Nachweise in zu eng begrenztem Raum zur Verfügung stehen. Hier wurden mehrere Fundorte in einigen Punkten auf den Karten zusammengefaßt. Alle bekannten Fundorte sind im Text erwähnt. Fundorte, deren Lokalität nicht ermittelt werden konnte oder die zu ungenau angegeben waren, werden gesondert aufgeführt. Funde, die nur das jeweilige Land als Referenz ihrer Herkunft haben, sind bis auf die wenigen Nachweise für Uruguay nicht berücksichtigt worden. Alle Quellenangaben sind in Klammern gesetzt. Sind mehrere Quellen für einen Fundort verfügbar, sind zuerst die Literaturzitate und Beobachtungen, dann die Museumsbelege jeweils in alphabetischer Reihenfolge aufgeführt. Die Quellenangabe zu jedem Fundort schließen mit einem Punkt. Kommata werden nur bei näherer Beschreibung des Fundortes und zwischen mehreren Belegen eines Museums gesetzt. Semikola grenzen mehrere Fundorte einer Quelle oder mehrere Quellen einer Lokalität voneinander ab. Die Fundortbeschreibungen sind soweit als möglich ins Deutsche übersetzt worden.

3.2 Material

Während der Studie konnten 438 Große Anakondas, 194 Paraguay-Anakondas, 104 *E. deschauenseei* einschließlich Wildfängen auf Marajó, fünf Zoohybriden zwischen *E. murinus* und *E. notaeus*, fünf *E.* sp. aus Bolivien und sieben nicht eindeutig zuzuordnende Anakondas aus 24 Museumssammlungen untersucht werden.

Die Daten sind nach standardisierten Methoden (siehe unten) erhoben worden. Hierbei ergibt sich eine nicht zu vermeidende Ungenauigkeit in den morphometrischen Angaben, weil

Bild 16: Der Autor mit einer gefangenen Anakonda in Ecuador. Foto: L. Dirksen

durch die Art der Konservierung, speziell durch Abhäuten, die Maße nicht mehr dem Originalzustand entsprechen. Dieser Fehler tritt einerseits bei allen Arten gleichermaßen auf und ist andererseits nicht so erheblich, als daß die morphometrischen Daten von Häuten hätten verworfen werden müssen.

Im einzelnen ist Material von 688 Anakondas in Flüssigkonservierung (70 % Ethanol oder Isopropanol, oft mit Formalin oder Formol durchsetzt) untersucht worden. Bei 15 Anakondas wurden die Daten an lebenden Tieren genommen und 72mal stammen sie von trockenen Häuten oder Skelettmaterial. 580 untersuchte Exemplare lagen vollständig vor, 74mal wurden die Häute mit Köpfen und meistens auch mit Schwänzen konserviert, und 52mal wurden vollständig gehäutete Anakondas bearbeitet. Außerdem wurden 16 Köpfe, 23 Schädel und 44 vollständige Skelette untersucht.

Eine Unterscheidung zwischen den Unterarten *E. m. murinus* und *E. m. gigas* wird grundsätzlich nicht gemacht, weil sich früh während der Arbeit herausstellte, daß die von Dunn & Conant (1936) angeführten Unterscheidungskriterien nicht haltbar sind. Dies führte bereits zur Synonymisierung der beiden Unterarten (Dirksen & Böhme 1998b), so daß sich *E. murinus* heute als monotypische Art präsentiert.

Bild 17: Für die Untersuchung wurde alles verfügbare Anakondamaterial aus verschiedenen Museen dreier Kontinente gesichtet. Die Anakonda im mittleren Glas stammt aus Kolumbien und kann nicht bestimmt werden. Zum Vergleich *E. murinus* (links) und *E. notaeus* (rechts). Foto: L. Dirksen

Nachweis des untersuchten Anakondamaterials:

Eunectes murinus:

AMNH 2222, 3034, 4137, 4138, 5028, 5029, 6892, 7190, 8659, 8686, 14262, 25032, 27342, 29349, 29350, 43308, 46336, 52274, 52325, 52326, 52987, 53112, 53132, 53489, 53572, 54120, 54158, 54273, 54549, 54781, 54913, 55269, 55346, 55481, 55529, 55753, 56063, 56132, 57474, 58146, 58159, 60026, 61535, 62559, 62560, 70598, 73369, 73830, 75036, 89156, 93558, 101925, 104551, 107660, 114721, 127827–127829; ANSP 20892, 6687, 6688; BMNH 1924.2.28.14, 1924.9.20.16, 1934.11.1.14, 1946.4.4.11, 1950.1.5.90 (14 Tiere), 1952.1.2.72, 1994.252, 63.215.67, 66.8.14.349, 97.7.23.26–27 (2 Tiere), IV.13.1.g, IV.13.1C; CAS 93200, 93202; CM, einmal ohne Nummer, R 217–R 237, 22055, 41222, 44287, 52207, 60230, 61619, 91414, 91415, 92000, 111958, 111959, 111994, 112028, 112262–112271, 114432, 145330, 145331 A + B; FMNH 9504, 22776, 25925, 25926, 26654, 30875, 30954, 31630, 31665, 34745, 37218, 37417, 37846, 39465, 45692–45720, 212710, 232745, 242467; HLMD RA-120; IB 19, 276, 925, 9147, 7489, 9211, 11958, 12260, 12884, 13906, 14165, 14179, 14183, 14184, 14220, 14302, 14333, 14349, 14355, 144335, 14636, 14828, 15275, 15445, 15983, 16005, 16093, 16106, 16117, 16567, 16656, 17856, 18151, 18697, 18760, 18841, 18903,19646–19647, 19650, 19699, 19795, 19885, 20377, 20507, 20672, 20987, 21067, 21828, 21986, 22013, 22286, 22752, 24029, 24036, 26728, 26939, 27665, 28592, 28777, 32950, 34091, 34297, 37048, 40774, 42082, 42111, 42163, 42233, 42758, 43401, 49029, 50240, 51229, 51232, 52322, 52351, 53461, 55586; HYIR 3716; KU 32545, 121834, 124589, 128092, 129870, 204897; LACM 2117–2134, 31475, 101304, 101305, 101320; LSUMZ 9125, 9126,14585; 26836–26840, 26869, 35247, 39404, 39427, 41099, 47251; MCZ 830, 2563, 2679, 8045, 8046, 42354–42356, 46630, 53218, 149585; MHNNKM Field Series M. S. Hoogmoed 5919; MNHNP zweimal ohne Nummer, 2501, 6958; MPEG einmal ohne Nummer, 9, 19, 26, 167, 212, 1365, 1493, 4138, 4771, 9202, 9347, 10312, 15409, 15585, 16378, 16443, 16691, 16693, 16752, 16816, 16817, 17027, 17482, 17633, 17752, 18483, 18506, 18511, 18701, 18702, 18737, 18767; MTKDD 6778, 11638, 14972, 19670, 19671, 21991, 29207, 37573; MVZ 33699, 96003, 96004, 123085; SMF 16885–16887, 33146, 39286, 59685–59687, 71163; UMB viermal ohne Nummer, 1805 (27.2.4), 333 (27.2.4), 334 (27.2.4); UMMZ 46678, 130169, 130171, 130868; USNM 6000, 15232, 27855, 55845, 73927, 85089–85091, 86640–86642, 89388, 89389, 89977, 90900, 129096, 135455, 140243, 141764, 204102, 220301, 220302, 280966, 288929, 497804; ZFMK einmal ohne Nummer, 5179, 23381; ZMB einmal ohne Nummer, 1519, 29804, 37066, 37202–37204, 54221, 56156; ZMH 04407, 04408; ZSM 105/1990, 466/1999, 467/1999, 475/1999.

Eunectes notaeus:

AMNH 38018, 101921–101923; BMNH 1950.1.5.90; CM 109115, 112284, 140249; HLMD RA-1115; FMNH 9084, 9196, 9505, 134228, 229591, 229629, 229857–229859, 229919, 229921; IB 1171, 2146, 4551, 7014, 7402, 7450, 9251, 9304, 10590, 12189, 14964, 15159, 16568, 16947, 17124, 17423, 17424, 22476, 23152, 23617, 27738, 51963, 76312; MHNNKM 1131, 1152, 1330; MNHNP (einmal ohne Nummer), 3885, 3896, 4044, 4848–4850, 6844, 6845, 6847–6873, 6876–6880, 6883-6925, 6927–6957, 6959; MTKDD 10443, 11874, 17367, 18548, 23799, 27987, 29834, 29835, 33778, 35738; SMF 16888, 16889, 69441; UMMZ 182035, 182036, 135453, 135454; ZFMK 13887; ZMH 04409; ZSM 468/1999–474/1999.

Bild 18, 19: Für diese Arbeit wurden auch Anakondas in der freien Natur untersucht. Hier bergen der Autor, Pete Strimple und ihr Team eine 5m lange Anakonda in Ecuador.
Fotos: L. Dirksen

Eunectes deschauenseei:

AMNH 56133, 56134; ANSP 20891 (Holotypus); CM R 379; IB 14619, 14637, 14638, 14639, 15208–15218, 15283, 15452, 17641, 17642, 17791, 17792, 17794, 17801–17808, 17826–17828, 18122, 18123, 18141, 18895, 19188, 20427, 26274, 40506, 40510, 40518, 40693, 40696, 40697, 40714 -40721, 40786–40790, 40854, 41900; MCZ 2795; MPEG (sechsmal ohne Nummer), 71, 16353, 18019, 18068; SMF 62617; UMMZ 204111, ZFMK 65465; ZIS 5082; ZMB C 826; ZSM 465/1999, 31/1911; 6 freigelassene Exemplare.

Eunectes sp. (Bolivien):

AMNH 101924; CBF 1675; NKR 1735; UMMZ 56863; 1 Exemplar der Schlangenfarm von Paolo Batelle, Dep. Santa Cruz.

Eunectes sp.:

AMNH 3031–3033; BMNH 94.5.4.2; MTKDD 14971; USNM 64933; UMB (zweimal ohne Nummer).

Eunectes murinus x *Eunectes notaeus*:

AMNH 92875–93877, 104691, 194692.

Eunectes barbouri:

ANSP 20890 (Holotypus).

3.3 Methoden der Datengewinnung an Sammlungsmaterial

Zum Vergleich der Arten, Geschlechter und Altersstadien sind die Anakondas auf Färbung, Maße, Pholidose, Skelett, Zähne und Hemipenismerkmale untersucht worden. Im optimalen Fall, wenn die Anakondas vollständig gehäutet mit ihrem Skelett, einschließlich der kleinen hinteren Extremitätenknochen, zur Untersuchung zur Verfügung standen, konnten von einem Tier 84 standardisierte Daten auf einem Formblatt aufgenommen werden. Bei Bedarf vervollständigten weitere Bemerkungen und Skizzen die Untersuchungen. Obwohl nur selten wirklich 84 Daten genommen werden konnten, oft bedeutend weniger, ist eine umfangreiche Datensammlung mit 768 Datensätzen entstanden, die zur weiteren Bearbeitung in eine elektronische Datenbank aufgenommen wurde. Dazu wurden, wenn vorhanden, Sammlungsnummer des Museums, Fundort, Sammler, Sammlungsdatum, Nachzuchtdaten, Erhaltungsart (Konservierung), Objekt, Alter und Geschlecht notiert.

Grundsätzlich ist die Kopf-Rumpf-Länge (KRL) als Basisgröße zum Vergleich mit anderen Maßen gewählt worden, da die Schwänze des öfteren nicht komplett waren bzw. sich dies nicht eindeutig erkennen ließ, so daß Fehler in der Berechnung der Gesamtlänge (GL) aufgetreten wären. Auch ein möglicher Sexualdimorphismus in der Schwanzlänge kommt somit nicht zum Tragen. Der bereits erwähnte Nachteil besteht darin, daß hier Daten von lebenden Schlangen, von

Bild 20: Pete Strimple vermisst das 5 m lange Weibchen der Großen Anakonda. Foto: L. Dirksen

frischtoten Anakondas, von konservierten ganzen oder gehäuteten Exemplaren und getrockneten Häuten einfließen. Diese Fehlerquelle läßt sich jedoch grundsätzlich nicht ausschließen. In den Abbildungen hingegen wurde nach Möglichkeit die GL benutzt, weil sie ein realeres Bild der Schlangen vermittelt.

Ein schwer einzuordnendes Phänomen beinhalten die häufig gefundenen Mißbildungen und Fehlentwicklungen in Serien neugeborener Anakondas. So wurde z. B. eine Serie von sechs Neugeborenen (Totgeburten?) *E. notaeus* (FMNH 229591, 229857–229859, 229919, 229921) aus einer Nachzucht des Lincoln Park Zoo Chicago untersucht, die durch Mißbildungen wie Verwachsungen (Schistosomia), mehrere extrem unterständige Mäuler, zugewachsene Augen, ungewöhnliche Kopffärbungen und abweichende Schuppenzahlen auffielen. So wies ein Tier dieser Serie nur 209 Ventralia und ein anderes nur 37 Subcaudalia auf. Dies resultiert möglicherweise aus ungünstigen Temperaturverhältnissen (Osgood 1978), scheint aber auch durch Streß verursacht werden zu können (U. Fritz, pers. Mitt.). Schlangen mit offensichtlichen Fehlentwicklungen sind nicht in die Tabellen und Auswertungen aufgenommen worden. Anomalien bei Anakondas werden von Bellairs & Boyd (1957) beschrieben.

In den Tabellen steht die Anzahl der untersuchten oder vermessenen Anakondas in Klammern, die Maße sind in Zentimetern angegeben.

Die Daten wurden im einzelnen wie folgt erhoben:

Kopf-Rumpf-Länge (KRL):

Länge von der Maulspitze bis zur Kloakenmitte bei möglichst gestrecktem Körper. Bei konservierungsbedingt starren Anakondas ist ein Faden auf die Mitte des Körpers gelegt und hinterher die Länge auf dem Maßband ermittelt worden.

Schwanzlänge (SwL):

Länge von der Kloakenmitte bis zur Schwanzspitze. Bei Zweifel an der Vollständigkeit der Schwanzspitze ist auf den Wert verzichtet worden. (Es ist nicht immer zu erkennen, ob eine Anakonda als Jungtier ein Stück des Schwanzes verloren hat, was z. B. durch Piranhas recht häufig vorkommen soll).

Gesamtlänge (GL):

Summe aus KRL und SwL.

Körperumfang (KU):

Länge um den Körper an der dicksten Stelle, die eindeutig nicht durch noch unverdaute Nahrung beeinflußt ist.

Kopflänge (KL):

Länge von der Schnauzenspitze bis zum fühlbaren Ende des Schädels.

Kopfbreite (KB):

Größte Breite des Kopfes von oben gesehen. Bei abgeplatteten Köpfen und hängender Haut wurde die Haut unter den Kieferknochen angezogen, so daß sie sich an der breitesten Kopfstelle ohne Zug um die Unterkiefer spannte.

Schnauzen-Augen-Länge (SAL):

Strecke zwischen der Schnauzenspitze und der Mitte des Kopfes in Höhe des Augenanfanges.

Augenabstand (LZA):

Kürzeste Strecke zwischen den Rändern beider Augen.

Afterspornlänge (ASL):

Zum Messen wurden die Aftersporne aufgerichtet und die Länge von der Afterspornspitze bis zum basalen Beginn des Spornes in der Tasche hinter dem Sporn ermittelt.

Breite 30. Ventralia (30. V):

Breite des 30. Ventrale vom Hals aus gezählt.

Breite 10. Subcaudalia (10. SC):

Breite des 10. Subcaudale von der Kloake ab gezählt.

Längen und Breiten der Frontonasalia, Praefrontalia und Frontalia:

Längen und Breiten längs bzw. quer zum Kopf genommen, sofern die Schuppen nicht mit anderen Schuppen verwachsen sind.

Ventralia (V):

Anzahl großer Bauchschuppen vom Hals bis vor das Anale, die die beiden seitlichen, den Körper entlanglaufenden Dorsalreihen berühren. Sehr selten auftretende halbe Schuppen sind als ganze gezählt worden.

Subcaudalia (SC):

Anzahl ventraler großer Schuppen hinter den kleinen Kloakenschuppen bis zur Schwanzspitze. Doppelte Schuppen bzw. zwei nebeneinanderliegende Subcaudalia wurden einfach gezählt, weil das einfache Zählen doppelter Subcaudalia zu vollkommen falschen Ergebnissen führen würde, da über die Hälfte der Anakondas Reihen doppelter Subcaudalia besitzt.

Dorsalia (Do):

Anzahl Schuppen um den Körper, an drei verschiedenen Stellen ermittelt: eine Kopflänge hinter dem Kopf, in der Kopf-Rumpf-Mitte und eine Kopflänge vor der Kloake.

Supralabialia (SL):

Anzahl Schuppen, die an der oberen Seite der Maulspalte liegen.

Infralabialia (IL):

Anzahl Schuppen, die an der unteren Seite der Maulspalte liegen.

Suborbitalia (SO):

Anzahl Schuppen zwischen den Supralabialia und den Ocularia sowie dem großen Loreale. Gezählt wurden sie nur, wenn sie sowohl mindestens ein Oculare und Supralabiale oder das Loreale und ein Supralabiale berühren. Gelegentlich kommen sogar doppelte Suborbitalia vor, die dann jedoch nur einfach gezählt wurden. Da die Suborbitalia hinter den Ocularia nicht mehr eindeutig als solche zu erkennen sind, wurden sie nicht mitgezählt.

Supraocularia, Praeocularia, Subocularia und Postocularia:

Anzahl Schuppen, die in dem jeweiligen Bereich am Augenrand liegen.

Schuppen um das Frontale:

Anzahl Schuppen, die in direkter Berührung zum Frontale stehen, sofern das Frontale vorhanden oder nicht mit einer anderen Schuppe verwachsen ist.

Schuppen zwischen Supraocularia:

Kleinste Anzahl Schuppen, die zwischen den beiden großen Supraocularia in der Mitte des Kopfes sitzen.

Grundfarbe:

Dorsale und laterale Körperfarbe ohne die schwarze Zeichnung.

Färbung im Temporalbereich:

Farbe zwischen den beiden schwarzen, lateralen Kopfstreifen.

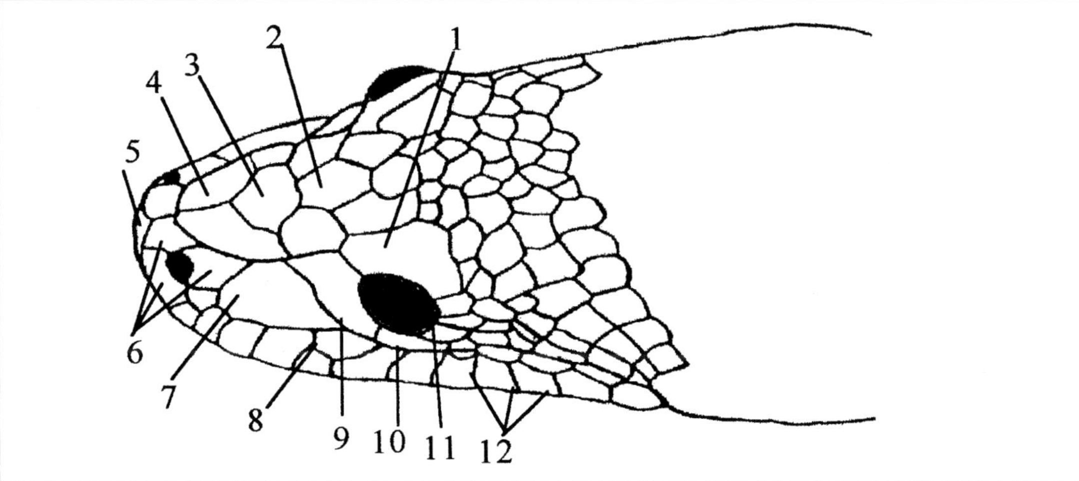

Abb. 3.1: Kopfschuppen der Anakondas:
1. Supraoculare; 2. Frontale; 3. Praefrontale; 4. Frontonasalia; 5. Rostrale; 6. Nasalia; 7. Loreale; 8. Suborbitalia; 9. Praeoculare; 10. Suboculare; 11. Postocularia; 12. Supralabialia

Kopfstreifen:

Anzahl großer, längs gerichteter Kopfstreifen.

Helligkeit der Zentren der dorsalen schwarzen Querbarren bzw. Punkte:

Da die hellen Zentren (Ozellen) immer vom Hals ausgehend nach hinten schwächer werden, um in vollständig schwarze Punkte überzugehen, wurde das Vorhandensein der Ozellen in Körperabschnitte untergliedert.

Punkte bzw. Ozellen:

Anzahl schwarzer, dorsaler Barren und Punkte bzw. Ozellen vom Hals bis zur Schwanzspitze. Barren und Punkte, die sich entweder median oder seitlich berühren, was relativ häufig vorkommt, sind entsprechend doppelt gezählt worden (Abb. 3.2). Dies trifft auch auf die hintere Schwanzhälfte zu, wo häufig ein über die Mitte durchgehender Streifen zu finden ist. Die gewöhnlich schwarze Schwanzspitze wurde einfach gezählt. Die Anzahl der Barren zwischen Hals und Kloakenhöhe und zwischen Kloake und Schwanzspitze ist extra aufgenommen worden.

Wirbel:

Anzahl Wirbel, die meistens lose vorlagen, so daß die Vollständigkeit der Wirbel nicht geprüft werden konnte.

Schädellänge (SchL):

Länge des Schädels von der Schnauzenspitze bis zum hinteren Ende ohne Berücksichtigung der lose vorliegenden Unterkiefer.

Schädelbreite (SchB):

Länge an breitester Stelle von oben gesehen, ohne Berücksichtigung der Unterkiefer.

Unterkieferlänge (UKL):

Kürzeste Länge (Luftlinie) vom Anfang bis zum Ende des Unterkiefers.

Dental-, Maxillar-, Palatina-, Pterygoid-, Ilium (ImL)- und Femurlänge (FL):

Kürzeste Länge (Luftlinie) vom Anfang bis zum Ende des jeweiligen Knochens.

Zähne auf den Dentalia, Maxillaria, Palatina und Pterygoidea:

Die Zahl der Zähne ist nicht direkt durch die vorhandenen Zähne bestimmt worden, sondern indirekt durch die Zahl der Zahntaschen, weil oft Zähne fehlten und außerdem ein laufender Zahnwechsel stattfindet (Petzold 1982).

Geschlechtsbestimmung:

Sofern die Hemipenes nicht evertiert vorlagen, ist die Bestimmung in erster Linie durch die Länge der Aftersporne vorgenommen worden. Große Anakondas über 3,50 m und Paraguay-Anakondas über 3,0 m Länge sind als Weibchen betrachtet worden, da kein Männchen der Großen Anakonda über 3 m und keines der Paraguay-Anakonda über 2,40 m Länge bekannt wurde. Nur bei eindeutigen Fällen ist auch das Verhältnis Swl zur KRL und das Verhältnis des 10. SC zur GL herangezogen worden. Die Beschreibungen der Hemipenes richten sich nach der Terminologie von Ziegler & Böhme (1997).

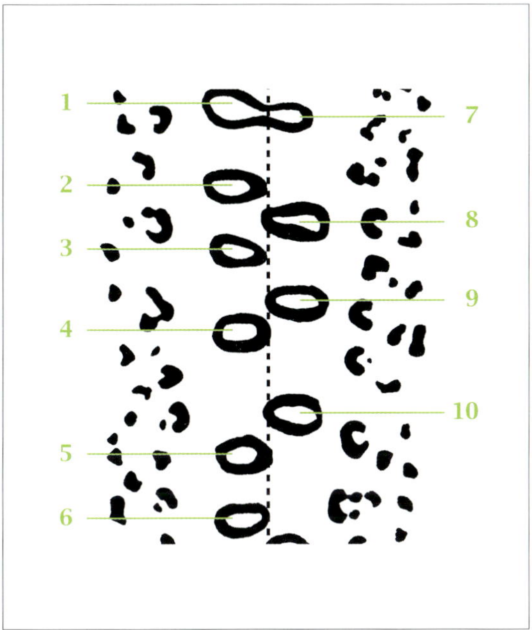

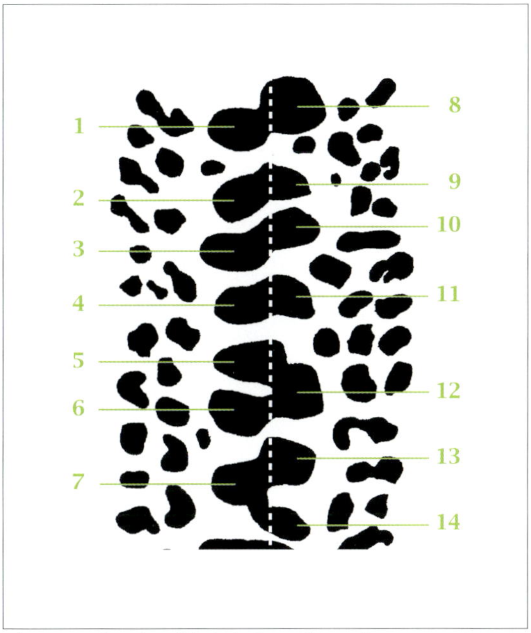

Abb. 3.2: Zählweise der dorsalen Barren, links bei einem *E. deschauenseei* und rechts bei einem *E. murinus*

3.4 Multivarianzanalyse

Komplette Datensätze folgender Schuppen- und Zeichnungswerte wurden zur Durchführung der Multivarianzanalyse hinzugezogen: Dorsalia um die Körpermitte, Subcaudalia, Ocularia, Supralabialia, Infralabialia, Suborbitalia, Schuppen um das Frontale, dorsale schwarze Punkte bzw. Barren und Kopfstreifen. Die Ventraliadaten wurden nicht benutzt, weil diese von sehr vielen Paraguay-Anakondas nicht zur Verfügung stehen und somit viele Datensätze dieser Art verlorengegangen wären. In der Analyse werden die gesamten Werte aller Individuen einer Art verrechnet, die Ähnlichkeit der einzelnen Arten untereinander ermittelt und letztlich auf eine zweidimensionale Oberfläche graphisch projiziert. Die Datensätze wurden der Access-Datenbank (Version 97) entnommen, in welcher alle Daten dieser Dissertation gespeichert wurden. Die Berechnungen wurden mit dem Programm SPSS 6.0.1 durchgeführt.

Insgesamt sind Datensätze von 250 Anakondas in die Analyse eingeflossen. Dies sind 126 *E. notaeus*, 84 *E. murinus*, 35 *E. deschauenseei* und 5 *E.* sp. Da *E. murinus* in seinem großen Verbreitungsgebiet an unterschiedlichen Flußsystemen vorkommt, ist diese Art in die vier Lebensräume „Orinoko", „Amazonas", „Paraná" und „Peru" aufgeteilt worden. Dabei werden die Anakondas aus Kolumbien und Venezuela dem Lebensraum „Orinoko" zugerechnet, die aus den Guayanaländern, Bolivien und den Bundesstaaten Amapá, Amazonas, Maranãho, Pará, Rondonia und Roraima Brasiliens dem „Amazonas" und die aus den brasilianischen Bundesstaaten Goias, Mato Grosso, Mato Grosso do Sul, Minas Gerais und São Paulo dem „Paraná". Die Anakondas aus Peru wurden wegen ihrer typischen großen, runden, dorsalen Flecken getrennt unter „Peru" betrachtet. 27 Große Anakondas stammen dabei aus dem Bereich „Amazonas", 40 aus „Paraná", 10 aus „Peru" und 7 aus „Orinoko".

3.5 DNA-Isolierung

Die Laborarbeiten wurden ausnahmslos im Zoologischen Forschungsinstitut und Museum Alexander Koenig (ZFMK) durchgeführt, das seit kurzem über ein modernes Labor mit Ausstattung für molekularbiologische Untersuchungen verfügt.

Das zunächst größte Problem bestand nicht in der Durchführung der Arbeit im Labor, sondern in der Beschaffung von brauchbarem Gewebe oder Blut der zu untersuchenden Taxa, speziell von den taxonomisch fragwürdigen Anakondas aus Bolivien und von *E. deschauenseei*, die bisher nur extrem selten nach Europa gelangt ist. Zuchttiere aus Zoos oder von Privatleuten verfügen leider oft über keine Herkunftsdaten, was die Qualität der Ergebnisse beeinträchtigt. Das Blut wurde nach der in Bush & Smeller (1978) beschriebenen Methode aus der Schwanzvene entnommen. Eine Herzpunktion zur

Tab. 3.1: Liste der Boiden, von denen DNA gewonnen werden konnte

Nummer	Art	Herkunft	Art der Probe	Konservierung	Zustand der DNA
1	*E. deschauenseei*	Zucht	Muskel	Ethanol	degeneriert
11	*E. notaeus*	Zucht	Blut	Ethanol	gut
13	*E. notaeus*	Zucht	Blut	Ethanol	gut
17	*E. deschauenseei*	Brasilien	Muskel aus Ethanol	Ethanol	degeneriert
26	*Morelia amethistina*	Zucht	Muskel (stinkend)	Ethanol	leicht degeneriert
27	*Python curtus*	Zucht	Muskel (stinkend)	Ethanol	leicht degeneriert
28	*Python regius*	Zucht	Muskel aus Ethanol	Ethanol	leicht degeneriert
32	*E. barbouri*	Brasilien	Muskel aus Ethanol	Ethanol	leicht degeneriert
35	*E. deschauenseei*	Zucht	Blut	Ethanol	leicht degeneriert
36	*E. notaeus*	Zucht	Blut	EDTA	gut
37	*Boa c. constrictor*	Zucht	Blut	EDTA	gut
38	*Boa c. occidentalis*	Zucht	Blut	EDTA	gut
39	*Boa constrictor*	Zucht	Blut	EDTA	gut
40	*Boa c. occidentalis*	Zucht	Blut	EDTA	gut
41	*Candoia carinata*	Zucht	Blut	EDTA	gut
42	*Corallus c. caninus*	Zucht	Blut	EDTA	gut
43	*Corallus enhydris*	Zucht	Blut	EDTA	gut
47	*Morelia amethistina*	Zucht	Blut	EDTA	gut
48	*Acrantophis dumerili*	Zucht	Blut	EDTA	gut
54	*Sanzinia madagascar.*	Zucht	Blut	EDTA	gut
60	*E. murinus*	Brasilien	Blut	Ethanol	gut
61	*E. deschauenseei*	Brasilien	Blut	Ethanol	gut
62	*E. deschauenseei*	Brasilien	Blut	Ethanol	gut
63	*E. deschauenseei*	Brasilien	Blut	Ethanol	gut
64	*E. deschauenseei*	Brasilien	Blut	Ethanol	gut
65	*E. deschauenseei*	Brasilien	Blut	EDTA	gut
66	*E. deschauenseei*	Brasilien	Blut	EDTA	gut
67	*Epicrates cenchria*	Brasilien	Blut	Ethanol	gut
68	*E. murinus*	Brasilien	Blut	Ethanol	gut
70	*E. deschauenseei*	Brasilien	Blut	EDTA	gut
71	*E. notaeus*	Argentinien	Blut	EDTA	leicht degeneriert
72	*E. notaeus*	Argentinien	Blut	getrocknet	gut
73	*E. deschauenseei*	Brasilien	Blut	Ethanol	gut
74	*E. deschauenseei*	Brasilien	Blut	Ethanol	gut
75	*E. deschauenseei*	Brasilien	Blut	Ethanol	gut
76	*E. deschauenseei*	Brasilien	Blut	EDTA	gut
77	*E. deschauenseei*	Brasilien	Blut	EDTA	gut
79	*E.* sp.	Bolivien	Blut	EDTA	gut
80	*E.* sp.	Bolivien	Blut	Ethanol	leicht degeneriert
81	*E. notaeus*	Argentinien	Blut	EDTA	degeneriert
82	*E. notaeus*	Argentinien	Blut	EDTA	degeneriert
83	*E. notaeus*	Argentinien	Blut	EDTA	degeneriert
84	*E. notaeus*	Argentinien	Blut	EDTA	degeneriert
85	*E. notaeus*	Argentinien	Blut	EDTA	gut
86	*E. notaeus*	Argentinien	Blut	getrocknet	leicht degeneriert
87	*E. notaeus*	Argentinien	Blut	getrocknet	leicht degeneriert
88	*E. notaeus*	Argentinien	Blut	getrocknet	degeneriert
89	*Boa c. constrictor*	Brasilien	Blut	EDTA	? zu wenig DNA
90	*E. murinus*	Argentinien	Muskel	getrocknet	degeneriert

Gewinnung einer genügend großen Menge Blut, wie z. B. von MAKEY & SEAL (1969) für ihre Untersuchung des Transferrins von *E. murinus* vorgenommen, stellte sich als nicht notwendig heraus. Das Blut wurde in 100 % reinem Ethanol oder in EDTA konserviert. Das Verhältnis Konservierungsflüssigkeit zu Blut betrug mindestens 3 : 1. Bei toten Tieren wurde unter möglichst sterilen Bedingungen ca. 1 g Muskelgewebe entnommen und ebenfalls in Ethanol oder EDTA konserviert. DNA argentinischer Paraguay-Anakondas konnte aus getrocknetem Blut gewonnen werden, welches mir freundlicherweise von T. WALLER (IUCN und IBERA) zur Verfügung gestellt wurde.

Der Versuch, DNA aus in Alkohol konservierten Schlangen zu gewinnen, schlug größtenteils fehl, da Formalin und andere Verunreinigungen des Alkohols die DNA degeneriert hatten. Je länger die Konservierung der Schlangen angedauert hatte, desto degradierter stellte sich die DNA dar. In der Tabelle 3.2 werden die Schlangen und ihre Herkunft aufgelistet, von denen DNA isoliert und in ihrem Zustand beurteilt werden konnte.

Die DNA-Extraktion der Blut- und Gewebeproben wurde modifiziert nach dem DTAB-Protokoll von GUSTINCICH et al. (1991) durchgeführt. Nachdem die DNA weiteren Säuberungsschritten unterzogen wurde, ist die DNA einer Agarose-Gelelektrophorese (Bio Rad: Power Pac 300, Serva submarine-Kammern) unterzogen worden, um den Zustand der DNA beurteilen zu können (Abb. 3.3). Gut erhaltene DNA ist an einer dicken Bande zu erkennen, die nur eine kurze Strecke zurückgelegt hat. Degenerierte DNA liegt fragmentarisch vor, die kleinen Stücke wandern eine größere Strecke auf dem durchlässigem Gel. Hier zeigt sich ein verwaschenes Bild.

Abb. 3.3: DNA-Check auf einem Agarosegel. Kurze helle Banden markieren gut erhaltene DNA, und lange verwaschene Laufspuren zeigen, daß die DNA degeneriert, d. h. in vielen kleinen Fragmenten vorliegt.

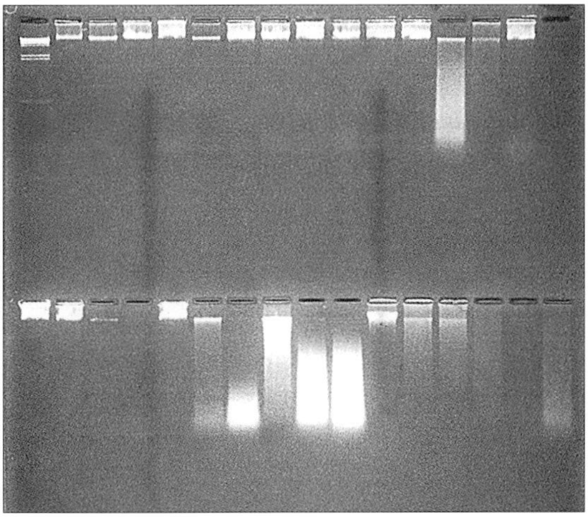

3.6 RAPD (Random Amplified Polymorphic DNA)

Die RAPD-Analyse ist eine Technik, mit der man genomischen Polymorphismus mit Hilfe von Oligonucleotidprimern feststellen kann. Sie wird unter anderem zur Populationsanalyse, Genkartierung, Erkundung der Gendiversität und zur Demonstration von phylogenetischen und taxonomischen Verwandtschaftsverhältnissen eingesetzt.

Die RAPD-PCR wurde mit dem Kit von der Firma Amersham Pharmacia Biotech (Produkt Nr.: 27-9500-01) und mit folgenden Oligonucleotidprimer durchgeführt (Abb. 3.4):

Primer: Roth D-10 5'>GGT CTA CAC C
Primer: Roth D-11 5'>AGC GCC ATT G
Primer: Roth D-12 5'>CAC CGT ATC C
Primer: Roth S-04 5'>CAC CCC CTT G
Primer: Roth S-06 5'>GAT ACC ACG G
Primer: GATA 5'>GATA

Lediglich mit dem Primer GATA konnten keine verwertbaren Banden amplifiziert werden.

Nach der PCR wird eine Agarose-Gelelektrophorese durchgeführt (Abb. 3.4). Rechts und links der Proben wird 1 µl eines 100-bp-Markers in die Taschen des Gels pipettiert. Die Elektrophorese wird bei 110 Volt, 400 mA 90 min gefahren.

Am PC wird die Bandengroße mit Hilfe der 100-bp-Marker bestimmt (RFLPScan). Die Banden der einzelnen Proben werden verglichen und nach Anwesenheit oder Abwesenheit kodiert. Diese Datenmatrix wird einer „principal component analysis" unterzogen. Das Programm RAPDDIST berechnet inklusive der Bootstraps die Abstände nach der Methode

Abb. 3.4: RAPD-PCR-Gel mit verschiedenen Primern. Links und rechts sind jeweils die Marker.

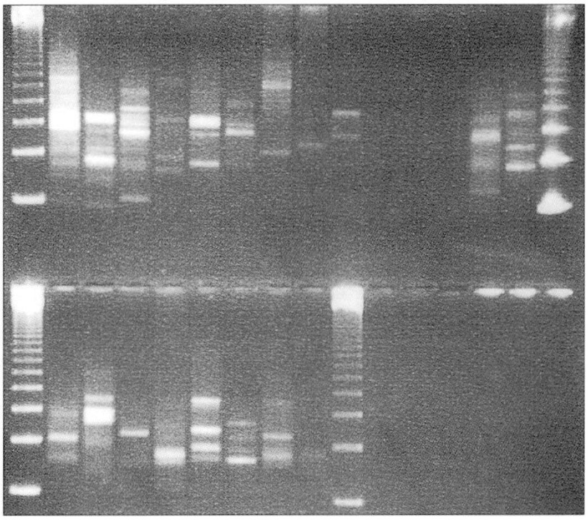

„Manhatten“. Die genetische Verwandtschaft der einzelnen Taxa wird mit der Matrix der Daten der 24 Individuen in Form einer UPGMA Cluster Analyse im Modul NEIGHBOR des Programmes PHILIP 3.57 durchgeführt. Der hergeleitete Baum (CONSENSE) wird in TREEVIEW 1.5 graphisch dargestellt.

Nachfolgend werden die 24 Individuen, deren DNA zur Analyse herangezogen wurden, nach Herkunft und Geschlecht charakterisiert:

E. deschauenseei
Alle Exemplare stammen aus der Umgebung von Santa Cruz do Arari, Marajó, Pará, Brasilien.

E. des. 2	Blutentnahme am Fundort; Männchen.
E. des. 3	MPEG (ohne Nummer); Weibchen.
E. des. 4	MPEG (ohne Nummer); Weibchen.
E. des. 5	MPEG (ohne Nummer); Weibchen.
E. des. 6	Blutentnahme am Fundort; Weibchen.
E. des. 7	Blutentnahme am Fundort; Männchen.
E. des. 8	MPEG (ohne Nummer); Weibchen.
E. des. 9	MPEG (ohne Nummer); Weibchen.

E. notaeus

E. not. 1	wird beim Autor gehalten, ohne Fundort; Männchen.
E. not. 2	Drachenfelszoo Königswinter.
E. not. 4	MACN 35441; Männchen; Yacyreta-Stausee, Rio Paraná, Corrientes, Argentinien (27°28‘/56°24‘).
E. not. 5	Blutentnahme am Fundort; Männchen; Coast of the Rio Negro, near Estancia el Palmar, Alto Paraguay, Paraguay (20°00‘/58°10‘).
E. not. 6	Blutentnahme am Fundort; Weibchen; Rio Verde, about 2 km west of the Rio Negro, Alto Paraguay, Paraguay (19°52‘/58°14‘).
E. not. 7	MACN 35443; Männchen; Yacyreta-Stausee, Rio Paraná, Corrientes, Argentinien (27°28‘/56°24‘).
E. not. 8	MACN 36444; Weibchen; Yacyreta-Stausee, Rio Paraná, Corrientes, Argentinien (27°28‘/56°24‘).

E. murinus

E. mur 1	MPEG (ohne Nummer); Männchen; Estacao Cientifica Ferreira Penna/Floresta Nacional de Caxiuana Melgaco, Pará, Brasilien.
E. mur 2	MPEG (ohne Nummer); Weibchen; Municipidad Santa Cruz do Arari, Marajó, Pará, Brasilien.

E. sp.

E. sp. 2	NKR 1735; Männchen; Trinidad, Beni, Bolivien.
E. sp. 3	NKR (ohne Nummer); Männchen; on the road 9 km from Rio Marmoré in the direction to Rio Tiamuji, Beni, Bolivien.

Acrantophis dumerili
A. dum. Zoo Köln.

Corallus caninus
C. can. Zoo Köln.

Epicrates cenchria
Epicrates MPEG (ohne Nummer); Marajó, Pará, Brasilien.

Sanzinia madagascariensis
S. mad. Zoo Rotterdam.

Neben der RAPD-Analyse wurde auch der Versuch unternommen, weitere phylogenetische Hinweise durch eine DNA-Sequenzanalyse zu erzielen. Dabei wird die Basenabfolge eines bestimmten DNA-Abschnittes (z. B. Cyto-b-50) ermittelt und die Sequenzen untereinander verglichen. Hierbei gilt die Ähnlichkeit als Maß für die phylogenetische Verwandtschaft. Leider haben die Sequenzierungen der PCR-Produkte noch nicht den erwünschten Erfolg gezeigt. Verwertbare Ergebnisse sollen in einer nachfolgenden Publikation veröffentlicht werden.

Bild 21: Auf Anakondasuche im Cuyabeno-Nationalpark Ecuadors Foto: L. Dirksen

4. Ergebnisse

4.1 Verbreitung

Dem Vorkommen der Anakondas in Südamerika ist in dieser Arbeit neben der Systematik besonders viel Aufmerksamkeit zuteil geworden, da festzustellen war, daß die Verbreitung kaum erforscht worden ist und die bisherigen Angaben in erster Linie auf Annahmen beruhten. Dies wird z. B. dadurch deutlich, daß zwar Einigkeit über das Vorkommen der Großen Anakonda im Amazonas- und Orinokobecken besteht, jedoch hinsichtlich ihrer Verbreitung nach Süden völlig unterschiedliche Angaben gemacht werden. Für mehrere Länder ist bis heute keine einzige Verbreitungskarte oder eine Beschreibung zum Vorkommen vorhanden. Wenn Karten mit Fundorten verfügbar sind, ist festzustellen, daß oft weniger als 10 Nachweise eingezeichnet sind, obwohl die Anakondas in riesigen Gebieten in den betreffenden Ländern leben und durchaus gesehen werden.

PETZOLD (1982) zeichnete zwei Karten zum Vorkommen von *E. murinus* und *E. notaeus* (Abb. 4.1, 4.2). Obwohl z. B. zum Vorkommen von *E. murinus* das gesamte Paraná-Paraguay-System im Süden nicht eingezeichnet wurde und für *E. notaeus* Fragezeichen in alle Richtungen stehen, sind diese beiden Karten für weitere 10 Jahre die besten zur Verbreitung der Anakondas gewesen! Eine ausführliche Diskussion zur Verbreitung der Anakondas in den einzelnen Ländern findet im Kapitel 5.1 statt.

Der untere Pfeil (Abb. 4.1) weist auf Marajó hin, von wo aller Wahrscheinlichkeit nach die Holotypen von *E. barbouri* und *E. deschauenseei* stammen. Ein Vorkommen der De Schauensees Anakonda auf dem Festland war PETZOLD noch nicht bekannt (s. Abb. 4.3).

Anakondas sind groß und populär; daher hielt man sie wohl für so bekannt, daß man ihnen nur selten soviel Aufmerksamkeit widmete, die Sichtungen und Fänge zu beschreiben. Außerdem gelangten sie wegen ihrer Größe nur relativ selten in wissenschaftliche Sammlungen, und besonders die älteren Stücke besitzen meist unzureichende Deklarierungen des Sammlungsortes.

In dieser Arbeit werden deshalb erstmals für alle Länder mit Anakondavorkommen Karten mit so vielen Fundorten wie möglich gezeichnet. Zum erstenmal kann eine Gesamtverbreitungskarte erstellt werden, die auf fundierten Daten basiert. Dennoch kann kein Anspruch auf vollständige Richtigkeit erhoben werden, da nach wie vor große Lücken im Wissen zur Verbreitung bestehen. Auch ist in unserer modernen Welt das Vorkommen immer mehr an die Veränderung der Umwelt durch den Menschen geknüpft, so daß Gebiete mit alten Fundorten heute oftmals schon lange keine Anakondas mehr besitzen.

Abb. 4.1 + 4.2: Verbreitung von *E. murinus* (rechts) und *E. notaeus* (links) nach PETZOLD (1982). Der untere Pfeil (Abb. 4.1) weist auf Marajó hin, von wo aller Wahrscheinlichkeit nach die Holotypen von *E. barbouri* und *E. deschauenseei* stammen. Ein Vorkommen der De Schauensees Anakonda auf dem Festland war PETZOLD noch nicht bekannt (s. Abb. 4.3).

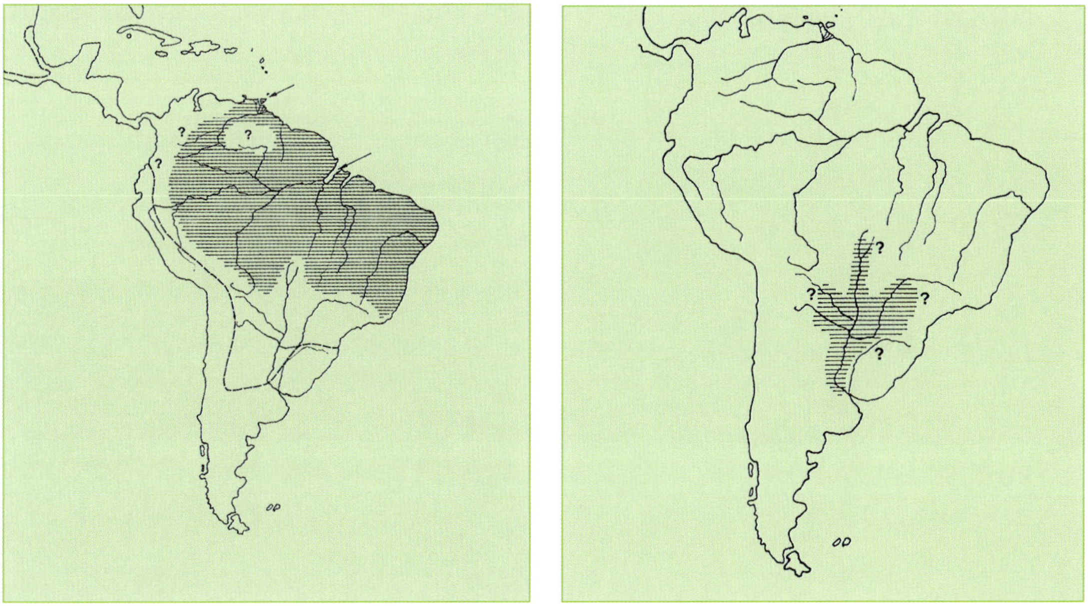

4.1.1 *Eunectes deschauenseei* DUNN & CONANT, 1936

Länder:

Brasilien (Amapá, Pará), Französisch-Guayana. (Kurzbeschreibungen der Landesnaturen befinden sich im Kapitel zur Verbreitung von *E. murinus*).

Locus typicus:

Vermutlich Marajó, Pará, Brasilien.

Obwohl von 108 Exemplaren dieser Art, bei denen immerhin von 102 Schlangen die Herkunft bekannt ist, Daten erhoben wurden, sind lediglich 15 unterschiedliche Fundorte auszumachen gewesen, da die Tiere häufig an denselben Lokalitäten gesammelt wurden und sich in den Museen mehrere Serien von Jungtieren mit bekannter Herkunft der Eltern befinden.

Im Gegensatz zum großen Verbreitungsgebiet von *E. murinus* ist das Vorkommen von *E. deschauenseei* auf die Küstenregionen von Französisch-Guayana und dem brasilianischen Dep. Amapá sowie auf den unteren Amazonas zwischen Santarém und der Mündung, inklusive der großen Deltainsel Marajó, im Dep. Pará beschränkt (Abb. 4.3).

Abb. 4.3: Fundortkarte von *E. deschauenseei* für Brasilien und Französisch-Guayana

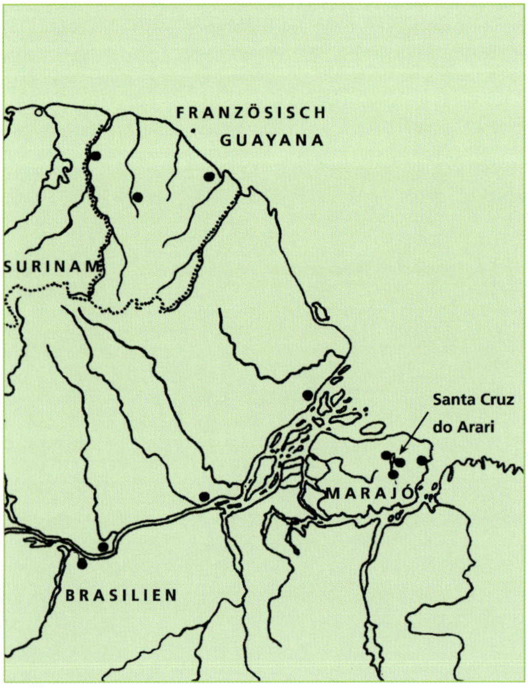

FRANZÖSISCH-GUAYANA

De Schauensees Anakonda kommt in Französisch-Guayana in den Sumpfgebieten im Küstenbereich vor (Abb. 4.3). Nur zwei Exemplare aus Französisch-Guayana konnten in Museen ausfindig gemacht werden (ZFMK 65465, MNHN 1985-95). Erstmalige Erwähnungen dieser in Französisch-Guayana offensichtlich sehr seltenen Art finden sich bei MATZ (1981) und HOOGMOED (1982). Ein Nachweis ist auch im Landesinneren erbracht worden (STARACE 1998). Damit stehen für ganz Französisch-Guayana lediglich drei publizierte Vorkommen zur Verfügung.

Fundorte:

Ohne nähere Angabe (ZFMK 65465). Saint-Jean du Maroni, nahe Saint-Laurent (CHIPPAUX 1986; MNHN 1985-95). Montagne de Kaw, ca. 35 km SO Cayenne (MATZ, pers. Mitt.; CHIPPAUX 1986). Im Landesinnern mit den ungefähren Koordinaten 4°30'/53°30' (STARACE 1998).

BRASILIEN

Das Vorkommen in Brasilien liegt am unteren Amazonas zwischen Santarém und der Mündung einschließlich der großen Deltainsel Marajó in den Bundesstaaten Pará und Amapá (Abb. 4.3). Da für diese Region nur wenige Fundorte zur Verfügung stehen, ist das wirkliche Verbreitungsgebiet noch sehr unvollständig bekannt. Die meisten *E. deschauenseei* sind auf dem wenig bewaldeten Ostteil von Marajó gesammelt worden.

Fundorte:

AMAPA: 4 km S vom Rio Matapi, Mun. de Macapa (IB 26274). Macapa, Pacoval (MPEG 71).

PARÁ: Almeirim, Rio Jari, Saeo Raimundo (MPEG 16353). Monte Alegre (IB 40787, 40506, 40510, 40518; Monte Alegre, Curral Grande, Fz. Bom Jesus (IB 14637-14639, 40696-40721, 40786-40790, 40854). Santarém (CM R 379; MCZ 2795).

MARAJÓ (PARÁ): Marajó, ohne nähere Angabe (ANSP 20891; IB 20427, 19188, 20427; MPEG 16353). Fz. Arua (limitada ao fundo Pelo Rio Camba), Mun. de Soure (MPEG 18068). Fz. San Miguel, Lago do Arari (DIRKSEN, pers. Beob.). Ilha da Roca, Mun. de Cachoeira (MPEG 18019). Santa Cruz do Arari (ZIS 5082; MPEG 6 Tiere ohne Nummer). Tuiuiu oder Tuyuyu (IB 14619, 17641, 17642, 17791, 17792, 17794, 17801-17808, 17827, 17828, 18122, 17823, 18141, 18895; SMF 62617; UMMZ 204111).

Nicht exakt lokalisierbare Fundorte: Fz. Severino (IB 15283, 15452, 15208-15218). Peixebay (ZSM 465/1999). Igarapé Taperebá (MZUSP 3656).

Bild 22: *E. deschauenseei* von Marajó, Brasilien
Foto: L. Dirksen

4.1.2 *Eunectes murinus* LINNEAUS, 1758

Länder:

(Argentinien), Bolivien, Brasilien, Ecuador, Französisch-Guayana, Guyana, Kolumbien, Paraguay, Peru, Surinam, Trinidad und Tobago, Venezuela.

Locus typicus:

Südamerika.

Die Große Anakonda ist sehr weiträumig in Südamerika verbreitet und kommt im Flachland in den Bereichen der Flußsysteme des Orinoko, Amazonas und Paraná-Paraguay vor (Abb. 4.15). Für einige Länder sind nur sehr wenige Fundorte oder Sichtungen zu ermitteln gewesen, was den mangelhaften Wissensstand zur Verbreitung deutlich macht. Eine Unterscheidung nach Unterarten wird nicht mehr getroffen, weil sich *E. murinus gigas* als Farbvariante erwiesen hat und somit ein Synonym zu *E. murinus* darstellt (DIRKSEN & BÖHME 1998b). Jedes Land mit Anakondavorkommen wird zu Beginn dieses Kapitels kurz unter geographischen und klimatischen Gesichtspunkten vorgestellt.

KOLUMBIEN

Hauptstadt: Bogotá
Fläche: 1.141.784 km²
Einwohner: 37,85 Millionen (1997)

Landesnatur: Der Westen Kolumbiens wird von den Anden in nordsüdlicher Ausrichtung durchzogen, welche hier aus drei parallel verlaufenden Hauptketten bestehen. Mehr als zwei Drittel des Staatsgebietes östlich der Anden entfallen auf das Orinoko- und Amazonastiefland. Im nördlichen Teil dieses Tieflandes finden sich saisonal überschwemmte Grasfluren, die Llanos. Der südliche Teil ist in erster Linie tropischer Regenwald, welcher an den Andenhängen in Bergregenwald übergeht. Rio Caqueta und Rio Vaupés strömen zum Amazonas und der Rio Meta und Rio Guaivare speisen den Orinoko. Über Panama besitzt Kolumbien Anschluss an Mittel- und Nordamerika.

Klima: Kolumbien liegt in den Tropen. Regen- und Trockenzeiten wechseln sich alle drei Monate ab. Die durchschnittlichen Jahrestemperaturen im Tiefland liegen zwischen 24 und 27 °C. Ab 450 m wird das Klima subtropisch, und die Temperaturen sind entsprechend gemäßigter. Über 3000 m liegen die Temperaturen zwischen 13 und 18 °C. Die Niederschlagsmenge ist an der pazifischen Küste besonders groß und im Wetterschatten der Kordilleren sehr niedrig. In Bogotá liegt sie bei ungefähr 1015 mm.

Verbreitung: *E. murinus* ist in Kolumbien östlich und südlich der Andenkordilleren sowohl in den tropischen Amazonaswäldern, wie auch in den Llanos im gesamten Tiefland verbreitet (Abb. 4.4). Die Große Anakonda kommt in den Bundesstaaten Amazonas, Arauca, Caqueta, Casanare, Gauviare, Guainía, Meta, Putumayo, Vaupés und Vichada vor. Ähnlich wie für viele Länder mit *E.-murinus*-Vorkommen sind nur wenige exakte Fundorte verfügbar. So sind in der einzigen Karte der Anakondas Kolumbiens gerade mal sieben Fundorte eingezeichnet (PÉREZ-SANTOS & MORENO 1988). Bei den 41 von mir untersuchten Exemplaren war bis auf wenige Ausnahmen lediglich „Kolumbien" als Quelle angegeben. Leider geben die wenigen Fundortangaben aus Sammlungen oft nur den Flußnamen als Herkunftsbeschreibung an.

Fundorte:
Alto Rio Wampes (AMNH 4137, 4138). Cano Limon, Arauca (F. CASTRO, UV, pers. Mitt.). Ginogoje, Intendencia Amazonas, unterer Rio Apaporis (MCZ 53218). Grenze Kolumbien - Venezuela, Arauca (USNM 127855). Llanos von Meta (DUNN, 1944). Leticia, Amazonas (CM 61619; LACM 101304, 101305). Oberer Orinoko, Ostkolumbien (GILMORE & MURPHY, 1993). Rio Caguán, Rio Caquetá (BLOMBERG

Abb. 4.4: Fundortkarte von *E. murinus* für Kolumbien und Ecuador.
Die Kreise markieren die von PÉREZ-SANTOS & MORENO (1988) eingezeichneten Fundorte. Die Punkte [•] zeigen die Fundorte der im Text genannten Autoren und Museumsbelege. Sternchen [*] bedeuten, daß lediglich der Flußname ohne exakte Daten in Veröffentlichungen oder bei Sammlungsstücken angegeben wurde.

1956). Rio Guaviare (ROZE 1970; STRIMPLE, 1986a). Rio Putomayo (MCZ 42354-42356). Nahe Mündung Rio Putomayo (MVZ 33699). Mtns. of Santa Fé (MCZ 46630). Bei Sicuruhu, an der brasilianischen Grenze, oberer Rio Wampes (vermutlich: Rio Vaupés im Dep. Vaupés; in die Abb. 4.4 eingetragen) (AMNH 4137, 4138). Umgebung von Trinidad (M. O'SHEA, pers. Mitt.).

ECUADOR

Hauptstadt: Quito
Fläche: 272.045 km²
Einwohner: 12,11 Millionen (1997)

Landesnatur: Etwa ein Viertel des Landes wird im Westen von der Küstenregion eingenommen. Nach Osten folgen die Anden, bestehend aus der Ost- und der Westkordillere sowie der Andenabdachung im Osten, die langsam in die tropischen Wälder des Amazonasbeckens übergehen. Die Galápagos-Inseln im Pazifik mit ihrer berühmten Fauna gehören ebenso zu Ecuador. Mehrere kleine Flüsse fließen nach Osten und speisen den Amazonas.

Abb. 4.5: Fundortkarte von *E. murinus* für Venezuela. Die Kreise [o] markieren die Fundorte, die bereits ROZE (1966) bekannt waren. Die Punkte [•] zeigen die Fundorte nach den im Text genannten Autoren und Museumsbelegen. Sternchen [*] bedeuten, daß lediglich der Fluß ohne exakte Daten in Veröffentlichungen oder bei Sammlungsstücken zu recherchieren war.

Klima: Ecuador liegt, wie der Name des Landes bereits ausdrückt, am Äquator. Die Durchschnittstemperatur an der Küste beträgt 26 °C, in Quito auf 2800 m 13 °C und im Tiefland des amazonischen Beckens 28 °C. Hier beträgt die jährliche Niederschlagsmenge mehr als 2000 mm.

Verbreitung: Die Große Anakonda kommt in Ecuador nur im östlich der Anden gelegenen Regenwald-Tiefland in den beiden Bundesstaaten Napo und Pastaza vor. Vermutlich reicht ihre Ausdehnung auch bis in die Ostspitze von Morona-Santiago.

Fundorte:
Ashuara, Rio Macuma, Pastaza (AMNH 107660). Laguna Grande, Cuyabeno Wildlife Reserve, ca. 80 km östlich von Lago Agrio (STRIMPLE & DIRKSEN 2001; DIRKSEN & STRIMPLE 2000). Nuevo Rocafuerte, Pastaza (USNM 204102). Reserva Faunistica Cuyabeno, Prov. Sucumbíos (LSUMZ H-12752, H-12753). Im Rahmen von Feldforschungen an *Melanosuchus niger* konnte auch R. SANTIAGO (KU, pers. Mitt.) in Pastaza bei Ishingo *E. murinus* nachweisen. Sichtungen gelangen ihm zudem in Napo an den Cuyabeno-Seen, am Rio Cuyabeno, bei Zancudo Cocha, am Rio Aguarico und am Rio Napo. BLOMBERG (1956, 1957) berichtet von Anakondas aus der Provinz Napo vom Rio Putumayo, Rio Napo, Rio Yasuní und Rio Caucayá. A. ALMENDARIZ (pers. Mitt.) teilte mit, daß erst kürzlich ein *E. murinus* am Rio Tambocacha im Parque Nacional de Yasuni gesammelt wurde. H. WERNING (pers. Mitt.) beobachtete eine Anakonda am Lago Pañacocha, zwischen dem Rio Cuyabeno und dem Rio Yasuni.

Nicht exakt lokalisierbare Fundorte:
Cuyabeno, Napo (KU 121834). Rio Pindo, an den Osthängen der Anden (PETERS 1958).

VENEZUELA

Hauptstadt: Caracas
Fläche: 912.050 km²
Einwohner: 22,4 Millionen (1997)

Landesnatur: Im Nordwesten Venezuelas liegt das Maracaibobecken, welches vom übrigen Land durch die Kordilleren von Merida abgeschnitten wird, welche von Südwesten nach Nordosten verlaufen . Das Tiefland und das im Südosten gelegene Hochland von Guyana machen den größten Teil des Landes aus. Die Llanos, saisonale Überschwemmungssavannen, befinden sich in weiten Bereichen des Orinokosystems. Im Süden ist der Orinoko über den natürlichen Casiquiare-Kanal mit dem Amazonas verbunden.

Klima: Das Klima von Venezuela ist in den Llanos und entlang der Küste feucht-tropisch und gemäßigt in den Bergregionen. Die durchschnittliche Niederschlagsmenge liegt an der Küste zwischen 500 und 800 mm und kann im Bergland von Guyana 3000 mm übersteigen. Die winterliche Trockenzeit liegt zwischen Oktober und Mai, die Regenzeit dauert von Mai bis Oktober, kann aber wiederum im Hochsommer durch eine kurze trockene Periode unterbrochen werden. Die Durchschnittstemperaturen im Tiefland liegen bei 27 °C; heißester

Monat ist der August mit 36 °C. Mittlere Temperaturen auf der Höhe von 600–2000 m liegen bei 23–29 °C im Juli und August und bei 15–19 °C im Januar. Die Frostgrenze liegt bei ca. 2500 m ü. NN.

Verbreitung: *E. murinus* ist im Tiefland von Venezuela im Gebiet des Orinokos und den vielen Zuflüssen verbreitet (Abb. 4.5). Ein Vorkommen nördlich der Cordillera de Merida kann nicht bestätigt werden (Fragezeichen in Abb. 4.5; s. Kap. 5.1). Sicherlich ist *E. murinus* nicht im Hochland von Guyana zu finden, jedoch kommt er vermutlich in den tiefen, von Flüssen durchzogenen Tälern vor. Er ist in den Bundesstaaten Amazonas, Anzoátegui, Apuré, Barinas, Bolívar, Cojedes, Delta Amacuro, Guárico, Monagas, Portuguesa und Sucre verbreitet.

Fundorte:

Angosturo (= Ciudad Bolivar) (ZMUC 76). Cacuri, Rio Ventuari (MCNC 812). Cananaima, Bolivar, 62°48'/6°15' 30" (ZSM 105/1990). Caripito (Beebe, 1946). 140 km NO Barrancas, Federal Delta Amacuro (LACM 31475). El Cedral, nahe Mantecal, Apure (Calle et al. 1994; Kemper 1996; Strimple 1997). 11 km O El Manteca (AMNH 114721). Guri (MCNC 5487). La Esmeralda, Amazonas, Alto Orinoco (Roze 1957; MCNC 526, 532). La Paragua (MCNC 603). Nahe Mantecal (Kornacker & Dederichs 1998). Neblina Base Camp am Rio Mawarinuma, 140 m (AMNH 127829). Remanso, Sacupana, Delta Amacuro (MCNC 6302, 6324, 5697). Unterer Rio Baria, Amazonas, 90 m (AMNH 127827, 127828). San Carlos, Rio Negro (MCNC 6308, 6339, 6390, 6432). San Juan de Manapiare (SCN 5876). Upata (USNM 15232). Passo Nuevo, Dist. Sotilho, Est. Managa (IB 41087).

Nicht exakt lokalisierbare Fundortdaten:

La Barra, Delta Amacuro (SCN 991). Guayo, Delta Amacuro (SCN 848, 1265, 1266). Orinoco or Apuri drainage (FMNH 242467). Pedernalls (= Los Pedernales, Barinas?) (BMNH 97.7.23.26-27).

PERU

Hauptstadt: Lima
Fläche: 1.285.216 km²
Einwohner: 25,6 Millionen (1997)

Landesnatur: Die Anden ziehen sich die Küste entlang, erreichen an höchster Stelle 6768 m und sind teilweise über 400 km breit. Im Hochland der Anden (Altiplano) liegt angrenzend an Bolivien der Titicacasee auf einer Höhe von 3810 m ü. NN. Die Ostabhänge werden stark durch Bergregenwälder geprägt, während die Westhänge bis zur Küste durch den Regenschatten der Anden viel trockener ausfallen. Die Flüsse der Andenabhänge, Rio Napo, Rio Marañón, Rio Ucayali und andere, vereinigen sich im östlichen Tiefland Perus zum großen Amazonas. Der Putumayo bildet die Grenze zwischen Peru und Kolumbien.

Klima: Das Klima reicht in Peru von tropisch im Amazonasbecken bis arktisch in den höchsten Regionen. An der Küste liegen die Temperaturen das ganze Jahr bei 20 °C. Regen fällt hier oft unter 50 mm im Jahr. Die Passatwinde kommen von Osten und regnen sich an den Osthängen der Anden ab. Hier sind Niederschlagsmengen über 3500 mm keine Seltenheit. Während die Temperaturen im Jahresmittel in den Anden je nach der Höhe zwischen -7 und 21 °C liegen, herrscht im Amazonastiefland eine feuchte Hitze vor.

Verbreitung: Diese erste Verbreitungskarte für *E. murinus* aus Peru zeigt, daß er auch in diesem Land östlich der Anden großräumig im Flußsystem des Amazonas und im gesamten Amazonas-Tiefland vorkommt. Im einzelnen ist er aus den Bundesstaaten Huanuco, Loreto, Madre de Dios und Ucayali aus Habitaten des tropischen Amazonaswaldes unter 600 m bekannt (Abb. 4.6).

Fundorte:

Amazonas (Cope 1875). Carrillo, Quisto Cocha nahe Iquitos (Dixon 1977). Estirón, Rio Ampiyacu, Loreto (MZUSP 4393). Iquitos (Lehmann 1969; AMNH 52274, 52325, 52326, 53112, 53572, 58146; MUSM 2145, 2436; SMF 59685-59687). Iquitos, Rio Napo Region (Dixon, 1977). Madre Selva II Biological Research Station, Loreto, 3°37'175"/72°14'843" (R. Hartdegen, pers. Mitt.). Monte Carmelo, Requena (Uresti) (AMNH 55481, 55529). Pampas de Heath, ca. 50 km

Abb. 4.6: Fundortkarte von *E. murinus* für Peru. Sternchen [*] bedeuten, daß lediglich der Flußname ohne exakte Daten in Veröffentlichungen oder bei Sammlungsstücken vorhanden war.

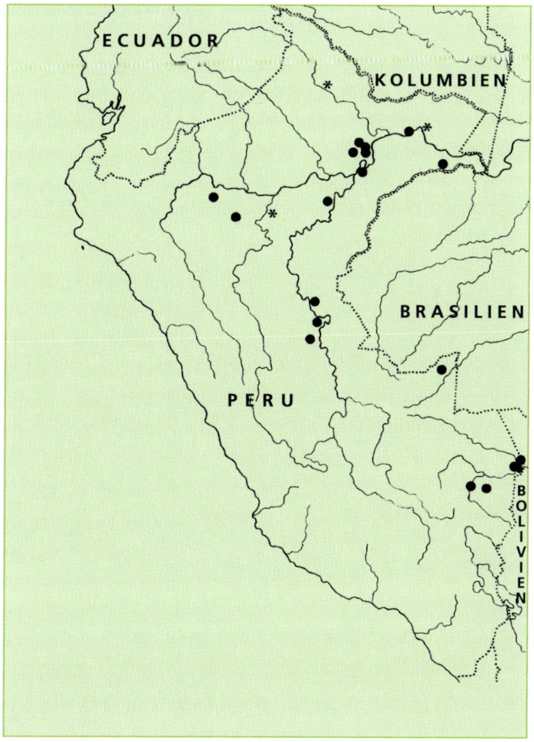

S Puerto Pardo, am Madre de Dios (LSUMZ 35247). Pucallpa (AMNH 89156). 15 km O Puerto Maldonado (KU 204897). 30 km SSW Puerto Maldonado, Zusammenfluß mit Rio Torre (LSUMZ 39427). Puritania, Amazonas (AMNH 53132). Rio Cahuanapas (AMNH 52987). Rio Curanja, Balta, Loreto (Dep. verm. falsch, da Ortschaft und Fluß im Dep. Ucayali liegen) (LSUMZ 14585, 26836-26840, 26869). Rio Itaya, Iquitos (AMNH 54158, 54120, 54273, 54549, 54781, 54913, 55269). Rio Lullapichis (HENZL 1991). Rio Nanay, 25 km SW Iquitos, Prov. Maynas (MSUM 2621). Roaboya (AMNH 70598). Santa Rosa, Yurimaguas (AMNH 53489). Tambopata, Zona Resurada; Caudamo, Dep. Madre de Dios (pers. Mitt. L. RODRIGUEZ, MUSM). Unterer Ucayali (LÜLING 1969).

Nicht exakt lokalisierbare Fundorte:
Colonia Calleria, Rio Calleria, 15 km von Ucayali (CAS 93200). Padre Isla, eine 8 km große Insel im Amazonas, NO Peru (HEYMANN 1987). Pampa Hermosa (3 mal in Loreto), Cushabatay, Loreto (AMNH 55753). Punga (= Flor de Punga?), Rio Tapiche (AMNH 58192). Mündung des Rio Apaga (AMNH 58168). Rio Blanco (AMNH 56063). Rio Morona (LÜLING 1959). Rio Pacaya (LÜLING 1969). Rio Tambopata (PHILIP 1986). Rio Tamayo, Sobral (AMNH 55346).

TRINIDAD und TOBAGO

Hauptstadt: Port of Spain
Fläche: 5.128 km^2
Einwohner: 1,1 Millionen (1997)

Landesnatur: Trinidad wird durch drei in Ost-West-Richtung verlaufende Gebirgsketten stark gegliedert, welche die Fortsetzung der venezolanischen Küstenkordilleren darstellen.

Klima: Das Klima ist tropisch mit einer Regenzeit von Juni bis Dezember. Die jährliche Niederschlagsmenge liegt je nach Ort zwischen 1800 mm und 2500 mm. Die Durchschnittstemperatur beträgt 25 °C.

Verbreitung: Die Große Anakonda ist nur auf der Hauptinsel Trinidad nachgewiesen (Abb. 4.5). Nach MOLE & URICH (1894) kommt sie häufig an Flüssen und Seen an der Ostküste und seltener auch im Südwesten der Insel vor. Dieses Verbreitungsmuster wird von MURPHY (1997) in einer Karte mit 8 Lokalitäten bestätigt. Da alle von mir untersuchten Museumsexemplare den exakten Fundort auf Trinidad vermissen lassen und keine weiteren, außer den bei MURPHY (1997) erwähnten, bekannt sind, wird hier auf die Fundortkarte von MURPHY (1997) verwiesen. Das Auftreten auf Trinidad ist nicht überraschend, weil die Insel dem Delta des Orinoko vorgelagert ist und Tiere auf Treibgut leicht dorthin verdriftet werden können. Dies trifft auf halbaquatile Schlangen, wie die Anakondas, in besonderem Maße zu.

Fundorte:
Ohne nähere Angabe (WEHEKIND 1955; AMNH 73369; BMNH 1950.1.5.90 (n = 14); ZMUC R5545). Ostküste von Cedros; Cunapo; Guaico; Irois; Manzanilla; Mayaro; N San Fernando; Sangre Grande (MOLE 1924). Bush Bush Wildlife Sanctuary, 10°02'/ 61°23' (ELVEY & NEWLON 1998). Nariva Swamp; Point Galeota (MURPHY 1997).

BRASILIEN

Hauptstadt: Brasilia
Fläche: 8.547.404 km^2
Einwohner: 167 Millionen (1997)

Landesnatur: Brasilien ist das fünftgrößte Land der Erde. Zwischen dem nördlich gelegenen Bergland von Guayana und den südöstlich gelegenen Berggebieten (Cerrados und Caatingas) erstreckt sich das Amazonastiefland. Dichter immergrüner Urwald (Selvas), große Hitze und starke Niederschläge verhinderten bisher ein schnelles Erschließen dieser riesigen Waldgebiete, die letztlich aber durch Abholzung stark bedroht sind. Der Amazonas ist über 3700 km weit bis nach Peru auch für große Schiffe befahrbar. In der Amazonasmündung liegt die große Deltainsel Marajó. Zum bergigen Südosten schließen sich zunächst laubwerfende Feuchtwälder (Cerrados) und dann subtropische Trocken- oder Dornwälder (Catingaas) an, deren Vegetation von Sukkulenten dominiert wird. Im Süden finden sich subtropische Feuchtwälder und in höher gelegenen Regionen oft baumloses Grasland oder Araucarienwälder. Das Pantanal ist ein großes Sumpfgebiet im Südwesten des Landes, welches vom Rio Paraguay und vielen weiteren Zuflüssen durchströmt bzw. gespeist wird. Am Rio Paraná im Süden des Landes sind riesige Stauseen zur Stromerzeugung gebaut worden.

Klima: Im tropischen Amazonasbecken beträgt die jährliche Durchschnittstemperatur 27–32 °C und ist nur geringen tages- und jahreszeitlichen Schwankungen unterworfen. Die Niederschlagsrate liegt hier zwischen 2000 und 4000 mm. Im Süden bzw. Südosten Brasiliens wird das Klima subtropisch, ist gemäßigter, und es fällt weniger Regen. Gebiete im Regenschatten sind sogar von Dürren bedroht. In exponierten Lagen unterhalb des südlichen Wendekreises können die Temperaturen unter -6 °C fallen.

Verbreitung: *E. murinus* ist bis auf den äußeren Süden und trockene Caatinga-Gebiete im Osten im gesamten Tiefland Brasiliens verbreitet (Abb. 4.7). Nachweise für ein Vorkommen in Brasilien sind aus den Bundesstaaten Acre, Amapá, Amazonas, Bahia, Goiás, Maranhão, Mato Grosso, Mato Grosso do Sul, Minas Gerais, Pará, Paraná, Pernambuco, Rio de Janeiro, Rondônia, Roraima und Santa Catarina gefunden worden.

Fundorte:
Wegen der Größe Brasiliens werden die Fundorte nach den Bundesstaaten getrennt aufgeführt.

Acre:
Boca do Chandless, Rio Purus (MZUSP 5590).

Amapá:
Cachoeira Santo Antonio, Rio Jari (MPEG 17752). Macapá (M. O'SHEA, pers. Mitt.; IB 28777). Oiapoque (IB 14636). Rio Oiapoque (AMARAL 1948).

Bild 23: Großes Anakondaweibchen unter einem umgestürzten Baumstamm beim Lago Pañacocha in Ecuador Foto: H. Werning

Amazonas:

Codajás (MCZ 2563, 2679). Itaipiranga (MZUSP 5091). Lago de Tefé (Magnussen, pers. Mitt.). Manaus (IB 1717, 14168-14179, 14183, 14184, 14349, 14355, 144335; MZUSP 7631). Nahe Manaus (Phleger et al.1978). Etwas oberhalb Manaus (H. Kreibich, pers. Mitt.). 70 km N von Manaus (Martins & Oliveira 1999). Maracara, Ilha da Maracara (BMNH 1994.252). Moura (MZUSP 5231). Niterói am Rio Canumã (IB 16567). Paricatuba, nahe Tapucuara, Rio Negro (MZUSP 5376). Reserva Florestal Adolpho Ducke, nördlich von Manaus (Müller 1971, Martins & Oliveira 1999). Rio Cuieiras, Zufluß zum Rio Negro, 60 km N Manaus (Hero & Santos 1987). Rio Jaú (Martins & Oliveira 1999). Rio Negro; Rio Solimões (= Amazonas) (Cunha & Nascimento 1978). Mündung Rio Negro (Amaral 1948; Greenwell 1992). Rio Uatuma, nördlich von Manaus, Mun. Presidente Figueiredo (Martins & Oliveira 1999, MPEG 17482). Tabatinga, Amazonas (Amaral 1948).

Nicht exakt lokalisierbare Fundorte:

Rio Cuieiras (Martins & Oliveira 1999).

Bahia:

ohne Fundort (AMNH 6892; BMNH 1924.9.20.16). Barreiras, Rio Grande (MNRJ 3127-3131; UMMZ 109011). Emas National Park, Rio Formosa (Jácomo & Silveira 1998). Küste im Osten (MNHN 3159). Mata de São Joao, Praia do Forte (IB 55586). Rio São Francisco (MNRJ 399).

Goiás:

Itumbiara, Rio Paranaibá (IB 42758). Uruaçu (MNRJ 4673).

Nicht exakt lokalisierbare Fundorte:

Cana Brava (IB 9147, 9211). Serra da Mesa (MZUSP 10996, 11103).

Maranhão:

Barra do Corda (Vanzolini 1959). Gancho do Arari (MPEG 15585). Rio Matao AF / Dir. do Rio Balsas, Mun. Santo Antonio de Balsas (MPEG 18767). Imperatriz (Ribeiraozinho) (IB 53461). Rio Paranaiba (IB 22013).

Mato Grosso:

Barra do Garças (IB 34297). Barra do Tapirapé, 10°39'/50°36' (AMNH 93558). Brilhante (IB 16117). Rio Cuiabá und seine Zuflüsse (C. Strüssmann, pers. Mitt.). Rio Juruena (IB 32950). Rio Xingu, Parque National do Xingu (IB 34091). Rio Paraguay (USNM 140243) (s. Diskussion zur Verbreitung in Brasilien). São Félix do Araguaia, Rio Araguaia (IB 12260).

Nicht exakt lokalisierbare Fundortdaten:

Lagoa da Barra Rumba (IB 12884). Rio Coxipo (Robertson 1998).

Mato Grosso do Sul:

ohne nähere Angabe (IB 14165). Amambai (IB 36756-36801). Aquidauana (IB 16656). Baitaipora (IB 25861-25933, 25857-25860). Cabeceira do Apa (IB 18760). Campo Grande (IB 14220). Coxim (IB 52351). Ilha Soltera, Rio Paraná (IB 33267, 33850, 37048, 38447, 38897, 55301). Itaum (IB 19646-19648). Maracaju, 500 m (AMNH 62559, 62560). Nova Andradina (IB 19795, 19885, 20377, 20507). Ponta Pora (IB 18697, 18841, 18903, 19649, 19650). Pôrto Esperança (IB 7489). Ribas do Rio Pardo (IB 16106, 26939). Rio Samambaia, Zufluß zum Rio Paraná bei Bataipora (Belluomini & Veinert 1967; Belluomini et al. 1968; Belluomini et al. 1976). Rio Verde de Mato Grosso (IB 40774). Tres Lagoes (IB 26728).

Nicht exakt lokalisierbare Fundorte:

Falmeira (IB 20987). Jupiá (IB 21986). Pataguacu (Paraguaçu?) (IB 27665). Piqui Estação (IB 15983). Rio Zonheima (ZSM 467/1999). Serrito (2 mal in Mato Grosso do Sul) (IB 19699).

Minas Gerais:

Lassance (IB 16005). Überaba, Delta Estação (IB 28592).

Pará:

Wegen der vielen Fundorte in Pará wird dieser Bundesstaat in drei Teilen abgehandelt.

Umgebung von Belém und nordöstliches Pará:

Ananindeua, bei La Paz gelegen, Nascente do Lago Azul (MPEG 16693). Areal des FCAP, Av. Perimentral (MPEG 19, 17633, 18483, 18511, 18701, 18702, 18737). Barcarena (KU 128092, 129870). Belém (Barton & Allen 1961; IB 3119, 14640, 14828, 15158, 15227, 16569, 40558; KU 33545; MPEG 9; ZMUC 5591). Benevides, Fz. Morelandia, Estr. da Açucareira ou Genipauba (MPEG 16378). Cafezal, Mun. Barcarena (MPEG 16443, 18506). Castanhal, Macapazinho; Santa Barbara; Trombetinha (Cunha & Nascimento 1978; MPEG 4771). Mündung des Cuminá-Mirí, Igarapé Caju-açu (MZUSP 4823). Embrapa (MPEG 16816, 16817). Igarapé Aurá (IB 14322). Ilha do Tatuoca, Baia do Guajar (MPEG 10312). Inst. Agronomico del Norte (MPEG 212). Proveniência, Bacia do Água Preta, Utinga (Correa & Magalhães 1978). Santa Isabel (MPEG 1493). Santa Rosa, Estado da Vigia (MPEG 9202, 9347). Utinga (Cunha & Nascimento 1978; KU 124589; MPEG 26, 167, 15409 16752).

Marajó:

ohne nähere Angaben (Dunn & Conant 1936; Müller 1969; Yuki & Santos 1996; BMNH 1924.2.28.14). Caviana (Insel) (M. O'Shea, pers. Mitt.). Lagoa Guarajak (MPEG ohne Nummer). Santa Cruz do Arari (Dirksen 1998, pers. Beob.; Müller 1970; MPEG 1365). Soure (Belluomini & Hoge 1957/8a; IB 17429-17505, 19189, 19837, 19913, 19920, 24227).

Übriges Pará:

Alter do Chão, Rio Tapajós (MZUSP 8206). Cacoul, Maragem Esquerda do Rio Tocantins, Tucuruí (MPEG 16691). Estação Cientifica Ferreira Penna, Floresta Nacional de Laxiuana, Melgaço (MPEG ohne Nummer). Itaituba, ca. 65 km SW vom Parque National do Amazonia, Rio Tapajos (USNM 288929). Juruá, Rio Xingu (MZUSP 9331). Reserva Biologia do Trombetas - IBDF, Rio Trombetas, Mun. Oriximina, nahe bei Sede (IB 46210; MPEG 17027). Mündung Rio Xingú (Amaral 1948). Novo Trobetinha, Santarém (MPEG 4138).

Nicht exakt lokalisierbare Fundortdaten:

Tiriós, Mündung des Rio Paru (IB keine Nummer). Igarapé Taperebá, Marajó (MZUSP 3654, 3655). Taperinha (bei Santarém oder östlich Belém) (MZUSP 5116). Cachoeira do Espelho, Rio Xingu (MZUSP 9050).

Paraná:
Curitiba (Veinert & Belluomini 1980/81). Guaíra (IB 19, 55716). Icaraíma (IB 52322).

Pernambuco:
Recife (=Pernambuco) (MNHN 1967-116).

Rio de Janeiro:
Miracema (IB 20672).

Rondônia:
Guajara-Mirim, Rio Guaporé (IB 17856). Madeira-Marmore, Route (USNM 129096). Porto Velho (MNRJ 3037).

Roraima:
Boa Vista (MZUSP 9111). Boa Vista, Rio Branco, Fz. Emeralinda (IB 24036). Maracá, Insel an der Mündung des Rio Tacutú in den Rio Branco (Martins & Oliveira 1999). Missão Catrimani (MZUSP 10403). Perimetral Norte, nahe Rio Catrimani (MZUSP 6395). Rio Quatauau, Zufluß zum Rio Negro, Gebiet des Rio Branco (Belluomini et al. 1959; IB 14092-14161). SO Bento, Rio Uiraricoera (IB 24029).

Nicht exakt lokalisierbare Fundorte:
Fz. Nova Esperanza, 47 km W BR-174 on BR-210, ca. 4 km O Rio Ajarani (LSUH-12313).

Santa Catarina:
São Bento do Sul (MZUSP 9438).

São Paulo:
ohne nähere Angabe Machado & Abreu (1961). Adamantina (IB 51229). Agua Vermehla, Rio Grande (IB 42163, 42233; MZUSP 4061). Altair (IB 21067). Araraquara (IB 22286, 51232). Barretos (IB 22752). Bauru, Rio Tietê (IB 21828, 41629-41683). Bebedouro (IB 52258, 52424). Birigui (IB 51421). Colina (IB 11071, 15178, 18410, 22751). Colômbia (IB 53716). Emas (MZUSP 5555). Igarapava (IB 19063-19065). Indiapora, Rio Grande (IB 42082, 42111). Fz. Itaquerê, Nova Europa (MZUSP 3154). Lins (IB 49029, 50240). Lussanuira, Estação (IB 14302). Fz. Mangue, Icêm (IB 30085). Monte Aprazivel (IB 16093). Monteiros (IB 15445). Motuca (IB 11958). Orlandia (IB 276, 925). Panorama, Rio Paraná (IB 33959). Pitangueiras (IB 21945). Populina (IB 46159). Porto Tibiriçá (ZSM 466/1999). Presidente Epitácio (IB 15446; MZUSP 2477). Presidente Venceslau (IB 15206). Promissão (IB 22178). Rio Mogí-Guassu, nahe Ribeirão Preto (MZUSP 2501). Terra Roxa (IB 15180). Uchôa (IB 28680). Viradouro (IB 16071).

Abb. 4.7: Fundortkarte der Großen Anakonda für Brasilien

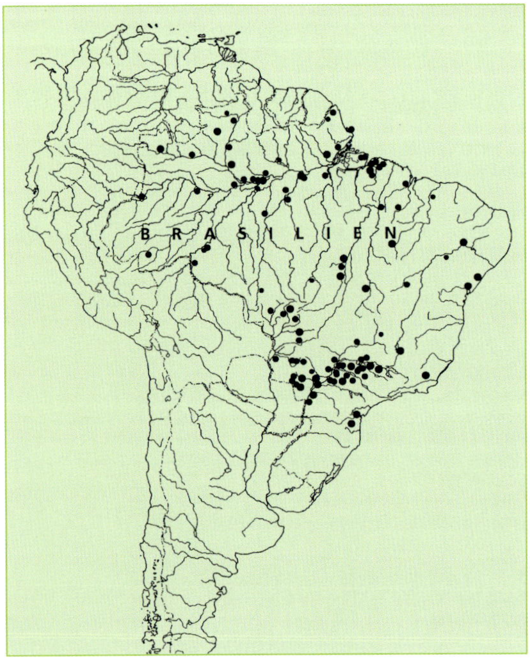

Nicht exakt lokalisierbare Fundorte:
Boa Esperanza do Sul (zweimal in São Paulo) (IB 1589, 46158). Canindé (IB 4782). Jun (IB 1575). Passagem (IB 8700). Rio Feio (Veinert & Belluomini 1980/81).

GUYANA

Hauptstadt: Georgetown
Fläche: 214.969 km^2
Einwohner: 712.000 (1997)

Landesnatur: An der Küste erstreckt sich ein zwischen 8 und 65 km breites Tiefland, das durch Deiche und Dämme vor Überflutungen geschützt wird. Hier befinden sich auch große Sumpfgebiete. Landeinwärts erstreckt sich tropischer Regenwald. Im Westen Guyanas liegen das Pacaraima-Gebirge, welches auf venezolanischer Seite La Gran Sabana genannt wird und mit dem Süden Guyanas zum Hochland von Guyana gehört. Der Süden ist jedoch nicht über 1000 m hoch. Guyana ist in die drei Bundesstaaten Essequibo, Demerara und Berbice unterteilt.

Klima: In Guyana herrscht ein tropisches Klima mit geringen jahreszeitlichen Temperaturschwankungen vor. Der Jahresniederschlag, der hauptsächlich zwischen April und August und zwischen November und Januar fällt, liegt zwischen 1500 und 2000 mm.

Verbreitung: Für das Land Guyana konnten nur wenige genaue Fundorte ermittelt werden, obwohl es bereits Thema einer CITES-Studie gewesen ist (Gorzula & Pilgrim 1992). Die wenigen Fundorte liegen bezeichnenderweise in den dichter bevölkerten Gebieten, wie z. B. um Georgetown. Wenn auch nur wenige Fundorte aus dem Landesinneren belegt sind (Abb. 4.8), so muß doch davon ausgegangen werden, daß die Große Anakonda im gesamten Tiefland von Guyana existiert.

Fundortdaten:
Charity, Pomeroon-Supenaam (Gorzula & Pilgrim 1992). West Coast Berbice (USNM 85089-85091, 86640, 86641, 89388, 89389, 90900, 141764). Buxton (FMNH 26654). Oberer Essequibo River (Quelch 1898). Georgetown (LACM 101320). Georgetown, Mazaruni-River (CM 60230). Kartabo, 6°21'N 58°41'W (AMNH 14262). Orinduik, guyanesische Seite des Ireng River (O'Shea 1994). Pirara, Ireng River; Lethem (Attenborough 1956). Mündung des Potaro River (Gorzula & Pilgrim 1992). Rockstone, Essequibo (HUJI 3716).

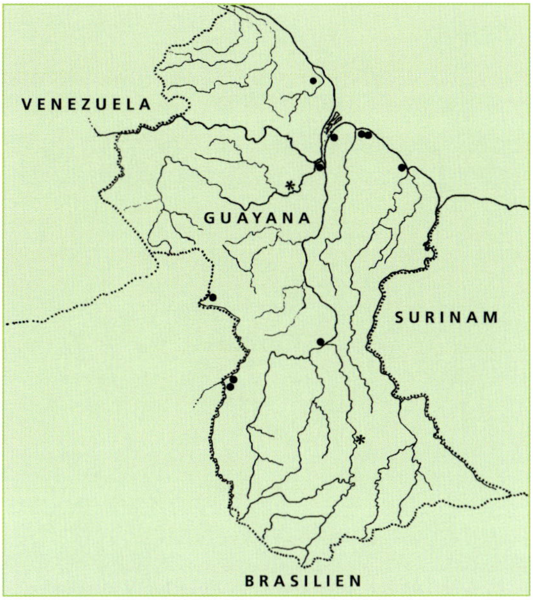

Abb. 4.8: Fundortkarte der Großen Anakonda für Guyana. Sternchen [*] bedeuten, daß lediglich der Flußname ohne näheren Fundort angegeben wurde.

Nicht exakt lokalisierbare Fundortdaten:
Boerasirie Conservancy; Mahaicony River (Gorzula & Pilgrim 1992). Boundary Camp, Itabu Creekhead (FMNH 30954). Dubulay Ranch 5,1 km NO, Straße nach Warniabo River, East Berbice (USNM 497804). Kamakusa (AMNH 25032). Kuyuwini River (AMNH 61535). Penal Settlement, Mazaruni (BMNH 1934.11.1.14).

SURINAM

Hauptstadt: Paramaribo
Fläche: 163.265 km²
Einwohner: 424.000 (1997)

Landesnatur: Surinam liegt zwischen Guyana und Französisch-Guayana. Ebenso wie die beiden anderen „Guyanas“ besitzt es eine flache, sumpfige Küstenregion, die bis zu 80 km in das Landesinnere hineinreicht, und ein bergiges Hinterland mit Wäldern und Savannen, welches Teil des Hochlandes von Guyana ist. Die westliche Grenze bildet der Fluß Rio Corantijn und die östliche der Rio Maroni. Im mittleren Nordosten liegt ein großer Binnensee, das Van-Blommenstein-Meer. Surinam ist in acht Bundesstaaten aufgeteilt.

Klima: Die Regenzeiten dauern im tropischen Surinam von Dezember bis April. Je nach Lage liegen die Jahresmitteltemperaturen zwischen 23 und 32 °C und die Niederschlagsmengen zwischen 1500 und 2000 mm.

Abb. 4.9: Fundortkarte der Großen Anakonda für Surinam. Die Fundorte von *E. murinus* aus eigenen Recherchen sind als Punkte [•] dargestellt, die Sichtungen nach Abuys (1982) als Kreise [○]. Von M. Hoogmoed übermittelte Daten von Museumsstücken sind als ausgefüllte Dreiecke [▲] gezeigt und persönliche Beobachtungen von ihm als offene Dreiecke [△]. Sternchen [*] markieren Flußnennungen ohne nähere Angaben.

Verbreitung: In Surinam ist *E. murinus* in erster Linie von der Küste bis ca. 50 km landeinwärts nachzuweisen (Abb. 4.9). Natürlich kommt er auch im Landesinneren, das praktisch unbewohnt ist, in tief liegenden Gebieten mit Gewässern vor. Die einzige Verbreitungskarte stammt von Abuys (1982). Sie enthält 11 Lokalitäten, alle in Küstennähe (Kreise in Abb. 4.9), die auf seine eigenen Beobachtungen oder die von Drittpersonen zurückgehen. Freundlicherweise hat M. Hoogmoed mir seine Beobachtungen (offene Dreiecke) sowie weitere Fundorte aus Museumsmaterial zur Verfügung gestellt (ausgefüllte Dreiecke).

Fundorte:
Umgebung von Paramaribo; entlang der Ostwestverbindung; Zanderij (Cola kreek), Pará-kreek, hinter dem Flugplatz; entlang dem Weg nach Wanica; Saramacca-Brücke; entlang der Strecke zum Van-Blommenstein-Meer; Umgebung von Albina; Umgebung von Nickerie (Abuys 1982). Mataway, Mataway River, Nickerie (CM 44287). Paramaribo (AMNH 8659, 8686; BMNH 1946.4.4.11; NMW 21330; RMNH 4613; SMF 16887). 10 km von Paramaribo an der Zanderij-Paramaibo-Straße (MCZ 149585). Surinam River, Plantation Acaraibo (ZMA 16967).

Nicht exakt lokalisierbare Fundorte:
Walewo koemba (ZMA 16968).

FRANZÖSISCH-GUAYANA

Hauptstadt: Cayenne
Fläche: 983.534 km²
Einwohner: 157.000 (1997)

Landesnatur: Französisch-Guayana ist ein Überseedépartement von Frankreich und somit kein eigener Staat. Bis ca. 50 km landeinwärts an der Atlantikküste befinden sich ausgeprägte Feuchtgebiete. Das Landesinnere ist bergig und mit dichtem tropischen Regenwald bedeckt, der mehr als 90% der Landesfläche einnimmt. Im Nordwesten begrenzt der Rio Maroni Französisch-Guayana und im Südosten der Rio Oiapoque.

Klima: Das Klima ist tropisch und hat eine mittlere Temperatur von 27 °C auf. Der durchschnittliche Jahresniederschlag beträgt 3800 mm.

Verbreitung: Die Karte von Französisch-Guayana weist 28 Fundorte von *E. murinus* auf, die hier nicht nur an der Küste liegen, sondern auch im Inneren des Landes. Damit kommt die Große Anakonda bis auf gebirgige Gegenden im gesamten Land vor. Tatsächlich enthielt die Fundortkarte des kleinsten „Landes" von STARACE (1998) mit 24 bekannten Lokalitäten die meisten Fundorte von *E. murinus* in ganz Südamerika.

Abb. 4.10: Fundortkarte von *E. murinus* für Französisch-Guayana.
Die Kreise [○] markieren die Beobachtungen von CHIPPAUX (1986) und STARACE (1998).

Fundorte:

Fundortkarten von CHIPPAUX (1986) und STARACE (1998). Aratai, Rio Arataye, nahe Rio Approuaque, 4°0'/52°34' (B. GOTTSBERGER u. E. GRUBER, pers. Mitt.). Cayenne (DUMERIL & BIBRON 1854). Sant Laurant du Maroni (IB 13906). Sümpfe an der Küste bei Montjoly, nahe Cayenne (GASC & RODRIGUES 1980).

Nicht exakt lokalisierbare Fundorte:
Layena (IB 14333).

Bild 24: Jungtier von *E. murinus* in Französisch-Guayana Foto: M. Schmidt

BOLIVIEN

Hauptstadt: La Paz (Regierungssitz), Sucre (Hauptstadt)
Fläche: 1.098.851 km²
Einwohner: 7,7 Millionen (1995)

Landesnatur: Bolivien liegt inmitten von Südamerika ohne einen Zugang zum Meer. Im westlichen Drittel des Landes erheben sich die hohen Andenkordilleren (Altiplano) mit ihren nach Osten abfallenden Andenabhängen, die sowohl im Regenschatten liegende Trockentäler als auch sehr feuchte Bergregenwälder (Yungas) besitzen. In Bolivien haben die Anden ihre größte Breite. Während das Tiefland im Norden noch zum tropischen Amazonien gehört und sowohl mit Urwäldern (Pando) als auch mit Überschwemmungssavannen (Beni) bestanden ist, wird es nach Süden immer trockener; dort geht es schließlich in den ariden Gran Chaco mit seinen Trockenwäldern über. Die hieraus resultierenden Temperatur- und Niederschlagsunterschiede in den verschiedenen Höhenstufen bedingen eine große Vielfalt an Mikroklimaten und Mikrohabitaten. Fast das gesamte Land wird über den Rio Madeira und somit über den Amazonas entwässert. Für das Land bedeutende Flüsse sind Rio Abuna, Rio Madre de Dios, Rio Marmoré, Rio Blanco, Rio Guaporé und der Rio Pilcomayo.

Klima: Die klimatischen Gegensätze treten nicht nur zwischen dem Hochland im Westen und dem Tiefland im Osten, sondern auch zwischen dem tropischen, feuchten Nordteil und dem trockenen Südteil auf. Die Regenzeit liegt zwischen November und Februar. Die Jahresdurchschnittstemperatur des Tieflandes liegt bei 26 °C und die des Altiplano bei 6 °C.

Verbreitung: *E. murinus* kommt in Bolivien im nordöstlichen Tiefland vor. Der südlichste mir bekannte Fund stammt aus Perseverancia am Rio Negro (Abb. 4.11). Vermutlich erstreckt sich sein Vorkommen an einigen Zuflüssen des Rio Marmoré und des Rio Guaporé, wie z. B. dem Rio Grande, Rio San Miguel etc., über den 15. Breitengrad hinaus. Unklar bleibt, inwieweit sie mit der in dieser Arbeit neu beschriebenen Art *E.* sp. sympatrisch vorkommt, da es sich vermutlich bei den Sichtungen in Zentralbolivien Beni um *E.* sp. gehandelt hat.

Fundorte:
Nueva Brema am Zusammenfluß des Rio Blanco und des Rio Guaporé, (G. Hafner, pers. Mitt., einschl. Fotomaterial). Flor de Oro, 13°35'/61°00' (M. Harvey, pers. Mitt.). Rio Guaporé, am Zusammenfluß mit dem Rio Blanco, 12°30'/64°17' (AMNH 101925). Perseverancia, Rio Negro, 14°18'/63°10' (Field Series M. S. Hoogmoed 5919). In der Nähe von Puerto Almacen, östlich des Rio Grande, 15°46'/62°15' (De la Riva 1993). Vacadiez, Guayaramerin, 10°49'/65°21' (USNM 280966). Estación Yutiole ca. 20 km S San Joaquin, 13°07'/64°40' (AMNH 104551).

Anakondabeobachtungen ohne genaue Erkenntnisse zu deren taxonomischem Status:
Estancia Venezia, N vom Rio Maniqui bei San Borja (De la Riva et al. 1992). Guayaramerin; zwischen San Ignacio de Moxos und Trinidad (Fugler & De la Riva 1990; De la Riva et al. 1992; Fugler & Cabot 1995). San Javier, Provincia Cercado, 14°38'/64°53' (UF 68533). El Refugio, 14°45'/61°00' (M. Harvey, pers. Mitt.). Rurrenabaque (C. Specht, pers. Mitt.).

ARGENTINIEN

Hauptstadt: Buenos Aires
Fläche: 2.776.889 km²
Einwohner: 35,8 Millionen (1997)

Landesnatur: Den westlichen Landesteil nehmen die Anden ein. Die argentinisch-chilenische Grenze verläuft fast auf ihrer gesamten Länge entlang des Hauptkammes der Anden. Das durchschnittlich 600 m hohe Flachland im Norden Argentiniens bildet die Ebenen des Gran Chaco, einer ariden Baumsteppe. Nach Süden schließt sich eine stark landwirtschaftlich genutzte, baumarme Graslandschaft (Pampa) an. Patagonien im Süden Argentiniens ist

Abb. 4.11: Fundortkarte der Anakonda-Arten für Bolivien. *E. murinus* ist mit einem schwarzen Punkt [●] gekennzeichnet, *E.* sp. mit einem Dreieck [▲]. Anakondas, die nicht selbst untersucht wurden und deren taxonomischer Status als ungeklärt betrachtet werden muß (s. Dirksen & Böhme 1998a), sind mit einem Kreis [○] und *E. notaeus* mit einem Quadrat [■] eingetragen.

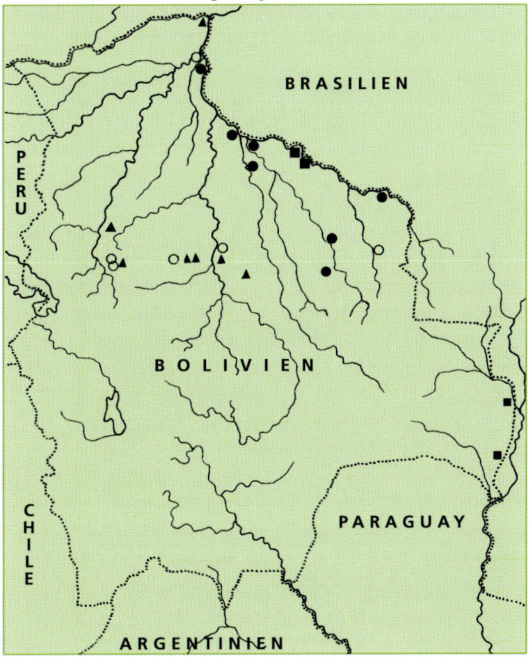

Bild 25: Große Anakonda aus Ecuador in ihrem Lebensraum Foto: L. Dirksen

eine aride, vegetationsarme Steppe. Der wichtigste Fluß ist der Rio Paraná, der die nördlichen Landesteile entwässert. Der Rio Uruguay bildet die Grenze zu Uruguay. Zwischen Pampa und Patagonien liegen die Mündungen des Rio Negro und des Rio Colorado.

Klima: Argentinien weist ein ausgeprägtes Temperaturgefälle auf. Während das Flachland im Norden noch tropisch-subtropischen Charakter besitzt, in dem Temperaturen bis 45 °C auftreten können, wird es nach Süden immer kälter. Im mittleren Argentinien schwankt die Temperatur im Januar zwischen 17 und 29 °C und im Juli zwischen 6 und 14 °C. In Westpatagonien beträgt die Durchschnittstemperatur im Winter (auf der Südhalbkugel) 0 °C.

Verbreitung: Das Museum in Salta besitzt in der Schausammlung eine Große Anakonda, welche 1953 am Rio Bermejo bei Aguas Blancas nahe San Ramón de Nueva Orán (Abb. 4.12) gefangen worden sein soll (Cei 1993; M. Fabrezi pers. Mitt.). Es ist jedoch davon auszugehen, daß es sich hierbei um einen Irrtum handelt (s. Diskussion: Kap. 5.1), womit *E. murinus* nicht als Faunenelement Argentiniens zu betrachten ist. T. Waller (pers. Mitt.) berichtet auch von nicht belegten Nachweisen für verdriftete *E. murinus* vom Rio Paraná aus der Provinz Misiones. Er betont, daß es ich hier nicht um eine stabile Population handeln kann.

PARAGUAY

Hauptstadt: Asunción
Fläche: 406.752 km²
Einwohner: 5,2 Millionen (1997)

Landesnatur: Der Norden des Landes ist Teil des Gran Chaco, einer semiariden Buschlandschaft. Die Mitte und der Süden Paraguays sind feuchter und deshalb stark landwirtschaftlich genutzt. Im mittleren Teil des Landes zwischen dem Pilcomayo – gleichzeitig die Westgrenze zu Argentinien – und dem Monte Lindo sowie um den Rio Paraguay liegen ausgedehnte Feuchtsavannen. Der bergige Südosten ist bewaldet. Der Rio Paraguay bildet im Südwesten die Grenze zu Argentinien, teilt Paraguay in zwei Hälften, um im Nordosten wiederum die Staatsgrenze zu markieren. Im Südosten bildet der Rio Paraná die Grenze zu Argentinien und Brasilien.

Klima: In Paraguay herrscht subtropisches Klima vor. Die Durchschnittstemperaturen in Asunción betragen im Januar 27 °C und im Juli nur 17 °C. Im Gran Chaco erreichen sie leicht bis zu 38 °C, und mit einer durchschnittlichen Niederschlagsmenge von 800 mm ist es hier vor allem im Winter sehr trocken. In den östlichen Waldregionen fällt etwa doppelt soviel Regen.

Verbreitung: Die Riesenschlangen Paraguays wurden bereits von Waller et al. (1995) für CITES und TRAFFIC bearbeitet. Detaillierte Fundortkarten geben Aufschluß zur Verbreitung der Boiden in Paraguay. *E. murinus* ist aus dem am Paraná gelegenen Dep. Amambay und von einem Fundort aus dem Nachbardepartament San Pedro nachgewiesen (Abb. 4.14). Den vier von Waller et. al. (1995) angegebenen Fundorten kann hier kein weiterer hinzugefügt werden.

Fundorte:
Von fünf untersuchten Großen Anakondas aus Paraguay trugen zwei große, schlecht erhaltene Häute aus dem MNHNP leider keine nähere Fundortangabe und auch keine Sammlungsnummer. Zwei weitere Anakondas des MNHNP (6958, 9504) stammen vom Parque Nacional Cerro Corá aus dem am Paraná gelegenen Bundesstaat Amambay. Für einen *E. murinus* aus dem Field Museum in Chicago (FMNH 9504), der bereits 1926 in das Museum gelangte, ist als Fundort Asunción angegeben, wo er jedoch vermutlich käuflich erworben wurde, da er in der Umgebung der Stadt nicht vorkommt (M. Motte, pers. Mitt.). Neben den beiden bereits erwähnten Schlangen des Nationalparks Cerro Corá sind Waller et al. (1995) noch zwei weitere Fundorte bekannt: Arroya Estrella, cabecera del Rio Apa, en las cercanías de Bella Vista, Dep. Amambay (K. Yashicapsu, com. pers. in: Waller et al. 1995) und Laguna Blanca, 23°49'/56°18', Dep. San Pedro.

Bild 26: *E. notaeus* aus Corrientes, Argentinien Foto: L. Dirksen

4.1.3 *Eunectes notaeus* Cope, 1862

Länder:

Argentinien, Bolivien, Brasilien, Paraguay, Uruguay.

Locus typicus:

30 mi südlich von Fuerte Coimbra, am Rio Paraguay, am Dreiländereck von Bolivien, Brasilien und Paraguay, nahe dem 20. Breitengrad.

Verbreitung:

Die Hauptverbreitung der Paraguay-Anakonda erstreckt sich entlang dem Rio Paraguay und seiner Zuflüsse (Abb. 4.15). Dazu gehört auch das große Überschwemmungsgebiet des Pantanals. Ihre nördlichste Ausdehnung findet sie an dem bolivianisch-brasilianischen Grenzfluß Rio Guaporé. Zwei isolierte Vorkommen liegen östlich des Rio Paraná.

ARGENTINIEN

E. notaeus kommt in Argentinien nur im Nordosten in den Einzugsbereichen der Flüsse Rio Uruguay, Rio Paraguay und Rio Paraná vor (Abb. 4.12). In Argentinien findet das Verbreitungsgebiet seine südlichste Ausdehnung zwischen dem 32. und 33. Breitengrad. Vereinzelt können Exemplare auch weiter südlich zu finden sein, wenn sie bei Hochwasser stromabwärts verfrachtet werden, wie dies offensichtlich bei den beiden Schlangen aus der Nähe von Montevideo der Fall war (s. Verbreitung Uruguay). *E. notaeus* ist in den argentinischen Bundesstaaten (Provinzen) Chaco, Corrientes, Entre Rios, Formosa, Misiones und Santa Fé verbreitet. Die von Cei (1993) eingetragenen Fundorte sind in die hier gezeigte Karte übernommen und extra markiert worden.

Fundortdaten:
El Remanso, Rio Guaporé (= Rio Iténez), 13°31'/61°51' (AMNH 101922). Rio Guaporé, zwischen Piedras Negras und Mategua, 12°59'/62°46' (AMNH 101921). Lapango-Pilcomayo, Formosa (ZSM 167/1929). Resistencia, Chaco (MTKDD 29834, 29835). Umgebung von Resistencia, San Fernando, Chaco (FML 01904). Palmar Grande, Baron de Astrada, Corrientes (FML 02459). Isla de Yacyreta, Ituzaingo, Corrientes (FML 02600). Puerto Valle, 30 km O Ituzaingo, Ituzaingo, Corrientes (FML 02607). Zwischen Loreto und San Miguel, Corrientes, 27°55'29"/57°29'23"; Ruta 5, zwischen Caa Cati und Kreuzung mit Ruta 118, Corrientes, 27°52'12'/57°33'21"; Canal de los Jesuitas, Embalse de Yacyreta, Rio Paraná, Corrientes, 27°28'/56°24' (MACN 35441, 35443-35445).

Nicht exakt lokalisierbare Fundorte:
La Urbana (ZSM 471/1999).

BOLIVIEN

Verbreitung: Die Paraguay-Anakonda ist in Bolivien nur aus dem Osten von Santa Cruz am Rand des Pantanals und vom oberen Rio Guaporé nachgewiesen (Abb. 4.11).

Fundorte:
El Remanso, Rio Guaporé, 13°31'/61°53' (AMNH 101922). Zwischen Piedras Negras und Mategua am Rio Guaporé, Beni (AMNH 101921). Laguna Gaiba, 17°45'/57°40', Santa Cruz (MNHNM 1785). „Laguna Caceres", Puerto Suarez, Prov. German Busch, 18°57'/57°38', Santa Cruz (MNK 1131, 1152, 1330).

Nicht exakt lokalisierbare Fundorte:
Rio Guaporé, Puerto Cap Vazquez (AMNH 101923).

Bild 27: Anakonda-Biotop im brasilianischen Pantanal Foto: H. Werning

BRASILIEN

Verbreitung: Die Hauptverbreitung von *E. notaeus* in Brasilien liegt im Pantanal und an dem südlicher gelegenen Abschnitt des Rio Paraguay und seiner Zuflüsse (Abb. 4.13). Neben den Bundesstaaten Mato Grosso und Mato Grosso do Sul gibt es bei Bauru und Sorocaba zwei isolierte Fundorte im Bundesstaat São Paulo (Abb. 4.13) sowie einen in Uruguaiana in Rio Grande do Sul (Abb. 4.12).

Fundorte (nach Bundesstaaten sortiert):

São Paulo:

Bauru (IB 16312, 17424). Parque Mun. „Quinzinho de Barros", Sorocaba (Veinert & Belluomini 1980/81).

Mato Grosso:

Ohne Fundort (IB 10590). Cáceres (IB 23152). Pantanal (Strüssmann 1997, IB 51963). Oberer Paraguay (USNM 135453, 135454). Fz. Santa Inês, Mun. Poconé, 16°30'/56°45', Mato Grosso (Strüssmann & Sazima 1991; Strüssmann & Sazima 1993, Strüssmann 1997).

Abb. 4.12: Fundortkarte von *E. notaeus* für Argentinien und Uruguay
Fundorte eigener Recherchen sind mit einem Dreieck [▲] dargestellt. Die Fundorte nach Cei (1993) sind mit einem Punkt [•] gekennzeichnet. Das Kreuz zeigt den angeblichen Fundort der Großen Anakonda, die sich im Museum von Salta in der Schausammlung befindet und deren Ursprung aus Argentinien sehr zweifelhaft ist.

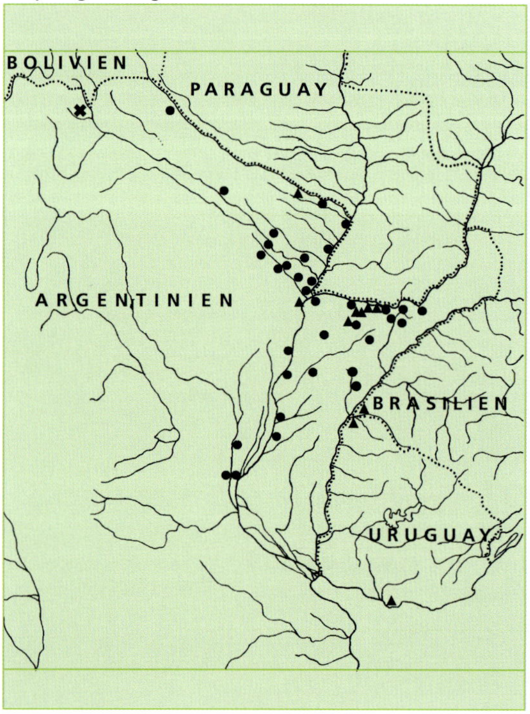

Mato Grosso do Sul:

Aquidauana (Belluomini et al. 1959; FMNH 9196; IB 15159). Campo Grande (MZUSP 10153). Corumbá (FMNH 9084; IB 7014, 7402, 7450, 4551, 16568, 16947, 17124, 17423, 22476). 30 mi S Fuerte Coimbra, Rio Paraguay, nahe 20. Breitengrad, am Dreiländereck (USNM 4707, Holotypus, gilt als verschollen; pers. Mitt. G. Zug). Forte Coimbra 20°/58° (IB 27738). Guia Lopes da Laguna (IB 12189). Miranda (Retiro Corcunda) (MZUSP 10362). Pôrto Esperanza (IB 8086, 14964). Ilha de Taiamã (MZUSP 7622).

Rio Grande do Sul:

Uruguayana, Rio Uruguay, nach viel Regen im Juli 1990 (de Lema 1994).

Nicht exakt lokalisierbare Fundorte:
Carandàzal (viermal in Mato Grosso do Sul) (IB 9251, 9304, 9317).

PARAGUAY

Verbreitung: (Abb. 4.14). Paraguay wurde bereits im Auftrag von CITES und TRAFFIC auf Vorkommen und Handel der Boinen untersucht (Waller et al. 1995). Daher existiert für dieses Land die bisher beste Fundortkarte für Anakondas von ganz Südamerika. Ihre Hauptvorkommen liegen entlang dem Rio Paraguay und dem unteren Rio Paraná. Ein weiteres Vorkommen befindet sich am mittleren Paraná am Itaipú-Stausee. Oberhalb dieses Stausees beginnt bereits das Areal von *E. murinus*. Im

Abb. 4.13: Fundorte von *E. notaeus* in den brasilianischen Bundesstaaten Mato Grosso, Mato Grosso do Sul und São Paulo (vgl. Abb. 4.7).

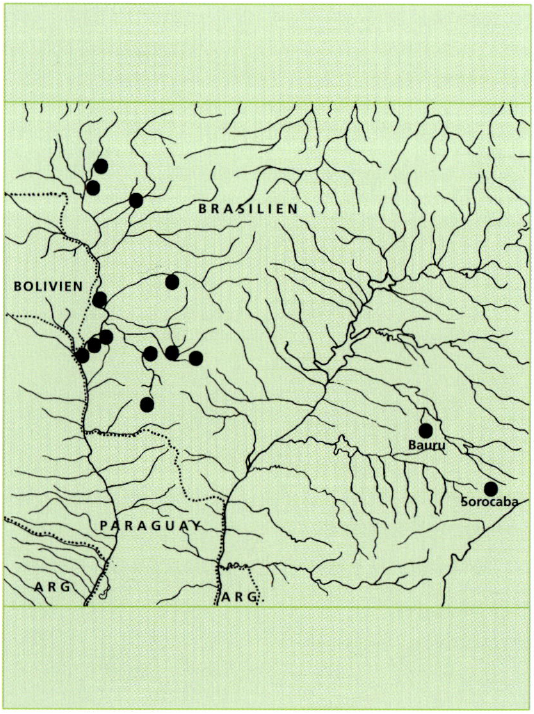

Nordwesten des Landes bildet der aride Gran Chaco eine Verbreitungsbarriere und das Vorkommen im „unteren Chaco" ist auf die Flüsse Paraguay, Verde, Montelindo und Pilcomayo begrenzt. *E. notaeus* ist aus den Bundesstaaten Alto Paraguay, Alto Paraná, Central, Concepción, Cordillera, Itapúa, Misiones, Ñeembucú, Presidente Hayes und San Pedro bekannt.

Fundorte (nach Bundesstaaten sortiert):

Alto Paraguay:

Chaco Paraguayo, W Rio Paraguay (FMNH 134228). Bahía Negra, Pantanal (T. Waller, pers. Mitt.; Norman 1994). Colonia Potrerito, 25 km SW Bahía Negra, 20°20'/58°13' (Aquino-Schuster et al. 1991, in Waller et al. 1995). Estancia Doña Julia, 1 km SO Puerto Caballo (MNHNP 3885, 3886). Estancia Doña Julia, 5 km N Puerto Caballo (MNHNP 3116). Nahe Estancia El Palmar, Rio Negro, 20°00'59"/58°10'33"; Estancia Doña Julia, Rio Paraguay, 20°10'50"/ 58°09'27"; Rio Verde, 2 km W Rio Negro, 19°52'28"/58°13'57" (T. Waller, pers. Mitt.). Laguna General Díaz, (MNHNP 3896). Puerto Caballo (CM 109115). Puerto Ramos, 7 km S Bahía Negra (MNHNP 3891, 3892).

Alto Paraná:

Gebiet des Stausees von Itaipú (Waller et al. 1995).

Concepción:

Puerto Sastre (ZSM 472/1999–474/1999).

Central:

Asunción (FMNH 9505; IB 23617). Bahía de Asunción (MNHNP 6940). 11,5 km O Asuncion bei San Lorenzo (MNHNP 6957). Near Asuncion (Norman 1994).

Abb. 4.14: Fundortkarte der Paraguay- (•) und der Großen Anakonda (▪) für Paraguay

Cordillera:

Altos (Steindachner 1903, in Waller et al. 1995).

Itapúa:

Eine große Sammlung wurde während des Stauens des Yacyreta-Dammes durchgeführt: Yacyreta, Paraná, (MNHNP 6844, 6845, 6847–6867, 6869, 6871–6873, 6876–6880, 6883, 6885–6897, 6899, 6903–6925, 6927–6937, 6939, 6941–6950). Cadena (Insel), Rio Paraná (MNHNP 4850, 6953). Talavera (Insel), Yacyreta-Insel-Komplex, Rio Paraná (MNHNP 4849). Modesta (Insel), Yacyreta-Insel-Komplex, Rio Paraná (MNHNP 4848, 6955).

Misiones:

Ohne nähere Angaben (MNHNP 227).

Ñeembucú:

8 km O Pueblo Estero Cambá (= San Lorenzo de Ñeembucú) (MNHNP 4044). Pilar; Puerto Naranjito (Giraudo & Contreras, in: Waller et al. 1995).

Presidente Hayes:

Straße Pozo Colorado nach Concepcion, 23°30'30"/58°12'31" (MNHNP 6956). Ruta Militar, 60 km O der Ruta Transchaco (MNHNP 3907). Estancia Tinfunqué, 10 km SO Pozo Arias (MNHNP 253). Estancia San Juan, 15 km N Pozo Colorado (MNHNP, FN ALA 1179). Estancia Zalazar, Ruta Transchaco, km 340 (MNHNP 6938, 6959).

San Pedro:

Estero Yetyty, Rio Cuarepotí, O Puerto Rosario (MACN, ohne Nummer in Waller et al. 1995).

Nicht exakt lokalisierbare Fundorte:

Guasui (Guasai), Paraná (MNHNP 6952). Cururu oder Patocua (Inseln) (MNHNP 6954). Apa.-Bergland, Chaco-Exp. (ZSM 470/1999). Sta. Casilda (ZSM 468/1999).

URUGUAY

Bei Überschwemmungen oder Hochwasser werden immer wieder Exemplare nach Uruguay verfrachtet. 1905 sind bei einem großen Hochwasser zwei Exemplare sogar bis Montevideo gelangt (Petzold 1982, pers. Mitt. Achaval). Hier bleibt allerdings offen, ob die Schlangen über den Rio Paraná oder Rio Uruguay Montevideo erreichten (Abb. 4.12). Achaval (pers. Mitt.) berichtet auch von einem neueren Fund ganz im Norden Uruguays an der Mündung des Rio Cuareim in den Rio Uruguay bei Bella Union. Hier wurde eine große Paraguay-Anakonda in einem dichten Wald entdeckt, die ein Lamm gefressen hatte. Da immerhin sieben Nachweise für Uruguay vorliegen und weitere Funde wenig oberhalb am Rio Uruguay und seinen Nebenflüssen auf brasilianischer und argentinischer Seite bekannt sind, kann die Paraguay-Anakonda als Faunenelement Uruguays betrachtet werden, die hier im Norden des Landes ihre südlichste Verbreitungsgrenze findet, auch wenn unklar bleibt, ob eine stabile Population bis nach Uruguay hineinreicht.

Fundorte:

Uruguay, ohne nähere Angaben (Divicenci 1925, pers. Mitt. Achaval; MNHNM 171, 787, 1788, 1790, 1791). Bella Union, Mündung des Rio Cuareim in den Rio Uruguay, Artigas (ZVC-R 5349). Nahe Montevideo (Petzold 1982).

4.1.4 *Eunectes barbouri* Dunn & Conant, 1936

Länder:
Brasilien

Locus typicus:
Vermutlich Marajó, die größte Insel im Amazonasdelta

Dunn & Conant (1936) beschrieben *Eunectes barbouri* anhand eines Zooexemplares, welches bereits 1924 von De Schauensee gesammelt worden war und nach aller Wahrscheinlichkeit von Marajó stammte (s. Abb. 4.3). Im Laufe der Untersuchungen konnte nur ein weiteres Exemplar dieser Art ausfindig gemacht werden, das von dem ca. 1300 km entfernten Barreiras aus dem von Marajó südlich liegenden Bundesstaat Bahia stammt.

Fundorte:
Marajó, Pará (Dunn & Conant, 1936: Holotypus ANSP 20892. Barreiras am Rio São Francisco, Bahia (UMMZ 109011).

4.1.5 *Eunectes* sp.

Länder:
Bolivien

Eunectes sp. ist bisher nur aus dem Dep. Beni zwischen Rurrenabaque und Trinidad sowie zwischen Trinidad und Asuncion de Guayaros und im Nordosten des Pando nachgewiesen (Abb. 4.11).

Fundorte:
Asunción de Guayaros, 77 km in Richtung Trinidad, 15°29'/63°41' (Dirksen 1995, = CBF 1675). Estación Biológica Beni (De la Riva, pers. Mitt. einschl. Fotomaterial). Manoa, äußerste NO Ecke Boliviens, Zusammenfluß des Rio Abuna mit dem Rio Madeira, 9°42'/65°21' (UMMZ 56863). 9 km vom Rio Marmoré in Richtung Rio Tiamuji (Dirksen, eigene Beob.). 11,5 km vom Rio Tijamuchi in Richtung Trinidad, 14°81'/65°08' (Dirksen 1995). Trinidad, 11°08'/66°10' (Dirksen, eigene Beob.; AMNH 101924; MNK 1735).

4.1.6 Gattung *Eunectes* Wagler, 1830

Südamerika (Länder mit Anakonda-Vorkommen: Argentinien, Bolivien, Brasilien, Ecuador, Französisch-Guayana, Guyana, Kolumbien, Paraguay, Peru, Surinam, Trinidad und Tobago, Uruguay, Venezuela)
Fläche: 17.834.000 km^2
Einwohner: 254 Millionen (1982)

Landesnatur: Der Kontinent Südamerika ist besonders durch die an der Pazifikküste entlanglaufenden Anden und das Amazonasbecken mit seinem Regenwald geprägt. Der Äquator verläuft im Norden von Brasilien, durch Südkolumbien und Ecuador. Neben den Anden sind noch das Hochland von Guyana im Nordosten Südamerikas und die im Südosten von Brasilien gelegenen, teils sehr ariden Cerrados und Caatingas als Erhebungen erwähnenswert. Das Tiefland des Amazonas und Orinokos ist bis auf die saisonal überfluteten Llanos (Feuchtsavannen) in Venezuela und Kolumbien natürlicherweise mit tropischem Regenwald bestanden. Im Norden Argentiniens und in Paraguay liegt der aride Gran Chaco, geprägt durch seinen Trockenwald. Nordöstlich des Chaco befindet sich das Pantanal, das größte Sumpfgebiet (Überschwemmungssavanne) Südamerikas, dessen Zuflüsse den Rio Paraguay speisen. Der Süden des Kontinents ist mit großflächigen Grassavannen sowie Strauch- und Dornbuschsteppen bedeckt, die nach Süden immer trockener und kälter werden. Je nach Region sind die Temperaturen, Niederschlagsmengen, Monate und Länge der Regenzeiten sehr verschieden. Die klimatischen Verhältnisse im einzelnen werden für die Länder mit Anakondavorkommen gesondert behandelt (Kap. 4.1.2).

Verbreitung: Die Gattung *Eunectes* kommt ausschließlich in Südamerika vor (Abb. 4.15). Hier reicht ihr Verbreitungsgebiet im Norden von Venezuela und Kolumbien über die Guayana-Länder, Brasilien, Ecuador, Peru, Bolivien und Paraguay bis nach Argentinien im Süden. Als tropisch-subtropisch adaptierte Reptilien ist natürlich die Umgebungstemperatur ein die Verbreitung limitierender Faktor. Die südlichste Ausdehnung erreicht das Verbreitungsgebiet in Argentinien am unteren Rio Paraná ungefähr am 34. südlichen Breitengrad (im Bereich der Frostgrenze). Westlich der Anden kommen Anakondas nicht vor. Als halbaquatische Schlangen sind sie auf niedrige Gebiete begrenzt, die starke saisonale Regenfälle aufweisen. Teilweise wurden in früheren Verbreitungskarten besonders gebirgige Regionen, wie die Guayana-Erhebungen (Petzold 1982; Waller & Micucci 1993), oder besonders trockene Lebensräume, wie die Caatingas, ausgeklammert (Henderson et al. 1995). Dies wird hier in der Karte zur gesamten Verbreitung der Gattung in Südamerika unterlassen, da unklar ist, ob die Große Anakonda nicht doch in tief gelegenen Tälern oder feuchten Gebieten vereinzelt zu finden ist. Außerdem müßten unter dieser Prämisse auch viele kleinere Erhebungen, Gebiete ohne geeignete Gewässer und anthropogen beeinflußte bzw. für Anakondas unbrauchbar gewordene Landstriche ausgeklammert werden.

Abb. 4.15: Verbreitungskarte der Anakonda-Arten in Südamerika.
Quer schraffiert [▨]: *E. notaeus*; waager. schraffiert [▤]: *E. deschauenseei* und *E. murinus*; gepunktet [▒]: *E. murinus*; grau [ ]: *E.* sp. und *E. murinus*. Die beiden Sterne [★] bezeichnen zwei offensichtliche Reliktvorkommen von *E. notaeus* im Areal von *E. murinus*.

4.2 Färbung

E. murinus und *E. barbouri* besitzen vier schwarze Kopfstreifen und dorsal kleine, ovale bis runde, schwarze Flecken. Bei beiden Arten wird weniger als die Hälfte der dorsalen Fläche durch die schwarzen Flecken eingenommen. Beim Holotypus von *E. barbouri* besitzen diese Flecken durchgehend ein helleres Zentrum. Dies ist jedoch auch bei *E. murinus* – mehr oder weniger stark ausgeprägt – häufig der Fall (Abb. 5.1, S. 87). Die lateralen Ozellen weisen ein gelbes Zentrum auf. *E. murinus* hat im Mittel 119,1 Flecken, der Holotypus von Barbours Anakonda 120 (Tab. 4.1; Abb. 4.16). Die fünf F_1-Hybriden des New York Bronx Zoos haben durchschnittlich 98 Flecken, die denen von *E. murinus* am ähnlichsten sehen.

Die Unterart *E. m. gigas* soll sich nach ihren Beschreibern durch einen helleren Bereich in der Temporalregion zwischen den beiden seitlichen Kopfstreifen von der Nominatform unterscheiden (Bild 49). Dieses Merkmal tritt jedoch im gesamten Verbreitungsgebiet von *E. murinus* regelmäßig auf (Tab. 6.12). Andere Unterschiede zwischen den beiden Unterarten sind in der Färbung nicht vorhanden.

E. deschauenseei, *E. notaeus* und *E.* sp. haben einen mittleren fünften Kopfstreifen. Vom Hals bis zur Schwanzspitze verläuft dorsal eine schwarze Barrenreihe. Die Barren sind teilweise unregelmäßig geformt und können kurze Zick-Zack-Sequenzen ausbilden. Sie nehmen jedoch immer mehr als die Hälfte der dorsalen Oberfläche ein. Im Mittel besitzt *E. deschauenseei* 114,5, *E. notaeus* 139,8 und *E.* sp. 103,5 Barren (Tab. 4.1).

E. sp. hat von allen Anakonda-Arten die größten Barren und je 3–4 Schuppen Abstand zwischen den Barren. *E. deschauenseei* wiederum besitzt größere Barren als *E. notaeus* und 2–3 Schuppenreihen zwischen den Barren. Die Paraguay-Anakonda weist die kleinsten Barren und meist nur 1–2 Schuppenreihen dazwischen auf, so daß diese wie ein helles Gittermuster zwischen den schwarzen Barren wirken können.

E. notaeus hat in der oberen Lateralhälfte voll- und unvollständige schwarze Ringe, die aber nie ein helleres Zentrum besitzen, und in der unteren Hälfte sehr viele kleine, unregelmäßig geformte Flecken. *E. deschauenseei* zeigt lateral nie Ringe, sondern immer ausgefüllte Punkte, die in unregelmäßiger Doppelreihe vorliegen. Besonders in der unteren Lateralhälfte erkennt man im direkten Vergleich, daß weniger und größere Flecken vorhanden sind. *E.* sp. hat lateral meistens eine vollständige Reihe großer, runder, schwarzer Flecken, die nie hellere Zentren besitzen, jedoch als große Ringe auftreten können. Darunter liegen nur wenige, größere Flecken.

Bild 28: Bei Jungtieren von *E. murinus* ist die Färbung noch ausgeprägter und konstrastreicher als bei den Adulti.
Foto: C. Homrighausen

Bild 29: Zur Datenerhebung werden bei einem gefangenen *E. notaeus* die Punkte gezählt.
Foto: L. Dirksen

Tab. 4.1: Variation und Durchschnitt der dorsalen Barren und Anzahl der Kopfstreifen der Anakonda-Arten.

	E. murinus	*E. barbouri*	*E. notaeus*	*E. deschauenseei*	*E.* sp.	*E. not.* x *E. mur.* (F_1)
Barren	61–148	120	101–175	87–126	95–113	89–109
(n)	(174)	(1)	(175)	(93)	(5)	(5)
D	119,1	120	139,8	114,5	103,5	98
Kopfstreifen	4	4	5	5	5	4–5

Abb. 4.16: Vergleich der dorsalen Barren der Anakonda-Arten (siehe Zählweise Kap. 3.3)

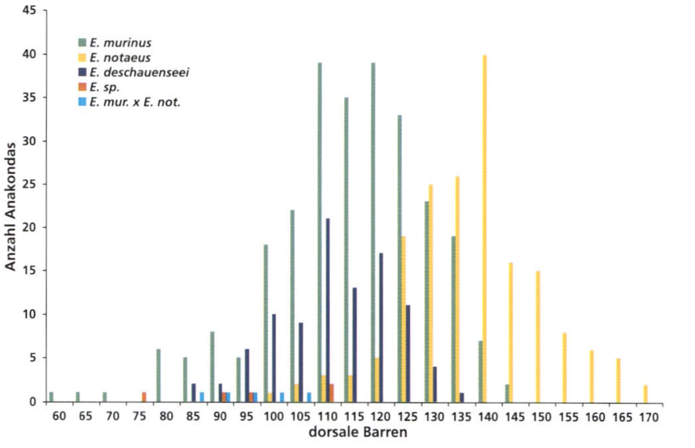

Abb. 4.17: Vergleich der Schwanzlängen der Männchen der Anakonda-Arten

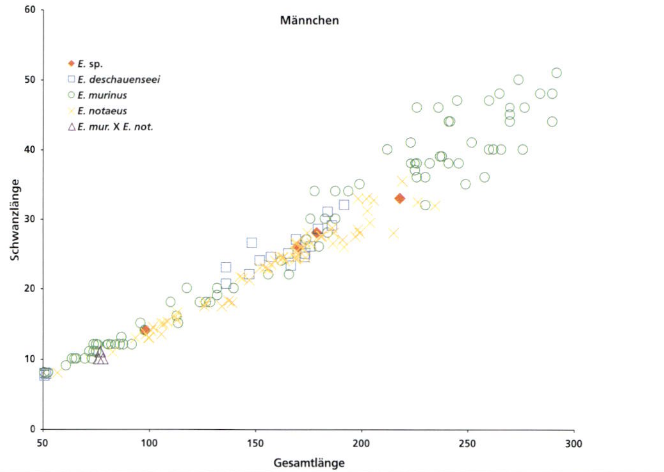

Abb. 4.18: Vergleich der Schwanzlängen der Weibchen der Anakonda-Arten. Anakondas unter 0,5 m und über 4,5 m werden in der Abb. nicht berücksichtigt

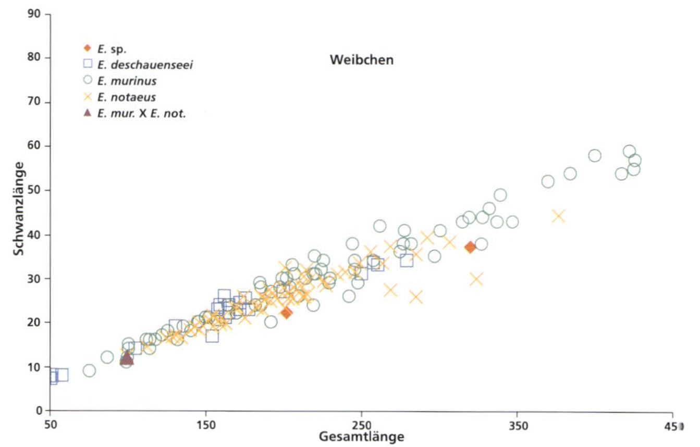

Abb. 4.19: Vergleich des Körperumfanges von Anakondas zwischen 1 m und 4,5 m aller Arten

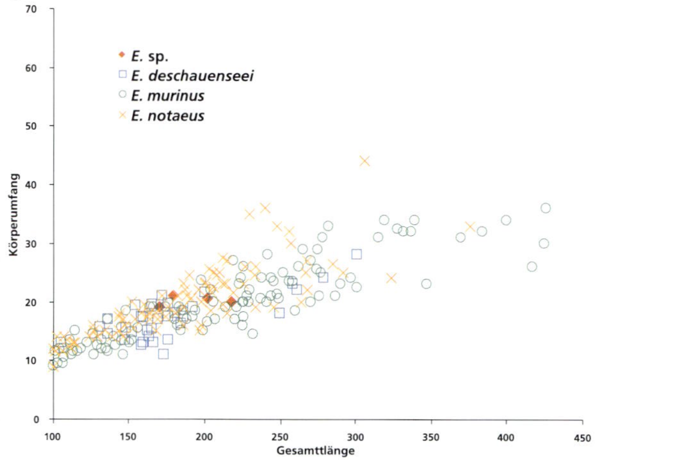

4.3 Morphometrie

Gesamtlänge

E. murinus hebt sich durch die enorme Größe von den anderen Anakonda-Arten ab. Die längste vom Autor vermessene Anakonda ist in Form einer 6,53 m langen Haut erhalten. In der Größe liegt ein ausgeprägter Sexualdimorphismus vor. Die Weibchen werden zwei- bis dreimal so lang wie die Männchen und um ein Vielfaches schwerer. Bei den anderen, kleineren Arten werden die Weibchen nur fast doppelt so lang wie die Männchen. Das größte untersuchte Weibchen von *E. deschauenseei* mißt 3,02 m, das längste Männchen nur 1,92 m; bei *E. notaeus* 3,76 m bzw. 2,34 m. Allerdings sind von *E. deschauenseei* weit weniger Exemplare bekannt und untersucht worden, so daß vorstellbar ist, daß letzterer im Extrem auch länger werden kann. Das größte bekannte Exemplar von *E.* sp. ist 3,2 m lang. Der Holotypus von *E. barbouri*, die Haut eines Weibchens, mißt 4,22 m.

Schwanzlänge

Generell besitzen die Weibchen aller Arten relativ kürzere Schwänze als die Männchen. Daher werden die Geschlechter der verschiedenen Arten hier getrennt untersucht. Im Verhältnis der KRL zur SwL sind die Durchschnittswerte von *E. murinus*, *E. deschauenseei* und *E.* sp. fast identisch (Tab. 4.2). *E. notaeus* besitzt einen minimal kürzeren Schwanz. Aus den Abb. 4.17 und 4.18 geht hervor, daß *E. murinus* über 1,8 m GL tendenziell etwas längere Schwänze besitzt als *E. notaeus*. Die F_1-Hybriden sind ausnahmslos Jungtiere und haben im Verhältnis ungefähr gleich lange Schwänze, wie die Jungtiere der übrigen Arten.

Körperumfang

Die Relation des KU zur KRL ist von der GL abhängig. Deswegen sind die Mittelwerte nach Längenklassen dargestellt (Tab. 4.3). Der Quotient ist um so niedriger, je kleiner die Schlangen sind, daß heißt, daß relativ gesehen kleinere Schlangen einen größeren KU haben als längere. Im Verhältnis zur KRL stellt sich *E. notaeus* als die dickste Anakonda-Art heraus (Abb. 4.19). Lediglich die wenigen Männchen von *E.* sp. unter 2 m Länge besitzen einen minimal größeren KU als *E. notaeus* (Tab. 4.3).

Kopflänge und Kopfbreite

Die Quotientenwerte aus KRL / KL sind bei *E. murinus* am kleinsten, was bedeutet, daß ihr Kopf etwas länger ist

Tab. 4.2: Vergleich der Quotienten aus KRL/SwL der Anakonda-Arten

	E. murinus	*E. barbouri*	*E. notaeus*	*E. deschauenseei*	*E.* sp.	*E. not.* x *E. mur.* (F_1)
Männchen						
KRL/SwL	3,9–6,7	—	5,1–6,8	4,5–6,2	5,2–6,2	6–6,5
(n)	(93)		(66)	(33)	(4)	(3)
D	5,4		5,9	5,5	5,6	6,2
Weibchen						
KRL/SwL	5,2–8,6	5,6	5,2–10	5,2–7,2	7,6	7,2
(n)	(82)	(1)	(82)	(28)	(1)	(1)
D	6,3	5,6	6,7	6,4	7,6	7,5

Tab. 4.3: Durchschnittswerte von KRL/KU der Anakonda-Arten nach Längenklassen

	E. murinus	*E. notaeus*	*E. deschauenseei*	*E.* sp.
Männchen				
< 1 m D (n)	7,7 (27)	7,3 (6)	7,2 (2)	7 (1)
1–2 m	8,5 (19)	8 (48)	9,2 (14)	7,1 (2)
2–3 m	9,6 (35)	8,6 (8)	—	9,2 (1)
> 3 m	—	—	—	—
Weibchen				
< 1 m	8,3 (1)	7,9 (1)	10 (1)	—
1–2 m	8,8 (29)	7,8 (33)	8,6 (14)	—
2–3 m	9,3 (25)	8,4 (39)	10,1 (5)	—
> 3 m	10,1 (26)	—	9,4 (1)	—

Tab. 4.4: Vergleich der Quotienten aus KRL/KL der Anakonda-Arten in 4 Längenklassen

	E. murinus	*E. barbouri*	*E. notaeus*	*E. deschauenseei*	*E.* sp.	*E. not.xE. mur.* (F_1)
< 1 m D (n)	19,6 (86)	—	18,8 (28)	16,3 (20)	24,7 (1)	22 (5)
1–2 m	24,5 (72)	—	27 (94)	28,4 (30)	24,8 (2)	—
2–3 m	28,5 (67)	—	29,2 (46)	31,4 (6)	30,8 (1)	—
> 3 m	30,7 (14)	31 (1)	34,7 (2)	31,8 (1)	—	—

Tab. 4.5: Vergleich der Quotienten aus KRL/KB in vier Längenklassen

	E. murinus	*E. barbouri*	*E. notaeus*	*E. deschauenseei*	*E.* sp.	*E. not.xE. mur.*(F_1)
< 1 m D (n)	31,6 (87)	—	31,5 (27)	27,9 (20)	28,7 (1)	35,1 (5)
1–2 m	37,5 (87)	—	43 (90)	46 (27)	42,6 (2)	—
2–3 m	43,7 (65)	—	44,3 (46)	45 (5)	39,1 (1)	—
> 3 m	48,2 (12)	49,3 (1)	47,5 (2)	44 (1)	—	—

Tab. 4.6: Vergleich der Quotienten aus KRL/SAL der Anakonda-Arten

	E. murinus	*E. barbouri*	*E. notaeus*	*E. deschauenseei*	*E.* sp.	*E. not.xE. mur.*(F_1)
< 1 m D (n)	68,7 (33)	—	72,3 (7)	61,1 (9)	84 (1)	84 (5)
1–2 m	92,8 (53)	—	91 (93)	99,7 (31)	91,9 (2)	—
2–3 m	102,9 (60)	—	104 (104)	103,5 (5)	123 (1)	—
> 3 m	117,7 (18)	106,8 (1)	121,8 (1)	110 (1)	—	—

Tab. 4.7: Vergleich der Quotienten aus KRL/LZA der Anakonda-Arten

	E. murinus	*E. barbouri*	*E. notaeus*	*E. deschauenseei*	*E.* sp.	*E. not.xE. mur.*(F_1)
< 1 m D (n)	71,7 (32)	—	76,8 (3)	59,3 (9)	84 (1)	81,2 (5)
1–2 m	93,2 (53)	—	93,7 (89)	98,9 (31)	91,9 (2)	—
2–3 m	109 (67)	—	104,7 (43)	106,9 (5)	—	—
> 3 m	123,2 (23)	113,4 (1)	103,1 (1)	120 (1)	—	—

Tab. 4.8: Vergleich der Quotienten aus KRL/30. V der Anakonda-Arten

	E. murinus	*E. barbouri*	*E. notaeus*	*E. deschauenseei*	*E.* sp.	*E. not.xE. mur.*(F1)
< 1 m D (n)	71,5 (29)	—	78,5 (7)	70,7 (10)	70 (1)	80,4 (5)
1–2 m	87,3 (49)	—	77,9 (86)	80,6 (23)	73,2 (2)	—
2–3 m	96 (51)	—	79,7 (38)	82 (2)	76,8 (1)	—
> 3 m	113,2 (16)	96 (1)	83,1 (2)	82,5 (1)	—	—

als der der anderen Arten (Tab. 4.4). Die Unterschiede zwischen den Arten sind jedoch gering (Abb. 4.20 und 4.21). Der Holotypus von *E. barbouri* ist dem Mittelwert von *E. murinus* sehr ähnlich. Während 1–2 m lange *E.* sp. in der Kopflänge eher *E. murinus* gleichen, ist das einzige 2–3 m lange Exemplar den beiden anderen Arten ähnlicher.

Juvenile *E. deschauenseei* besitzen den breitesten Kopf (Tab. 4.5). Bei subadulten und adulten Tieren hat *E. murinus* einen etwas breiteren Kopf im Verhältnis zur KRL als die beiden anderen Arten.

Schnauzenlänge und Abstand zwischen den Augen

Wie auch in der Kopflänge haben die Jungtiere von *E. deschauenseei* minimal längere Schnauzen im Vergleich zur KRL, jedoch zwischen 1 und 2 m die kürzesten Schnauzen (Tab. 4.6). Zwischen 2 und 3 m GL weichen die beiden Exemplare von *E.* sp. von den anderen Arten mit kürzeren Schnauzen ab. Über 3 m GL liegen nur von *E. murinus* genügend Daten zum Vergleich vor.

Insgesamt sind die Werte mit genügend großer Anzahl in den Längenklassen recht ähnlich, wenn man bedenkt, daß z. B. der Quotient von *E. murinus* bei 2–3 m langen Schlangen zwischen 75 und 138,8 variiert (Tab. 4.7). Grundsätzlich besitzen kleinere Anakondas im Verhältnis zur GL längere Schnauzen.

Die Strecke zwischen den Augen ist im Verhältnis zur KRL bei kleineren Anakondas größer. Auch hier ist die Variabilität sehr groß, so daß die geringen Unterschiede wenig Aussagekraft besitzen. Es fällt lediglich auf, daß Jungtiere von *E. deschauenseei* den größten Abstand zwischen den Augen aufweisen, zwischen 1 und 2 m große Tiere dagegen den geringsten. Gleiches gilt für die SAL (Tab. 4.7).

Breite 30. Ventralia und 10. Subcaudalia

E. notaeus, *E. deschauenseei* und *E.* sp. besitzen durchschnittlich breitere Ventralia als *E. murinus* (Tab. 4.8; Abb. 4.23). Die Werte des 30. V von *E. deschauenseei*, *E. notaeus* und *E.* sp. sind sich dagegen ähnlich. Letzterer besitzt im Schnitt die breitesten V, jedoch ist die Anzahl zu gering, um eine eindeutige Aussage zu treffen. Im Gegensatz zu den 10. SC besteht in diesem Merkmal kein nennenswerter Geschlechtsdimorphismus.

Die 10. SC der Männchen sind größer als die der Weibchen. Daher muß zum Vergleich der Arten eine Trennung der Geschlechter vorgenommen werden. In Abb. 4.24 und 4.25 fällt auf, daß beide Geschlechter von *E. murinus* weniger breite SC besitzen als die übrigen Arten.

Der Holotypus von *E. barbouri* besitzt etwas breitere 10. SC als der Durchschnitt von *E. murinus*, liegt jedoch noch im Bereich letzterer Art. Ab einer Länge von 2–2,5 m gleichen sich die Breiten der Subcaudalia in beiden Geschlechtern wieder mehr an. Die Breite der 10. SC liegt bei *E. deschauenseei* zwischen *E. notaeus* und *E. murinus*. *E.* sp. besitzt durchschnittlich bei den Männchen sogar noch breitere 10. SC als *E. notaeus* (Tab. 4.9). Allerdings stehen nur die Werte von drei Männchen zur Verfügung.

Tab. 4.9: Vergleich der Quotienten aus KRL/10. SC der Anakonda-Arten. Wie auch bei den Ventralia hat *E. murinus* signifikant weniger breite Subcaudalia.

	E. murinus	*E. barbouri*	*E. notaeus*	*E. deschauenseei*	*E.* sp.	*E. not.* x *E. mur.*(F1)
Männchen						
< 1 m D (n)	104,6 (25)	—	110,1 (5)	118,3 (2)	105 (1)	121,2 (3)
1–2 m	103,5 (19)	—	86,6 (51)	93,2 (10)	75 (2)	—
2–3 m	102,9 (31)	—	88,2 (6)	—	83,6 (1)	—
> 3 m	—	—	—	—	—	
Weibchen						
< 1 m	163 (2)	—	144,2 (1)	118,3 (2)	—	—
1–2 m	138,1 (22)	—	105,3 (38)	120,7 (12)	—	—
2–3 m	137 (25)	—	106,8 (30)	124,5 (5)	—	—
> 3 m	164,7 (18)	129,6 (1)	130,4 (2)	94,3 (1)	—	—

Abb. 4.20: Vergleich der Kopflängen der Anakonda-Arten. Anakondas unter 1 m und über 4,5 m Gesamtlänge sind nicht berücksichtigt worden.

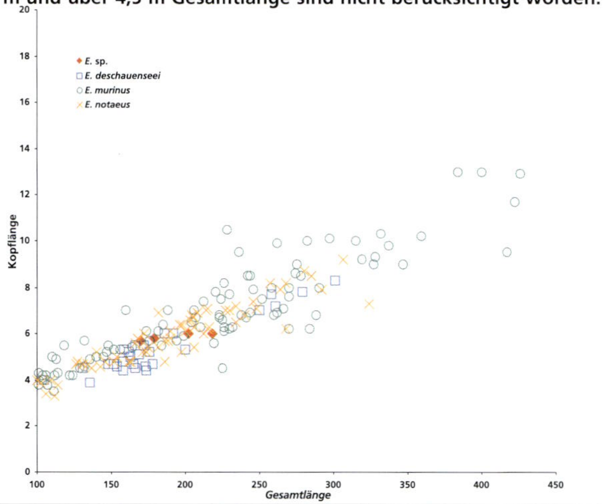

Abb. 4.21: Vergleich der Kopfbreiten der Anakonda-Arten. Anakondas unter 1 m und über 4,5 m Gesamtlänge sind nicht berücksichtigt worden.

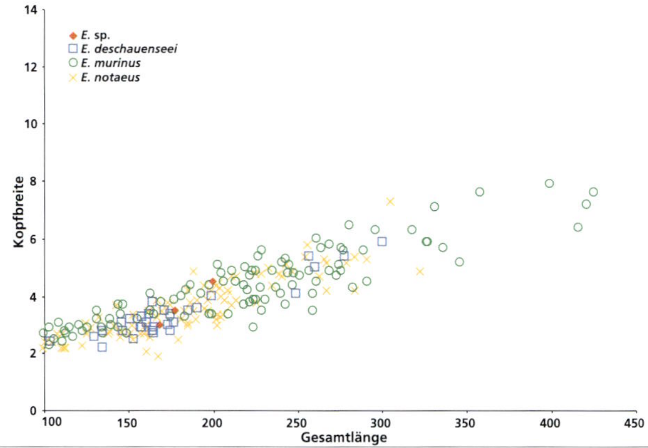

Abb. 4.22: Vergleich der Schnauzen-Augen-Länge der Anakonda-Arten

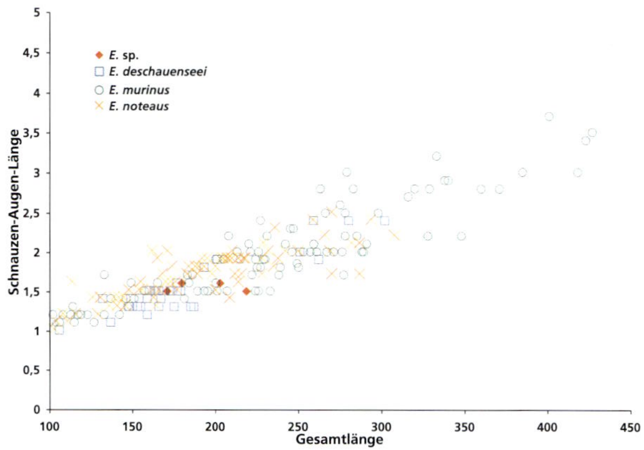

Abb. 4.23: Vergleich der Ventraliabreite (30. V) der Anakonda-Arten. *E. notaeus* besitzt durchschnittlich die breitesten Ventralia. Anakondas unter 1 m und über 4,5 m Länge sind in der Abb. nicht berücksichtigt worden.

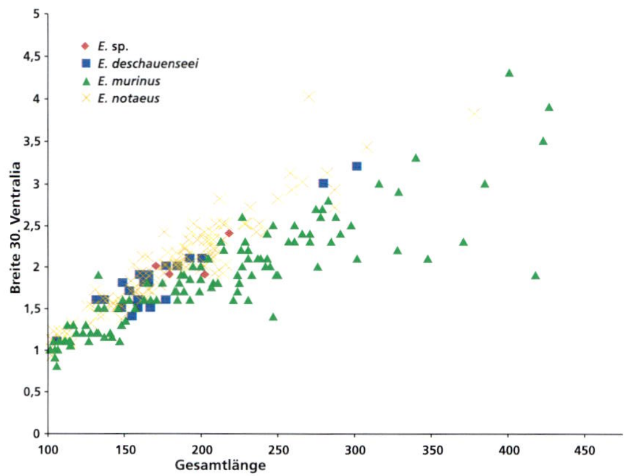

Abb. 4.24: Vergleich der Breite der 10. Subcaudalia der Männchen der Anakonda-Arten.
Die Werte der Anakondas unterhalb 0,85 m Gesamtlänge sind nicht berücksichtigt worden.

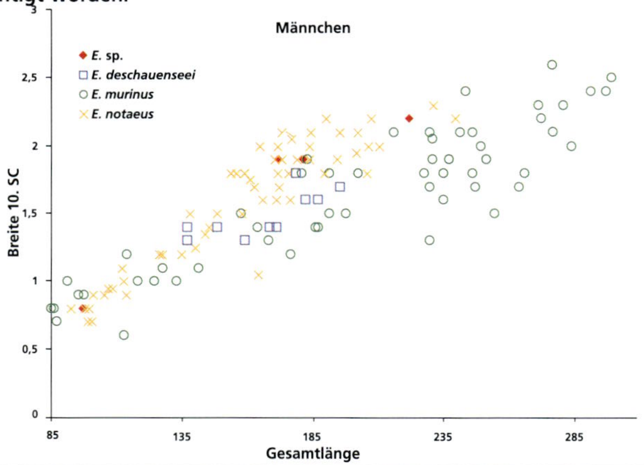

Abb. 4.25: Vergleich der Breite der 10. Subcaudalia der Weibchen der Anakonda-Arten.
Die Werte unterhalb 1 m und oberhalb 4,5 m Gesamtlänge sind nicht berücksichtigt worden.

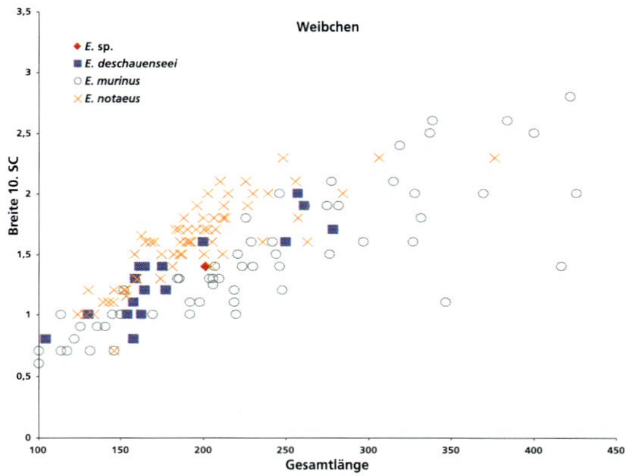

Abb. 4.26: Vergleich der Ventralia zwischen den Anakonda-Arten

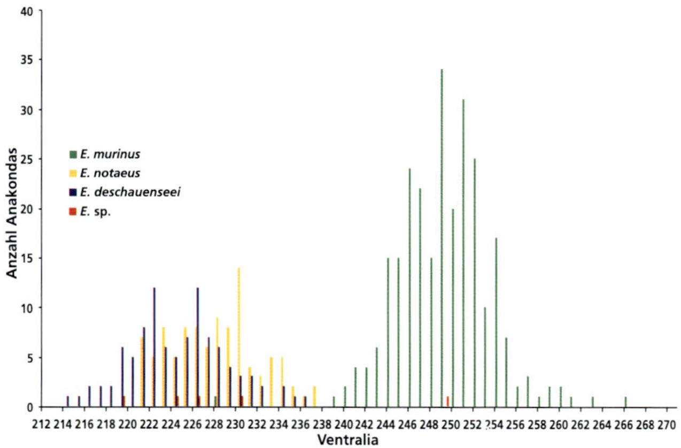

Abb. 4.27: Vergleich der Subcaudalia zwischen den Anakonda-Arten

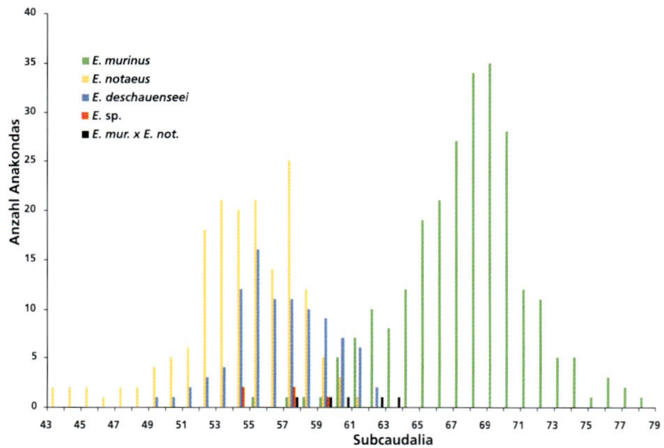

4.4 Pholidose

Ventralia

E. murinus besitzt mit 239–266 V (D = 249,3) definitiv mehr als die anderen Arten (Tab. 4.10; Abb. 4.26). Lediglich bei einer einzigen Ausnahme von *E. murinus* wurden nur 228 V gezählt. Möglicherweise liegt hier eine Mutation vor, aber auch ein Zählfehler kann nicht ganz ausgeschlossen werden. Daher wird dieser Wert wegen der Größe der Abweichung nicht in Tabelle 4.10 und in Abb. 4.26 aufgenommen. Der Holotypus von *E. barbouri* hat 246 V und liegt somit nahe am Durchschnitt von *E. murinus*. *E. notaeus* hat im Schnitt 227,3 V, *E. deschauenseei* 224,3 und *E.* sp. 224,8. Die fünf Zoohybriden haben durchschnittlich 239,6 V. Bei Jungtieren läßt sich der Nabel noch gut erkennen, der bei *E. deschauenseei* bei dem 157. V beginnt und somit etwas weiter caudal liegt als bei *E. notaeus* (D = 154,6), obwohl letzterer mehr V hat (Tab. 4.10).

Subcaudalia

Der Holotypus von *E. barbouri* besitzt 75 SC. Diese Anzahl erreicht ansonsten nur *E. murinus*. Die Große Anakonda hat mit 55–78 zwar mehr SC als die übrigen Arten, läßt sich in diesem Merkmal jedoch nicht immer von den anderen Arten eindeutig unterscheiden (Tab. 4.10; Abb. 4.27). Die ermittelte Variabilität von *E. notaeus* liegt bei 44–61 SC und von *E. deschauenseei* bei 49–62 SC. *E.* sp. bewegt sich mit 54–59 SC im Rahmen von *E. notaeus* und *E. deschauenseei*, während die Anzahl der SC bei den Zoohybriden (D = 60,2) wiederum zwischen denen der Elternarten liegt. *E. notaeus* zeigt einen ungewöhnlichen Kurvenverlauf im unteren Bereich der Grafik, da die Kurve nach dem 49. SC nicht abfällt. Vermutlich sind den Paraguay-Anakondas mit 43–48 SC die Schwanzspitzen, ohne daß es bei der Untersuchung festzustellen war, im juvenilen Alter verloren gegangen. Dies soll häufig durch Piranhas verursacht werden.

Tab. 4.10: Pholidosewerte der Körperschuppen der Anakonda-Arten

	E. murinus	*E. barbouri* (Holotypus)	*E. notaeus*	*E. deschauenseei*	*E.* sp.	*E. not.xE. mur.*(F1)
Ventralia	239-266	246	213-237	214–236	219–230	235–247
(n)	(265)	(1)	(104)	(98)	(4)	(5)
D	249,3	246	227,3	224,3	224,8	239,6
Nabel-	154–184	—	144–162	151–165	—	—
anfang	(55)		(14)	(51)		
	165,2		154,6	157		
Sub-	55–78	75	44–61	49–62	54–59	57–63
caudalia	(255)	(1)	(166)	(94)	(4)	(5)
	67,5	75	54,2	56,4	56,8	60,2
doppelte	0–26	0	0–27	0–34	0–9	—
SC	(162)	(1)	(156)	(96)	(4)	
	3,1	0	5,8	8,6	4	
Do Körper-	55–74	64	43-52	43–54	48–51	54–58
mitte	(266)	(1)	(178)	(101)	(4)	(5)
	62,6	64	46,8	47,3	49,5	55,8
Do hinterm	41–53	48	34–42	32–40	36–39	41–43
Kopf	(179)	(1)	(44)	(36)	(4)	(5)
	46,6	48	37,3	36,9	37,8	41,8
Do vor	33–43	37	26–35	28–33	30–33	35–37
Kloake	(179)	(1)	(43)	(39)	(4)	(5)
	37,9	37	30,2	30,4	31,7	36,2

Bild 30: Schuppenzählen bei einem gefangenen *E. notaeus* in Argentinien Foto: L. Dirksen

Während der Untersuchungen der Anakondas fiel auf, daß alle Arten häufig doppelte SC besitzen, ein Merkmal, das eigentlich die Pythoninae von den Boinae trennen soll (Tab. 4.10; Abb. 4.28). Die doppelten SC treten zufällig, oft mehrfach und in kleinen Serien, innerhalb der gesamten Schwanzlänge auf. Ein verstärktes Auftreten dieses Merkmales kann man im Bereich der Schwanzspitze beobachten. Im Durchschnitt hat *E. deschauenseei* mit 8,6 am meisten doppelte SC. Dieser Wert ist unter anderem deshalb so hoch, weil eine Serie von 10 Neugeborenen durchschnittlich 21,7 besitzt (IB 15209–15217). *E. murinus* hat im Schnitt nur 3,1 doppelte SC, deutlich weniger als *E. notaeus* (D = 5,8) und *E. deschauenseei*. Bei *E. sp* wurden im Schnitt 3,8 ermittelt (n = 4).

Dorsalia

In den Dorsalia läßt sich *E. barbouri* wie auch in allen anderen Schuppenwerten nicht von *E. murinus* unterscheiden. *E. murinus* besitzt mehr mittlere Dorsalia (D = 62,6) als die anderen Arten, ohne daß es eine Überschneidung mit den oberen Werten der anderen Arten gibt (Tab. 4.10; Abb. 4.29). Daher eignen sich die Do auch besonders gut für einen Bestimmungsschlüssel. *E. deschauenseei* (D = 47,3) und *E. notaeus* (D = 46,8) weisen hier fast denselben Durchschnittswert auf und unterscheiden sich im Mittel nur um 0,5

Tab. 4.11: Pholidosewerte der Kopfschuppen der Anakonda-Arten

	E. murinus	*E. barbouri* (Holotypus)	*E. notaeus*	*E. deschauenseei*	*E.* sp.	*E. not.xE. mur.*(F1)
Supralabialia	14–19	16 + 16	12–16	12–16	14–15	15–17
(n)	(278)	(1)	(182)	(103)	(4)	(5)
D	16,1	16	14	13,8	14,7	15,5
Infralabialia	18–25	20 + 22	15–21	16–20	17–19	19–22
	(274)	(1)	(176)	(103)	(3)	(5)
	21	21	17,7	17,7	18,2	20,1
Suborbitalia	3–10	5 + 5	0–4	0–5	2–4	0–8
	(260)	(1)	(182)	(103)	(4)	(5)
	6,2	5	1,2	1,4	2,4	2,6
Ocularia	5–10	7 + 6	5–9	5–8	7–8	5–8
	(274)	(1)	(183)	(50)	(4)	(5)
	7,3	6,5	7	6,7	7,3	6,8
Schuppen ums Frontale	4–9	5	3–8	4–6	5–6	5–5
	(223)	(1)	(127)	(48)	(4)	(4)
	5,4	5	5,4	5,8	5,8	5
Schuppen zw. Supraocularia	1–3	3	1–3	2–3	2–3	2–3
	(233)	(1)	(163)	(41)	(3)	(5)
	2,2	3	2,3	2,8	2,7	2,2

Dorsalia. Dagegen kann *E.* sp. mit einem Durchschnittswert von 49,5 deutlicher von letzteren beiden Arten abgegrenzt werden, zumal sich gerade die Dorsalia als insgesamt wenig variabel zeigen (s. Abb. 4.14). Die Zoohybriden besitzen durchschnittlich 55,8 Do.

Bei den Dorsalia hinter dem Kopf zeigt sich ein ähnliches Bild wie bei den Dorsalia um die Körpermitte, nur daß sich die unteren Werte von *E. murinus* mit den oberen von *E. notaeus* überschneiden (Abb. 4.30). *E. notaeus* und *E. deschauenseei* unterscheiden sich in ihren Durchschnittswerten nur um 0,4 Dorsalia (Tab. 4.10). *E.* sp. besitzt mit 37,8 mehr Dorsalia als die beiden letztgenannten Arten, grenzt sich jedoch deutlich von den Zoohybriden ab (41,8 Do), die im Schnittpunkt von *E. murinus* und *E. notaeus* liegen.

Erwartungsgemäß hat *E. murinus* vor der Kloake wesentlich mehr Do als alle anderen Arten (Tab. 4.10). Auch hier findet sich im Minimum ein Schnittpunkt mit allen anderen Arten (Abb. 4.31). Durchschnittlich besitzen *E. notaeus* 30,2 Do und *E. deschauenseei* 30,4 Do vor der Kloake. *E.* sp. hebt sich mit 31,7 wiederum etwas von letzteren beiden Arten ab. Die Zoohybriden liegen hier mit ihren Werten im Bereich von *E. murinus*.

Supralabialia

Im Durchschnitt sind sich *E. notaeus* (D = 14) und *E. deschauenseei* (D = 13,8) mit nur 0,2 SL Unterschied sehr ähnlich (Tab. 4.11; Abb. 4.32). *E.* sp. tendiert auch hier zu einer etwas höheren Schuppenzahl (D = 14,7). Die Zoohybriden besitzen im Schnitt 15,5 SL, *E. murinus* 16,1 SL. Die Variabilität der SL ist gering und die Überschneidungen zwischen den Arten erheblich, so daß eine Bestimmung anhand der SL nicht sinnvoll ist. Die Pholidosewerte der Kopfbeschuppung von *E. barbouri* liegen alle im Bereich von *E. murinus*.

Infralabialia

Die Durchschnittswerte der IL von *E. notaeus* und *E. deschauenseei* betragen bei beiden Arten genau 17,7. Vier *E.* sp. besitzen dagegen 18,2 IL und unterscheiden sich wiederum von den fünf Zoohybriden, die 20,1 IL aufweisen. Wiederum tendieren die Zoohybriden stärker zu *E. murinus* als zu *E. notaeus*, während *E.* sp. eher den beiden kleinen Anakondaformen ähnelt. *E. murinus* weist mit 21 die meisten IL auf.

Suborbitalia

Die SO spielen bei der Unterscheidung zwischen *E. murinus* und den anderen Anakonda-Arten eine wichtige Rolle. Die Große Anakonda hat immer SO zwischen den Ocularia und den SL, während die SL bei den anderen Arten immer wenigstens ein Oculare berühren, auch wenn bei allen Arten drei oder vier SO auftreten können (Abb. 4.34). Insgesamt kommen bei der Paraguay-Ankonda am wenigsten SO vor (D = 1,2), gefolgt von De Schauensees Anakonda mit 1,4 (Tab. 4.11). *E.* sp. hat im Mittel 2,4 SO, zeigt sich jedoch nicht annähernd so variabel wie die Zoohybriden (D = 2,6), die zwischen 0 und 8 SO haben und damit sowohl im Bereich von *E. notaeus* wie auch von *E. murinus* liegen. Mit durchschnittlich 6,2 SO hebt sich *E. murinus* klar von den übrigen Arten ab.

Ocularia

Die Zahl der Ocularia ist in der Gattung *Eunectes* sehr variabel und kann zwischen 4 und 10 liegen (Abb. 4.35). Die Durchschnittswerte aller Arten sind jedoch kaum verschieden und liegen zwischen 6,7 und 7,3 (Tab. 4.11). Wie zu erwarten sind es auch hier die Zoohybriden, die mit relativ wenigen Exemplaren die größte Variabilität zeigen. *E. deschauenseei* und *E.* sp. scheinen weniger variabel zu sein. Dies hängt jedoch vermutlich mit der kleineren Anzahl untersuchter Anakondas dieser Arten zusammen.

Schuppen um das Frontale

Während des Zählens und Vermessens der dorsalen Kopfschuppen zeigte sich schnell, daß die Anakondas zwischen den Ocularia und Lorealia einerseits und zwischen den konstant erscheinenden Frontonasalia sowie den kleinen Schuppen (Größe der Dorsalia) des Hinterkopfes in Zahl und Form sehr verschiedene Schuppen besitzen. Daher wurde zu Vergleichszwecken unter anderem die Anzahl Schuppen bestimmt, die um das Frontale liegen und dieses berühren, sofern das Frontale nicht mit einer anderen Schuppe verwachsen ist, was am häufigsten mit dem Praefrontale der Fall ist. Aus Abb. 4.36 geht hervor, daß zwischen 3 und 9 Schuppen um das Frontale liegen können. Die Berechnung des Durchschnitts ergibt für alle Arten die sehr ähnlichen Werte zwischen 5,4 und 5,8 (Tab. 4.11). Abweichend besitzen die Zoohybriden nur fünf Schuppen um das Frontale. Damit kann die Anzahl der Schuppen um das Frontale nicht zur Unterscheidung der Arten herangezogen werden, sondern spiegelt lediglich die Variabilität der oberen Kopfschuppen bzw. die unterschiedliche Größe des Frontale in der Gattung *Eunectes* wider.

Schuppen zwischen den Supraocularia

Eine weiterere Vergleichsmöglichkeit zwischen den oberen Kopfschuppen besteht in der Anzahl der Schuppen, die zwischen den Supraocularia liegen. Im Normalfall befinden sich hier zwei größere Parietalia, hinter denen nach caudal die kleinen Dorsalschuppen beginnen. Oft sind hier mehrere kleine Schuppen zu finden, seltener liegt hier nur ein unpaares, großes Parietale vor.

Auffällig ist, daß *E. deschauenseei* im Gegensatz zu *E. notaeus* und *E. murinus* öfter drei als zwei Schuppen zwischen den Supraocularia haben, niemals aber nur eine Schuppe (Abb. 4.37; Tab. 4.11). Gleiches gilt für *E.* sp., von dem jedoch nur fünf Exemplare zur Auswertung vorliegen. Dieses Ergebnis spiegelt sich auch in den Durchschnittswerten wider. *E. murinus* und die Zoohybriden haben im Schnitt 2,2 Schuppen zwischen den Supraocularia, *E. notaeus* 2,3, *E. deschauenseei* 2,8 und *E.* sp. 2,7.

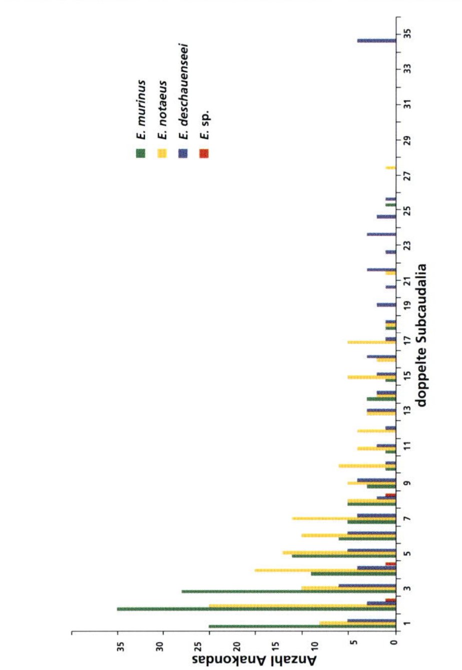

Abb. 4.28: Vergleich der doppelten Subcaudalia zwischen den Anakonda-Arten.

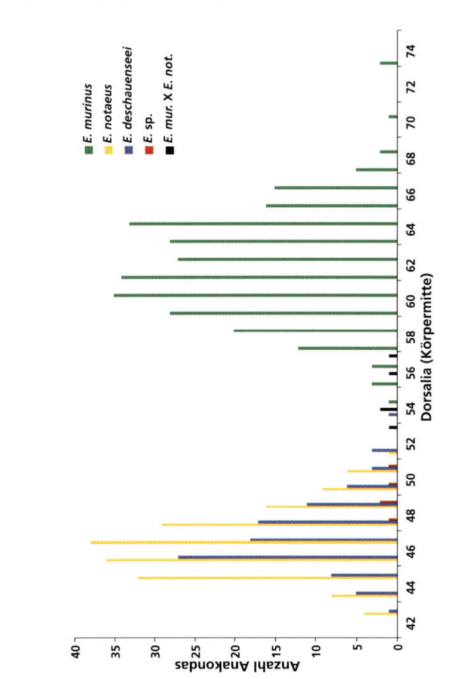

Abb. 4.29: Vergleich der Dorsalia um die Körpermitte zwischen den Anakonda-Arten

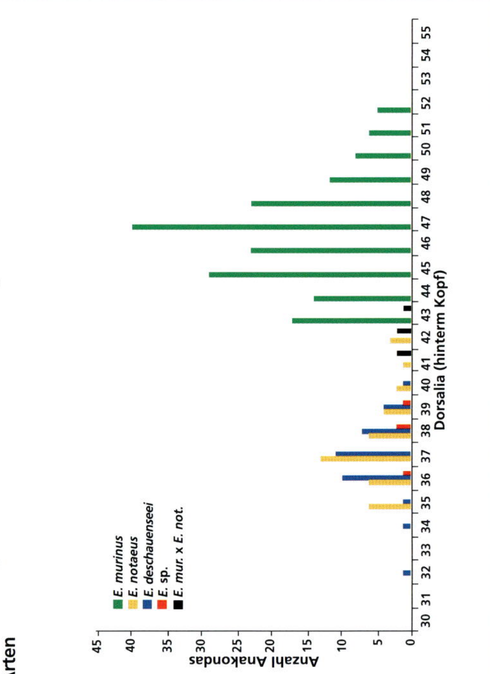

Abb. 4.30: Vergleich der Dorsalia hinter dem Kopf zwischen den Anakonda-Arten

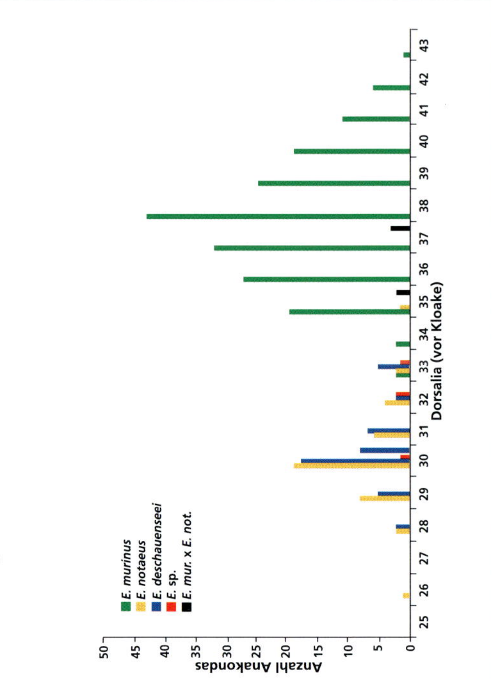

Abb. 4.31: Vergleich der Dorsalia vor der Kloake zwischen den Anakonda-Arten

Abb. 4.32: Vergleich der rechten Supralabialia zwischen den Anakonda-Arten. Von *E.* sp. und *E. murinus x E. notaeus* sind auch die Werte der linken Supralabialia in die Abb. eingeflossen.

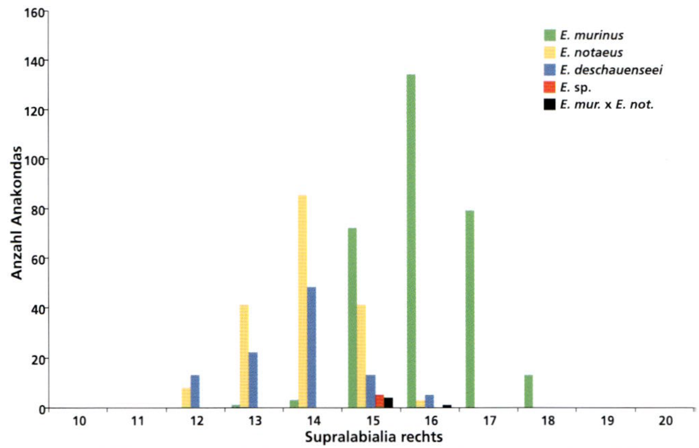

Abb. 4.33 Vergleich der rechten Infralabialia zwischen den Anakonda-Arten. Von *E.* sp. und *E. murinus* x *E. notaeus* sind auch die Werte der linken Infralabialia in die Abb. eingeflossen.

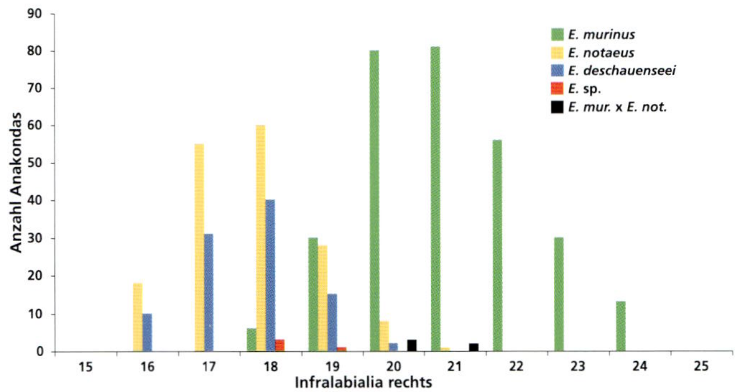

Abb. 4.34: Vergleich der rechten Suborbitalia zwischen den Anakonda-Arten Von *E.* sp. und *E. murinus.* x *E. notaeus*. sind auch die Werte der linken Suborbitalia in die Abb. eingeflossen.

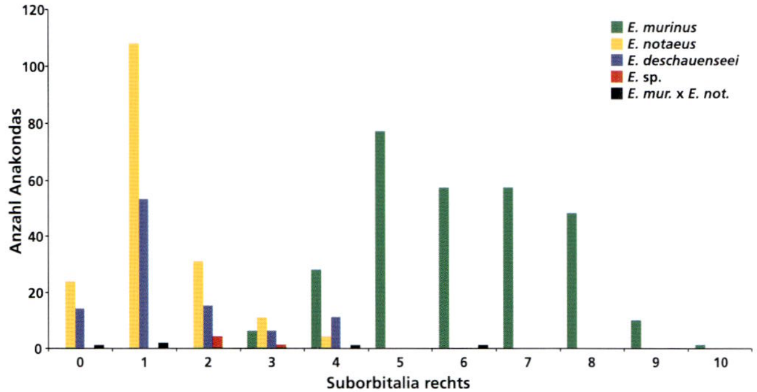

Abb. 4.35 Vergleich der rechten Ocularia zwischen den Anakonda-Arten. Von *E.* sp. und *E. murinus* x *E. notaeus* sind auch die Werte der linken Ocularia in die Abb. eingeflossen.

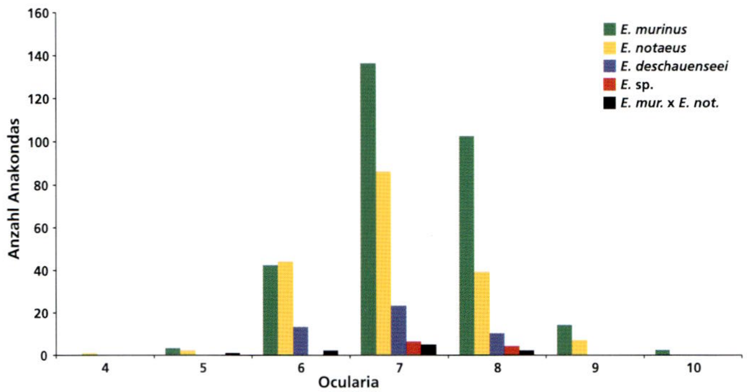

Abb. 4.36: Vergleich der Anzahl Schuppen ums Frontale zwischen den Anakonda-Arten

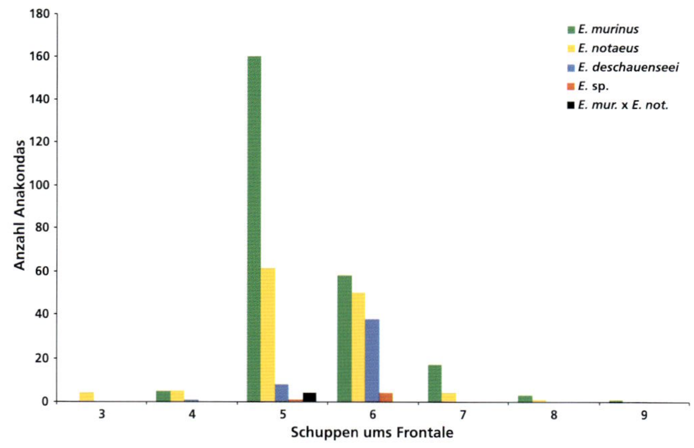

Abb. 4.37: Vergleich der Anzahl der Schuppen zwischen den beiden Supraocularia bei den Anakonda-Arten

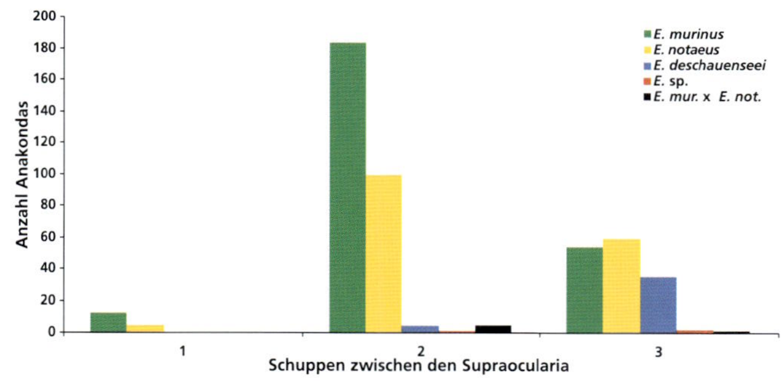

Abb. 4.38: Schädellängen von *E. murinus* und *E. notaeus*, aufgetragen gegen die Gesamtlänge

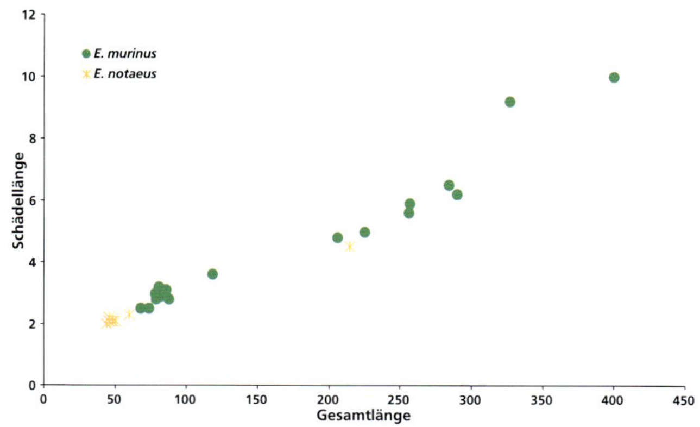

Abb. 4.39: Schädelbreite von *E. murinus* und *E. notaeus*, aufgetragen gegen die Schädellänge

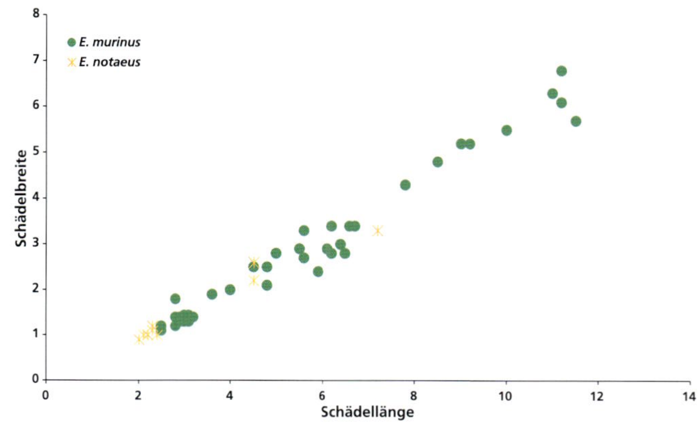

Abb. 4.40: Vergleich der Maxillarialängen von *E. murinus* und *E. notaeus*

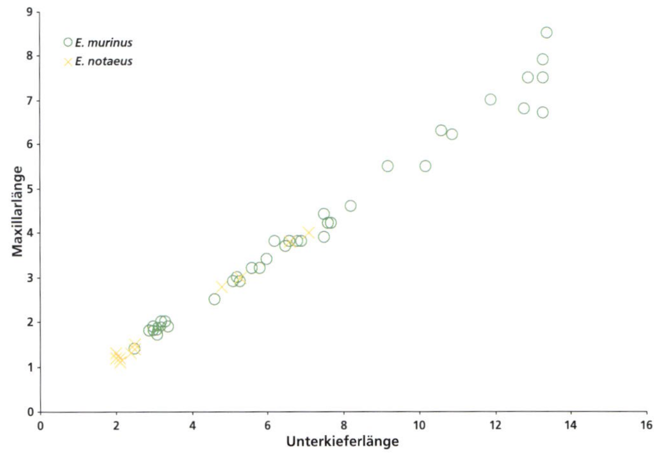

Abb. 4.41: Vergleich der Schädelbreiten von *E. murinus* und *E. notaeus*

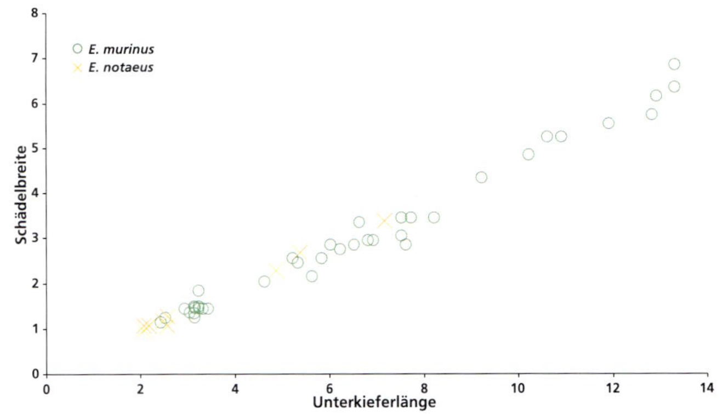

Abb. 4.42: Vergleich der Palatina-Pterygoidea-Längen von *E. murinus* und *E. notaeus*

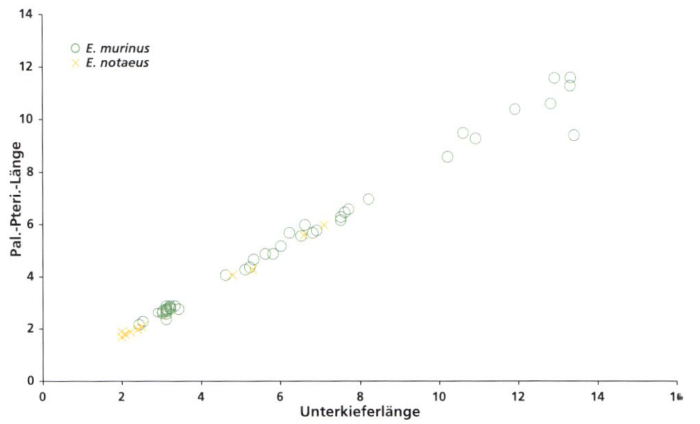

Abb. 4.43: Vergleich der Palatinallängen von *E. murinus* und *E. notaeus*

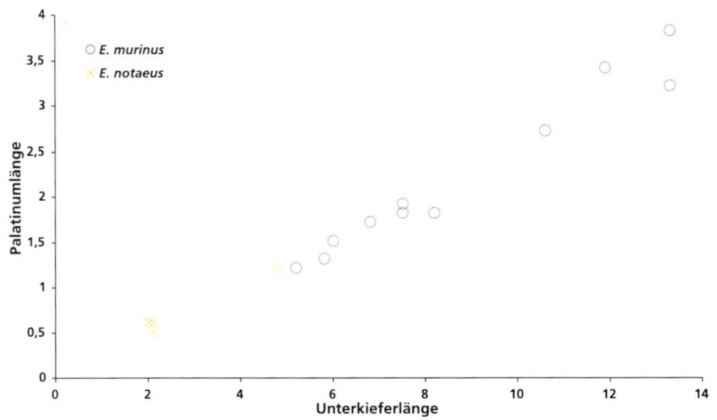

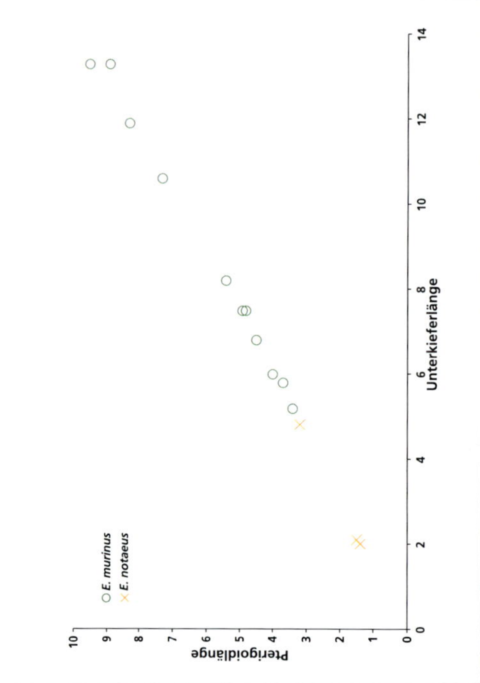

Abb. 4.44: Vergleich der Pterygoidealängen von *E. murinus* und *E. notaeus*

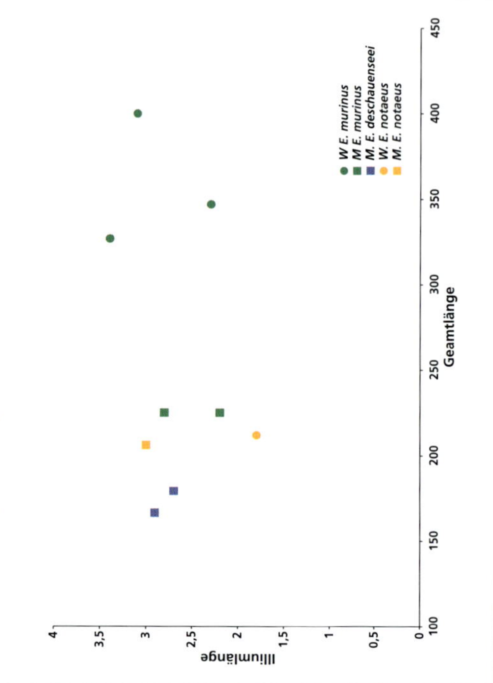

Abb. 4.45: Iliumlängen im Vergleich

4.5 Skelett und Zähne

Leider konnte kein Skelettmaterial von *E. deschauenseei* ausfindig gemacht werden. Von dieser Art stehen nur die Röntgenaufnahmen der Hinterextremitäten zweier Männchen zur Verfügung (Abb. 4.54). Auch von der in dieser Arbeit neu beschriebenen Art *E.* sp., *E. barbouri* sowie den fünf Hybriden des New York Bronx Zoos existiert kein Skelettmaterial. Von den beiden Arten *E. murinus* und *E. notaeus* ist nur wenig Knochenmaterial in Museen konserviert.

Wirbel

Die 27 untersuchten Skelette von *E. murinus* haben im Mittel 315,6 Wirbel und somit erheblich mehr als bei *E. notaeus* mit 302,7 (Tab. 4.12). Die niedrigeren Werte von *E. murinus* entstammen einer Serie Neugeborener aus dem Pittsburgh Zoo und sind möglicherweise durch falsche Haltungsbedingungen zu erklären. Unter normalen Umständen dürfte es demnach möglich sein, diese beiden Arten an ihrer Wirbelzahl eindeutig zu unterscheiden.

Tab. 4.12: Wirbelzahlen von *E. murinus* und *E. notaeus*

	E. murinus	*E. notaeus*
Wirbel (n)	302–328 (27)	298–306 (5)
D	315,6	302,7

Schädelmaße

Aus den Abb. 4.38 und 4.39 wird ersichtlich, daß sich die Schädellängen (SchL) der Großen Anakonda und der Paraguay-Anakonda in Bezug auf die GL und auf die Schädelbreite (SchB) nicht wesentlich unterscheiden. Der Quotient aus SchL / SchB beträgt bei der Großen Anakonda 2,0 und bei der Paraguay-Anakonda 2,1. Dieses Ergebnis wird durch die Quotienten aus KL / KB bestätigt: 1,5 (n = 251) bei *E. murinus* und 1,6 (n = 172) bei *E. notaeus*.

Zum weiteren Vergleich werden die langen, vom Schädel getrennt vorliegenden Unterkiefer herangezogen, weil die

Tab. 4.13: Quotientenwerte der Unterkieferlänge (UKL) mit Schädelknochenlängen von *E. murinus* und *E. notaeus*

	E. murinus	*E. notaeus*
UKL / SchB (n)	2,3 (43)	2,1 (12)
UKL / Max (n)	1,7 (41)	1,7 (13)
UKL / Pal.-Ptery. (n)	1,2 (41)	1,2 (13)
UKL / Pal. (n)	4 (10)	3,8 (4)
UKL / Ptery. (n)	1,5 (10)	1,4 (5)

Knochen meistens nicht als zusammengesetzter Schädel in den Museen vorliegen.

Nachfolgend werden die Unterkieferlängen (UKL) von *E. murinus* und *E. notaeus* gegen die Maxillaria, die Palatina-Pterygoidea, die Palatina und die Pterygoidea in den Abb. 4.40–4.43 aufgetragen. In allen Abbildungen ist sofort ersichtlich, daß eine Unterscheidung beider Arten durch diese Knochenmaße nicht möglich ist. Dies wird auch aus den Quotienten der UKL mit den zu vergleichenden Knochen ersichtlich (Tab. 4.13).

Hinterextremitätenknochen und Aftersporne

Die rudimentären Bein- und Beckenknochen wurden zwischen den Anakonda-Arten bisher noch nicht verglichen – die Schwierigkeit besteht darin, Material zu bekommen. Während von immerhin sieben *E. murinus* die Femora und Ilia in Museen vorgefunden wurden, konnten diese von *E. notaeus* nur einmal untersucht werden, während von *E. deschauenseei* überhaupt kein Knochenmaterial vorliegt. Deshalb sind diese Knochen von je zwei Exemplaren dieser Arten, wenn möglich ein Männchen und ein Weibchen, geröntgt worden (Abb. 4.50–4.55; Tab. 4.14).

Zunächst fällt auf, daß die Extremitätenknochen der Männchen aller Arten gegenüber gleich langen Weibchen ungefähr um das 0,3- bis 0,5-fache länger sind (Abb. 4.45, 4.46). Unterschiede zwischen den Arten sind nicht verifizierbar, weil einerseits nicht genug Daten vorliegen und andererseits die gemessenen Werte durch Lage und Sichtbarkeit auf den Röntgenbildern zu ungenau sein können, wie dies offensichtlich bei den Weibchen von *E. murinus* der Fall ist. Unterschiede in Form und Gestalt sind nicht zu erkennen. Allen ist gemeinsam, daß die Beckenknochen keinen Kontakt zur Wirbelsäule besitzen.

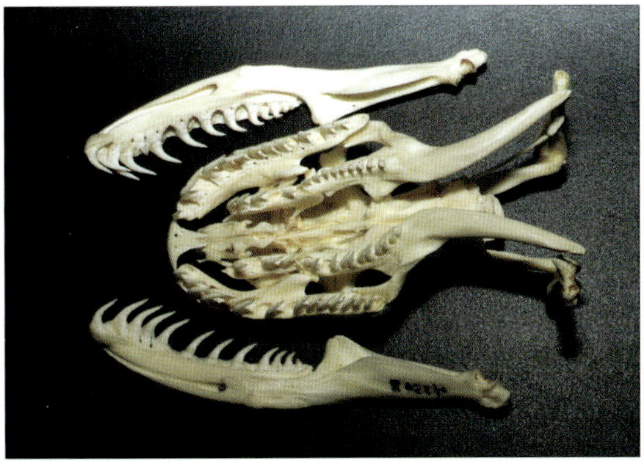

Bild 31: Schädel und Unterkiefer einer Großen Anakonda (AMNH 43308). Das Praemaxillare ist, wie bei allen Boinen zahnlos. Foto: L. Dirksen

Der Geschlechtsunterschied in der Größe der Extremitätenknochen findet sich auch in der Länge der Aftersporne wieder. Die der Männchen sind bis um das doppelte länger als die gleich langer Weibchen. Die Männchen der Großen Anakonda besitzen bei gleicher Länge weniger lange Aftersporne als die übrigen Arten (Tab. 4.15; Abb. 4.47). Dies wird besonders deutlich bei den 1–2 m langen Tieren. Die Durchschnittslänge der Aftersporne liegt hier nur bei 0,51 cm, während die übrigen Arten 0,72, 0,8 und 0,81 cm zeigen. Bei Tieren von über 2 m Länge ist der Unterschied weniger stark ausgeprägt. Der größere Durchschnittswert bei den 2–3 m langen Großen Anakondas entsteht dadurch, daß mehr längere Exemplare von *E. murinus* untersucht wurden als von *E. notaeus*. Der etwas geringere Durchschnittswert bei *E. notaeus* gegenüber *E. deschauenseei* und *E.* sp. erklärt sich

Tab. 4.14: Femurlängen (FL) und Iliumlängen (ImL) ermittelt von Röntgenaufnahmen sowie deren Quotient mit der KRL

	Art	M/W	KRL(cm)	FL(cm)	KRL /FL	ImL(cm)	KRL /ImL
SMF 62617	*E. des.*	M	143,3	0,8	179,1	2,9	49,4
ZFMK 65465	*E. des.*	M	151	0,7	215,7	2,7	55,9
HLMD120	*E. mur.*	M	188	0,9	208,9	2,8	67,1
SMF 16887	*E. mur.*	W	304	0,8	380	2,3	132,2
ZSM 474/1999	*E. not.*	M	176,5	0,8	220,6	3	58,8
ZSM 472/1999	*E. not.*	W	186	0,5	372	1,8	103,3

Tab. 4.15: Afterspornlängen der Männchen der Anakonda-Arten

	< 100 cm	100–200 cm	200–300 cm
E. murinus D [cm] (n)	0,21 (26)	0,51 (22)	1 (36)
E. notaeus	0,26 (5)	0,72 (51)	0,88 (10)
E. deschauenseei	0,15 (2)	0,81 (16)	—
E. sp.	0,3 (1)	0,8 (2)	0,9 (1)

Tab. 4.16: Vergleich der Afterspornlängen der Anakonda-Weibchen.

	< 100 cm	100–200 cm	200–300 cm	>300cm
E. murinus	0,15 (3)	0,25 (28)	0,48 (27)	0,62 (17)
E. barbouri	—	—	—	0,6 (1)
E. notaeus	0,2 (1)	0,38 (37)	0,5 (40)	0,57 (3)
E. deschauenseei	—	*0,35 (14)*	*0,54 (5)*	—
E. sp. nov.	—	—	—	—

aus der größeren Anzahl untersuchter Paraguay-Anakondas zwischen 1 und 1,5 m.

Ebenso wie die Männchen haben die Weibchen von *E. murinus* insgesamt kürzere Aftersporne als die anderer Arten (Tab. 4.16; Abb. 4.50), auch wenn dieser Unterschied nicht so stark ausgeprägt ist. *E. notaeus* und *E. deschauenseei* unterscheiden sich im Mittel kaum voneinander. Von *E.* sp. stehen keine Daten zur Verfügung.

Zahnzahlen

Die Unterschiede in der Bezahnung zwischen *E. murinus* und *E. notaeus* sind äußerst gering und nicht systematisch verwertbar (Tab. 4.17). Auf dem Dentale sind bei der Großen Anakonda 0,4 Zähne mehr und auf dem Pterygoid 0,7 weniger gezählt worden. Die Unterschiede auf dem Maxillare liegen bei 0,2 Zähnen im Mittel und auf dem Palatinum konnte kein Unterschied festgestellt werden. Zahnzahlen von *E. deschauenseei* und *E.* sp. sind nicht verfügbar, werden aber vermutlich nicht stark von denen der beiden anderen Anakonda-Arten abweichen.

4.6 Hemipenes

In Form und Gestalt sind sich die Hemipenes der Männchen der Anakonda-Arten sehr ähnlich. Dies trifft in besonderem Maße auf *E. notaeus* und *E. deschauenseei* zu. Von *E.* sp. und *E. barbouri* standen Hemipenes nicht zur Verfügung. Die Hemipenes besitzen einen nackten Pedicel, der zusammen mit dem Truncus ca. zwei Drittel der Länge ausmacht. Das obere Drittel besteht aus dem Apex, der bei den Anakondas zweigeteilt (bilobed) ist. Der vom Pedicel ausgehende Sulcus spermaticus teilt sich am Apex und verläuft hier jeweils auf die nach außen gerichteten Seiten. Beim Sondieren von in Alkohol konservierten Anakondas dringt die Sonde vom 10. bis zum 13. Subcaudale vor. Die längsten gemessenen Hemipenes von *E. murinus* und *E. notaeus* sind jeweils 9 cm lang. Ob die Hemipenes der Großen Anakonda – die Männchen erreichen knapp 1 m mehr Länge als die der anderen Anakonda-Arten – größer werden können, muß offen bleiben, da nicht genug Material vorlag. Das untere Viertel des Truncus ist nackt. Darüber befinden sich bei *E. murinus* 5–6 lamellenartige Paryphasmata, bei *E. deschauenseei* und *E. notaeus* sind es neun. Allen gemeinsam ist eine lappenartige Ausstülpung am untersten Paryphasma. Am Apex befinden sich 23–26 Reihen mit Papillen besetzter Paryphasmata. Bei *E. notaeus* und *E. deschauenseei* konnten an jeweils einem untersuchten Exemplar 15 Reihen festgestellt werden. Basal sind die Hemipenes meistens schwarz und am Truncus und Apex beige bis gelb mit unterschiedlichen schwarzen Zeichnungen gefärbt. Die beiden zur Verfügung stehenden Hemipenes von *E. deschauenseei* und *E. notaeus* lassen sich bis auf weniger stark ausgeprägte Paryphasmata bei *E. deschauenseei* nicht unterscheiden (Bild 63), was saisonal bedingt sein kann, aber nicht muß.

Tab. 4.17: Durchschnitt der Zahnzahlen von *E. murinus* und *E. notaeus*

	E. murinus	*E. notaeus*
Z Dentale (n)	16,9 (44)	16,5 (22)
Z Maxillare (n)	17,1 (46)	16,9 (14)
Z Palatinum (n)	5 (42)	5 (24)
Z Pterygoid (n)	11,9 (43)	12,6 (16)

4.7 Multivarianzanalyse

Mit 13 Schuppen- und zwei Zeichnungsmerkmalen von insgesamt 250 Anakondas (s. Methodenteil Kap. 3.4) wurde eine Multivarianzanalyse durchgeführt. Bereits die Betrachtung einzelner Schuppenwerte, wie der Dorsalia oder Subcaudalia (Kapitel 4.4), deuten auf die hier erhaltenen Ergebnisse hin (Abb. 4.49).

Aus der Multivarianzanalyse geht hervor, daß innerhalb der Gattung *Eunectes* die beiden Arten *E. deschauenseei* und *E. notaeus* die größte Ähnlichkeit in ihren Schuppen- und Zeichnungsmerkmalen besitzen, obwohl die Anzahl der Barren bzw. der schwarzen dorsalen Flecken – *E. notaeus* besitzt durchschnittlich 25,4 schwarze Barren mehr als *E. deschauenseei* und durchschnittlich 36,6 mehr als *E.* sp. (Tab. 4.1) – in die Kalkulation einfließen.

Von *E.* sp. stehen zwar nur Werte von fünf Exemplaren zur Verfügung, diese sind jedoch in den einzelnen Merkmalen insgesamt sehr ähnlich und dadurch besonders aussagekräftig. *E.* sp. besitzt nach der Multivarianzanalyse weniger Ähnlichkeit zu *E. notaeus* oder *E. deschauenseei*,

Abb. 4.46: Femurlängen im Vergleich

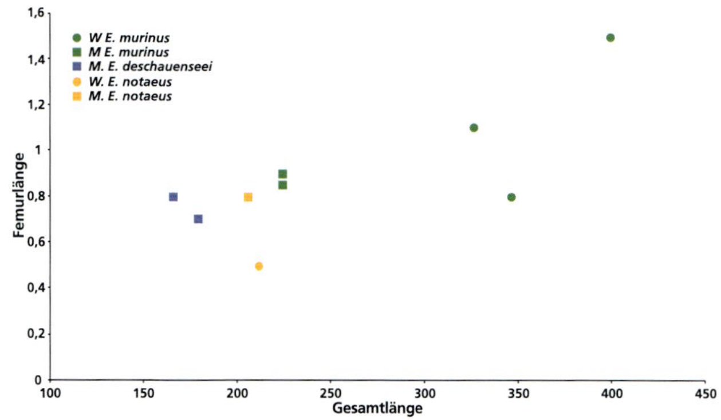

Abb. 4.47: Vergleich der Afterspornlängen der Anakonda-Männchen

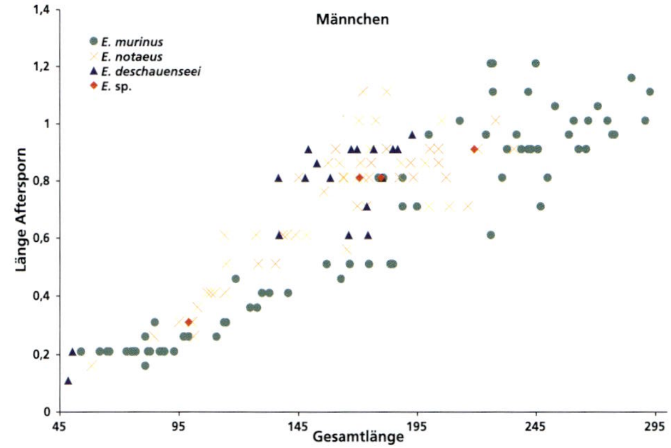

Abb. 4.48: Vergleich der Afterspornlängen der Anakonda-Weibchen

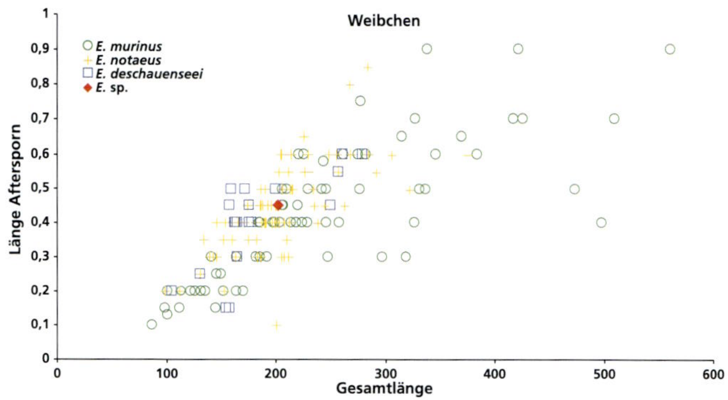

Abb. 4.49: Multivarianzanalyse: Euclidische Distanzen der *Eunectes*-Taxa, errechnet mit 13 Pholidose- und zwei Zeichnungswerten, projiziert auf eine zweidimensionale Oberfläche.
1. *E. murinus*, Paraná; 2. *E. murinus*, Amazonas; 3. *E. murinus*, Orinoko; 4. *E. murinus*, Peru; 5. *E. notaeus*; 6. *E. deschauenseei*; 7. *E.* sp.

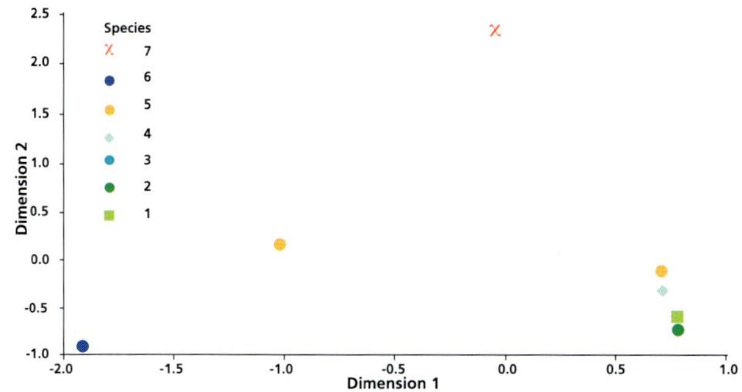

als diese beiden Arten untereinander. *E.* sp. grenzt sich außerdem in der Gesamtheit der untersuchten Merkmale klar von *E. murinus* ab.

Das weit ausgedehnte Vorkommen von *E. murinus* ist in vier geographische Bereiche unterteilt worden, um mögliche Hinweise auf Unterschiede innerhalb der Art erhalten zu können. Die vier Populationen von unterschiedlichen Flußsystemen stellen sich jedoch in dieser Analyse als wenig verschieden heraus (Abb. 4.49).

4.8 RAPD

Diese Methode ist gewählt worden, um weitere Erkenntnisse zur Phylogenie der Anakondas zu erhalten (s. Methoden: Kap. 3.6). Die Ergebnisse sind phänetischer Natur, können somit nur zusätzliche Hinweise zur Phylogenie liefern und müssen mit den übrigen Ergebnissen verglichen werden. Der Vorteil dieser Methode liegt darin, daß man ohne allzu viel Aufwand und Kosten Daten von relativ vielen

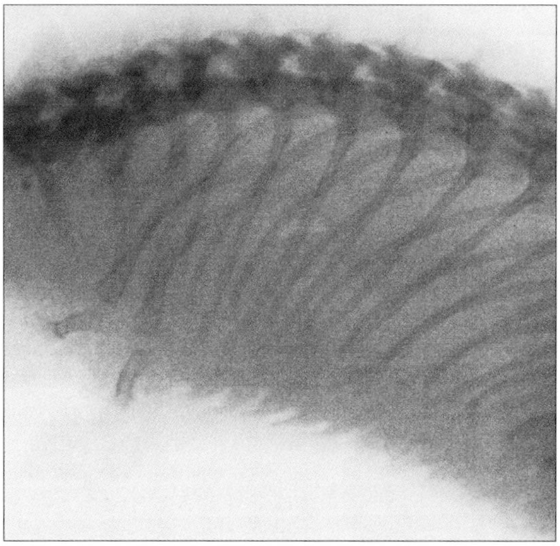

Abb. 4.50: *E.-murinus*-Männchen, HLMD RA-120, Nord-Orinoko, 2,25 m

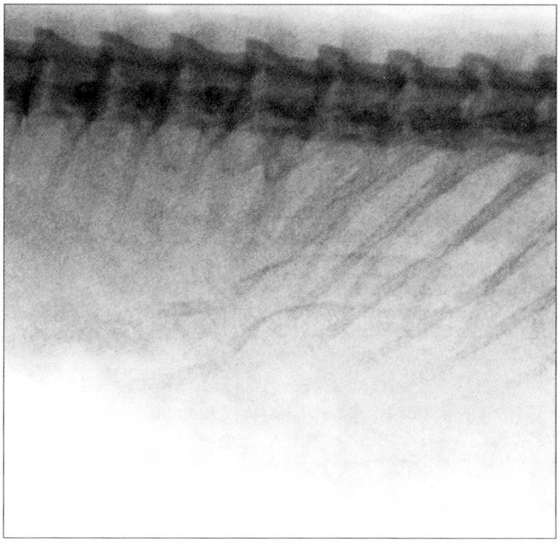

Abb. 4.51: *E.-murinus*-Weibchen, SMF 16887, Surinam, 3,47 m

Abb. 4.52: *E.-notaeus*-Männchen, ZSM 474/1999, Paraguay, 1,77 m

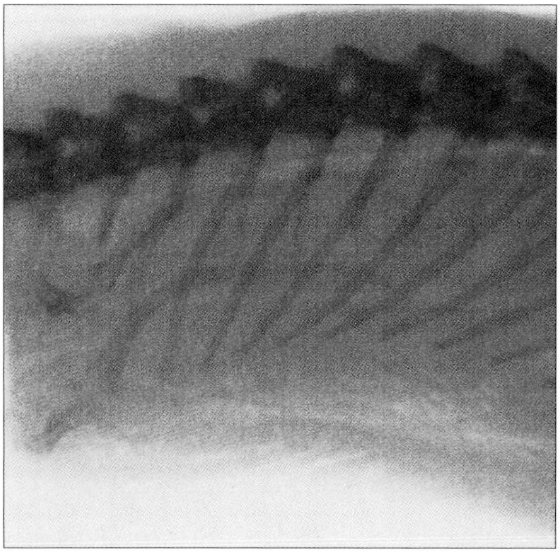

Abb. 4.53: *E.-notaeus*-Weibchen, ZSM 473/1999, Paraguay, 2,50 m

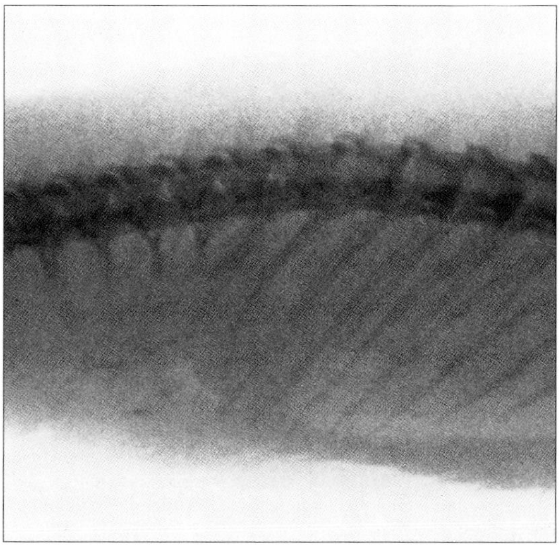

Individuen erhält, so daß auch die Variationen innerhalb einer Art bzw. einer Population zum Vergleich herangezogen werden können.

Insgesamt stellt sich heraus, daß die Banden in der Gattung *Eunectes* bei den gewählten Primern nur wenig variabel sind. Selbst die Außengruppe *Epicrates* zeigt starke Ähnlichkeiten zu *Eunectes*, so daß eine Differenzierung der Arten nur unter Vorbehalt getroffen werden kann.

Die Ähnlichkeit der Banden der einzelnen Individuen zueinander wird in Abbildung 4.56 dargestellt. Es zeigt sich, daß sich die RAPD-Banden von *E. murinus* im Vergleich zu den anderen drei Anakonda-Taxa bei einem Bootstrapwert von 100 klar unterscheiden. Dies deutet auf eine gut zu definierende eigene Art hin. Die Unterschiede zwischen *E. notaeus* und *E. deschauenseei* sind insgesamt klein, so daß beide nach dieser Analyse als die am nächsten verwandten Taxa innerhalb der Gattung *Eunectes* gelten müssen. Die nahe Verwandtschaft bzw. Ähnlichkeit der gewonnen Banden zwischen *E. notaeus* und *E. deschauenseei* wird dadurch ersichtlich, daß die *E.-notaeus*-Individuen keinen zusammenhängenden eigenen Ast bilden, wie dies bei *E. murinus* und *E.* sp. der Fall ist. Die beiden *E.* sp. bilden mit einem Bootstrapwert von 82 eine eigene Linie, stehen jedoch den beiden anderen, kleineren Anakonda-Arten nahe. Sie weisen eine stärkere Affinität zu *E. notaeus* als zu *E. deschauenseei* auf.

Die Blutproben der Individuen von *E. deschauenseei* sind alle von einer Population auf Marajó, der Deltainsel des Amazonas, entnommen worden, während die Blutproben von *E. notaeus* aus unterschiedlichen Regionen ihres Verbreitungsgebietes sowie von einem Terrarientier unbekannter Herkunft stammen. Tatsächlich ähneln sich die Banden der Populationen von *E. deschauenseei* in ihrer Gesamtheit stärker als die Banden von *E. notaeus* von verschiedenen Fundorten.

In Abb. 4.57 sind die Banden der Individuen der Arten aus Abbildung 4.56 zusammengefaßt und mit den vier Außengruppen nach der Cluster-Analyse verrechnet worden. Wie zu erwarten, stellt sich die Gattung *Eunectes* als eine monophyletische Gruppe dar. *Epicrates cenchria* steht von den vier Boinen der Gattung *Eunectes* am nächsten. *Corallus caninus* und die beiden Madagaskarboas *Sanzinia madagascariensis* und *Acrantophis dumerili*, die eine eigene Gruppe bilden, haben in der Analyse weit weniger gleiche Banden ausgebildet.

Die Große Anakonda zeigt sich auch hier bei einem Bootstrapwert von 98,3 von den anderen Arten verschieden.

4.9 DNA-Sequenzierung

Die Sequenzierungen der mtDNA des Cytochrom-b-Gens der Anakondas und weiterer Vertreter der Familie Boidae sollten an dem neu eingerichteten Sequenzierer im Museum Koenig durchgeführt werden. Trotz guter Ergebnisse mit anderen Tiergruppen konnten hier aber bis zum Zeitpunkt der Abgabe der Dissertation keine zufriedenstellenden Sequenzen der Riesenschlangen erstellt werden. Dieses Problem tritt ebenso bei Vertretern anderer Schlangengruppen auf. Möglicherweise sind hier noch nicht die geeigneten Chemikalien (Primer und andere Reagenzien) für die Sequenzierungen gefunden worden. Verwertbare Ergebnisse sollen daher in einer späteren Publikation veröffentlicht werden.

Abb. 4.54: *E.-deschauenseei*-Männchen SMF 62617, Marajó, 1,43 m

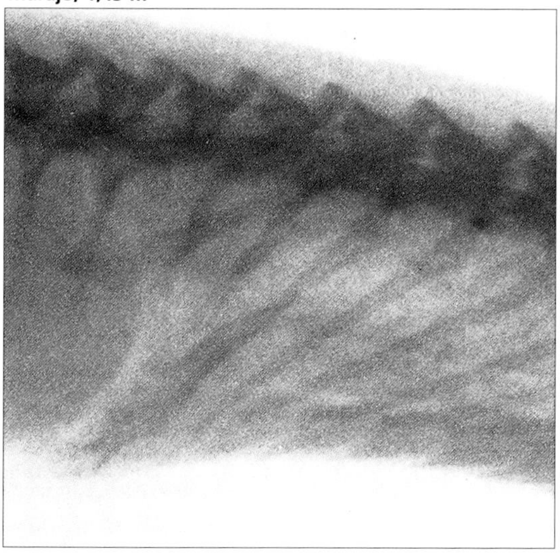

Abb. 4.55: Vergrößerung von Abb. 4.50

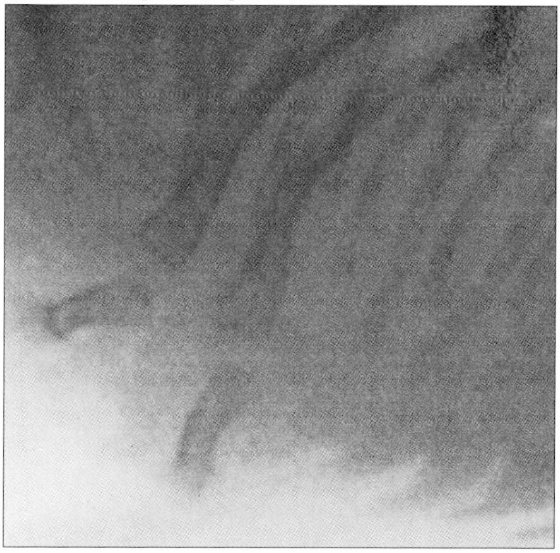

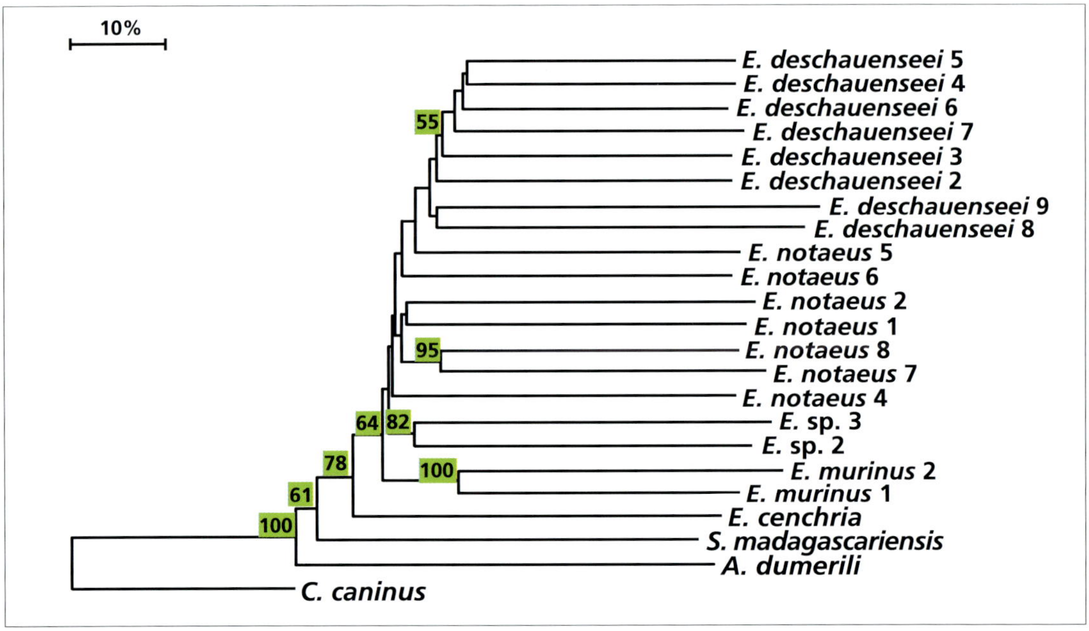

Abb. 4.56: RAPD-Analyse der Einzelindividuen.
Das Diagramm ist mit dem Programm TREECON, basierend auf dem Abstandsmaß nach Nei & Li (1979), mit der Neighbour Joining-Analyse erstellt worden. Die Bootstrapwerte werden erst ab 50 angezeigt.

Abb. 4.57: RAPD-Analyse der vier Anakonda-Taxa einschließlich der vier Outgroups, basierend auf den zusammengefaßten Daten der Individuen aus Abb. 4.56.

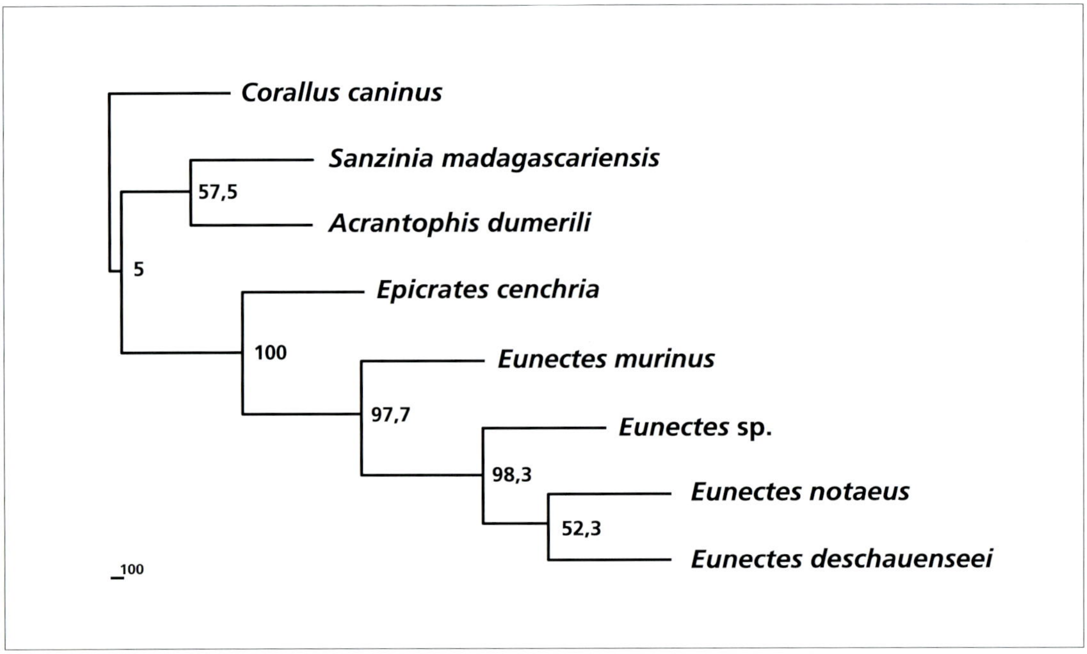

5 Diskussion

5.1 Verbreitung

Alle Anakonda-Arten leben ausnahmslos in wenigstens saisonal überschwemmten Gewässerhabitaten. Anthropogene Einflüsse in diesen Habitaten führen im allgemeinen dazu, daß die Anakondas in ihrer Lebensweise gestört werden oder ihnen die Lebensgrundlage genommen wird. Daher kann diese Gattung grundsätzlich nicht als Kulturfolger bezeichnet werden, wie dies z. B. von *Morelia spilotes* (Shine & Fitzgerald 1996) oder *Python curtus* (Riquier 1998) bekannt ist. Das bedeutet, daß parallel mit der Zerstörung der Lebensräume durch Abholzung der Wälder, Trockenlegung von Sumpfgebieten etc. auch das Vorkommen der Anakondas in Südamerika abnimmt und vielerorts schon lange keine Anakondas in ehemals besiedelten Gebieten mehr vorkommen, die in den Fundortkarten in Kap. 4 eingetragen sind.

5.1.1 *Eunectes deschauenseei*

Dunn & Conant (1936) gaben bei ihrer Beschreibung dieser Schlange Marajó, die große Insel im Amazonasdelta, als wahrscheinliche Typuslokalität an. Tatsächlich stammen die meisten gesammelten *E. deschauenseei* von Marajó. Diese Insel wird auch am häufigsten als Verbreitungsgebiet erwähnt (Belluomini et al. 1959; Yuki & Santos 1998), wobei *E. deschauenseei* meistens ausschließlich von hier bekannt war (Stimson 1969; Peters & Orejas-Miranda 1970; Petzold 1982; Trutnau 1982; Schmidt 1985).

Aus Französisch-Guayana wird diese Anakonda aus küstennahen Sumpfgebieten erstmals von Matz (1981), Hoogmoed (1982) und Chippaux (1986) erwähnt. In der zuvor erschienenen Checkliste der Schlangen Französisch-Guayanas wird *E. deschauenseei* von Gasc & Rodrigues (1980) noch nicht geführt. Starace (1998) beobachtete *E. deschauenseei* auch im Landesinneren (Abb. 4.3).

Waller (1988) zeichnet Fundorte von *E. deschauenseei* erstmals in einer Verbreitungskarte auch im Mündungsgebiet des Amazonas ein. In nachfolgenden Karten ist auch der untere Amazonas als Vorkommen bekannt (Waller & Micucci 1993; Henderson et al. 1995; Dirksen & Böhme 1998a; Rivas 1999b; O'Shea 1999). Rivas (1999b) gibt ein Gebiet südlich des Amazonas an, ohne Nachweise oder Quellen zu benennen. Offensichtlich ist dies ein Fehler, da sich hier tiefer tropischer Regenwald befindet, der kein Habitat für diese Art darstellt. Weiter existieren auch keine Nachweise dafür, daß *E. deschauenseei* in Pará südlich bzw. südöstlich von Marajó vorkommt, wie auf den Karten von Waller (1988), Henderson et al. (1995) und Rivas (1999b) gezeigt. Nachdem festgestellt worden war, daß *E. deschauenseei* auch außerhalb von Marajó zu finden ist, nahm man vermutlich an, daß diese Art gegenüber der Insel am nahen Festland vorkommt. Dies ist

Bild 32: *E. deschauenseei* von Marajó bei Santa Cruz do Arari Foto: L. Dirksen

jedoch neben dem Fehlen von Belegen aus zwei weiteren Gründen unwahrscheinlich. Zum einen ist gerade der Osten von Pará sehr umfangreich von CUNHA & NASCIMENTO (1978) herpetologisch bearbeitet worden (s. Abb. 4.7, Fundortkarte von *E. murinus* für Brasilien), ohne daß *E. deschauenseei*, im Gegensatz zu *E. murinus*, für dieses Gebiet je erwähnt wurde. Zum anderen befinden sich die bekannten Vorkommen, bis auf das im Landesinneren von Französisch-Guayana, in großen Sumpfgebieten bzw. saisonal überfluteten Graslandschaften, die östlich von Marajó nicht vorhanden sind. Eine Liste der Anakondas des Instituto Butantan in São Paulo enthielt einen Nachweis für Belém (T. WALLER, pers. Mitt.). Offensichtlich handelte es sich hier jedoch um eine Fehlbenennung der Herkunft, da sich heute keine *E. deschauenseei* mit Fundort Belém mehr im IB befindet. Vermutlich war Belém (MPEG) nur der Ort, von dem das Tier nach São Paulo gebracht wurde.

MENNE (1954) schreibt, daß er *E. notaeus* in Surinam gesehen hat. Hierbei könnte es sich um *E. deschauenseei* gehandelt haben, der *E. notaeus* sehr ähnlich sieht und 1954 ausschließlich von Marajó bekannt war. M. HOOGMOED (pers. Mitt.) gibt jedoch zu bedenken, daß MENNE die Fauna von Surinam wenig kannte, keine wissenschaftliche Literatur zur Verfügung hatte und außerdem mehrfach falsche Bestimmungen durchführte. Außer von MENNE (1954) ist *E. deschauenseei* bzw. *E. notaeus* nicht aus Surinam erwähnt worden. Da sich ein Fundort in Französisch-Guayana in unmittelbarer Nähe zur Grenze mit Surinam befindet (CHIPPAUX 1986, STARACE 1998), ist es allerdings nicht auszuschließen, daß *E. deschauenseei* auch hier beheimatet ist, zumal ein großes, zusammenhängendes Sumpfgebiet, das typische Habitat dieser Art, im Küstenbereich beider Länder liegt. Aus genannten Gründen sollte diese Art jedoch bis auf weiteres nicht als Faunenelement von Surinam betrachtet werden.

Auch GRIFFIN (1916) und GOMES (1918) berichten von *E. notaeus* aus Amazonien, da sie vermeintliche Belegexemplare in den Museumssammlungen des CM und des MPEG fanden. WALLER & MICUCCI (1993) vermuten sicher zu Recht, daß es sich im CM um das Stück R 379 handelt, das heute als *E. deschauenseei* bestimmt ist, das entsprechende Alter aufweist und, wie von GRIFFIN (1916) erwähnt, aus Santarém stammt. Welches Stück GOMES (1918) sichtete, ist nicht mehr eindeutig nachvollziehbar, sicher hat es sich jedoch auch um *E. deschauenseei* gehandelt, weil das Verbreitungsgebiet von *E. notaeus* zu weit entfernt ist und nur *E. deschauenseei* am Amazonas vorkommt.

E. deschauenseei gilt als seltene Schlange (CHIPPAUX 1986; STARACE 1998). Ein Indiz hierfür ist auch, daß in den letzten 26 Ausgaben des „Anzeigen Journal" (1/1995–2/2001) der DGHT keine einzige *E. deschauenseei* angeboten wurde und lediglich

Bild 33: Anakondahabitat auf Marajó, Brasilien. Foto: L. Dirksen

in zwei Bänden Gesuche standen, obwohl lebende Anakondas aus dem Verbreitungsgebiet von *E. deschauenseei* durchaus importiert wurden. Nur aus dem Inneren von Marajó findet sich der einzige Hinweis für ein häufiges Vorkommen. MÜLLER (1970, 1971) fand in der Umgebung von Santa Cruz do Arari am Lago Arari in dem Überschwemmungscampo auf 1000 m^2 bis zu sieben Anakondas, einschließlich *E. murinus*. Diese Häufigkeit ließ sich bei eigenen Untersuchungen im Mai 1998 in dieser durch Mensch und Vieh degradierten Landschaft nicht mehr nachweisen.

Am Amazonas befinden sich zwischen Santarém, dem bisher westlichsten Fundort, und Manaus ausgedehnte Sumpfgebiete, in denen die Verbreitung dieser Anakonda aus zoogeographischer Sicht durchaus vorstellbar ist. Damit würde sich das Vorkommen bis weit in den brasilianischen Bundesstaat Amazonas erstrecken.

Die nahe Verwandtschaft von *E. deschauenseei* und *E. notaeus*, die sich in der Ähnlichkeit der Färbung (Bild 51) und der Körpermerkmale äußert, lassen vermuten, daß eine Trennung in zwei verschiedene Populationen erst in jüngerer erdgeschichtlicher Zeit stattgefunden hat. Speziell in der Färbung und dem aktuellen geographischen Vorkommen sind beide Arten jedoch eindeutig auseinanderzuhalten. Um zu klären, ob diese beiden Taxa als echte Arten oder eventuell als Unterarten zu betrachten sind, bedarf es weiterer Forschungen, wie Kreuzungsversuche zwischen *E. deschauenseei* und *E. notaeus*, um festzustellen, ob sie in der Lage sind, fortpflanzungsfähige Nachkommen zu erzeugen. Moderne biomolekulare Methoden könnten weiteren Aufschluß über die verwandtschaftliche Nähe bringen. Auch ein zukünftiger Vergleich von DNA-Sequenzen ist erstrebenswert. Andererseits hängt es von der Ansicht des Betrachters ab, welches Artkonzept (biologisches oder evolutives) bevorzugt bzw. anerkannt wird. Der zu beobachtende, moderne Trend (speziell in den USA) geht dahin, grundsätzlich keine Unterarten mehr zu benennen, sondern geographisch getrennte Arten mit eigener Anpassung an den neuen Lebensraum in den Artstatus zu erheben.

5.1.2 *Eunectes murinus*

Schon sehr lange ist bekannt, daß *E. murinus* östlich der Anden im Tiefland des Orinoko und Amazonas, einschließlich der Insel Trinidad, vorkommt. Aber nur langsam entsteht ein genaueres Bild zur Verbreitung der Großen Anakonda.

Wie schlecht die wirkliche Verbreitung von *E. murinus* bis heute dokumentiert und erforscht wurde, wird daraus ersichtlich, daß für mehrere Länder keine Verbreitungskarten oder nähere Beschreibungen zum Vorkommen existieren; dies gilt im besonderen für Bolivien, Brasilien, Ecuador, Guyana und Peru; für andere Länder gibt es zwar Fundortkarten, doch sind z. B. für Kolumbien gerade mal sieben (PÉREZ-SANTOS & MORENO 1988) oder für Venezuela neun Fundorte (ROZE 1966) eingezeichnet. Besser ist das Vorkommen von *E. murinus* aus Surinam (ABUYS 1982), Französisch-Guayana (STARACE 1998) und Paraguay (WALLER et al. 1995) dokumentiert.

Wegen des geringen Kenntnisstandes überrascht es nicht, daß Karten zur gesamten Verbreitung von *E. murinus*, wie auch bei den anderen Arten, zum Teil erheblich variieren. Selbst nach 1980 wird wiederholt das Vorkommen der Großen Anakonda im Süden am Paraná-Paraguay-System ausgelassen (PETZOLD 1982 [Abb. 4.1], TRUTNAU 1982, O'SHEA 1999). TRUTNAU (1982) klammerte sogar die Guayana-Länder aus. Zwar existieren mittlerweile einige neuere Karten zur Verbreitung, die dem Vorkommen schon besser gerecht werden, doch wurden auch diese ohne entsprechende Sammlungsdaten für das gesamte Verbreitungsgebiet erstellt (WALLER 1988; WALLER & MICUCCI 1993; HENDERSON et al. 1995; RIVAS 1999b).

Das wesentliche Diagnosemerkmal von DUNN & CONANT (1936), das zur Beschreibung der Unterart *E. m. gigas* führte, besteht in der Postocular-Färbung zwischen den zwei schwarzen Streifen auf jeder Seite des Kopfes. Bei der Nominatform aus dem „Amazon Valley" soll die Farbe der des Körpers entsprechen (Bild 49) und bei *E. m. gigas* von Guyana und Trinidad soll sie deutlich heller ausgeprägt sein (Bild 48). Eine hellere Postocularregion wurde zunächst auch in den Guyana umgebenden Ländern beobachtet, und die dortigen Anakondas folglich als *E. m. gigas* bestimmt: Französisch-Guayana (CHIPPAUX 1986), Kolumbien (DUNN 1944; PÉREZ-SANTOS & MORENO 1988), Surinam (ABUYS 1982), Venezuela (LEDERER 1942; ROZE 1957, 1966; LANCINI & KORNACKER 1989) sowie erneut die Insel Trinidad (WEHEKIND 1955).

Das Vorkommen von *E. m. gigas* in diesen Ländern wird unter anderen von ROZE (1966), ABUYS (1982), PETERS et al. (1986), LANCINI & KORNACKER (1989) und STRIMPLE (1993a) genannt. Lediglich in Kolumbien sollen einigen Autoren zufolge beide Unterarten vorkommen. DUNN (1944) selbst fand kolumbianische Anakondas mit oranger Postocularregion, fügt aber hinzu, daß er es für möglich halte, daß im amazonischen Kolumbien auch *E. m. murinus* vorkommen könne. STIMSON (1969) nennt für die Nominatform Kolumbien und für *E. m. gigas* Nordkolumbien. VANDEFORT (1971) gibt für beide Unterarten einfach Kolumbien an. Nach PETZOLD (1982) kommt die Nominatform in Kolumbien und *E. m. gigas* im nördlichen bis zentralen Kolumbien vor. Er merkt jedoch dazu an, daß die Arealgrenze der beiden Unterarten keinesfalls bekannt sei, jedoch offenbar quer durch Kolumbien verlaufe. Nach TRUTNAU (1982) ist die Nominatform in Südkolumbien und *E. m. gigas* in Südostkolumbien verbreitet. Offensichtlich ist eine Arealgrenze unbekannt, da alle genannten Autoren unterschiedliche Angaben machen. Überraschenderweise berichten DIXON & SOINI (1977) auch aus Peru über Anakondas mit

Bild 34: Weißwasser-Überschwemmungswald bei Manaus, Brasilien; Habitat von *E. murinus* Foto: H. Werning

rot-orangefarbenem Postocularbereich, die sie jedoch als die Nominatform führen, wie auch HENZL (1991) Anakondas aus Peru als *E. m. murinus* bestimmte. GORZULA & PILGRIMM (1992) beklagen sich, daß es keine einfache Methode zur Unterscheidung der Unterarten gebe, allerdings ohne Erläuterung ihrer Schwierigkeiten. STRIMPLE (1993b) berichtet, daß er Große Anakondas, die aus dem Areal der Unterart *E. m. gigas* stammten, untersucht habe, die keine hellere Farbe in der Postocularregion zeigten, sondern hier die Grundfarbe des Körpers aufwiesen. Eigene Untersuchungen bestätigen einerseits diese Beobachtungen und führen andererseits zu der Erkenntnis, daß *E. murinus* in seinem gesamten Verbreitungsgebiet (Bild 48, 82), einschließlich Boliviens, Südbrasiliens (Bild 46, 36) und Paraguays, eine hellere Postocularregion besitzen kann. Da somit die Färbung der Postocularregion als Diagnosemittel nicht mehr zur Verfügung steht, und auch alle weiteren Vergleiche keine sinnvolle Differenzierung der von DUNN & CONANT (1936) beschriebenen Unterarten ermöglichen, wird auf eine weitere Unterscheidung verzichtet, zumal oft zu beobachten ist, daß die hellere Postocularregion mit der Grundfarbe gesprenkelt (Bild 50) bzw. gemischt vorliegt (Tab. 6.12). Nachfolgend wird das Vorkommen der Großen Anakonda für die einzelnen Länder ihres Vorkommens diskutiert.

Kolumbien

In diesem Land kommt *E. murinus* im gesamten Tiefland östlich der Anden vor (DUNN 1944; ROZE 1966; STIMSON 1969; PETERS & OREJAS-MIRANDA 1970; VANDEFORT 1971; ABUYS 1982; PETZOLD 1982). Lediglich LEDERER (1944) ist eine Verbreitung bis Kolumbien noch nicht bekannt gewesen. Hier soll sie bis in die Höhe von 750 m zu finden sein (PÉREZ-SANTOS & MORENO 1988). Auch wenn einige neue Fundorte zu den sieben veröffentlichten von PÉREZ-SANTOS & MORENO (1988) hinzugefügt werden konnten (Abb. 4.4) und die Große Anakonda sicherlich im gesamten Tiefland östlich der Anden vorkommt, muß ihre wirkliche Verbreitung in Kolumbien nach wie vor als wenig erforscht gelten. In bezug auf die Große Anakonda ist Kolumbien oft im Zusammenhang mit der Verbreitung beider Unterarten genannt worden. Da die Konsistenz der Unterarten jedoch mehr als fraglich ist (s. oben; DIRKSEN & BÖHME 1998b), wird hier auf dieses Thema nicht weiter eingegangen.

Ecuador

Das Vorkommen von *E. murinus* ist auf ein kleines Gebiet östlich der Anden beschränkt, das zum Amazonasbecken gehört. PÉREZ-SANTOS & MORENO (1991) geben für Ecuador lediglich die Provinz Napo für die Anakondas an. Durch neue Nachweise kann diese Art jetzt auch für die teils amazonische Pro-

Bild 35: Habitat von *E. murinus* im amazonischen Tiefland von Ecuador. Während der kurzen Trockenzeit stehen die Akazien im wasserlosen, sumpfigen Seebett. Foto: L. Dirksen

vinz Pastaza geführt werden (Abb. 4.4). Offensichtlich wird die Große Anakonda explizit für Ecuador zum erstenmal 1958 erwähnt (Peters 1958).

Venezuela

Die Große Anakonda bewohnt im gesamten Orinoko-Tiefland sowohl die Waldregionen wie auch die Llanos. Im Gegensatz zum Pantanal und den Sumpfgebieten des Amazonasbeckens und der Küstenregion von Französisch-Guayana betrifft sie hier keine Konkurrenz durch eine andere Anakonda-Art, die sie zumindest teilweise verdrängen könnte, wie dies z. B. durch *E. notaeus* im Pantanal der Fall ist. Ihr Verbreitungsgebiet geht nahtlos in das Amazonasbecken über. Auch in Venezuela lebt die Große Anakonda ausschließlich östlich der Anden, so daß kein Zugang nach Mittelamerika existiert. Allerdings besteht Verwirrung darüber, ob die Große Anakonda nördlich der Cordillera de Mérida im Dep. Zulia am Maracaibosee vorkommt, wie es in Karten von Roze (1966), Lancini & Kornacker (1989) und Waller & Micucci (1993) gezeichnet wurde (s. Fragezeichen in Abb. 4.5). Dieses Vorkommen wird offensichtlich erstmals von Roze (1966) erwähnt, jedoch ohne daß ein Fundort benannt ist. Trotz intensiver Nachfragen konnte ich keinen direkten Nachweis in Form eines Exemplares oder einer direkten Sichtung eines Herpetologen für dieses Vorkommen finden. Auch gehört das Gebiet am Maracaibosee in den Karten von Petzold (1982), Waller (1988), Henderson et al. (1995), Dirksen & Böhme (1998a) und Rivas (1999b) nicht zum Verbreitungsgebiet. Obwohl J. Rivas (pers. Mitt.) selber in diesem Gebiet keine Anakondas zu Gesicht bekam, hat er jedoch glaubhafte Quellen, daß sie am Maracaibosee vorkommen sollen, zumal es tief gelegene Verbindungen zwischen dem Maracaibobecken und den Llanos geben soll. Teilweise werden die in Venezuela südöstlich gelegenen Gebirgsregionen des Guyana-Hochlandes zu Recht ausgespart (Petzold 1982, Waller & Micucci 1993). Wegen der Lage des Dep. Anzoátigui am Orinoko muß dieses Gebiet auch ohne Belegexemplare oder Erwähnung in die Verbreitung einbezogen werden.

Peru

Auch das Tiefland von Peru ist Teil des riesigen Amazonasbeckens und fand somit häufig Erwähnung als Verbreitungsgebiet der Großen Anakonda. Eine Verbreitungskarte für *E. murinus* in Peru, geschweige denn mit eingezeichneten Fundorten, existierte bisher nicht. Das Vorkommen wurde bisher lediglich mit „Peru" oder „Peru, östlich der Anden", bezeichnet. Die einzige Publikation, die sich mit der Verbreitung von *E. murinus* in Peru befaßt, ist die Reptilienliste von

Carillo de Espinoza & Icochea (1995). Hier werden die Dep. Huanuco, Loreto, Madre de Dios und Ucayali in den Habitaten des tropischen Amazonaswaldes unter 600 m und die Savannen von Palmeras des Rio Haeth, Madre de Dios angegeben. Diese Angaben stimmen mit den Ergebnissen der eigenen Nachforschungen überein (Abb. 4.6).

Brasilien

Brasilien ist ein sehr großes Land mit vielen ökologischen Facetten. Entsprechend schwer ist es, für viele Tierarten ein auch nur ungefähres Verbreitungsbild zu erstellen. Das Vorkommen von *E. murinus* wurde entweder nur durch Nennung des Landes erwähnt oder durch den schwammigen Begriff „Amazonasbecken" bzw. „Amazonian Basin" charakterisiert (Stimson 1969; Peters et al. 1970; Cunha & Nascimento 1978; Petzold 1982; Strimple 1986a). Petzold (1982) nahm an, daß es südlich des Amazonasbeckens bereits zu trocken oder zu kalt für diese Art sei (Abb. 4.1). Nach Vandefort (1971) und Trutnau (1982) kommt die Große Anakonda sogar nur bis zum 10. südlichen Breitengrad vor. Amaral (1935, 1978) hingegen vermutete, daß die Große Anakonda in ganz Brasilien außer dem Paraguaybecken vorkommt, womit er der tatsächlichen Verbreitung schon näher kam. Langsam setzt sich die Erkenntnis durch, daß die Große Anakonda tatsächlich bis weit in den Süden Brasiliens auftritt (Waller 1988; Waller & Micucci 1993; Waller et al. 1995; Henderson et al. 1995; Dirksen & Böhme 1998a). Eigene Forschungen bestätigen, daß ihre Ausdehnung in Brasilien sich ungefähr bis zum 23. Breitengrad erstreckt.

Die Große Anakonda ist jedoch auch im Paraguaybecken (sensu Amaral 1935) zu finden. Bereits 1952 sammelte S. Siemel zwei *E. notaeus* (USNM 135453, 135454), deren Fundort er mit „upper Paraguay" angab. Auf seiner Reise sammelte er aber auch einen *E. murinus* (USNM 140143), deren Fundort „Paraguay river" lautet. Aller Wahrscheinlichkeit nach stammt dieses Exemplar ebenfalls vom oberen Paraguay, vermutlich sogar noch höher gesammelt als die beiden Paraguay-Anakondas. Weitere Museumsexemplare und Beobachtungen bestätigen, daß die Große Anakonda nordöstlich in den Zuflüssen zum Pantanal vorkommt (s. Abb. 4.7). Erstmals wurde ein Vorkommen vom Rio Paraguay durch Waller & Micucci (1993) bestätigt.

Auch C. Strüssmann (pers. Mitt.) berichtet, daß *E. murinus* im oberen Rio Cuiabá vorkommt, welcher ein links vom Rio Paraguay gelegener Zufluß des Pantanals ist. *E. notaeus* wiederum kommt nur weiter unterhalb vor. Nach ihren Beobachtungen kommen die beiden Schlangen nicht syntop vor, obwohl es keinerlei geographische Barrieren gibt. Es ist zwei-

Bild 36: *E. murinus* aus São Paulo, Brasilien Foto: L. Dirksen

felhaft, jedoch nicht gänzlich auszuschließen, daß *E. murinus* über die nördlich zum Pantanal gelegenen Gebirge Serra dos Parecis und Planalto do Mato Grosso in die oberen Flußläufe eingewandert ist. Die Große Anakonda findet sich jedoch auch in Aquidauana (IB 16656), wiederum an einem Zufluß zum unteren Pantanal, der durch ein Gebirge von den Vorkommen am Rio Paraná getrennt ist. Diese Randvorkommen zwischen Gebirge und Pantanal deuten darauf hin, daß *E. murinus* früher auch im Pantanal beheimatet gewesen sein muß.

Anscheinend ist *E. notaeus* besser an die ökologischen Bedingungen des Pantanals angepaßt, während *E. murinus* sich an den Zuflüssen behauptet. C. Strüssmann (pers. Mitt.) nimmt an, daß *E. murinus* mehr an permanente Habitate, wie ganzjährige Seen und Flußläufe, adaptiert ist und *E. notaeus* wiederum besser in saisonalen Überschwemmungsgebieten zurechtkommt. Diese These klingt plausibel, obwohl die Große Anakonda in Kolumbien und Venezuela in den saisonal überschwemmten Llanos lebt, hier jedoch keine Konkurrenz einer anderen Anakonda-Art vorfindet.

Guyana

Die einzige veröffentlichte Quelle über Daten von Anakondas aus Guyana ist dem CITES-Bericht von Gorzula & Pilgrim (1992) zu entnehmen. Insgesamt haben sie Daten von 133 *E. murinus* ermitteln können. Leider sind in dem Bericht keine Originalfundorte enthalten und auch auf Anfrage nicht mitgeteilt worden. Die einzige Aussage diesbezüglich besteht darin, daß die meisten Anakondas von Fischern aus den Küstenregionen von Mahaicony River, Boerasirie Conservancy und bei Charity to Supenaam gefangen wurden (Gorzula & Pilgrim 1992). Lediglich wird noch darauf verwiesen, daß den Autoren zu ihrer Verwunderung keine Fänge von dem Grenzfluß Corentyne River mit Surinam bekannt wurden. Somit bleibt ein großes Gebiet von Guyana, welches mit unter einer Millionen Einwohner stellenweise nahezu menschenleer ist, unberücksichtigt. Eigene Recherchen zeigen, daß die Anakonda im Inneren des Landes vorkommt. Die Fundortkarte von Guyana (Abb. 4.8) ist somit die erste für *E. murinus* für dieses Land. In der Verbreitungskarte von Waller & Micucci (1993) für ganz Südamerika bleiben die Pacaraima Mountains, sicher zu Recht, ausgespart. Außer in den oben genannten Quellen wird Guyana unspezifisch unter anderem von Parker (1935), Lederer (1942), Smith (1954), Stimson (1969), Peters & Orejas-Miranda (1970) und Petzold (1982) erwähnt.

Surinam

Die einzige Verbreitungskarte stammt von Abuys (1982). Sie enthält 11 Lokalitäten, die sich alle in Küstennähe befinden (Kreise in Abb. 4.9). Allerdings beruhen die Fundorte nicht auf Sammlungsmaterial, sondern nur auf Beobachtungen, die teilweise von Drittpersonen gemacht wurden. M. Hoogmoed (pers. Mitt.) beobachtete *E. murinus* auch im Landesinneren (offene Dreiecke) und teilt außerdem weitere Fundorte nach Museumsmaterial mit (ausgefüllte Dreiecke). Menne (1954) will im Westen Surinams gleich zwei Anakonda-Arten gesehen haben, neben dem hier bekannten *E. murinus* auch den in Paraguay vorkommenden *E. notaeus*. Letzteres ist aufgrund der bisherigen Kenntnisse über die Verbreitungsgebiete nicht möglich, es könnte sich jedoch eventuell um *E. deschauenseei* gehandelt haben (s. Kapitel: *E. deschauenseei*). Weitere Veröffentlichungen zu Fundorten oder Beschreibungen des Vorkommens von *E. murinus* in Surinam sind nicht bekannt.

Französisch-Guayana

Im Vergleich zu Guyana und Surinam ist Französisch-Guayana in bezug auf die Anakondas besser bearbeitet worden. Es existieren bereits drei jeweils verbesserte Arbeiten zur Schlangenfauna. Bereits 1980 brachten Gasc & Rodrigues die erste Checkliste der Schlangen dieses Landes heraus. Chippaux (1986) veröffentlichte sein Buch der Schlangen von Französisch-Guayana mit Fundortkarten zu jeder Art. Mit 19 Fundorten enthält seine Karte des kleinsten südamerikanischen „Landes“ die bis dahin größte Anzahl veröffentlichter Fundorte für *E. murinus.* Einschließlich der Angaben von Chippaux (1986) kann Starace (1998) diese Anzahl durch fünf weitere Funde auf 24 bekannte Lokalitäten erhöhen. Ebenso wie in Surinam ist *E. murinus* nicht nur in küstennahen Sumpfgebieten verbreitet, sondern auch entlang der tief gelegenen Flüsse und Gewässer im Landesinneren.

Bolivien

Zoogeographisch nimmt Bolivien in Südamerika eine besondere Stellung ein, weil es durch vielfältige Großlebensräume, wie das tropische Amazonien, die arideren Cerrados, der trockene Gran Chaco und die hohen Anden mit ihren hochinteressanten Bergregenwäldern (Köhler et al. 1995) und Trockentälern (Ibisch & Böhme 1993; Dirksen et al. 1995; Köhler et al. 1995) geprägt ist. Auch für die Anakondas ist Bolivien von besonderer Bedeutung, da neben *E. murinus* und *E. notaeus* eine weitere, neue Art (*E.* sp.) existiert, von der zunächst in Betracht gezogen wurde, daß es sich bei diesen Schlangen um Hybriden zwischen *E. murinus* und *E. notaeus* handeln könnte (Dirksen & Böhme 1998a).

Zur Verbreitung von *E. murinus* und *E. notaeus* sowie *E.* sp. ist sehr wenig bekannt. Zwar existieren von Fugler vier aufeinanderfolgende Checklisten der Schlangen von Bolivien (Fugler 1984; Fugler 1986; Fugler & De la Riva 1990; Fugler & Cabot 1995), jedoch ist *E. murinus* in der letzten Ausgabe immer noch mit nur zwei Sichtungen vertreten. Auch Kempff-Mercado (1975) bezeichnet das Habitat ungenau mit Amazonasbecken. Pacheco & Aparicio (1996) erstellten Verbreitungskarten für *E. murinus* und *E. notaeus* mit sehr fragwürdiger Verbreitung für *E. notaeus.*

Bild 37: Der Amazonas und seine zahllosen Zuläufe bieten der Großen Anakonda einen riesigen Lebensraum. Foto: H. Werning

LEDERER (1942), aber auch STIMSON (1969), war eine Verbreitung der großen Anakonda bis Bolivien noch nicht bekannt. Nach MEHRTENS (1993) soll das Vorkommen von *E. murinus* im Süden sogar „bis Bolivien und Nordparaguay" reichen. Dies kann nicht bestätigt werden, zumal der Süden von Bolivien und der Norden von Paraguay das trockene Gebiet des Gran Chaco darstellen (DIRKSEN & BÖHME 1998a) (s. Diskussion Argentinien). Andererseits soll *E. murinus* nach TRUTNAU (1982) und STRIMPLE (1986a) nur im Norden Boliviens vorkommen bzw. – anders ausgedrückt – von Kolumbien bis Bolivien (PETERS & OREJAS-MIRANDA 1970). STRIMPLE (1993) erwähnt jedoch auch, daß die Verbreitung von *E. murinus* in Südamerika schlecht erfaßt sei und dies im Besonderen für Bolivien und Paraguay gelte. Das Vorkommen von *E. murinus* wird nach eigenen Erkenntnissen erstmals ungefähr richtig von WALLER (1988) sowie nachfolgend von WALLER & MICUCCI (1993), HENDERSON et al. (1995), PACHECO & APARICIO (1996) und DIRKSEN & BÖHME (1998a) in Verbreitungskarten eingezeichnet. Der südlichste mir bekannte, belegte Fundort eines klar definierten *E. murinus* ist Perseverancia am Rio Negro (Abb. 4.11). Vermutlich erstreckt sich sein Vorkommen an einigen Zuflüssen des Rio Marmoré und des Rio Guaporé, wie z. B. dem Rio Grande, Rio San Miguel etc., über den 15. Breitengrad hinaus, wie es auch in der Karte von PACHECO & APARICIO (1996) eingetragen ist. Es ist jedoch, wie oben erwähnt, äußerst unwahrscheinlich, daß sie in Bolivien über den 18. Breitengrad hinaus existiert und Nordparaguay oder gar Argentinien erreicht.

Mitarbeiter von FAN berichten, daß sowohl grün wie gelb gefärbte Anakondas (*E. murinus* und *E. notaeus*) im Parque Noel Kempff Mercado, östlich des Rio Paraguá, Dep. Santa Cruz vorkommen. Zwei verschiedene „Formen" sollen auch zwischen San Borja und Trinidad gesehen worden sein (C. SPECHT, pers. Mitt.). Hier allerdings dürfte es sich um *E. murinus* und *E.* sp. gehandelt haben, der wegen des fünften Kopfstreifens und der breiten dorsalen Barren *E. notaeus* wesentlich ähnlicher sieht. In der Gegend von Rurrenabaque, Beni, soll es viele Anakondas geben, die auch zu touristischen Zwecken gefangen und vorgeführt werden (C. SPECHT, pers. Mitt.). Die tatsächliche Verbreitung von *E. murinus* in Bolivien, wie auch die der anderen Arten, bedarf weiterer Nachforschungen. Möglicherweise handelt es sich bei allen Funden im Inneren von Bolivien nicht um *E. murinus* sondern um *E.* sp.

Argentinien

Überraschenderweise besitzt das Museum in Salta eine Große Anakonda, die bereits 1953 am Rio Bermejo gefangen worden sein soll (Abb. 4.12). Da bis heute keine weiteren *E. murinus* aus Argentinien bekannt wurden, wird diskutiert, ob

Bild 38: Habitat von *E. murinus* in Französisch-Guayana Foto: M. Schmidt

Bild 39: Nachzucht von *E. murinus* Foto: P. Strimple

dieses Exemplar während eines Hochwassers aus Bolivien nach Argentinien gelangt sei. Dies muß jedoch als sehr unwahrscheinlich gelten, da für *E. murinus* aus Südbolivien keine Belege existieren (Abb. 4.11). Offensichtlich ist dieses Exemplar nicht durch natürliche Begebenheiten nach Argentinien gelangt. Auch das Museum in La Plata ist im Besitz zweier Großer Anakondas, deren Herkunft jedoch mit Brasilien angegeben ist (M. FABREZI, pers. Mitt.). MEHRTENS (1993) gibt als einziger Autor Südbolivien und Nordargentinien für *E. murinus* an. Möglicherweise bezieht er sich dabei auf das Exemplar aus Aguas Blancas. Auch in einer Schlangenliste des Dep. Salta wird *E. murinus* geführt (CORREA & PAUTASSI 1986). T. WALLER (pers. Mitt.) geht ebenfalls davon aus, daß das Salta-Exemplar von Menschen verfrachtet wurde und nicht durch Überschwemmungen nach Aguas Blancas gelangen konnte, da in keinem der bolivianischen Flüsse, die die Provinz Salta erreichen, ein Vorkommen der Großen Anakonda existiere. WALLER & MICUCCI (1993) bezeichnen die Angaben eines Vorkommens in Argentinien als einen Irrtum. Während in WILLIAMS & FRANCINI (1991) *E. murinus* noch geführt wird, betonen auch WILLIAMS & SCROCCHI (1994), daß *E. murinus* nicht zur argentinischen Fauna gehöre, auch wenn dieser eine Fund im Museum vorliege. Für das Exemplar in Salta hat CEI (1993) im Sammlungskatalog die Ventraliazahl mit 210 vorgefunden, ein Wert, der für *E. murinus* (239-269) nicht bekannt ist. Auch 16 Infralabialia sind extrem selten. Möglicherweise hat dieses Exemplar seinen Ursprung in Bolivien und ist keine Große Anakonda, sondern eine *E.* sp. Aufgrund der geographischen Entfernung zum nächsten bekannten Vorkommen von *E. murinus* bzw. *E.* sp. schließe ich mich der Meinung von WALLER & MICUCCI (1993) an, daß es sich bei dem Saltaexemplar nicht um eine Anakonda argentinischer Herkunft handeln kann.

T. WALLER (pers. Mitt.) berichtet von nicht belegten Nachweisen für *E. murinus* vom Rio Paraná aus der Provinz Misiones. Das klingt durchaus glaubhaft, da *E. murinus* in Paraguay und in Brasilien vom Paraná bekannt ist (WALLER et al. 1995). Bei den „Sichtungen" konnte es sich um Tiere handeln, die im Rio Paraná bei großen Fluten bis Argentinien verfrachtet wurden. WALLER (pers. Mitt.) betont, daß die sehr seltenen Funde sicher nicht einer Nachkommenschaft erzeugenden Population entspringen. Auch stellt sich die Frage, ob der riesige Itaipú-Stausee heute noch ein Vordringen von *E. murinus* bis in die Provinz Misiones selbst bei extremen Hochwassern ermöglicht. Zusammengefaßt wird *E. murinus* nicht als Faunenelement von Argentinien betrachtet.

Paraguay

Bis in die jüngste Zeit ist das Vorkommen von *E. murinus* in Paraguay (Abb. 4.14) der internationalen Wissenschaft absolut unbekannt gewesen. Meistens ist die Verbreitungsgrenze im Süden lediglich mit „Amazonian drainage" beschrieben worden, wie z. B. von PETERS & OREJAS-MIRANDA (1970). Selbst in neuen Publikationen wird Paraguay nicht immer genannt (MURPHY & HENDERSON 1997; O'SHEA 1999). Auch NORMAN (1994) erwähnt in seinem Buch zur Herpetofauna des paraguayischen Chaco lediglich *E. notaeus,* jedoch mit dem Vermerk, daß *E. murinus* für den Export des Landes eine Rolle spiele. Tatsächlich ist Paraguay für den Export von CITES-Arten benachbarter Länder bekannt. Erstmals wird *E. murinus* von WALLER & MICUCCI (1993) in ihrem leider nicht publizierten

CITES-Report für Paraguay erwähnt. STRIMPLE (1993) schreibt, er sei nicht in der Lage gewesen, ein Literaturzitat für *E. murinus* zu finden, jedoch von N. SCOTT über deren Existenz in Ostparaguay informiert worden. Nachfolgend wird die Art für das Land auch in WALLER et al. (1995), AQUINO et al. (1996), STRIMPLE (1996), DIRKSEN & BÖHME (1998a, 1998b) erwähnt.

5.1.3 *Eunectes notaeus*

Auch bei *E. notaeus* stellte sich erst im Laufe eines längeren Zeitraumes sein ungefähres Vorkommen heraus (Abb. 4.15). Es läßt sich heute viel genauer umreißen als das von *E. murinus*, da dessen Verbreitungsgebiet ein viel kleineres Areal umfaßt. Dennoch liegen auch bei *E. notaeus* für große Flächen, wie Teile des Pantanals, keine Nachweise vor, in denen er aber sicher existiert. Erst 1862 beschrieb COPE diese Anakonda-Art, deren Holotypus vom Rio Paraguay aus dem Dreiländereck von Bolivien, Brasilien und Paraguay stammt, und gab als Verbreitungsgebiet den Rio Paraguay und seine Zuflüsse an. Diese Verbreitungsangabe findet sich auch bei AMARAL (1935). FREIBERGS (1954) Beschreibung des Vorkommens „zwischen Santa Fé und Mato Grosso einschließlich des Rio Paraná" ist schon etwas genauer.

Es besteht Übereinstimmung darüber, daß *E. notaeus* in Bolivien, Brasilien, Paraguay und Argentinien vorkommt (MIRANDA-RIBEIRO 1924; STIMSON 1969; PETERS & OREJAS-MIRANDA 1970; MATZ 1981; PETZOLD 1982; TOWNSON 1985; WALLER 1988; NORMAN 1994; WALLER & MICUCCI 1993; WILLIAMS & SCROCCHI 1994; WALLER et al. 1995; HENDERSON et al. 1995; STRÜSSMANN 1997; DIRKSEN & BÖHME 1998a). LEDERER (1942) hielt sogar eine Verbreitung bis nach Chile für möglich. PETZOLD (1982) kam trotz intensiver Literaturrecherche zu dem Schluß, daß die Verbreitung der Paraguay-Anakonda noch nicht ausreichend geklärt sei, und fügte in seiner Karte zum Vorkommen Fragezeichen in alle Richtungen ein (Abb. 4.2). Im gleichen Jahr erschien auch die Arbeit von TRUTNAU (1982) über Anakondas. Hier wird die Verbreitung einerseits über Nordbolivien hinaus und andererseits für ganz Uruguay dargestellt. Für dieses Verbreitungsbild gibt es keinerlei Beweise und es muß als unzutreffend betrachtet werden. Auch SCHMIDT (1996) schreibt, daß genaue Arealgrenzen nicht bekannt seien. Nach DE LEMA (1994) soll die Paraguay-Anakonda auch im Süden Amazoniens vorkommen. Unklar bleibt, welche Region damit gemeint ist, vermutlich jedoch das brasilianische Amazonassystem.

Im Süden liegt die ungefähre Verbreitungsgrenze zwischen dem 32. und dem 33. Breitengrad. Nur einzelne, verfrachtete Tiere wurden unterhalb am Rio Paraná bzw. am Rio Uruguay entdeckt. Offensichtlich bildet das nach Süden kälter werdende Klima hier eine natürliche Grenze für die Paraguay-Anakonda. Die heutige Klimagrenze läßt auch Rückschlüsse auf die Verbreitung der Anakondas während der Eiszeiten zu. Demnach können sie in kälteren Perioden nicht so weit südlich vorgekommen sein. Im Norden wurde die Paraguay-Anakonda bis an den 12. Breitengrad nachgewiesen (Abb. 4.11). Die als mögliche Hybriden zwischen *E. notaeus* und *E. murinus* bezeichneten Anakondas aus dem Beni von Bolivien (DIRKSEN & BÖHME 1998a) haben sich nicht als solche herausgestellt, sondern bilden ein eigenes Taxon, welchem in dieser Arbeit Artstatus zuerkannt wird. Im Nordwesten bildet der aride Gran Chaco für die semiaquatischen Paraguay-Anakondas eine natürliche Grenze. Nur an größeren Flüssen, wie dem Rio Pilcomayo und dem Rio Bermejo, konnten sie in diese Richtung weiter vordringen, weswegen die Paraguay-Anakonda vermutlich auch als Element des Chaco in der Liste von GALLARDO (1979) geführt wird.

In Brasilien finden sich zwei disjunkte Populationen, deren östlichste ungefähr am 48. Breitengrad liegt (Abb. 4.13). Die beiden Populationen befinden sich inmitten des Verbreitungsgebietes der Großen Anakonda, welche auch an einer dieser Lokalitäten gesammelt wurde (Abb. 4.15). Anscheinend handelt es sich hier um Reliktpopulationen. Die Paraguay-Anakonda kommt weiter südlich als die Große Anakonda vor und ist besser an niedrigere Temperaturen adaptiert. Möglicherweise wurde die Paraguay-Anakonda im Bundesstaat São Paulo bis auf wenige Reliktpopulationen von der Großen Anakonda nach der letzten Eiszeit verdrängt, da diese jetzt bei wärmeren Temperaturen erneut nach Süden vordringen konnte.

Auch in Mato Grosso do Sul finden sich zwei Ortschaften, an denen beide Arten gefangen wurden. Trotz der reichlich vorhandenen Kontaktzonen an den Arealgrenzen (Abb. 4.15) und einer großen Anzahl untersuchter Anakondas aus Südbrasilien ist hier keine einzige Anakonda mit intermediären Merkmalen aufgefallen: Ein Indiz dafür, daß eine Hybridisierung, wie aus dem New York Bronx Zoo bekannt geworden (ANONYM 1963), doch nicht in der Natur stattfindet, wie bei DIRKSEN & BÖHME (1998a) in Erwägung gezogen wurde.

PÉREZ-SANTOS & MORENO (1988) haben eine Anakondahaut vom Rio Putumayo aus Kolumbien untersucht und diese als *E. notaeus* bestimmt. Möglicherweise handelt es sich um *E. deschauenseei*, der auch am Amazonassystem lebt und daher eher in Frage käme, zumal die beiden Arten sich nur bei genauer Betrachtung unterscheiden lassen. Ein Museumsexemplar (MTKD 14971) aus Kolumbien zeigt ebenfalls phänotypische Ähnlichkeiten sowohl mit *E. notaeus* als auch mit *E. deschauenseei*, ist aber wiederum etwas anders gezeichnet (Bild 17). Bedauerlicherweise ist kein exakter Fundort mehr herauszufinden. Ob sich hier ein neues Taxon oder eine seltene Zeichnungsvariante einer validen Art verbirgt, kann erst durch mehr Material mit gesicherten Fundorten beantwortet werden. Die in Berichten vom unteren Amazonas als *E. notaeus* bestimmten Anakondas (GRIFFIN 1916; GOMEZ 1918) stellten sich später als Exemplare von *E. deschauenseei* heraus (s. Kapitel zur Verbreitung von *E. deschauenseei*).

Argentinien

E. notaeus wurde aus folgenden Bundesstaaten (Provinzen) beschrieben: Chaco, Corrientes, Entre Rios, Formosa, Misiones und Santa Fé (MIRANDA-RIBEIRO 1924; BARRAN & FREIBERG 1951; ABALOS et al. 1964; AMARAL 1978; PETZOLD 1982; TOWNSON 1985; WALLER 1988; CEI 1993; WILLIAMS & SCROCCHI 1994). In Misiones soll er nur im Süden vorkommen (WALLER 1988). WALLER & MICUCCI (1993) bezeichnen das Areal der Paraguay-Anakonda als mesopotamisches Argentinien. CEI (1993) fertigte bereits eine Karte mit Fundorten für Argentinien an, welche die Verbreitung recht gut darstellt (Abb. 4.12). Der Lebensraum der Paraguay-Anakonda in Argentinien ist im Vergleich zu Brasilien und Bolivien besser erforscht.

Bolivien

Das Vorkommen von *E. notaeus* in Bolivien ist allgemein anerkannt (MIRANDA-RIBEIRO 1924; LEDERER 1942; STIMSON 1969; PETERS & OREJAS-MIRANDA 1970; KEMPFF-MERCADO 1975; MATZ 1981; TOWNSON 1985; WALLER 1988; WALLER & MICUCCI 1993; WILLIAMS & SCROCCHI 1994; WALLER et al. 1995; HENDERSON et al. 1995; PACHECO & APARICIO 1996), es sind aber nur sehr wenige nähere, teils widersprüchliche Beschreibungen zur Verbreitung vorhanden. Nach PETZOLD (1982) und WALLER (1988) kommt die Paraguay-Anakonda nur im südöstlichen Bolivien vor und nach HENDERSON et al. (1995) im östlichen Bolivien. Diese Aussagen decken sich in etwa mit den wenigen eigenen Nachweisen (Abb. 4.11). TRUTNAU (1982) gibt das Vorkommen sogar mit „Nord-, Zentral- und Ostbolivien“ an. Dieses Verbreitungsmuster kann in keiner Weise bestätigt werden, und offensichtlich wurden die Angaben der ungenügend recherchierten Karte von VANDEFORT (1971) entnommen.

Kürzlich erschien eine erste Verbreitungskarte für *E. notaeus* in einem Rote-Liste-Buch für Bolivien (PACHECO & APARICIO 1996). Überraschenderweise zeichnen die Autoren neben dem bolivianischen Pantanal auch ein Vorkommen im weiteren Bereich des Rio San Miguel ein, der erst im Beni in den Rio Guaporé mündet. Leider wird eine nähere Erläuterung für die Darstellung dieser Verbreitung nicht erbracht. Auch auf mehrere Anfragen an die Colección Boliviana di Fauna diesbezüglich von mir wurde nicht geantwortet. Vermutlich ist die Verbreitung bis dorthin lediglich angenommen worden. Auch ist nicht auszuschließen, daß es sich bei möglichen Sichtungen oder Belegen aus dieser Region nicht um *E. notaeus*, sondern um *E.* sp. handelt. HOOGMOED & VACA (1990) berichten, sie hätten Hinweise von der Bevölkerung aus der Gegend von Perseverancia, daß dunkle und gelbe Anakondas hier vorkommen sollen. Daher halten sie es für möglich, daß dort die Große Anakonda und die Paraguay-Anakonda sympatrisch vorkommen. Auch hier bleibt unklar, ob es sich bei diesen Tieren tatsächlich um die Paraguay-Anakonda handelt.

Der mangelhafte Kenntnisstand zum Vorkommen für die Paraguay-Anakonda wird daraus deutlich, daß außer von DIRKSEN & BÖHME (1998a) bis heute kein einziger konkreter Fundort beschrieben wurde. Selbst in den drei für Bolivien existierenden, sich jeweils verbessernden Checklisten der bolivianischen Schlangen mit Fundortangaben findet sich zur Verbreitung der Paraguay-Anakonda weiterhin die stereotype Aussage „ohne Fundort“ (FUGLER 1986; FUGLER & DE LA RIVA 1990; FUGLER & CABOT 1995). Die Darstellung der Verbreitung wird durch das neue Taxon *E.* sp. weiter erschwert. Lediglich vier Nachweise für die Paraguay-Anakonda konnten ermittelt werden (Abb. 4.11). Zwei davon stammen vom Rio Guaporé, womit *E. notaeus* auch ein Element des Amazonassystems ist.

Bild 40: Habitat von *E. notaeus* in Corrientes, Argentinien Foto: L. Dirksen

Brasilien

Die Paraguay-Anakonda ist eines der bekanntesten Faunenelemente des brasilianischen Pantanal und des unterhalb fließenden Rio Paraguay (Abb. 4.13). STRÜSSMANN & SAZIMA (1993) bezeichnen die Paraguay-Anakonda als eine der häufigsten Arten des Pantanal.

Grundsätzlich wird davon ausgegangen, daß diese Art in Brasilien nur im Pantanal in den Bundesstaaten Mato Grosso und Mato Grosso do Sul anzutreffen sei. DE LEMA (1994) berichtet von einer Anakonda, die im Juli 1990 nach viel Regen in Uruguayana am Rio Uruguay gefunden wurde (Abb. 4.12). Außer den unter Uruguay erwähnten Funden ist *E. notaeus* vom Rio Uruguay bzw. aus Rio Grande do Sul nicht bekannt. Dies bedeutet jedoch nicht, daß es keine kleineren Populationen geben könnte. Wahrscheinlicher ist, daß diese Anakondas von oberen Zuflüssen des Rio Uruguay aus Corrientes in Argentinien stammen und bei Hochwasser nach Rio Grande do Sul und weiter nach Uruguay verfrachtet wurden.

1977 erhielt das Instituto Butantan ein Paraguay-Anakonda-Männchen aus Sorocaba, das nicht weit von São Paulo entfernt im Bundesstaat São Paulo liegt (VEINERT et al. 1983/84). Dieser Fundort ist ca. 600 km östlich von den bisher bekannten Vorkommen entfernt und von diesem durch *E.-murinus*-Populationen getrennt. Zwei weitere *E. notaeus* (IB 16312, 17424) wurden in Bauru gesammelt, das ebenfalls im Bundesstaat São Paulo liegt und ebenso inmitten des Areals der Großen Anakonda, die sogar an demselben Fundort gesammelt wurde. Inwieweit eine räumliche Trennung bzw. ökologische Einnischung in der Umgebung von Bauru stattfindet, ist unbekannt. Lediglich WALLER & MICUCCI (1993) erwähnen diese Fundorte und tragen sie in ihre Verbreitungskarte ein. Die Funde im Bundesstaat São Paulo widerlegen, daß die beiden Arten grundsätzlich geographisch voneinander getrennt seien und zeigen, daß sie bedingt syntop vorkommen können, wie dies ebenso in Aquidauana und Campo Grande in Mato Grosso do Sul der Fall ist. Kreuzungen der beiden Arten sind auch von diesen Gebieten nicht bekannt. WALLER et al. (1995) vermuten, daß es auch am mittleren Rio Paraná eine Kontaktzone mit *E. murinus* gibt, was bei näherer Betrachtung des Vorkommens durchaus plausibel erscheint. Vermutlich bildet jedoch heute der riesige Itaipú-Stausee eine von Menschen geschaffene Kontakt- und Migrations-Barriere (Abb. 4.13).

Paraguay

Schon der Name Paraguay-Anakonda impliziert ein häufiges Vorkommen dieser Schlangenart in Paraguay (Abb. 4.14). Neben Guyana (GORZULA & PILGRIMM 1992) ist Paraguay das zweite Land, welches im Auftrag von CITES und TRAFFIC auf Vorkommen und Handel der Boinen untersucht wurde (WALLER et al. 1995). Daher existiert für dieses Land die bisher beste Verbreitungskarte für ein Ankonda-Vorkommen. Ihre Hauptverbreitungsgebiete liegen entlang dem Rio Paraguay und dem unteren Rio Paraná von Paraguay. Ein weiteres Vorkommen am mittleren Paraná existiert am Itaipú-Stausee

Bild 41: Überschwemmungsfläche im brasilianischen Pantanal, Habitat von *E. notaeus* Foto: H. Werning

(Waller & Micucci 1993). Oberhalb dieses Stausees beginnt bereits das Areal von *E. murinus*. Ein gemeinsames, syntopes Vorkommen beider Arten in Paraguay kann hier nicht festgestellt werden. Im Nordwesten des Landes bildet der aride Gran Chaco eine Verbreitungsbarriere, und das Vorkommen im „unteren Chaco" ist auf die Flüsse Paraguay, Verde, Montelindo und Pilcomayo limitiert (Norman 1994). Die nordwestliche Verbreitungsgrenze bildet der Rio Pilcomayo. In dem gebirgigeren Südosten außerhalb der näheren Gebiete des Rio Paraguay und Rio Paraná kommt er nicht vor. Aus dem oberen Südosten ist wiederum *E. murinus* bekannt. Einige neue Fundorte zu den vielen bereits bekannten belegen auch ein Vorkommen von *E. notaeus* im Bundesstaat Concepción.

Uruguay

Widersprüchlich erscheint die Literatur zum Vorkommen der Paraguay-Anakonda in Uruguay. Überhaupt wird ein Vorkommen für dieses Land nur selten genannt (Devicenzi 1925; Peters & Ribeiro-Miranda 1970; Petzold 1982; Townson 1985; Strüssmann 1997). Möglicherweise existieren keine Populationen in Uruguay, aber es werden immer wieder Exemplare bei Überschwemmungen oder Hochwasser bis Uruguay verfrachtet, wie dies 1905 mit zwei Paraguay-Anakondas bei Montevideo der Fall war (Petzold 1982, pers. Mitt. Achaval). Hier bleibt allerdings offen, ob die Schlangen Montevideo über den Rio Paraná oder den Rio Uruguay erreichten (Abb. 4.12). Achaval (pers. Mitt.) berichtet auch von einem neueren Fund ganz im Norden Uruguays an der Mündung des Rio Cuareim in den Rio Uruguay bei Bella Union.

Letztlich bleibt es offen, ob *E. notaeus* eine stabile Population in Uruguay besitzt oder besaß. Da diese Anakondas aber noch parallel am Rio Paraná im argentinischen Bundesstaat Santa Fé vorkommen, scheint ein Überleben aus klimatischer Sicht, mit durchschnittlich 10 °C im kalten Juni, zumindest im subtropischen, vollhumiden Norduruguay möglich zu sein. Frost gibt es in Uruguay nur selten und eher in höheren Lagen. Da immerhin sieben Nachweise für Uruguay vorliegen und weitere Funde wenig oberhalb am Rio Uruguay und seinen Nebenflüssen auf brasilianischer und argentinischer Seite bekannt sind, kann die Paraguay-Anakonda durchaus als Faunenelement Uruguays betrachtet werden. Das Verbreitungsgebiet der Art findet hier seine südlichste Ausdehnung.

5.1.4 *Eunectes barbouri*

Dunn & Conant (1936) beschrieben *Eunectes barbouri* anhand eines Zooexemplares, welches bereits 1924 von De Schauensee gesammelt worden war und nach aller Wahrscheinlichkeit von der Deltainsel Marajó des Amazonas stammt. Im Laufe der Untersuchungen konnte nur ein weiteres als *E. barbouri* bestimmtes Exemplar aus dem Museum von Ann Arbor ausfindig gemacht werden (UMMZ 109011), das jedoch nicht persönlich untersucht werden konnte, da es

Bild 42: Habitat von *E. murinus* im Cerro Cora Nationalpark in Paraguay Foto: L. Dirksen

sehr lange von R. Henderson (Milwaukee) ausgeliehen war. Dieses als *E. barbouri* bestimmte Exemplar ist jedoch ca. 1300 km von Marajó entfernt in Barreiras am Rio São Francisco in dem Bundesstaat Bahia gesammelt worden.

Müller (1970), Belluomini et al. (1976/77), Petzold (1982), Peters et al. (1986), Stimson (1969), Waller (1988) und Kluge (1991) geben als Vorkommen für *E. barbouri* Marajó an und beziehen sich dabei auf den Holotypus. Dies läßt zunächst den Anschein entstehen, daß man es hier mit einer extrem seltenen Art zu tun habe. Aber selbst vom vermuteten Fundort des Holotypus (Marajó) ist kein weiteres Exemplar bekannt geworden. Müller (1970) suchte während zweier Reisen auf Marajó speziell die beiden von Dunn & Conant (1936) von dort beschriebenen Anakonda-Arten, fand jedoch nur *E. murinus* und *E. deschauenseei*. Über *E. barbouri* stellte er fest: „Trotz eifriger Nachsuche konnten wir die Existenz von *E. barbouri* auf Marajó nicht bestätigen." Auch Petzold (1982) schrieb, daß weitere Nachweise dieser seltensten Anakonda-Form von Marajó bisher offenbar nicht existieren. Kluge (1991) drückt sich in Bezug auf *E. barbouri* schon etwas deutlicher aus: „The absence of material of *E. barbouri*, other than the holotype, implies that it may not be a valid species."

Da sowohl *E. murinus* als auch *E. deschauenseei* auf Marajó vorkommen (Müller 1970), würde dies bedeuten, daß dort drei Schlangenarten mit wahrscheinlich fast identischen Habitatansprüchen syntop koexistierten. Dies gilt als ausgeschlossen, da in diesem Falle eine Art die andere verdrängen würde, so wie dies z. B. im Pantanal der Fall ist. Außerdem hätte es von einer so großen Schlange wie *E. barbouri* sicherlich auch mehr Funde geben müssen. Tatsächlich berichtet Vandefort (1971), daß mehr *E. barbouri* als andere Rassen beziehungsweise andere Formen verfügbar seien. Offensichtlich hat er eine größere Anzahl *E. murinus* mit Ozellen zu sehen bekommen, die jedoch nicht als *E. barbouri* in die Zoos oder Museen gelangt sind. Er schließt jedoch fälschlich daraus, daß das Verbreitungsgebiet von *E. barbouri* eine größere Ausdehnung als Marajó haben muß, und er vermutlich im Süden entlang der Küste oder sogar im Westen von Marajó vorkommt.

Das zweite oben bereits erwähnte und als *E. barbouri* identifizierte Exemplar (UMMZ 109011) wurde merkwürdigerweise ca. 1300 km vom Locus typicus entfernt gesammelt. Die Bestimmung dieses Exemplars als *E. barbouri* impliziert das Vorhandensein von Ozellen. Das Auftreten des zweiten bekannten Exemplares in einer solch großen Entfernung muß Zweifel an der Validität als eigenes Taxon aufkommen lassen. Bereits Amaral (1944, 1948) äußerte Zweifel an der Neubeschreibung und betrachtete *E. barbouri* als Variation von *E. murinus*. Auch Waller & Micucci (1993) betrachten *E. barbouri* als geographische Variation von *E. murinus*. Während ihrer Forschungen stießen sie im IB auf einen *E. barbouri* von Marajó, der Ozellen besaß. Auch dieses Exemplar zeigt außer den typischen dorsalen Ozellen keine Unterschiede zu *E. murinus* (Waller & Micucci 1993). Die Etikette dieses Exemplares bezeichnete die Anakonda bei meinem Besuch im Juni 1998 bereits als *E. murinus*, weil Strimple et al. (1997) Ozellen bei *E. murinus* auch von weiteren Lokalitäten bekannt geworden waren und sie deshalb vorgeschlagen hatten, *E. barbouri* in die Synonymie von *E. murinus* zu stellen. Dirksen & Böhme (1998b) konnten nachweisen, daß die Ozellen, die zur Beschreibung von *E. barbouri* führten, im gesamten Verbreitungsgebiet von *E. murinus* mehr oder weniger stark ausgeprägt zu finden sind (s. Tab. 1 in Dirksen & Böhme 1998b) und bestätigen somit, daß *E. barbouri* in die Synonymie von *E. murinus* gestellt werden muß.

Bild 43: Kopf des Holotypes von *E. barbouri* (ANSP 20892). Dorsal auf dem Hals sind die Ozellen zu erkennen, die zur Beschreibung dieses Taxon führten. Foto: L. Dirksen

5.1.5 *Eunectes* sp.

Untersuchte Museumsstücke und eigene Funde stammen aus dem Beni Boliviens zwischen Trinidad und Rurrenabaque sowie südöstlich von Trinidad. Ein weiterer *E.* sp. wurde an der Nordspitze Boliviens am Zusammenfluß des Rio Abuna mit dem Rio Guaporé gesammelt. Letzterer Fund befindet sich in unmittelbarer Nähe zu Brasilien, so daß das neue Taxon auch aus diesem Land zu vermuten ist. Inwieweit *E.* sp. und *E. murinus* in denselben Habitaten zu finden sind, bedarf weiterer Feldforschung. Die Habitate in der Umgebung von Trinidad bestehen in erster Linie aus offenen, saisonal überschwemmten Graslandschaften mit einzelnen, ganzjährigen Kleingewässern. Es ist nicht bekannt, ob *E.* sp. auch an den Ufern der Flüsse lebt, wie dies von *E. murinus* bekannt ist. Auch die Frage nach der Ausdehnung des Verbreitungsgebietes von *E.* sp. nach Westen und in den Süden Boliviens muß zukünftigen Forschungen überlassen bleiben.

5.1.6 Gattung *Eunectes*

Als tropisch-subtropisch adaptierte Reptilien ist natürlich die Umgebungstemperatur ein limitierender Faktor für die Ausdehnung des Verbreitungsgebietes. Die südliche Grenze verläuft am unteren Rio Paraná, ungefähr am 33. südlichen Breitengrad (Abb. 4.15). Weiter südlich ist es zumindest saisonal zu kalt. Anakondas sind semiaquatische Schlangen und damit immer in der Nähe wenigstens saisonaler Gewässer zu finden. Die geringe Toleranz gegenüber niedrigen Temperaturen und die Adaption an langsam fließende oder stehende Gewässer führen dazu, daß Anakondas nur in tieferen Lagen leben. Daher bilden die Anden heute eine natürliche Barriere gegen ein Vordringen der Anakondas nach Norden in Richtung Mittelamerika oder an die Westseite der Anden.

Der einzige Nachweis für ein Vorkommen von Anakondas jenseits der Anden ist *E. stirtoni* aus dem Miozän von Kolumbien (Hoffstetter & Rage 1977). Auch die Hauptgebirgsbildung der Anden fand im Miozän statt. Zu dieser Zeit könnten die Anden noch keine wirksame zoogeographische Barriere gebildet haben, so daß eventuell ein Faunenaustausch mit der West- und Nordseite der Anden noch möglich war. Vorfahren von *E. stirtoni* können natürlich auch schon früher auf die andere Seite der Anden gelangt sein. Hoffstetter & Rage (1977) stellen die Hypothese auf, daß eine Schwesternart, der Vorfahre der heutigen *E. murinus*, südlich der Anden im Miozän existierte. Eine andere, wenn auch unwahrscheinliche Hypothese besteht darin, daß *E. stirtoni*, der an den nordwärts gelegenen Abhängen der Anden gefunden wurde, nur bis hierher gelangte, aber nicht den gesamten Raum westlich und nördlich der Anden besiedelte. Eine Landverbindung nach Mittelamerika existierte noch nicht. Vermutlich sind die Anakondas während der Eiszeiten jenseits der Anden ausgestorben. In diesen subtropischen Gegenden ist es zu dieser Zeit trockener und kälter gewesen. Weniger an Wasser adaptierte Riesenschlangen, wie die Gattungen *Boa*, *Corallus* und *Epicrates* waren entweder in der Lage, den ungünstigeren klimatischen Verhältnissen zu trotzen, oder konnten später das Hochgebirge Anden passieren (Henderson et al. 1995).

Höhenangaben sind sehr spärlich zu finden und beruhen größtenteils auf Schätzungen bzw. wurden von älteren Schriften übernommen. Hoogmoed (1979) sowie Abuys (1982) und Gorzula & Pilgrimm (1992) geben eine maximale Höhe von 240 m für die Große Anakonda in den Guayana-Ländern an. Petzold (1982) vermutet, daß die Höhengrenze bei 250 m liegen dürfte. Pérez-Santos & Moreno (1991) beziffern die Höhe für *E. murinus* aus Ecuador mit 0–300 m und aus Kolumbien (Pérez-Santos & Moreno, 1988) bis immerhin 750 m, für letzteres Land soll die Höhengrenze nach Lancini & Kornacker (1989) bei 700 m liegen. Aus Peru wurden Höhen für *E. murinus* aus einem Vorandengebirge von Henzl (1991) zwischen 260 und 310 m gemessen. Am höchsten wird die vertikale Verbreitung von *E. murinus* zunächst von Waller & Micucci (1993) und nachfolgend ebenso von Henderson et al. (1995) und Waller et al. (1995) mit bis zu 850 m vermutet. Waller & Micucci (1993) und Henderson et al. (1995) schätzen die maximale Höhenverbreitung von *E. notaeus* auf bis zu 250 m und von *E. deschauenseei* auf lediglich höchstens 100 m.

Daten zur Höhenlage von Fundorten gesammelter Museumsstücke liegen extrem selten vor. Ein Exemplar der Großen Anakonda (AMNH 62560) wurde in immerhin 500 m Höhe gesammelt und stammt aus Maracaju (Mato Grosso, Brasilien). Der Schätzung von Waller & Micucci (1993), daß *E. murinus* bis 850 m vorkomme, schließe ich mich an, sicherlich jedoch wird er die 1000 m nicht überschreiten. *E. notaeus* und *E. deschauenseei* würden in Habitaten, die ihrer Lebensweise entsprechen, sicherlich höher als 250 bzw. 100 m vorkommen. Da speziell *E. deschauenseei* durch Starace (1998) jetzt auch aus dem Landesinneren von Französisch-Guayana bekannt geworden ist, ohne Nennung der Höhe, sollte das Höhenvorkommen dieser Art wie bei *E. notaeus* auf 250 m nach oben korrigiert werden.

Bild 44: Habitat von *E. notaeus* und *Caiman yacare* in Corrientes, Argentinien Foto: L. Dirksen

5.2 Färbung

Die Große Anakonda und Barbours Anakonda unterscheiden sich eindeutig von den anderen Arten durch die viel kleineren, dorsalen Barren bzw. ovalen bis runden Flecken oder Ozellen, nur vier Kopfstreifen und die lateralen Augenflecken. *E. barbouri* wiederum unterscheidet sich nach DUNN & CONANT (1936) von *E. murinus* in der dorsalen Körperfärbung (Bild 43, 45). Dazu schrieben sie: „A specimen in the Philadelphia Zoological Garden agrees with *murina* and with *gigas* in most characters but instead of a double row of rather large, circular, solid dark spots on the back it has a double row of small ocelli." Weitere Unterscheidungen zu *E. murinus* wurden nicht benannt, obwohl eine recht ausführliche Schuppendiagnose angefertigt wurde (DUNN & CONANT 1936).

Aus dem gesamten Verbreitungsgebiet der Großen Anakonda liegen jedoch Exemplare vor, die, wie bei *E. barbouri*, mittig aufgehellte dorsale Flecken besitzen (Bild 46), wenngleich diese Aufhellung meist nicht so stark wie beim *E.-barbouri*-Holotypus ausgeprägt ist. Zudem sind diese Ozellen nach caudal häufig weniger oder gar nicht ausgeprägt (Abb. 5.1).

Von 258 auf dieses Merkmal untersuchten *E. murinus* sind wenigstens am Hals zu erkennende Ozellen bei insgesamt 160 Tieren zu finden (Abb. 5.1). Bei 77 von diesen sind die Ozellen bis wenigstens zur Körpermitte vorhanden, bei 51 bis zu zwei Dritteln des Körpers, bei 34 bis zur Kloake und bei neun Schlangen bis zur Schwanzspitze, wie beim Holotypus von *E. barbouri*. Auffällig ist auch, daß die Ozellen bei Jungtieren stärker als bei den Adulti ausgeprägt sind. Bei bis zu einem Meter langen, jungen Anakondas (n =162) hatten 52,8 % Ozellen. Ozellen sind bei subadulten Anakondas (n = 27) zwischen einem Meter und eineinhalb Meter mit 37 % zu erkennen, bei adulten Tieren (n = 77) über eineinhalb Meter nur noch zu 28,6 %.

Als weiteren Unterschied zwischen *E. barbouri* und *E. murinus* haben DUNN & CONANT (1936) die Größe und Form der schwarzen Punkte bzw. Ozellen beschrieben. Demnach sind sie bei *E. murinus* ziemlich groß und kreisförmig, während *E. barbouri* kleinere Ozellen besitzen soll. Der beschriebene Größenunterschied der schwarzen Punkte gegenüber den „small ocelli" muß relativiert werden, da *E. murinus* in seinem Verbreitungsgebiet verschiedene Farb- und Zeichnungsvarianten ausbildet (Bild 36, 39, 46, 76–78, 82, 96) und der Holotypus von *E. barbouri* die für Brasilien typische Ausprägung zeigt (Bild 76; DIRKSEN & BÖHME 1998b). Als DUNN & CONANT (1936) *E. barbouri* beschrieben, stand ihnen offensichtlich kein Vergleichsmaterial vom unteren Amazonas aus Brasilien zur Verfügung, da diese brasilianischen *E. murinus* kleinere, weniger runde und mehr schwarze Flecken haben als z. B. die peruanischen, genauso wie es sich bei *E. barbouri* zeigt. Eigene Zählungen der Punkte von 124 brasilianischen *E. murinus* ergeben eine durchschnittliche Anzahl von 124 Punkten bzw. Ozellen (Tab. 6.12). Die niedrigste gezählte Punktezahl bei *E. murinus* beträgt 83 und die höchste 148, folglich ein recht variables Merkmal. Der Holotypus von *E. barbouri* hat 120 Ozellen.

Bild 45: Ozellen des Holotypus von *E. barbouri*
Foto: L. Dirksen

Bild 46: Große Anakonda aus Mato Grosso do Sul im Süden Brasiliens mit helleren Zentren in den dorsalen Ozellen
Foto: L. Dirksen

Bild 47: Kopf, Haut und Schwanz des Holotypus von *E. barbouri*. Bild 46 zeigt eine Ausschnittsvergrößerung der Haut mit den dorsalen Ozellen Foto: L. Dirksen

Auch hätte DUNN & CONANT (1936) auffallen müssen, daß Ozellen statt schwarzer Punkte bei *E. murinus* im gesamten Verbreitungsgebiet nicht ungewöhnlich sind. Bereits PETZOLD (1982) kam zu dem Schluß, daß die Neubeschreibungen der beiden Anakonda-Arten von Marajó „Fragen zur Systematik der ganzen Gattung *Eunectes* aufwerfen" und die Gattung *Eunectes* einer Revision bedürfe. WALLER & MICUCCI (1993) betrachten *E. barbouri* nur als Farbvariante und reihen sie in ihr Kapitel über *E. murinus* ein. STRIMPLE (1997) bildet eine Große Anakondas aus Venezuela mit Ozellen ab und betont ebenfalls, daß *E. barbouri* eine Farbvariante darstelle, jedoch noch valid sei. STRIMPLE et al. (1997) schlagen daher vor, daß *E. barbouri* in die Synonymie von *E. murinus* zu stellen sei, weil *E. murinus* aus verschiedenen Regionen helle Zentren in den dorsalen Punkten besitzt.

DUNN & CONANT (1936) unterscheiden die beiden Unterarten von *E. murinus* anhand der Färbung zwischen den beiden schwarzen Streifen hinter den Augen (Postocularregion). Danach zeigt *E. m. murinus* zwischen den Streifen die Körperfarbe (Bild 49) und *E. m. gigas* einen helleren Farbton (Foto 49, 37). Bereits in Kapitel 5.1 wird auf die Problematik dieses Merkmals und die damit verbundenen Schwierigkeiten, die Unterarten der Großen Anakonda geographisch zuzuordnen, hingewiesen.

Von 214 untersuchten Schlangen weisen nur zehn ausschließlich die Grundfarbe auf, bei 89 ist das Merkmal intermediär (Bild 50 und 115 Schlangen besitzen eine durchgehend hellere Zeichnung (Tab. 6.12). In den Ländern des Vorkommens beider Unterarten finden sich Anakondas mit körperfarbener, gemischter wie auch hellerer Postocularregion. Dadurch erweist sich die Färbung der Postocularregion als ungeeignet zur Differenzierung der beiden von DUNN & CONANT (1936) beschriebenen Unterarten. Auch STRIMPLE (1997) hält die Unterscheidung der Unterarten durch die Färbung der Postocularregion sowie die von DUNN & CONANT (1936) vermuteten Größenunterschiede der Schlangen für unzureichend und ihre Validität für unwahrscheinlich. Neu ist die Erkenntnis, daß sich die Färbung der Postocularregion oft intermediär darstellt und so ist *E. m. gigas* entgülitg in die Synonymie von *E. murinus* gestellt worden (DIRKSEN & BÖHME 1998b). Die Unterarten wurden von KORNACKER (1999) bereits nicht mehr anerkannt.

Dennoch lassen sich Populationen entfernter Areale durchaus in Färbungs- und Zeichnungsmerkmalen unterscheiden. So haben zum Beispiel die peruanischen Anakondas (Bild 48) durchschnittlich nur 92,4 (n = 23) schwarze dorsale, dafür größere und rundere Flecken gegenüber beispielsweise den brasilianischen mit 124 (n = 122) kleineren, ovaleren Flecken (Foto 37; Tab. 6.12). Diese Unterschiede besitzen jedoch ausschließlich klinalen Charakter. Im Vorkommen von *E. m. gigas* tritt in der Postocularregion häufiger eine orange Färbung auf als bei *E. m. murinus*, welche mehr zu weiß-gelb tendiert. Wie oben dargestellt, tritt aber rotorange auch in Peru, einem Land in dem die Nominatform leben soll, auf (DIXON & SOINI 1977). Eine weitere Unterscheidung läßt sich auch in der Grundfärbung treffen, die zwischen grün, oliv, grau, bläulich und braun beschrieben wird. Leider halten sich bei Alkoholpräparaten die Farben (speziell grün) so schlecht, daß diesbezüglich auf Differenzierungsversuche nach Ländern oder Flußsystemen verzichtet wurde, dies also zukünftiger Forschung vorbehalten bleiben muß.

Abb. 5.1: Verteilung der Sichtbarkeit der Ozellen bei *E. murinus* (n = 258) aus dem gesamten Verbreitungsgebiet, jeweils vom Hals ausgehend

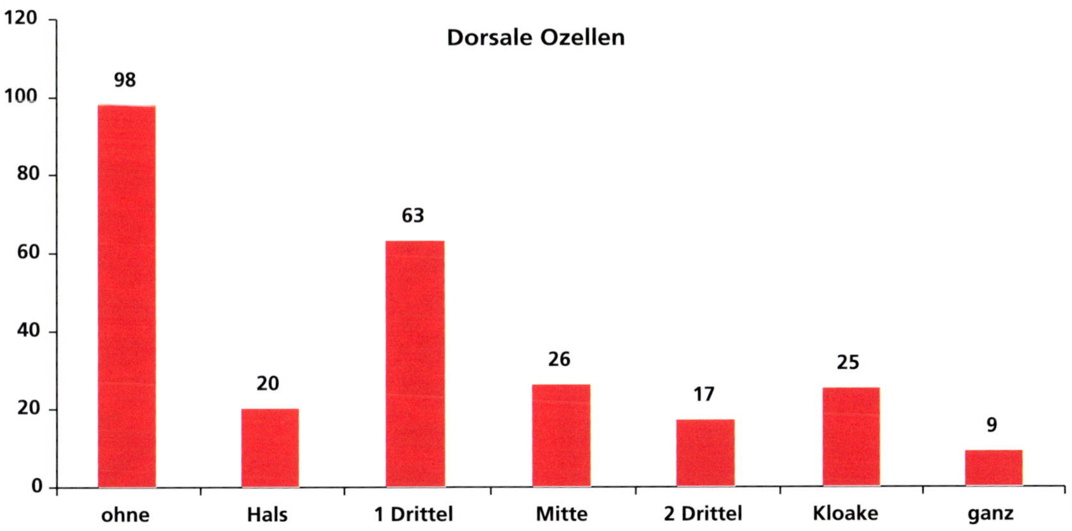

Bild 48: *E. murinus* (CAS 93200) aus Peru. Der *gigas*-Typ mit heller Temporalregion ist im gesamten Verbreitungsgebiet zu finden. Foto: L. Dirksen

Bild 49: *E. murinus* (AMNH 98838). Der eigentliche *murinus*-Typ mit körperfarbener Temporalregion ist insgesamt eher selten. Foto: L. Dirksen

Bild 50: *E. murinus* (MCZ 2563) aus Brasilien mit intermediärer Temporalregion Foto: L. Dirksen

Bild 51: Häute von *E. deschauenseei* (rechts; IB 40786) und *E. notaeus* (links; IB 17424 im Vergleich Foto: L. Dirksen

Bild 52: *E. murinus* x *E. notaeus* aus dem Bronx Zoo (AMNH 92876), mit Pholidosemerkmalen beider Arten Foto: L. Dirksen

Bild 53: Schematische Darstellung des Zeichnungsmusters zweier gut unterscheidbarer *E. deschauenseei* (rechts) und *E. notaeus* (links) Foto: L. Dirksen

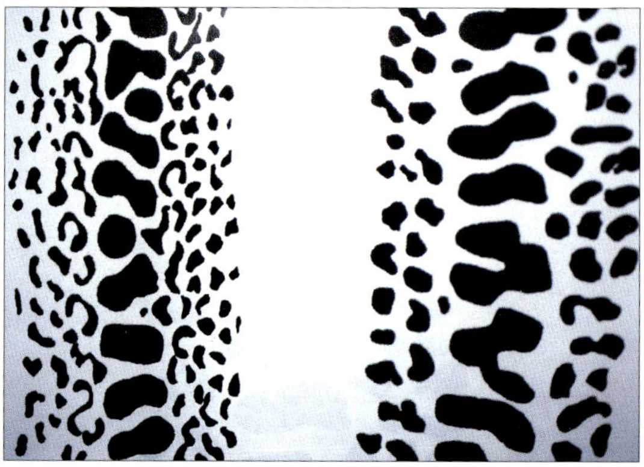

E. notaeus unterscheidet sich in der Färbung von allen anderen Arten durch die hohe Anzahl dorsaler Barren; durchschnittlich hat er 25,4 (= 18,1 %) Barren mehr als *E. deschauenseei* und sogar 36,6 (= 25,8 %) mehr als *E.* sp., der somit von allen Arten eindeutig am wenigsten aufzuweisen hat (Tab. 4.1). Da *E.* sp. jedoch geographisch in der Mitte zwischen den verwandten Arten *E. deschauenseei* und *E. notaeus* vorkommt, liegt hier kein Klin vor. Gleiches gilt für die Abstände zwischen den dorsalen Barren, die bei *E. notaeus* 1–2, bei *E. deschauenseei* 2–3 und bei *E.* sp. 3–4 Schuppen betragen. Nach PETZOLD (1982) hat die Paraguay-Anakonda stets ein helles Zentrum in den dorsalen Barren. Diese sind bei *E. deschauenseei* und *E.* sp. immer schwarz ausgefüllt. Allerdings habe ich bei meinen Untersuchungen auch Paraguay-Anakondas mit vollständig schwarzen Barren gefunden. Gelegentlich sind die Barren von *E. notaeus* dunkelbraun statt schwarz gefärbt (Bild 103).

Auch lateral lassen sich die drei kleineren Anakonda-Arten gut unterscheiden. In der oberen lateralen Hälfte bildet *E. notaeus* eine Reihe Ozellen aus, die jedoch kein helleres oder gelbes Zentrum haben wie bei *E. murinus*. Diese Ozellen bestehen oft aus mehreren nicht zusammenhängenden Fragmenten. Die Zeichnung von *E. deschauenseei* setzt sich hier aus meist zwei Reihen unförmiger Flecken zusammen, die aber nie Ozellen bilden. Auch DUNN & CONANT (1936) haben in ihrer Beschreibung von *E. deschauenseei* auf die größeren dorsalen und lateralen Barren und Flecken hingewiesen, allerdings ohne sie direkt mit *E. notaeus* zu vergleichen. *E.* sp. hat hier entweder eine Reihe noch größerer schwarzer Punkte oder sehr große Ringe. Darunter können sich weitere, nicht mehr so runde Flecken befinden, die aber größer sind als bei den anderen beiden Arten. Besonders bei *E. notaeus* ist in der unteren lateralen Hälfte eine Vielzahl sehr kleiner schwarzer Flecken vorhanden. *E.* sp. ist außerdem dunkler als *E. notaeus* und *E. deschauenseei* und ähnelt in der Grundfarbe eher *E. murinus*.

Da das Vorkommen von *E.* sp. in Bolivien am Rande des Verbreitungsgebietes von *E. murinus* und *E. notaeus* liegt (DIRKSEN & BÖHME 1998a), muß die Möglichkeit einer Hybridzone zwischen diesen Arten diskutiert werden. Tatsächlich ist es im New York Bronx Zoo zu zwei Nachzuchten zwischen *E. murinus* und *E. notaeus* gekommen (BEHLER, pers. Mitt., in PETZOLD 1982; ANONYMUS 1963). Fünf dieser Hybriden sind als Jungtiere ins AMNH gelangt und konnten dort untersucht werden. VEINERT & BELLUOMINI (1980/81) führten mit einem *E.-notaeus*-Männchen und einem *E.-murinus*-Weibchen Kreuzungsversuche durch, die jedoch trotz häufiger Kopulationen fruchtlos blieben. Es ist bekannt, daß es bei Schlangen verwandter Arten zu Kopulationen kommt (BELLUOMINI & HOGE 1957/8c). SCHÖTTLER (1950) berichtet sogar von einem Fall, in dem ein *Bothrops-alternatus*-Männchen mit einem *Crotalus-terrificus*-Weibchen kopuliert hatte und die Sektion 3 cm lange Eier mit Embryonen hervorbrachte.

Nachdem die Färbung von sechs Exemplaren von *E.* sp. untersucht werden konnte, stellte sich heraus, daß *E.* sp. in der Färbung praktisch keine intermediären Merkmale besitzt, so wie es bei den Zoohybriden aus New York der Fall ist, die z. B. zwischen vier und fünf schwarze Kopfstreifen haben, während *E.* sp. in diesem Färbungsmerkmal konstant fünf Kopfstreifen besitzt. Außer der etwas dunkleren Grundfärbung, die der von *E. murinus* ähnelt, hat *E.* sp. weder kleine ovale Rückenflecken, noch laterale Augenflecke, noch eine hellere Temporalregion. In Färbung und Zeichnung muß sie statt dessen in die nähere Verwandtschaft von *E. notaeus* und *E. deschauenseei* gestellt werden.

5.3 Morphometrie

Außer zur Größe der Anakondas, speziell besonders großer Exemplare von *E. murinus*, sind bisher kaum Daten zur Morphometrie adulter Anakondas veröffentlicht worden. Äußerst problematisch stellt sich die Bewertung der *E.* sp. sowie der Zoohybriden dar, weil jeweils nur fünf Exemplare zum Vergleich zur Verfügung stehen und daher eine Bewertung nur mit großer Vorsicht durchgeführt werden darf. Außerdem sind die Zoohybriden Jungtiere, die in der Morphometrie nicht mit adulten Tieren verglichen werden können.

Außer der GL sind bisher keine morphometrischen Vergleiche zwischen den Arten durchgeführt worden. Der auffälligste Unterschied innerhalb der Gattung *Eunectes* besteht in der Größe, da die Große Anakonda 9 m oder sogar länger werden kann (DIRKSEN 1999a). Das längste wissenschaftlich bewiesene, mir bekannte Präparat eines *E. murinus* ist eine Haut ohne Kopf und ohne erkennbare Streckung, die knapp 9 m lang ist (ROBERTSON 1998). Oft wird die größte Länge von *E. murinus* mit 11–12 m angegeben, doch fehlen hierzu jegliche Belegexemplare, weshalb diese Maße von mir nicht anerkannt und auch nicht diskutiert werden. Es ist nicht nachvollziehbar, daß nicht wenigstens die Haut, der Kopf oder der Schädel einer derart langen Schlange der Wissenschaft vorliegen soll. Die Weibchen können dreimal so lang und um ein Vielfaches schwerer werden als die Männchen. Dieser Unterschied stellt wahrscheinlich einen Rekord unter den Landwirbeltieren dar.

Von den kleineren Arten scheint *E. notaeus* mit bis zu 4 m Länge etwas größer zu werden als *E. deschauenseei*, dessen größtes bekanntes Exemplar nur knapp über 3 m mißt. Von nur fünf Schlangen von *E.* sp. mißt die längste 3,5 m. Daher ist es wahrscheinlich, daß diese Art wenigstens so lang werden kann wie die Paraguay-Anakonda. Der Holotypus von *E. barbouri* erreicht mit 4,22 m eine Länge, die sonst nur von der Großen Anakonda bekannt ist.

Entsprechend der Größe von *E. murinus* sind auch die Jungtiere bei der Geburt relativ lang. Durchschnittslängen von Nachzuchtwürfen werden für *E. murinus* in Tab. 6.29 und für

E. notaeus in Tab. 6.47 dargestellt. Diese Werte variieren bei *E. murinus* von 68,8–87,7 und bei *E. notaeus* von 48,5–71,7. Eine Serie von 26 Jungtieren (IB 40696–40721) der De Schauensees Anakonda besitzt im Schnitt 50,2 cm Länge, eine mit 14 Jungtieren 50,1 cm und eine weitere Serie von 8 Schlangen (IB 17802–17808) nur 37 cm. *E. deschauenseei* scheint also bei der Geburt etwas kleiner zu sein als die Paraguay-Anakonda. Würfe aus freier Wildbahn sind allerdings nicht bekannt. Die schwersten Neugeborenen der Großen Anakonda wiegen bis 400 g (Luttenberger 1973; Hero & Santos 1987), die der Paraguay-Anakonda nur bis 180 g (Holmstrom 1981) (Tab. 6.29, 6.47).

Die Unterschiede der SwL im Verhältnis zur KRL sind sehr gering. Allerdings sind die Schwänze der Männchen von *E. notaeus* im Mittel um 9,3 % kürzer als die von *E. murinus*, um 7,3 % als die von *E. deschauenseei* und um 5,4 % als die von *E.* sp. (n = 4). Ein ähnliches Ergebnis zeichnet sich auch bei den Weibchen ab: *E. notaeus* (n = 82) besitzt im Schnitt 6,3 % kürzere Schwänze als die Große Anakonda (n = 82) und 4,7 % kürzere als *E. deschauenseei* (n = 28).

Überraschend stellt sich heraus, daß *E. notaeus* im Vergleich zur Länge einen etwas größeren Körperumfang hat, also dicker ist als *E. murinus* (sensu Petzold 1982) und die beiden anderen Arten. *E.-notaeus*-Weibchen (n = 33) sind bei 1–2 m langen Individuen um 11,4 % dicker als *E. murinus* (n = 29) und um 9,3 % dicker als *E. deschauenseei* (n = 14). Dieses Verhältnis ändert sich nicht wesentlich bei 2–3 m langen Weibchen. Die Unterschiede zwischen den Männchen sind etwas weniger stark ausgeprägt (Tab. 4.3). Die meisten der untersuchten Paraguay-Anakondas kommen von einer Population am Rio Paraná. Möglicherweise fanden sie hier besonders gute Ernährungsbedingungen vor. Auch die Jahreszeit, in der die Anakondas gesammelt wurden, kann Auswirkungen auf das Gewicht und den Körperumfang haben.

1–2 m lange *E. murinus* (n = 72) haben einen 9,3 % längeren Kopf als *E. notaeus* (n = 94) und einen 13,7 % längeren als *E. deschauenseei* (n = 30), dessen Kopf 4,9 % im Vergleich zur KRL kürzer ist als der von *E. notaeus*. 1–2 m lange Männchen von *E.* sp. besitzen nur 1,6 % kürzere Köpfe als *E. murinus*. Die Unterschiede zwischen den Arten sind bei den 2–3 m langen Anakondas weniger stark ausgeprägt. Unter einem Meter ist die relative KB von *E. deschauenseei* am größten. Bei 1–2 m langen Anakondas sind im Schnitt wiederum die Köpfe von *E. murinus* erheblich breiter. Letztere Art (n = 87) hat einen 12,0 % breiteren Kopf als *E.* sp. (n = 2), einen 12,8 % breiteren als *E. notaeus* (n = 90) und einen 18,5 % breiteren als *E. deschauenseei* (n = 27).

Es ist zu bedenken, daß gleiche Längenklassen der Arten verglichen werden. Das bedeutet, daß die Exemplare der Großen Anakonda zwischen 1–2 m noch nicht so alt und herangewachsen sind, wie die Individuen der übrigen Arten. Die Köpfe der Wirbeltiere sind im nicht erwachsenem Zustand jedoch immer im Verhältnis zum Körper größer als im adulten Alter. Dennoch lassen die längeren und vor allem breiteren Köpfe von *E. murinus* vermuten, daß die Große Anakonda bei gleicher Länge bereits größere Beutetiere verschlingen kann.

Anakondas besitzen gegenüber anderen Schlangen vergleichsweise kleine Ventralia und Subcaudalia. Weniger große V und SC gelten als plesiomorphe (ursprüngliche) Merkmale. Erstmals wird dieses typische Anakondamerkmal näher untersucht. Auch hierin lassen sich die drei kleineren Anakonda-Arten wiederum eindeutig von der Großen Anakonda abgrenzen. So besitzen 1–2 m lange *E. notaeus* (n = 86) im Schnitt 16,2 % breitere 30. V als die Große Anakonda (n = 49) und 10,8 % breitere 30. V als *E. deschauenseei*. Zwei Männchen von *E.* sp. haben im Mittel noch 6 % breitere 30. V als die Paraguay-Anakonda. Die Werte von 2–3 m langen Anakondas sind denen der 1–2 m langen vergleichbar. Die Unterschiede der 10. SC von Anakonda-Männchen gleicher Längen sind noch größer: Auch hier besitzt *E.* sp. (n = 2) die breitesten Schuppen, welche durchschnittlich 13,4 % breiter sind als die der Männchen von *E. notaeus* (n = 51), 19,5 % breiter als bei denen von *E. deschauenseei* (n = 10) und 27,5 % breiter als bei *E.-murinus*-Männchen. Die Verhältnisse bei den Weibchen sind ähnlich (Abb. 4.25).

Bild 54: Jungtier von *E. murinus*
Foto: H. Werning

Bild 55: Porträt eines adulten *E. murinus*
Foto: H. Werning

Zusammengefaßt ergeben die morphometrischen Daten, daß die Große Anakonda sich wesentlich stärker von den anderen drei Arten unterscheidet, als diese untereinander, und somit eine eigene Linie innerhalb der Gattung *Eunectes* bildet. Die morphometrischen Ergebnisse widersprechen der Hypothese, daß die in ihren Merkmalen von den anderen Arten abweichenden Anakondas aus Bolivien ihren Ursprung in einer Hybridbildung zwischen *E. murinus* und *E. notaeus* haben (DIRKSEN & BÖHME 1998a). Statt dessen unterstützen die morphometrischen Daten eindeutig die nahe Verwandtschaft zu *E. notaeus* und *E. deschauenseei*. *E.* sp. läßt sich jedoch in der Morphometrie keiner dieser beiden Arten eindeutig zuordnen, so daß *E.* sp. als ein nah verwandtes Taxon angesprochen werden muß.

5.4 Pholidose

Der Pholidose kommt im allgemeinen eine besonders wichtige Rolle in der Reptilien-Taxonomie zu, weil viele verschiedene Daten problemlos gewonnen und ausgewertet werden können, wenn genug Material zur Verfügung steht. Bisher stehen kaum irgendwelche Informationen über den selten gesammelten *E. deschauenseei* zur Verfügung. Nach der Beschreibung des Holotypus von DUNN & CONANT (1936) sind bis heute lediglich fünf Veröffentlichungen mit Pholidosewerten publiziert worden. Der Holotypus besitzt 224 V, 36–46–30 Do, 13 + 14 SL und jeweils 16 IL. Der Schwanz ist unvollständig. Bei den genannten Autoren findet sich auch die einzige Beschreibung der Kopfschuppen, die nicht von den eigenen Untersuchungen abweicht (Kap. 6.4.1.5). Drei Nachzuchten sehr kleiner Würfe (n total = 13) besitzen folgende Werte: 222–234 V, 51–60 SC und 39–49 Do (BELLUOMINI et al. 1959). MÜLLER (1970) zählte bei einem Exemplar von Marajó 219 V und 46 Do. Die Angaben von PETZOLD (1982) und WALLER & MICUCCI (1993) entsprechen exakt den oben genannten Werten. In DIRKSEN & BÖHME (1998a) sind diese Werte mit vorläufigen Ergebnissen zusammengesetzt. In letztgenanntem Zitat befindet sich ein Tippfehler; der niedrigste SC-Werte ist nicht 45, sondern 49. Nach dem Zählen der Schuppen von 101 Exemplaren dieser Art erhöht sich jetzt die Variabilität der Schuppenwerte auf 214–236 V, 49–62 SC, 43–54 Do um die Körpermitte, 12–16 SL und 16–20 IL (Tab. 4.10, 4.11). Bei eigener Zählung der von BELLUOMINI et al. (1959) untersuchten *E. deschauenseei* ist der niedrigste Do-Wert mit 43 (sensu 39) festgestellt worden.

Die Große Anakonda ist bedeutend öfter Untersuchungs- und Veröffentlichungsobjekt gewesen, was aus ihrer Berühmtheit als größte Schlange weltweit und ihrem großen Verbreitungsgebiet zu erklären ist. Es ist jedoch auffällig, daß sich die Zahlen entweder stark unterscheiden oder genau gleichen. Oftmals ist die Variabilität eines einzelnen Wurfes größer als die für ein ganzes Land ermittelte. Dies läßt den Rückschluß zu, daß oft entweder sehr wenige Exemplare auf ihre Pholidose untersucht bzw. Werte von anderen Autoren übernommen wurden.

In die eigenen Ergebnisse fließen Schuppenzählungen von 297 *E. murinus* aus dem gesamten Verbreitungsgebiet ein. Während SC, SL und IL den Angaben der meisten Autoren sehr ähnlich sind, treten bei den V und Do erhebliche Unterschiede auf (Tab. 5.1). Ein Exemplar von *E. murinus* aus Französisch-Guayana besitzt nur 233 V (GASC & RODRIGUES 1980). 32 weitere von CHIPPAUX (1986) untersuchte Große Anakondas haben lediglich 230–245 V. Nähere Angaben, ob z. B. die 32 Anakondas aus einem bestimmten Gebiet stammen oder es sich womöglich um einen Wurf handelt, sind nicht verfügbar. CHIPPAUX (1986) selber merkt jedoch an, daß *E. murinus* aus dem nördlich gelegenen Venezuela 242–262 V (ROZE 1966) und aus dem südlicheren Pará Brasiliens 246–259 V (CUNHA & NASCIMENTO 1978) besitzen. Leider standen in den besuchten Museen während meiner Studien nur zwei Große Anakondas aus Französisch-Guayana zur Verfügung (IB 13906, IB 14333). Diese beiden Exemplare weisen jedoch die für *E. murinus* durchschnittlichen Werte von 246 und 247 V auf. Der scheinbare Widerspruch kann mehrere Ursachen haben:

1. Es könnte tatsächlich eine Population Großer Anakondas mit geringerer V-Zahl in einem bestimmten Gebiet existieren.

2. Die 32 Anakondas bestehen aus einem Wurf Jungtiere, die durch ungünstige Umwelteinflüsse in ihrer Entwicklung gestört wurden, wie dies mehrfach bei Untersuchungen von Serien aus Zoonachzuchten aufgefallen ist.

3. Die Anzahl der V (230–245) zeigt einen intermediären Charakter zwischen *E. murinus* und *E. deschauenseei*, die beide in diesem Land vorkommen. Da es zu zwei Nachzuchten im New York Bronx Zoo zwischen *E. murinus* und *E. notaeus* gekommen ist, deren Fertilität allerdings nicht bekannt ist (ANONYMUS 1963; DIRKSEN & BÖHME 1998a), ist es theoretisch auch denkbar, daß es in Französisch-Guayana zu einer Hybridbildung mit der De Schauensees Anakonda gekommen ist. Die fünf F_1-Hybride aus dem Bronx Zoo besitzen ebenfalls mit 235–247 V intermediären Charakter und sind in der Färbung kaum von der Großen Anakonda zu unterscheiden. Bei dem Exemplar von GASC & RODRIGUES (1980) könnte es sich auch um eine *E. deschauenseei* gehandelt haben, da diese Art zu dieser Zeit für Französisch-Guayana nicht bekannt war. Bevor diese Fragen nicht geklärt sind, sollten die von CHIPPAUX (1986) genannten niedrigen Werte der V nicht auf die Große Anakonda übertragen werden.

Eine weiterer erheblicher Unterschied tritt bei den Do auf. TRUTNAU (1982) nennt als obersten Wert 88. Hierfür kann keine Bestätigung gefunden werden. WALLER & MICUCCI (1993) akzeptieren selbst die Angabe von 80 Do nicht – wie dies bei PETERS & OREJAS-MIRANDA (1970), MATZ (1981) und CEI (1993) angeführt wird –, weil dafür keine konkrete Zählung vorliegt und der Wert im Zusammenhang mit einem Bestimmungsschlüssel geschätzt sein dürfte. Allerdings konnten BELLUOMINI et al. (1976) sogar 81 Do um die Körpermitte nachweisen (IB 25898) sowie 80 bei einem weiteren Exemplar (IB 25917).

Es ist nicht sinnvoll, die Populationen von *E. murinus* nach einzelnen Ländern getrennt zu untersuchen, da sich frei lebende Tiere bekanntlich nicht an Ländergrenzen halten. Deshalb werden in Kapitel 5.8 Pholidose- und zwei Zeichnungsmerkmale von vier geographisch abgrenzbaren Populationen (Flußsystemen) auf ihre Konsistenz näher untersucht (Multivarianzanalyse).

DUNN & CONANT (1936) beschrieben die Unterart *E. m. gigas* aufgrund von Zeichnungsverschiedenheiten und stellten die Vermutung auf, daß es auch Unterschiede in der Beschuppung gebe. Dies ließ sich bisher nicht nachweisen, da für die meisten Länder mit *E.-murinus*-Vorkommen kaum spezifische Untersuchungen existierten (Tab. 5.1). Erst DIRKSEN & BÖHME (1998b) konnten den Nachweis erbringen, daß keine signifikanten Pholidoseunterschiede zwischen den von DUNN & CONANT (1936) aufgestellten Unterarten *E. m. murinus* und *E. m. gigas* existieren, indem die Schuppenwerte einer großen Anzahl Anakondas für die Länder des jeweiligen angeblichen Vorkommens der Unterarten verglichen wurden.

Die Schuppenwerte des Holotypus von *E. barbouri* liegen alle innerhalb der Variabilität von *E. murinus*. Bereits die Beschreiber DUNN & CONANT (1936) weisen darauf hin, daß der einzige Unterschied in der Färbung bestehe. STRIMPLE et al. (1997) untersuchten ein weiteres als *E. barbouri* bestimmtes Exemplar, das ebenfalls keine Abweichungen von *E. murinus* zeigt.

Die Pholidosewerte von *E. notaeus* entsprechen nach Angaben vieler Autoren exakt denen der in Tab 5.2 aufgeführten Werte (vgl. MIRANDA-RIBEIRO (1924) und CEI (1993)), und sind deswegen nicht in die Tabelle integriert worden. Daraus geht hervor, daß die Schuppen der Paraguay-Anakonda nur ziemlich selten gezählt worden sind. Der niedrigste Wert eines adulten Männchens beträgt 213 V. Noch niedrigere Schuppenzahlen von mißgebildeten Jungtieren sind nicht in Tabelle 5.2 enthalten. Eine Ursache für die Variabilität der V liegt in dem Beginn der V am Hals. Die großen Ventralschuppen können direkt hinter der Kehle oder erst zum Ende des Halses beginnen. In WALLER et al. (1995) findet sich mit 244 V ein ungewöhnlich hoher Wert. Nach eigener Aussage (T. WALLER, pers. Mitt.) ist dieser Wert versehentlich zu hoch beziffert worden. Bei den V, Do, SL und IL stellt sich die Variabilität der eigenen Ergebnisse größer als bisher bekannt heraus. Lediglich bei den SC wird von WALLER et al. (1995) ein höherer Wert angeführt. Da die Spannbreite der Variabilität der zur Verfügung stehenden Daten bis auf eine Ausnahme kleiner ist, kann man auch hier darauf schließen, daß selbst in der Summe bisher weit weniger Tiere untersucht worden sind als in dieser Studie.

Tab. 5.1: Pholidosewerte der Großen Anakonda aus maßgeblichen Veröffentlichungen im Vergleich mit den eigenen Ergebnissen.
Jüngere Publikationen mit identischen Werten sind nicht aufgeführt. Herkunftsländer werden nur angeführt, wenn sich die Werte eindeutig auf das entsprechende Land beziehen. (* = Siehe Erläuterung im Text)

	Ventralia	Subcaudalia	Dorsalia	SL	IL	Land
BELLUOMINI et al. 1976	242–264	63–79	58–81	14–17	—	Brasilien (Süden)
CUNHA & NASCIMENTO 1978	246–259	67–71	61–70	16–17	20–22	Brasilien(Pará)
GASC & RODRIGUES 1980	233 67	—	14	—		Franz.-Guayana
CHIPPAUX 1986 (n = 32)	(230)*–245	63–73	59–70	14–18	20–22	Franz.-Guayana
PÉREZ-SANTOS & MORENO 1988	242–265	63–75	56–64	—	—	Kolumbien
PÉREZ-SANTOS & MORENO 1991	246–259	61–71	61–70	16–17	20–22	Ecuador
GORZULA & PILGRIMM 1992	—	63–75 (n = 12)	54–65 (n = 44)	—	—	Guyana
GRIFFIN 1916 (n = 22)	239–255	58–71	54–66	15–18	—	Zoonachzucht
MIRANDA-RIBEIRO 1924	242–266	56–73	57–63	16–18	—	
ROZE 1966	242–262	63–73	57–64	15–17	18–20	
CEI 1993	242–266	57–73	55–80	15–17	—	
WALLER & MICUCCI 1993	230–266	56–75	54–70			
MURPHY 1997	241–269	65–72	53–69	14–17	15–25	
DIRKSEN & BÖHME 1998b (n = 138)	239–266	55–76	55–74	14–18	18–25	
Gesamtsumme nach Autorenangaben	(230)*–269	55–79	53–81	14–18	15–25	
eigene Werte	239–266 (n = 266)	55–78 (n = 255)	55–74 (n = 266)	14–19 (n = 278)	18–25 (n = 275)	

Bild 56: Kopf und eingerollte Haut einer großen *E. murinus* Foto: L. Dirksen

Zum Geschlechtsunterschied in der Pholidose listet HONEGGER (1978) Schlangenarten auf, deren Weibchen mehr Ventralia und deren Männchen aufgrund der längeren Schwänze mehr Subcaudalia besitzen. Bereits PETZOLD (1982) ist aufgefallen, daß diese für viele Schlangenarten anwendbare Faustregel auf die Anakondas nicht zutrifft und daß es keine statistisch signifikanten Unterschiede in der Pholidose beider Geschlechter gibt. Tatsächlich liegen die Unterschiede der V zwischen den Geschlechtern von *E. deschauenseei*, *E. notaeus* und *E. murinus* nur zwischen 0,7–0,2 % (nur eigene Ergebnisse). Die Männchen von *E. deschauenseei* besitzen jedoch 1,8 % mehr SC und die von *E. murinus* 1,6 %. Dies ist insofern nicht verwunderlich, da die Männchen geringfügig längere Schwänze haben. Der Durchschnitt der Werte von Männchen und Weibchen bei *E. notaeus* ist hier allerdings exakt gleich.

Mit 239–269 V (D = 249,3) besitzt *E. murinus* definitiv abgrenzbar die meisten V. (Tab. 4.10; Abb. 4.26). Der Holotypus von *E. barbouri* hat 246 V und liegt somit nahe am Durchschnitt von *E. murinus*. *E. notaeus* besitzt 213–237 V (D = 227,3). Im Vergleich zu *E. deschauenseei* mit 214–236 V (D = 224,3) fällt auf, daß mit 3 V kaum ein Unterschied zu *E. notaeus* besteht. Mit 219–230 V (D = 224,8; n = 4) ist *E.* sp. ebenfalls durch die V nicht von den beiden anderen Arten zu unterscheiden, im Gegensatz zu den fünf Zoohybriden, die durchschnittlich 239,6 V haben, was ihren intermediären Charakter im Gegensatz zu *E.* sp. klar zeigt.

Die Großen Anakondas haben durchschnittlich 67,5 SC und damit 19,7 % mehr als *E. notaeus*, 16,4 % mehr als *E. deschauenseei* sowie *E.* sp. und 10,8 % mehr als die Zoohybriden. Anders als bei den V hat *E. deschauenseei* (D = 56,4) mehr SC als *E. notaeus* (D = 54,2). Als Bestimmungsmerkmal sind die SC jedoch schlecht geeignet, weil die Arten zwischen 54 und 59 SC eine Schnittmenge bilden. Wie bei den meisten Merkmalen weisen die Zoohybriden zwar eine intermediäre Stellung zwischen *E. murinus* und *E. notaeus* auf, tendieren jedoch mehr zur Großen Anakonda, während die neue Art *E.* sp. den beiden kleineren Arten ähnelt, aber im Schnitt 2,6 SC mehr besitzt als *E. notaeus*.

In Bestimmungsschlüsseln werden zur Trennung von *E. murinus* und *E. barbouri* gegenüber *E. deschauenseei* und *E. notaeus* unter anderen Merkmalen immer die Do herangezogen (z. B. PETERS & OREJAS-MIRANDA (1970)). Dabei sollen *E. notaeus* und *E. deschauenseei* 40–50 Do und *E. murinus* und *E. barbouri* 55–80 Do besitzen. WALLER & MICUCCI (1993) haben bereits darauf aufmerksam gemacht, daß es sich bei diesen Werten nicht um konkrete Schuppenzahlen, sondern um eine vereinfachte Darstellung für einen dichotomen Schlüssel handelt. So besitzen sowohl *E. notaeus* wie auch *E. deschauenseei* nicht unter 43 Do und können mehr als 52 bzw. 54 Do um die Körpermitte aufweisen (Tab. 4.10). Obwohl nach den neuen Erkenntnissen jetzt ein minimaler Schnittpunkt zwischen *E. murinus* mit der kleinsten Anzahl Do von 53 (MURPHY 1997) und *E. deschauenseei* (kleinster Do = 54) vorliegt (Tab. 4.10, 5.1), stellen die Do nach wie vor ein sehr gutes diagnostisches Mittel dar. *E.* sp. besitzt im Schnitt 5,5 % mehr Do um

Tab. 5.2: Pholidosewerte von *E. notaeus* aus Publikationen, deren Werte vermutlich auf Zählungen der Autoren beruhen, im Vergleich mit den eigenen Ergebnissen.
Jüngere Publikationen mit identischen Werten sind nicht aufgeführt. (* = Versehentlich von den Autoren zu hoch bezifferter Wert).

	Ventralia	Subcaudalia	Dorsalia	SL	IL
MIRANDA-RIBEIRO 1924	221–131	46–58	45–49	13–15	—
BELLUOMINI et al. 1959 (n = 4)	227–234	50–60	47–48	—	—
CEI 1993	221–231	46–58	45–49	13–15	16–20
WALLER & MICUCCI 1993	221–236	46–60	45–49	—	—
WALLER et al. 1995	218–(244)*	46–64	45–49	—	—
Gesamtsumme nach Autorenangaben	218–236	46–64	45–49	13–15	16–20
eigene Werte	213–237 (n = 104)	44–61 (n = 166)	43–52 (n = 178)	12–16 (n = 184)	15–21 (n = 181)

die Körpermitte als *E. notaeus* und 4,4 % mehr als *E. deschauenseei*. *E. notaeus* und *E. deschauenseei* sind in diesem Merkmal praktisch nicht zu unterscheiden. Da die Do bei den Anakondas zu den wenig variablen Merkmalen gehören, gelten sie als wichtiges Kriterium zur Unterscheidung der Arten (vgl. Abb. 4.29). Die Zoohybriden zeigen intermediären Charakter, tendieren aber etwas mehr zu *E. murinus* als zu *E. notaeus*. Die Do hinter dem Kopf und vor der Kloake zeigen ein ähnliches Bild wie die Do um die Körpermitte.

Auch bei den Labialia zeigt sich, daß *E. murinus* grundsätzlich mehr Schuppen hat als die anderen Arten, mit Ausnahme von *E. barbouri*. Im Mittel besitzt die Große Anakonda 16,1 SL und 21 IL, die Paraguay-Anakonda 14 SL und 17,7 IL, die De Schauensees Anakonda 13,8 SL und 17,7 IL und *E.* sp. 14,7 SL und 18,2 IL. *E.* sp. hat wiederum etwas mehr Schuppen als *E. notaeus* (4,8 %) und *E. deschauenseei* (6,1%). Die Hybriden haben einen Schnitt von 15,5 SL und 20,1 IL (Tab. 4.11) und befinden sich in diesen Merkmalen im Bereich von *E. murinus*.

Bei den Kopfschuppen spielen die Suborbitalia (SO) eine besondere Rolle, da *E. murinus* (D = 6,2) und *E. barbouri* (Holotypus = 5) im Gegensatz zu den anderen Arten immer eine Reihe SO zwischen den Ocularia und den SL aufweisen. *E.* sp. besitzt im Schnitt 2,4 SO, *E. notaeus* 1,2 und *E. deschauenseei* 1,4, es besteht jedoch immer ein Kontakt der Ocularia mit den SL. Die SO-Werte der fünf Zoohybriden variieren zwischen 0 und 8. Hier zeigt sich der intermediäre Charakter besonders deutlich.

Bei *E. murinus*, *E. notaeus* sowie den Hybriden liegen nur 2,2 und 2,3 Schuppen in der dorsalen Kopfmitte zwischen den Supraocularia. Bei *E. deschauenseei* und *E.* sp. ist dieser Wert mit 2,8 und 2,7 um ca. 18 % höher, es befinden sich folglich mehr Schuppen (Parietalia) zwischen den Supraocularia. Die übrigen untersuchten Kopfschuppen zeigen keine verwertbaren Unterschiede, da sie entweder in Zahl und Form gleich sind (Rostrale, Mentale, Nasalia, Frontonasalia, Loreale, Ocularia) oder selbst innerhalb der Arten zu variabel (Praefrontale, Frontale, Parietalia).

Zusammenfassend stellt sich heraus, daß bei *E. barbouri* keine Abweichungen in der Pholidose von *E. murinus* existieren. *E. murinus* hingegen besitzt grundsätzlich mehr Schuppen als die kleineren Arten, unterscheidet sich erheblich von diesen und kann eindeutig durch die V, Do und Subocularschuppen abgegrenzt werden. Die Unterarten von *E. murinus* zeigen keine signifikanten Unterschiede in der Beschuppung. *E. notaeus*, *E. deschauenseei* und *E.* sp. sind sich pholidotisch ähnlich. *E.* sp. weicht besonders in den Do, Labialia und SO von den beiden anderen Arten ab, jedoch ist die Stichprobe zu klein und kann nur tendenzielle Gewichtung bekommen. Ein intermediärer Charakter von *E.* sp. zwischen *E. murinus* und *E. notaeus* ist nicht zu erkennen. Die Pholidose der Zoohybriden stellt sich, wie erwartet, intermediär dar. Letztere besitzen allerdings im Vergleich eine etwas stärkere Affinität zu *E. murinus*. Die Merkmale können sehr variabel ausgeprägt sein (Ventralia, Subocularschuppen) und zum Teil im Bereich beider Elternarten liegen.

Hoge & Santos (1953) untersuchten mit einem Rasterelektronenmiroskop das Stratum corneum der Körperschuppen von *E. deschauenseei* und *E. notaeus*, die unterschiedliche Strukturen zeigen. Sie werten dies als ein Indiz für den taxonomischen Status als zwei voneinander unterscheidbare Schwesterarten.

5.5 Skelett und Zähne

Petzold (1982) macht darauf aufmerksam, daß es bisher keine Publikation darüber gibt, wie viele Wirbel die Anakondas besitzen. Da ihm eine Zählung von *Python molurus* mit 435 Wirbeln bekannt war, nahm er an, daß die Anakondas mehr als 400 Wirbel besitzen müssen. Diese Annahme stellt sich jedoch als falsch heraus, da 27 untersuchte Große Anakondas nur 302–328 (D = 315,6) und fünf Paraguay-Anakondas nur 298–306 (D = 302,7) procoele Wirbel besitzen, also die Anakondas über 100 Wirbel weniger haben als *Python molurus*. Andererseits ist bekannt, daß die Unterfamilie Pythoninae generell über mehr Wirbel verfügt als die Boinae.

Das Vermessen des Schädels (SchL, SchB, UKL) und einiger Schädelknochen (Maxillaria, Palatina, Pterygoidea) hat keine verwertbaren Unterschiede zwischen *E. murinus* und *E. notaeus* erbracht. Hoffstetter & Rage (1977) verglichen die Schädel von *E. murinus* und *E. notaeus* mit den aus dem Miozän von Kolumbien gesammelten Schädelknochen, welche sie als *E. stirtoni* beschrieben. Dabei stellten sie fest, daß das Basisphenoid von *E. stirtoni* eher an das von *E. murinus* als an das von *E. notaeus* erinnert, das quadratischer ist und einen runderen und im Verhältnis größeren Processus basipterygoidea besitzt.

Kluge (1991) untersuchte die Phylogenie der Boinen, indem er insgesamt 79 Merkmale, hauptsächlich der Schädelknochen, betrachtete und letztlich einer kladistischen Analyse unterzog. Als Ergebnis stellte sich heraus, daß sich die Große Anakonda in zwei Merkmalen von *E. notaeus* und *E. deschauenseei* abgrenzt. Unterschiede zwischen den beiden kleineren Anakonda-Arten traten in dieser Analyse nicht auf, und Kluge (1991) bezeichnet sie daher als Schwesterarten. Allerdings hätten auch keine Unterschiede zwischen den untersuchten Exemplaren auftreten können, weil eigene Untersuchungen einschließlich der Häute der Exemplare des von Kluge (1991) bearbeiteten Schädelmaterials (USNM 135453, 135454) ergaben, dass er seine *E. deschauenseei* in Wirklichkeit *E. notaeus* waren, es sich bei den Tieren seiner Untersuchung also um die gleiche Art gehandelt hatte. Dies geht neben den eindeutigen Zeichnungsmerkmalen der Häute auch von den Fundorten am oberen Rio Paraguay hervor, der nur ein

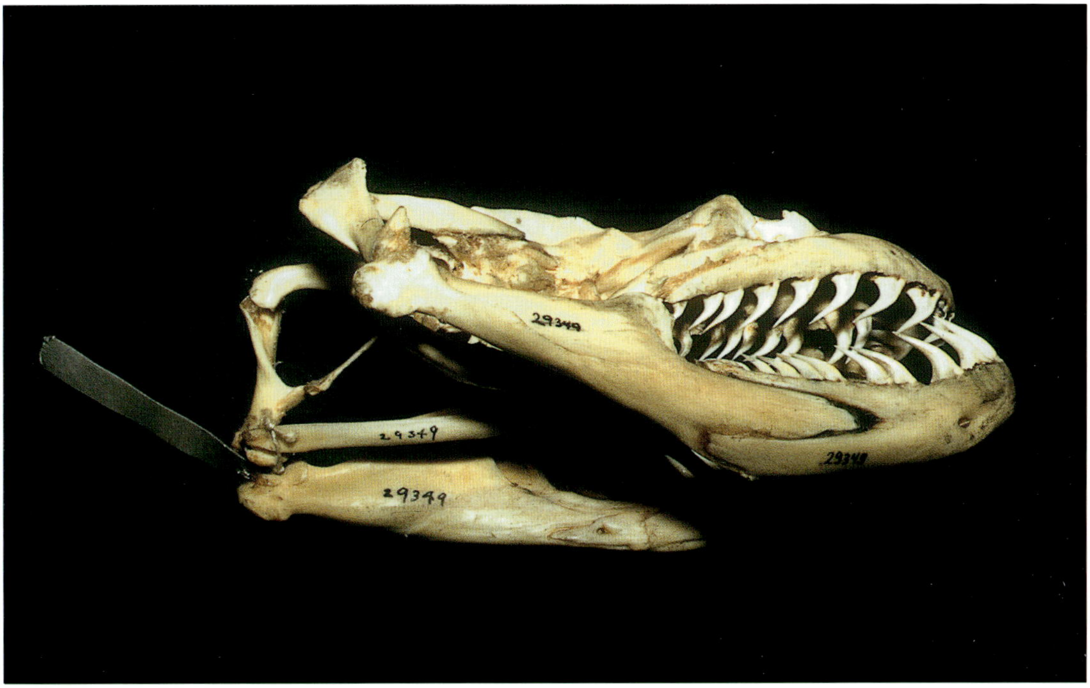

Bild 57: Lateralansicht eines Schädels einer Großen Anakonda (AMNH 29349). Der Schädel ist 11,2 cm lang und 6,1 cm breit. Foto: L. Dirksen

Verbreitungsgebiet der Paraguay-Anakonda, nicht aber der De Schauensees Anakonda sein kann. Die beiden von KLUGE (1991) somit ermittelten Unterschiede zwischen der Großen Anakonda und der Paraguay-Anakonda bestehen in der Gestalt der beiden Schädelknochen Präfrontalia und Subangularia.

Nach BELLAIRS (1969) und BAUCHOT (1994) lassen nur noch sechs Familien urtümlicher Schlangen Rudimente der Becken- und Beinknochen erkennen; dies sind die Blind- (Typhlopidae), Wurm- (Leptotyphlopidae), Roll- (Aniliidae) und Riesenschlangen (Boidae) sowie die inzwischen als eigene Familien geführten Spitzkopfpythons (Loxocemidae) und Erdboas (Tropidophiidae). Bei den Beckengürtelresten der Loxocemidae und der Tropidophiidae stehen die Knochen wie bei den Anakondas nicht mehr mit den Wirbeln in Berührung (Abb. 4.50–4.55). Oberschenkelreste sind nur manchmal vorhanden (LÜDICKE 1962). Offensichtlich ist bisher noch nichts über diese rudimentären Skelettknochen der Anakondas veröffentlicht worden. Die

Bild 58: Femora und Ilia eines 4 m langen *E.-murinus*-Weibchens (FMNH 31665). Foto: L. Dirksen

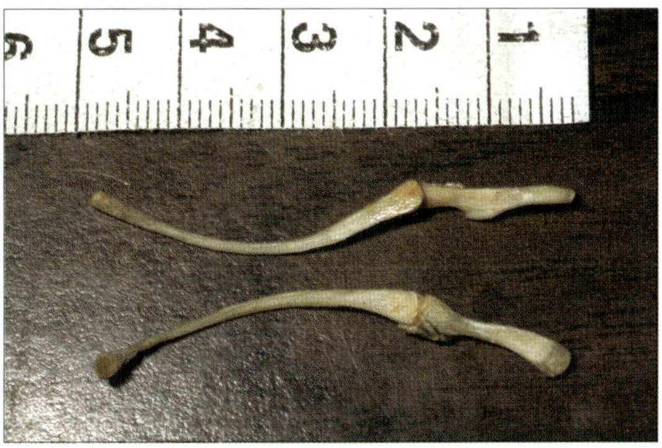

Bild 59: Femora einer Paraguay-Anakonda (CM 140249). Aus dem Größenverhältnis mit Schädelknochen läßt sich ableiten, daß diese Schlange ein Männchen war. Foto: L. Dirksen

Rudimente der Anakondas bestehen aus einem langen, dünnen Ilium- und einem kurzen, kräftigen Femurknochen (Bild 58, 59). Aufgrund der wenigen Daten und der möglichen Ungenauigkeiten durch die Lage der Schlangen beim Röntgen, können keine Unterschiede zwischen den Anakonda-Arten festgestellt werden (Tab. 4.14).

Neben den erwähnten Knochen findet sich bei *Boa constrictor* zusätzlich ein kleines Ischio-Pubis zwischen diesen Knochen (Hoge 1947), welches in der Gattung *Eunectes* nicht zu finden ist oder möglicherweise nur knorpelig vorliegt und somit beim Skelettieren nicht erhalten bleibt oder auf den Röntgenbildern (Abb. 4.50–4.55) nicht zu erkennen ist. Auf der Ansatzstelle des Aftersporns liegt bei *Boa constrictor* ein Knorpel, der als Tibiarest gedeutet wird (Petzold 1982). Die Form und Ausbildung der Becken- und Beinrudimente kann in den taxonomischen Gruppen sehr unterschiedlich ausgeprägt sein. Bei *Trachyboa boulengeri* z. B. sind Pubis und Ischium deutlich getrennt, bei *Leptotyphlops humilis* sind sie sogar größer als das Ilium und bei *Typhlops schlegelii* ist nur noch ein kleines Ischium-Fragment verknöchert (Bellairs 1969). Die Homologisierung dieser Knochenteile mit den bekannten Skelettelementen anderer Landwirbeltiere ist allerdings vage (Lüdicke 1962; Bellairs 1969).

Anders als bei den Extremitätenknochen konnten viele Daten über die Aftersporne gewonnen und verglichen werden. Da sie bei den Männchen, im Gegensatz zu den Weibchen, während der Paarung eine wichtig Funktion innehaben, ist es verständlich, daß die Aftersporne der Männchen erheblich größer werden. Dies trifft auch auf andere Vertreter der Boidae zu. Von zwei ungefähr 2,50 m langen *Python sebae* beispielsweise war der Aftersporn eines Männchens 7 mm und eines Weibchens 4 mm lang; die Aftersporne eines *Boa-constrictor*-Männchen von ca. 2 m Länge maßen 5,5 mm, während die eines Weibchens gleicher Länge nur 1,5 mm lang waren (Petzold 1982). Die Aftersporne der von mir untersuchten Anakonda-Männchen zwischen 2 und 3 m sind im Schnitt nur 0,9–1 cm lang, also erheblich kleiner als bei anderen Boinen. Die Aftersporne gleich langer Weibchen sind ungefähr halb so lang wie die der Männchen. Hoge (1947) stellte außerdem fest, daß den Weibchen von *Boa constrictor* verknöcherte Ilia und Femora völlig fehlen, während diese Knochen bei den Männchen gut entwickelt und die Ilia immerhin bis 3 cm lang werden können. Auf den Röntgenaufnahmen von einem Weibchen der Großen Anakonda (SMF 16887) (Abb. 4.51) und einem der Paraguay-Anakonda (ZSM 472/1999) (Abb. 4.53) ist zu erkennen, daß sowohl Femur wie auch Ilium bei beiden Arten, wenn auch kleiner als bei den Männchen, verknöchert vorhanden sind.

Aber nicht nur zwischen den Geschlechtern existieren Unterschiede in der Länge der Aftersporne, sondern auch zwischen den Arten. Die Aftersporne der Männchen der Großen Anakonda zwischen 1 und 2 m Länge sind im Schnitt (29,2–37 %) erheblich kleiner als die der anderen Arten (Tab. 4.15). Dies muß jedoch auch auf die noch nicht vorhandene Geschlechtsreife der Großen Anakondas zurückgeführt werden, denn ab ca. 2 m Länge nähert sich die Länge der Aftersporne von *E. murinus* denen der anderen Arten stark an (Abb. 4.47). Aussagekräftige Unterschiede zwischen den anderen Arten lassen sich nicht erkennen. Auch bei den Weibchen von *E. murinus* zwischen 1 und 2 m Länge sind die Aftersporne um 28,6–32,2 % kürzer als die von *E. deschauenseei* und *E. notaeus*. Bei den Weibchen zwischen 2 und 3 m Länge sind es nur noch 4 und 11 %.

Bild 60: Aftersporn eines 2,35 m langen *E.-murinus*-Männchens (FMNH 37417). Originallänge des Aftersporns: 0,95 cm.
Foto: L. Dirksen

Bild 61: Aftersporn eines 3,84 m lange *E.-murinus*-Weibchens (FMNH 39465). Originallänge des Aftersporns: 0,6 cm.
Foto: L. Dirksen

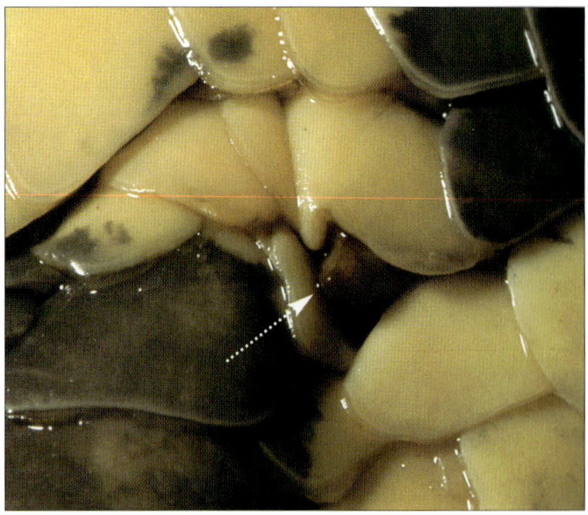

Bild 62: Sulcalansicht eines frisch herauspräparierten Hemipenis von *E. notaeus* (oben) und von einem Alkoholpräparat von *E. deschauenseei* (unten)
Foto: L. Dirksen

Die Unterschiede in der Bezahnung zwischen *E. murinus* und *E. notaeus* sind äußerst gering und kaum systematisch verwertbar (Tab. 4.17). Auf dem Dentale sind bei der Großen Anakonda im Schnitt nur 0,4 Zähne und auf dem Maxillare 0,2 mehr gezählt worden. Auf den Palatina sind grundsätzlich immer nur fünf Zähne festgestellt worden. *E. notaeus* besitzt durchschnittlich 0,7 Zähne mehr auf den Pterygoidea. Literaturzitate zur Anzahl der Zähne der Anakondas konnten nicht ermittelt werden. Zahnzahlen von *E. deschauenseei* und *E.* sp. sind nicht verfügbar, werden aber vermutlich nicht stark von denen der beiden anderen Anakonda-Arten abweichen.

Bild 63: Hemipenis von *E. murinus* (AMNH 127827)
Foto: L. Dirksen

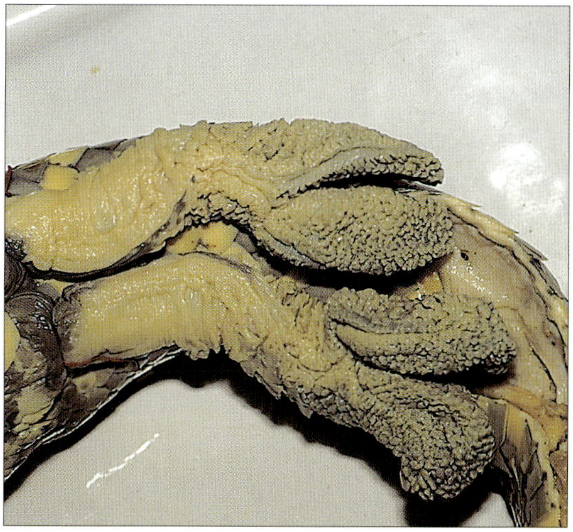

Beddard (1906) liefert den einzigen Hinweis für einen Unterschied zwischen *E. murinus* und *E. notaeus* in Hinsicht auf den Intestinalraum. Er sezierte beide Arten und entdeckte, daß der Pankreas bei *E. murinus* zweigeteilt ist, während er bei *E. notaeus* zwar gefurcht, doch einteilig vorliegt.

5.6 Hemipenes

Weil zur Untersuchung der Hemipenes von *E. murinus* kein Material zur Verfügung stand, (Hemipenes von *E. murinus* sollten vom MPEG ausgeliehen werden, dies war jedoch wegen eines Kuratorenwechsels nicht möglich) wird zum Vergleich die Beschreibung und Abbildung der Hemipenes von *E. murinus* aus Branch (1981) sowie eigenes Fotomaterial (Bild 63) hinzugezogen. Auch von *E. deschauenseei* und *E. notaeus* stehen jeweils nur die Hemipenes von einem Männchen zur Verfügung. Die Große Anakonda besitzt 7–10 Paryphasmata mehr am Apex als *E. deschauenseei* und *E. notaeus*, die jeweils 15 haben. Am Truncus jedoch weisen *E. notaeus* und *E. deschauenseei* jeweils 9 auf, während *E. murinus* nur 5–6 besitzt. Die beiden zur Verfügung stehenden Hemipenes von *E. deschauenseei* und *E. notaeus* lassen sich bis auf weniger stark ausgeprägte Paryphasmata bei *E. deschauenseei* kaum unterscheiden. Die Ausbildung der Paryphasmata kann jedoch saisonal bedingt sein. Ebenso ist der Einfluß der Terrarienhaltung dieses *E.-deschauenseei*-Exemplares schwer einzuschätzen. Auch durch die Hemipenes wird somit deutlich, daß sich die Große Anakonda von den anderen Arten klar abhebt.

Bild 64: Paryphasmata des Apex eines Hemipenis von *E. murinus* (AMNH 127829)
Foto: L. Dirksen

5.7 Allgemeine Biologie

In der allgemeinen Biologie lassen sich wiederum in erster Linie Unterschiede zwischen der Großen Anakonda und den drei kleineren Arten feststellen. Zur Fortpflanzungsbiologie von *E.* sp. und *E. deschauenseei* liegen allerdings nur Vermutungen vor (Kap. 6.4.1.9 und 6.4.4.9). Bei *E. notaeus* und im besonderen bei *E. murinus* ist festzustellen, daß die Paarungszeit vom jeweiligen Klima abhängt. Grundsätzlich scheint die Paarung zum Ende der Trockenzeit stattzufinden. Nach neuesten Erkenntnissen bilden beide Arten zur Paarungszeit „mating-balls" (Aggregationen mehrerer Männchen, die sich um ein Weibchen wickeln um es zu begatten) (RIVAS 1999b, C. STRÜSSMANN, pers. Mitt.). Kommentkämpfe, wie z. B. von der Boide *Morelia spilotes* beschrieben (SHINE & FITZGERALD 1995), sind von der Gattung *Eunectes* unbekannt. Interessanterweise stellten SHINE & FITZGERALD (1995) fest, daß die Männchen in nur einer von zwei weit auseinanderliegenden Populationen von *Morelia spilotes* Kommentkämpfe ausführen. Die Weibchen der Population, in der die Männchen nicht um die Weibchen kämpfen, sind durchschnittlich länger als die Männchen. In der Population, in der es Kommentkämpfe gibt, werden jedoch die Männchen länger als die Weibchen. Das völlige Fehlen dieses Verhaltens könnte eine Ursache dafür sein, daß die Männchen der Anakondas so erheblich kleiner sind als die Weibchen. Lediglich bei der Paarung in Form eines „mating-ball" könnte die Größe der Männchen von Vorteil sein. Jedoch ist diesbezüglich nicht bekannt, ob die Paarungen grundsätzlich oder eher als Ausnahme in Form von „mating-balls" stattfinden, und ob diese regional unterschiedlich häufig auftreten. Außerhalb der Paarungszeiten gelten Anakondas als Einzelgänger.

Unterschiede sind auch in der Anzahl und der Größe der Neugeborenen vorhanden. Die höchste Zahl dokumentierter Jungtiere von *E. murinus* liegt bei 82 (BELLUOMINI & HOGE 1957/58a, bei *E. notaeus* lediglich bei 37 (WILLIAMS & SCROCCHI 1994). Die ungefähre durchschnittliche Länge einer neugeborenen Paraguay-Anakonda liegt bei 60 cm und die einer Großen Anakonda bei 80 cm. Die größten Neugeborenen können knapp einen Meter lang sein (STRIMPLE 1986b). Neugeborene von *E. deschauenseei* sind im Schnitt nur ca. 50 cm lang. Dies korreliert auch mit der Tatsache, daß *E. deschauenseei* nicht dieselbe Länge erreicht wie die Paraguay-Anakonda.

Zur Nahrung und zum Verhalten sind nur bruchstückhafte Erkenntnisse dokumentiert, die kaum Unterschiede erkennen lassen. Die Anakondas sind in Bezug auf die Nahrung zwar offensichtlich Generalisten (STRÜSSMANN 1997) und fressen Beute, die entsprechend der eigenen Körpergröße bewältigt werden kann, doch ist aus der Gefangenschaftshaltung bekannt, daß die Anakondas individuell sehr unterschiedliche Beutetiere akzeptieren. In der Natur ist das Beutespektrum natürlich von der vorhandenen Fauna abhängig. Bei Kotuntersuchungen von Großen Anakondas aus den venezolanischen Llanos wird berichtet, daß keine Fische gefressen werden (ANONYM 1994). Im brasilianischen São Paulo sind Fische je-

Bild 65: Eine Besonderheit in der Biologie der Großen Anakonda: die sog. „mating balls" bei der Paarung Foto: B. Holstrom

doch Bestandteil der Nahrung (MACHADO & ABREU 1961). Auch in Gefangenschaft werden Fische akzeptiert (STAEDELI 1961; BARTON & ALLEN 1961; BRANDES 1971; STRIMPLE 1994b). Alle Arten gelten als Lauerjäger. Die Anakondas jagen meistens in Gewässern, wo sie getarnt zwischen Pflanzen versteckt ausharren. Zwar heißt es, daß *E. notaeus* weniger stark von Gewässern abhängig sein soll (PETZOLD 1982), doch liegen hierzu keinerlei Untersuchungen vor.

Strategien zum Erbeuten unterschiedlicher Nahrung und gleichzeitiges Einnischen in denselben Habitaten sind nicht zu erkennen. Im Gegenteil sieht es so aus, daß sich die Arten gegenseitig ausschließen und nur an ihren Randbereichen gemeinsame Vorkommen zeigen (Abb. 4.15). Dabei liegt die Habitatpräferenz der großen Anakonda in bewaldeten Gebieten mit langsam fließenden Flußläufen und die von *E. deschauenseei*, *E. notaeus* und *E.* sp. in offenen Sümpfen oder saisonal überschwemmten Graslandschaften. In den offenen Llanos von Kolumbien und Venezuela hat die Große Anakonda keine Konkurrenz. In schattigen Waldgebieten ist die dunkle Färbung von *E. murinus* gegenüber der helleren von *E. notaeus* und *E. deschauenseei* sicherlich von Vorteil. Ob *E.* sp. auch in bewaldeten Gebieten heimisch ist, da sie dunkler als *E. notaeus* und *E. deschauenseei* ist, müssen zukünftige Forschungen zeigen. Nach eigenen Beobachtungen kommt *E. murinus* bei Santa Cruz do Arari nicht in denselben Überschwemmungsfluren vor wie *E. deschauenseei* (sensu MÜLLER 1970).

5.8 Multivarianzanalyse

Da zum erstenmal überhaupt eine umfangreiche Datenmenge zu Zeichnungs- und Schuppenmerkmalen von Anakondas für eine Multivarianzanalyse zur Verfügung steht, existieren bisher keine anderen entsprechenden Arbeiten zum Vergleich. Jedoch unterstützt das hier gewonnene Bild zur Taxonomie der Gattung *Eunectes* (Abb. 4.49) die übrigen Ergebnisse. Danach ist *E.* sp. eindeutig stärker von *E. deschauenseei* und *E. notaeus* verschieden, als diese untereinander. Auch der Abstand zu *E. murinus* ist groß.

In der Multivarianzanalyse sind auch vier Populationen geographisch verschiedener Flußgebiete (Orinoko, unte-

Bild 66: „Ballverhalten" zur Abwehr bei einer Paraguay-Anakonda Foto: L. Dirksen

res und mittleres Amazonasbecken, oberes Amazonasbecken (Peru) und Paraná-Paraguay-Becken) der Großen Anakonda auf mögliche Unterschiede untersucht worden (Abb. 4.49). Dunn & Conant (1936) vermuteten Unterschiede in der Pholidose zwischen der von ihnen beschriebenen Unterart *E. m. gigas* aus Venezuela, Kolumbien, Trinidad und den Guyana-Ländern, welche hier als „Orinoko"-Population zusammengefaßt werden. Dirksen & Böhme (1998b) konnten bereits bei den Ventralia, Subcaudalia und Dorsalia sowie der Anzahl schwarzer dorsaler Punkte keine taxonomisch relevanten Unterschiede feststellen. Auch das Diagnosemerkmal der Färbung zwischen den beiden lateralen Kopfstreifen kann die beiden Unterarten nicht trennen. T. De Lema (pers. Mitt.) war aufgefallen, daß Große Anakondas aus Südbrasilien (Paraná-Paraguay-System) etwas kleinere und mehr schwarze dorsale Punkte besitzen, als Anakondas aus den nördlichen Verbreitungsgebieten. T. De Lema vermutet daher, daß die Art *E. murinus* mehrere Taxa, vermutlich mit Unterartstatus, beinhaltet. In der Multivarianzanalyse mit 13 Pholidose- und zwei Zeichnungsmerkmalen stellt sich jedoch heraus, daß sowohl der von Dunn & Conant (1936) beschriebenen Unterart *E. m. gigas* sowie den von T. De Lema vermuteten Unterarten kein eigener Status zukommen kann. Zwar existieren regionale Zeichnungs- und Färbungsunterschiede, doch handelt es sich dabei höchstens um klinale Farbvariationen. Im Gegensatz zu den vier Anakonda-Arten bestehen zwischen diesen vier Populationen keine nennenswerten Unterschiede in der Pholidose.

5.9 RAPD

Im Vergleich mit der Boinen-Phylogenie von Kluge (1991) (Abb. 5.2) ist in der RAPD-Analyse (Abb. 4.57) ein von den Verzweigungen her gesehen identischer Baum der Gattungen entstanden, außer daß in dem eigenen Baum keine *Candoia* und *Boa* angeführt werden. Ebenso wie bei Kluge (1991) ist *Corallus* am weitesten von der Gattung *Eunectes* entfernt und stehen *Sanzinia* und *Acrantophis* in einer eigenen Linie. Auch ist *Epicrates* nach Kluge (1991) die mit *Eunectes* am nächsten verwandte Gattung. Diese identischen Resultate sprechen einerseits für den guten Verlauf der Laborarbeiten und Analysen, andererseits bescheinigen sie die Anwendbarkeit der RAPD-PCR zur Phylogenie zumindest auf Gattungsniveau.

Gibbs et al. (1994) untersuchten mit derselben Methode je zwei getrennte Schlangenpopulationen von *Elaphe o. obsoleta* und *Sistrurus c. cateneatus* in Kanada. Sie konnten jedoch keine signifikanten Unterschiede zwischen den Populationen finden und schließen daraus, daß die beiden Populationen jeweils erst kürzlich isoliert

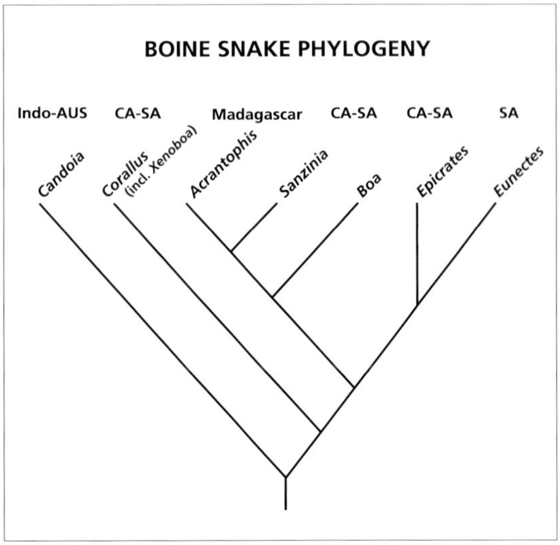

Abb. 5.2: Verwandtschaft der boinen Gattungen (aus Kluge 1991)

worden sein können und genetisch praktisch identisch sind. Die vier Anakonda-Taxa lassen sich durch die Banden unterscheiden, allerdings sind die resultierenden Unterschiede zwischen den Taxa zum Teil nicht sehr groß (Abb. 4.57). Während sich *E. murinus* eindeutig von den anderen Arten abhebt, sind sich die Banden der übrigen drei Taxa recht ähnlich. Speziell *E. notaeus* und *E. deschauenseei* besitzen viele gleiche Banden und belegen dadurch ihre nahe Verwandtschaft. Inwieweit die Artbildung zwischen diesen beiden Taxa fortgeschritten ist, bleibt unklar. Hier stellt sich auch die Frage nach dem Artkonzept (s. Frost & Hillis 1990). Es ist durchaus vorstellbar, daß beide, würden sie sympatrisch vorkommen, fertile Nachkommen erzeugen könnten und somit der Artstatus im Sinne des biologischen Artkonzeptes nicht gegeben wäre, nach dem Gruppen von Populationen ihre Gene potentiell austauschen können und reproduktiv von anderen Gruppen von Populationen isoliert sind (Mayr 1942). Nachzuchten beider Arten aus der Gefangenschaft sind bisher nicht beschrieben worden. Im Sinne des evolutiven Artkonzeptes nach Wiley (1978) müssen *E. notaeus* und *E. deschauenseei* als Arten betrachtet werden. Dieses Artkonzept erkennt eine Art an, wenn sie aus einer Linie von Populationen hervorgegangen ist, welche ihre eigene Identität gegenüber anderen solchen Linien beinhaltet und durch eigene evolutionäre Tendenzen und ein eigenes historisches Schicksal gekennzeichnet ist. Dies ist bei *E. deschauenseei* der Fall, die allopatrisch unter anderen klimatischen Bedingungen als *E. notaeus* lebt und deren Abspaltung morphologisch wie genetisch nachweisbar ist.

6. Synopsis der Gattung *Eunectes*

6.1 Verbreitung

Die Verbreitung von *E. deschauenseei* ist auf den unteren Amazonas von Santarém bis zur Mündung, einschließlich Marajó, und im weiteren Küstengebiet des brasilianischen Bundesstaates Amapá und Französisch-Guayanas nachgewiesen. Aus Sumpfgebieten des Küstenbereiches am Atlantik sind allerdings bisher nur 3 Fundorte bekannt, weswegen diese Art als sehr selten gilt. Zoogeographisch ist ein Vorkommen der De Schauensees Anakonda auch in Sumpfgebieten im Küstenbereich von Surinam sowie am Amazonas zwischen Santarém und Manaus denkbar.

E. murinus ist weiträumig im tief gelegenen, tropisch-subtropischen Südamerika verbreitet. Im Osten und Norden bilden die Andenkordilleren eine natürliche, offenbar nicht zu überwindende Barriere. Im Süden reicht die Ausdehnung bis in die Bundesstaaten Santa Catarina in Brasilien, San Pedro in Paraguay und Santa Cruz in Bolivien. Eine weitere Ausdehnung nach Süden wird hier durch zu niedrige Temperaturen im Winter (Sommer auf der Nordhalbkugel) verhindert. Die größte Schlange der Welt kommt somit in den Ländern Venezuela, Trinidad und Tobago, Kolumbien, Guyana, Surinam, Französisch-Guayana, Brasilien, Ecuador, Peru, Bolivien und Paraguay vor. Trotz zahlreicher Fundortdaten sind nach wie vor große Areale ohne Einträge, in denen die Große Anakonda mit Sicherheit vorkommt. Andererseits sind viele Gebiete, aus denen es Funde gibt, heute wegen der menschlichen Einflüsse keine Anakonda-Habitate mehr. In offenen, wenigstens saisonal überschwemmten Sumpflandschaften (Pantanal) wird die Große Anakonda bei Konkurrenz durch kleinere Anakonda-Arten verdrängt, wohingegen sie sich in bewaldeter Vegetation mit ganzjährig wasserführenden Gewässern behauptet.

Eine Unterscheidung der Unterarten von *E. murinus* nach den Diagnosekriterien von Dunn & Conant (1936) ist nicht möglich. Deswegen konnte die Grenze zwischen den beiden Unterarten nie zufriedenstellend geklärt werden. Andere, von Dunn & Conant (1936) erwartete Unterschiede sind nicht vorhanden, so daß es nicht mehr sinnvoll ist, die Unterart *E. m. gigas* weiter als valides Taxon zu führen.

Am besten ist heute das Vorkommen der Paraguay-Anakonda erforscht. Sie kommt in Bolivien im Südosten einschließlich des Rio Guaporé und damit des Amazonassystems, in Brasilien im Pantanal und am Rio Paraguay sowie zwei isolierten Gebieten in São Paulo, in Paraguay östlich des Gran Chaco am Rio Paraguay und am unteren Rio Paraná, in Argentinien im weiteren Einflußgebiet des Rio Paraná und im Norden von Uruguay vor. Nach Norden und Osten verhindert vermutlich die Präsenz der Großen Anakonda eine weitere Ausdehnung, nach Westen der trockene Gran Chaco und nach Süden ein zu kaltes Klima.

Die neu beschriebene Art *E.* sp. ist bisher ausschließlich aus Bolivien aus den beiden Dep. Beni und Pando bekannt. Es wird erwartet, daß sie zukünftig auch im Dep. Santa Cruz und eventuell aus dem Grenzgebiet zu Brasilien gefunden wird.

6.2 Zur Systematik

6.2.1 *Eunectes barbouri*

Dunn & Conant (1936) grenzten *E. barbouri* ausschließlich aufgrund ihrer helleren Zentren in den schwarzen dorsalen Punkten (Ozellen) gegenüber *E. murinus* ab. Derartige Ozellen kommen jedoch genauso bei *E. murinus*, meistens nur im vorderen Körperabschnitt, in jedem Land ihres Auftretens bzw. an drei großen, unabhängigen Flußsystemen, vor. Daher können die hellen Zentren in den schwarzen Punkten (Ozellen) nur als Farbvariante von *E. murinus* bezeichnet werden. Weiter sollen den genannten Autoren zufolge die Ozellen kleiner sein als die Punkte bei *E. murinus*. Kleinere Ozellen sind jedoch bei brasilianischen *E. murinus* aus dem Mündungsgebiet des Amazonas, also der Typuslokalität von *E. barbouri*, normal. Bei einem ausführlichen Vergleich des Holotypus mit *E. murinus* sind keine Unterschiede in Pholidose und Morphometrie festzustellen. Ein gemeinsames Vorkommen mit *E. murinus* und *E. deschauenseei* auf Marajó ist äußerst unwahrscheinlich, da eine Art die andere verdrängen würde. Konsequenterweise muß *E. barbouri* in die Synonymie von *E. murinus* gestellt werden, wie dies bereits mehrfach angedeutet oder vorgeschlagen wurde (Amaral 1944, 1948; Kluge 1991; Waller & Micucci 1993; Strimple et al. 1997; Dirksen & Böhme 1998b).

Bild 67: Kopf des Holotypus von *E. barbouri* bzw. *E. murinus*
Foto: L. Dirksen

6.2.2 *Eunectes murinus*

Die Große Anakonda läßt sich in vielen Merkmalen aus Morphometrie, Färbung, Pholidose, Skelett und Hemipenes problemlos von den beiden anderen validen Arten sowie *E.* sp. unterscheiden. Regionale Färbungs- und Zeichnungsvarianten, wie die Grundfarbe zwischen grün bis braun oder grau, die Färbung der Temporalregion und die Anzahl und Größe der dorsalen schwarzen Punkte reichen nicht aus, um eigene Taxa aufzustellen. Diese Unterschiede treten entweder in Form von Klinen auf oder sind über das ganze Verbreitungsgebiet verteilt. Hybriden mit *E. notaeus* aus der Natur sind nicht gefunden worden, obwohl beide Arten zumindest in Randgebieten gemeinsame Vorkommen besitzen. Somit stellt sich die Große Anakonda als monotypische Art dar. Die Synonymieliste von *E. murinus* sieht demnach wie folgt aus:

1758 *Boa murina* LINNEAUS - Systema Naturae, Ed. 10:215.
1766 *Boa scytale* LINNEAUS - Systema Naturae, Ed. 13:373.
1801 *Boa gigas* LATREILLE, in SONNINI & LATREILLE - Hist. Nat. Rept. 3:136.
1803 *Boa anaconda* DAUDIN - Hist. Nat. Rept. 3:161.
1824 *Boa aquatica* WIED-NEUWIED - Isis von Oken 6:664.
1830 *Eunectes murinus* WAGLER - Nat. syst. Amphib.: 167.
1831 *Eunectes murina* GRAY - Syn. Spec. Class Rept., in GRIFFITH, Cuvier`s Animal Kingdom 9:96.
1935 *Eunectes scytale* STULL - O.P. Boston Soc. Nat. Hist. Sci. 88:504.
1936 *Eunectes barbouri* DUNN & CONAT - Proc. Acad. Nat. Sci. 88: 504.
1936 *Eunectes murinus murinus* DUNN & CONANT - Proc. Acad. Nat. Sci. 88:503.
1936 *Eunectes murinus gigas* DUNN & CONANT - Proc. Acad. Nat. Sci. 88: 503.
1946 *Eunectes gigas* BEEBE - Zoologica 31(1):20.
1976/77 *Eunectes murinus murinus* BELLUOMINI et al. - Mem. Inst. Butantan 40-41:86.
1976/77 *Eunectes murinus scytale* BELLUOMINI et al. - Mem. Inst. Butantan 40-41:86.
1998 *Eunectes murinus* DIRKSEN & BÖHME - Salamandra 34(4):371.

6.2.3 *Eunectes murinus gigas*

Die Färbung der Postocularregion, welche zur Beschreibung von *E. m. gigas* führte, besitzt nicht die notwendige Aussagekraft, um als diagnostisches Merkmal zur Unterscheidung mit der Nominatform gelten zu können. Die Farbvarianten beider Unterarten sind jeweils auch in dem Vorkommen der anderen Unterart vertreten, so daß ebensowenig von einem Klin gesprochen werden kann. Zudem lassen sich viele *E. murinus* an diesem Merkmal im gesamten Verbreitungsgebiet keiner der beiden Unterarten eindeutig zuordnen, da sie in der Postocularregion eine intermediäre Färbung aufweisen. In Pholidose und Morphometrie sind die beiden Unterarten entgegen DUNN & CONANT (1936) nicht zu unterscheiden. Auch sind die Vorkommen beider Unterarten im tropischen südamerikanischen Tiefland geographisch nicht getrennt, weswegen die Arealgrenzen sehr unterschiedlich dargestellt wurden. Zusammengefaßt kann *E. m. gigas* nicht länger als Unterart von *E. murinus* gelten und muß in die Synonymie von *E. murinus* gestellt werden.

6.2.4 *Eunectes deschauenseei*

Diese Anakonda-Art differiert vergleichsweise wenig von der Paraguay-Anakonda (s. Kap. 6.2.5). Trotz Ähnlichkeiten in der Färbung ist die Zeichnung beider Arten eindeutig zu unterscheiden. Nachdem über 100 *E. deschauenseei* von mir untersucht werden konnten, stellen sich die Unterschiede in Pholidose und Morphometrie gegenüber der Paraguay-Anakonda als gering heraus. Die Biologie der De Schauensees Anakonda ist fast vollkommen unerforscht, vermutlich jedoch der von *E. notaeus* sehr ähnlich, auch wenn beide Arten weit voneinander entfernt unter anderen klimatischen Verhältnissen leben. Hybriden sind weder mit *E. murinus* im Vorkommensgebiet noch mit *E. notaeus* aus der Gefangenschaftshaltung beschrieben. Die engste Verwandtschaft besteht mit *E. notaeus*. Unter der Anwendung des biologischen Artkonzeptes bleibt zunächst ungewiß, ob die Speziation vollständig abgeschlossen ist, oder ob *E. deschauenseei* eher ein Unterartstatus zukommen müßte. Unter der Prämisse des evolutiven Artkonzeptes müssen beide als valide, nah verwandte Schwesterarten gelten. Aus diesem Grund wird *E. deschauenseei* weiterhin als valide Art betrachtet. Beide Arten stellen mit der ebenfalls nah verwandten *E.* sp. gegenüber *E. murinus* eine eigene phylogenetische Linie dar.

6.2.5 *Eunectes notaeus*

Von der 1862 beschriebenen Paraguay-Anakonda existieren zwar Zoohybriden mit *E. murinus*, jedoch sind keine Hybriden aus der Natur trotz großer parapatrischer Arealgrenzen bekannt. Weitere Kreuzungsversuche führten trotz häufiger Kopulationen zu keiner Nachkommenschaft. Die DNA-Analysen belegen eindeutig die genetische Trennung von der Großen Anakonda. Auch die Unterschiede in Pholidose und Färbung beweisen den Artstatus mehr als hinreichend. Die Pholidosemerkmale zeigen eine nahe Verwandtschaft zu *E. deschauenseei* auf (s. auch Kap. 6.2.4). Ein Gen-

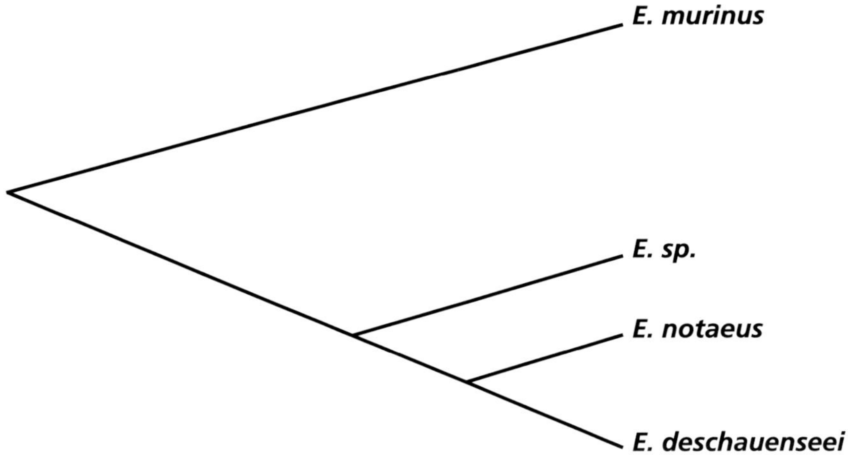

Abb. 6.1: Phylogenetischer Baum zur Verwandtschaft der Anakonda-Arten

fluß zwischen beiden Arten muß wegen der großen räumlichen Distanz ausgeschlossen werden. Die geographische Trennung besteht zeitlich zumindest so lange, daß genetische Unterschiede festzustellen sind. Es bleibt unklar, ob die genetische Trennung bereits soweit fortgeschritten ist, daß in Kreuzungsversuchen fertile Nachkommen gezeugt werden können und somit eine Artbildung nach dem engeren biologischen Artkonzept stattgefunden hat. Trotz möglicher Parapatrie mit *E.* sp. ist letztere Art insgesamt von der Paraguay-Anakonda mehr unterschieden als von *E. deschauenseei*.

6.2.6 *Eunectes* sp.

E. sp. gehört in die Gruppe der drei nah verwandten, kleineren Anakondas, unterscheidet sich jedoch insgesamt stärker von den beiden anderen Arten als diese untereinander (Abb. 6.1). Die erste Hypothese, daß es sich bei diesen bolivianischen Anakondas um Hybriden zwischen *E. murinus* und *E. notaeus* handeln könnte, muß zugunsten der Aufstellung eines neuen Taxons revidiert werden, weil *E.* sp. sich in seinen Merkmalen nicht als intermediär zwischen den beiden Arten erweist, wie es sich klar bei den echten Hybriden aus einer Zoonachzucht zeigt. Im Gegenteil ist die Variabilität statt dessen eher gering ausgeprägt. Außerdem müßte auch aus dem großen Randbereich beider Arten in Brasilien, welcher durch diese Arbeit erstmalig belegt wird, eine Hybridzone vorhanden sein. Es ist jedoch keine einzige intermediäre Anakonda entdeckt worden. Daraus resultiert, daß diese bolivianischen Anakondas ein eigenes Taxon darstellen.

6.3 Bestimmungsschlüssel

1. 239–269 Ventralia; 53–81 Dorsalia; Suborbitalia zwischen den Ocularia und Supralabialia; 4 Kopfstreifen; ovale Punkte oder Ozellen auf beiden Rückenhälften; laterale Augenflecken
Eunectes murinus

213–237 Ventralia; 43–54 Dorsalia; keine Suborbitalia zwischen den Ocularia und den Supralabialia; 5 Kopfstreifen; breite, meist über beide Rückenhälften reichende Barren; keine lateralen Augenflecken
➻ 2

2. 1–2 Schuppen zwischen den dorsalen Barren; 101–175 dorsale Barren; Ozellen in der oberen lateralen Hälfte, die mehrfach offen sein können, darunter viele, sehr kleine schwarze Flecken
Eunectes notaeus

2–4 Schuppen zwischen den dorsalen Barren; 87–126 dorsale Barren; ausgefüllte runde oder irregulär geformte schwarze Flecken in der oberen lateralen Hälfte
➻ 3

3. 2–3 Schuppen zwischen den dorsalen Barren; Grundfarbe gelb; 1–2 meist irregulär geformte Flecken in der oberen lateralen Hälfte; unterer Amazonas und Französisch-Guayana
Eunectes deschauenseei

3–4 Schuppen zwischen den dorsalen Barren; Grundfarbe braun-oliv; lateral große, meist kreisrunde Flecken; Beni und Pando von Bolivien, eventuell im angrenzenden Brasilien
E. sp.

6.4. Die Anakonda-Arten

6.4.1 *Eunectes deschauenseei* Dunn & Conant, 1936

6.4.1.1 Diagnose

Bis 3 m große Anakonda-Art mit kleinem Verbreitungsgebiet vom unteren Amazonas bis einschließlich der Küstenregion Französisch-Guayanas. Gelbbraune Grundfärbung mit schwarzem Zeichnungsmuster, das sich von *E. murinus* durch große mediane Barren (versus kleinere ovale Flecken) und von *E. notaeus* durch größere und weniger dorsale Barren sowie größere, laterale Flecken ohne Ozellen unterscheidet. *E.* sp. besitzt eine laterale Reihe mit großen Punkten und eine dunklere, braune Grundfärbung. Pholidose und Morphometrie sprechen für eine nahe Verwandtschaft mit *E. notaeus*, aber auch mit *E.* sp. Faunenelement offener, stehender Gewässerhabitate.

6.4.1.2 Etymologie und Trivialnamen

Der heute gültige Gattungsname *Eunectes* wurde 1830 von Wagler geprägt, der zu Recht erkannt hatte, daß die Anakondas nicht zu der Gattung *Boa* gezählt werden sollten. Der Name *Eunectes* kommt aus dem Griechischen und bedeutet treffend „guter Schwimmer". Viel schwieriger gestaltet sich die Suche nach der Herkunft des Wortes Anakonda. Das Wort ist weder dem Griechischen, Lateinischen noch einer anderen europäischen Sprache entnommen. Es scheint jedoch auch keinen entsprechenden Wortstamm in einer südamerikanischen Eingeborenensprache zu geben. Anscheinend ist das Wort in Asien auf Sri Lanka geprägt worden, bezog sich ursprünglich auf *Python molurus* und bedeutet „Elefantenkiller" in Tamil: anai = Elefant, kolra = Killer (Pope 1962). Irgendwann soll der Begriff nach Südamerika gelangt und für die „Größten der Giganten" benutzt worden sein. Petzold (1982) hält die Ähnlichkeit von anai kolra mit Anakonda für zufällig, wenn auch für verblüffend ähnlich.

Bild 68: *E. deschauenseei* von Santa Cruz do Arari, Marajó, Brasilien. Foto: L. Dirksen

Bild 69: Färbung der Haut des Holotypus von *E. deschauenseei* (ANSP 20891) Foto: L. Dirksen

Eunectes deschauenseei wird im Deutschen einfach De Schauensees Anakonda genannt (PETZOLD 1982; DIRKSEN & BÖHME 1998a, 1998b). Kein einziger gebräuchlicher Name der Bevölkerung ist in der Fachliteratur zu finden. Auf Marajó im Amazonasdelta wird sie von der Bevölkerung Sucuri oder Sucuriju genannt (pers. Beob.). Diese Namen werden in Brasilien allerdings auch für die Große Anakonda benutzt. Sucuri bedeutet: schnelles Zubeißen!

6.4.1.3 Färbung und Zeichnung

Dorsal und lateral ist *E. deschauenseei* gelblich-braun, ventral zwischen hellgelb und zitronengelb, manchmal ventral auch zitronengelb gefärbt. Der ganze Körper ist mit einem schwarzen Muster bedeckt. Wie *E. notaeus* und *E.* sp. besitzt *E. deschauenseei* auch fünf schwarze Streifen am Kopf, zwei je ober- und unterhalb der Augen und einen median, der nach caudal unterschiedlich lang ausgeprägt sein kann und im Halsbereich in große ovale Querbarren übergeht, die sich dorsal bis in die Schwanzspitze hinziehen (Bilder 32, 72–75).

Geschlechtsunterschiede in der Färbung sind nicht vorhanden. Durchschnittlich 114,5 schwarze Barren sind vom Autor ermittelt worden, 88,5 am Rumpf und 26,4 am Schwanz (Tab. 6.1). Die dorsalen Barren weisen häufig Unregelmäßigkeiten auf, indem sie kleiner sind und nur auf einer Seite liegen oder kurze Zickzackmuster ausbilden (Bild 32). Zum Vergleich der Arten wurden deshalb die medianen schwarzen Kontakte gezählt, von denen im Mittel bei *E. deschauenseei* 53,4 vorhanden sind (Tab. 6.1). *E. deschauenseei* hat lateral 1–2 Reihen schwarzer, unregelmäßig geformter Flecken (Bilder 51, 69), die immer vollständig ausgefüllt sind. Die laterale Fleckung erscheint zu unregelmäßig, so daß ein numerischer Vergleich zwischen den Arten keine sinnvollen Ergebnisse erzielen könnte. Die Ventralia von *E. deschauenseei* haben viele kleine schwarze Flecken, die zwei mehr oder weniger gut erkennbare Reihen ausbilden können.

Tab. 6.1: Anzahl und Durchschnitt der dorsalen schwarzen Barren (B) und ihrer medianen Kontakte (K) von *E. deschauenseei*

	Variation	Durchschnitt
B Rumpf	74–105	88,5 (96)
B Schwanz	12–32	26,4 (97)
B gesamt	87–126	114,5 (93)
K Rumpf	33–49	42,1 (41)
K Schwanz	8–16	12,5 (39)
K gesamt	43–65	53,4 (39)

Abb. 6.2: Gesamtlängen der vermessenen *E. deschauenseei*

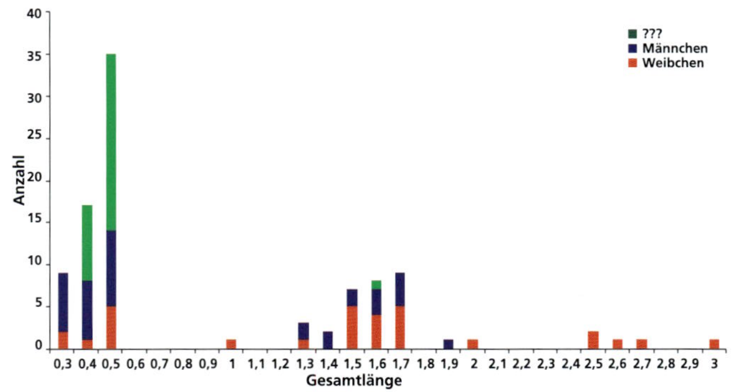

Abb. 6.3: Vergleich der Schwanzlängen von Männchen und Weibchen bei *E. deschauenseei.*

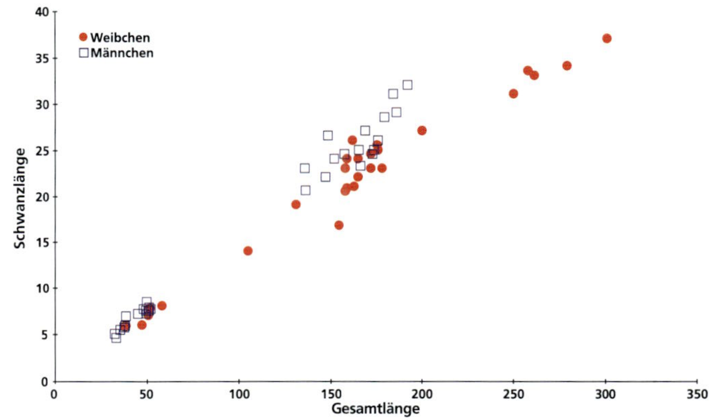

Abb. 6.4: Verhältnis KU zur KRL bei Männchen und Weibchen von *E. deschauenseei*

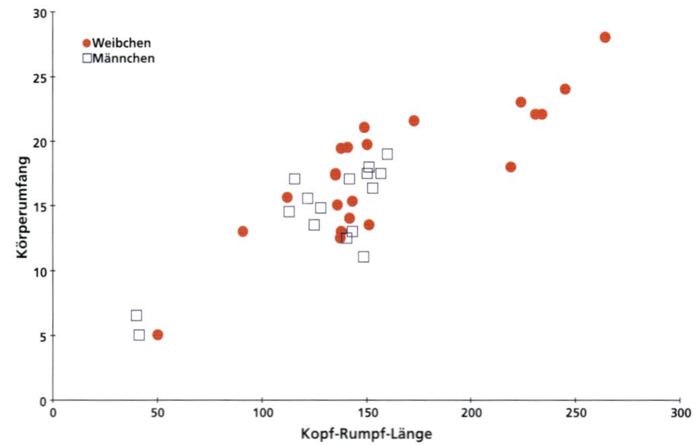

Abb. 6.5: Kopflängen der Männchen und Weibchen von *E. deschauenseei*

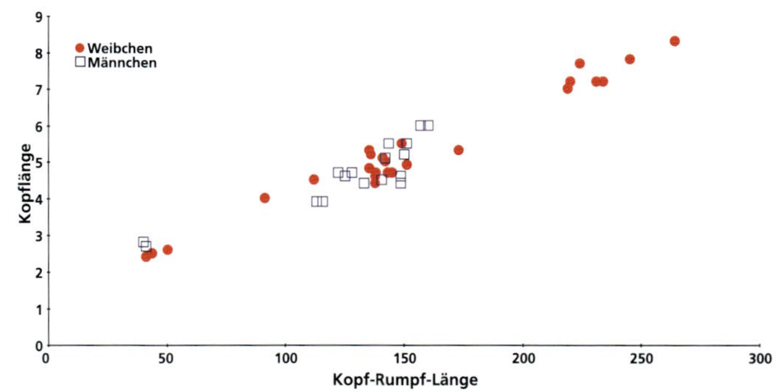

Tab. 6.2: Schwanzlänge und deren Quotient zur Kopf-Rumpf-Länge bei *E. deschauenseei*, unterteilt in Längengruppen und nach den Geschlechtern

	< 100 cm	100–150 cm	151–200 cm	> 200 cm	D gesamt
Männchen					
SwL	4,6–8,5	20,6–26,5	23,2–32	—	
KRL / SwL	4,5–6,2	4,6–5,7	4,9–6,2	—	4,5–6,2
D KRL / SwL	5,5 (17)	5,2 (4)	5,5 (12)	—	5,5
Weibchen					
SwL	5,8–8	14–19	16,8–25,5	27–37	
KRL / SwL	5,5–6,8	5,9–6,5	5,2–8,2	6,4–7,2	5,2–8,2
D KRL / SwL	6 (6)	6,2 (2)	6,3 (14)	6,9 (6)	6,4
D gesamt	5,7 (62)	5,5 (6)	5,9 (27)	6,9 (6)	5,8

6.4.1.4 Morphometrie

Gesamtlänge

E. deschauenseei ist eine kräftige Schlange, deren Kopf sich nur wenig vom Körper absetzt. Das von 102 vermessenen größte Exemplar, ein Weibchen, ist 3,01 m lang (IB 40693). Ausnahmeexemplare können vermutlich, wie auch von den anderen Anakonda-Arten bekannt, erheblich länger werden. Ein Profil der Gesamtlängen (GL) aller untersuchter *E. deschauenseei* ist in 10-cm-Schritten in Abb. 6.2 dargestellt. Die 30 und 60 cm langen Schlangen bestehen in erster Linie aus Würfen Neugeborener. Auffällig ist das fast vollständige Fehlen von subadulten *E. deschauenseei*. Die Schlangen zwischen 1,3 und 1,9 m Länge sind Adulti beider Geschlechter. Kein Männchen über 2 m konnte gefunden werden. Alle Weibchen mit einer Länge über 2 m stammen nicht von Marajó, sondern aus der Gegend von Monte Alegre, aus der Nähe der Stadt Santarém, dem am westlichsten gelegenen Vorkommen am Amazonas. Möglicherweise existieren Größenunterschiede zwischen diesen beiden Populationen. Dies müßte jedoch verifiziert werden. Nur der Holotypus von *E. deschauenseei*, der eine KRL von 2,2 m (Schwanz ist unvollständig) besitzt und „mit aller Wahrscheinlichkeit" (Dunn & Conant, 1936) von Marajó stammen soll, ist deutlich länger als 2 m. Allerdings hat dieses Exemplar 13 Jahre und 10 Monate im Zoo von Philadelphia gelebt (Perkins 1955).

Schwanzlänge

Das Verhältnis Kopf-Rumpf-Länge (KRL) zu Schwanzlänge (SwL) variiert von 4,5 : 1 bis 8,2 : 1 bei einem Durchschnitt von 5,8 (n = 101). Die KRL der Männchen beträgt das 5,5- und die der Weibchen das 6,4-fache des Schwanzes. Folglich haben die Männchen zwar insgesamt relativ längere Schwänze als die Weibchen, jedoch ist dieser Unterschied nicht ausreichend, um eine sichere Geschlechtsbestimmung mit diesem Merkmal durchzuführen, weil die innerartliche Variation zu groß ist (Tab. 6.2, Abb. 6.3). Mit dem Wachstum der Weibchen verändert sich das Verhältnis KRL zur SwL fortlaufend zugunsten der KRL. Dies ist bei den Männchen offensichtlich nicht der Fall (Tab. 6.2).

Körperumfang

An dickster Stelle gemessen hat ein 1 m langer *E. deschauenseei* einen Körperumfang (KU) von 13 cm, eine 2 m lange Schlange von 21,5 cm und eine 3 m lange von 28 cm (Abb. 6.4). Unterschiede zwischen den Geschlechtern sind nicht signifikant. Der Quotient aus KRL / KU beträgt 8,9 (n = 44). Der Körperumfang schwankt erheblich und ist stark von dem Ernährungs- und Gesundheitszustand abhängig.

Kopflänge und Kopfbreite

Der Kopf erscheint bei einer ausgewachsenen De Schauensees Anakonda im Verhältnis zum Körper eher klein. Mit dem Wachstum nimmt die relative Kopflänge (KL) deutlich ab. Bei Neugeborenen ist das Verhältnis zur KRL sogar doppelt so groß wie bei über 2 m langen Exemplaren (Tab. 6.3).

Bild 70: *E. deschauenseei* (Alkoholpräparat) Foto: L. Dirksen

Signifikante Unterschiede im Verhältnis KRL / KL zwischen den Geschlechtern konnten nicht gefunden werden (Abb. 6.5).

Es bestehen keine signifikanten Unterschiede der Kopflängen zwischen den Geschlechtern.

Anders als die Kopflänge wächst die Kopfbreite (KB) ab einer Körperlänge von ca. 1 m mehr oder weniger proportional mit der KRL (Tab. 6.4) mit.

Schnauzenlänge und Abstand zwischen den Augen

Um weitere Vergleiche von gut definierten und meßbaren Größen der Köpfe zum Vergleich der Arten und Geschlechter zu bekommen, wurden die Schnauzenlänge (SAL), die Länge vom Schnauzenanfang bis zur imaginären Linie in der Mitte zwischen dem proximalen Augenbeginn und die kürzeste Strecke zwischen den Augen (LZA) gemessen. Die Werte sind in den Tabellen 6.5 und 6.6 dargestellt, und in den Abb. 6.6 und 6.7 sind die Quotienten zwischen KRL / SAL bzw. KRL / LZA gegen die GL aufgetragen.

Es bestehen keine nennenswerten Unterschiede zwischen den Geschlechtern.

Jungtiere haben, wie bereits in Tab. 6.3 gezeigt, im Verhältnis zum Körper längere Köpfe als die Adulti. Dies zeigt sich auch in der SAL (Abb. 6.6), da der Quotient bei Jungtieren deutlich niedriger ausfällt. Ein aussagekräftiger Unterschied zwischen den Geschlechtern besteht nicht.

Der Abstand zwischen den Augen vergrößert sich bei adulten Tieren nur noch sehr wenig. Deswegen steigen die Quotientenwerte bei längeren Schlangen stetig an. Der Durchschnitt des Quotienten aus KRL und LZA ist bei den Weibchen größer, weil die Weibchen von Natur aus deutlich länger und größer werden als die Männchen (Tab. 6.6). Auch hier zeigt sich, daß die Jungtiere einen größeren Kopf im Verhältnis zum Körper besitzen als die erwachsenen Tiere.

Breite 30. Ventralia und 10. Subcaudalia

Die 30. Ventralia (30. V) und 10. Subcaudalia (10. SC) sind auf ihre Breite vermessen worden. Während der Körperumfang eher eine Aussage über den Ernährungszustand zuläßt, spiegelt die Größe der Schuppen das Alter bzw. die Länge der Schlange wieder. Das Ventrale (V) ist wegen der Größe und Gleichmäßigkeit dieser Schuppen gewählt worden. Im Gegensatz zu den meisten Kopfschuppen variieren die Ventralia nicht in ihrer Form. Es wurde die 30. Ventralschuppe vermessen, da die vorderen 20 V nicht immer die volle Größe erreichen und deswegen in der Breite variabel sein können. Die gemessenen Werte sind in Tabelle 6.7 aufgeführt und in Abb. 6.8 graphisch unter Trennung der Geschlechter dargestellt.

Die Unterschiede zwischen den Männchen und Weibchen sind sehr gering und nicht signifikant. Der Durchschnittsquotient aus der Breite des 30. V und der KRL beträgt bei 16 Weibchen 0,012 und bei 14 Männchen 0,013. Die Breite des 30. V wächst relativ proportional zur KRL.

Die Breite des 10. SC wurde gemessen, weil die invertierten Hemipenes bis zum 13–15 SC reichen und die Männchen dadurch eine breitere Schwanzwurzel haben. Hier stellte sich die Frage, ob dies eine Auswirkung auf die Größe der SC hat und ob hiermit eine Bestimmung des Geschlechts durchgeführt werden kann. Tatsächlich läßt sich ein deutlicher Unterschied zwischen 1–2 m langen Männchen und Weibchen feststellen. Die 10. SC von zehn Männchen besitzt die durchschnittliche Länge vom 1,47 cm, während 11 Weibchen von ungefähr gleicher Länge nur 1,12 cm breite 10. SC haben (Tab. 6.8 und Abb. 6.9). Der errechnete Quotient (KRL / 10. SC) beträgt bei den Männchen 93,2 und bei den Weibchen genau 111. Ob dieser Unterschied bereits bei den Jungtieren auftritt, konnte nicht geklärt werden, da nicht genug Daten zur Verfügung stehen. Vermutlich existieren keine erwähnenswerten Unterschiede, da die Hemipenes noch sehr dünne Stränge sind.

Tab. 6.3: Kopflängen, Quotienten aus KRL/KL sowie deren Durchschnitt in unterteilten Längenklassen von *E. deschauenseei*

	< 100 cm	100–150 cm	150–200 cm	> 200 cm
KL	2,3–2,7	3,9–4,7	4,4–6	5,3–8,3
KRL / KL	14,3–20,6	22,8–26	26,7–27,2	29,1–32,6
D				
KRL / KL	16,3 (20)	26,6 (6)	28,8 (24)	31,4 (6)

Tab. 6.4: Kopfbreiten, Quotienten aus KRL/KB sowie deren Durchschnitt in unterteilten Längenklassen von *E. deschauenseei*

	< 100 cm	100–150 cm	150–200 cm	> 200 cm
KB	1,3–1,8	2,3–3,2	2,6–3,9	4,1–6
KRL / KB	23,6–35,4	38,9–50,2	38,8–52,9	40,7–52,1
D				
KRL / KB	27,9 (20)	42,4 (5)	46,8 (22)	44,8 (6)

Tab. 6.5: Schnauzen-Augen-Länge sowie der Quotient aus KRL/SAL von *E. deschauenseei*, nach Geschlechtern unterschieden

	SAL	KRL / SAL	D KRL / SAL
Männchen	0,7–1,8	57,1–120,7	98,1 (18)
Weibchen	0,8–2,4	62,5–121,6	97,8 (24)
gesamt	0,6–2,4	53,8–121,6	93,4 (49)

Tab. 6.6: Länge zwischen den Augen sowie der Quotient aus KRL/LZA von *E. deschauenseei* nach Geschlechtern unterschieden

	LZA	KRL / LZA	D KRL / LZA
Männchen	0,7–1,8	51,3–109,3	94,2 (18)
Weibchen	0,8–2,3	62,5–107,9	100,6 (24)
gesamt	0,7–2,3	51,3–109,3	93 (49)

Abb. 6.6: Schnauzenlängen der Männchen und Weibchen von *E. deschauenseei* im Vergleich

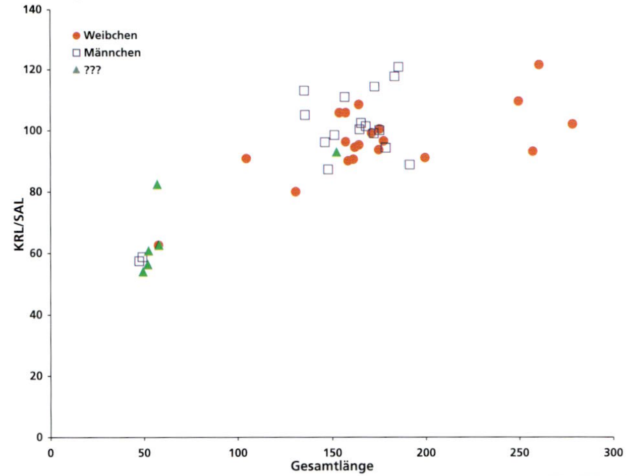

Abb. 6.7: KRL / LZA der Männchen und Weibchen von *E. deschauenseei*

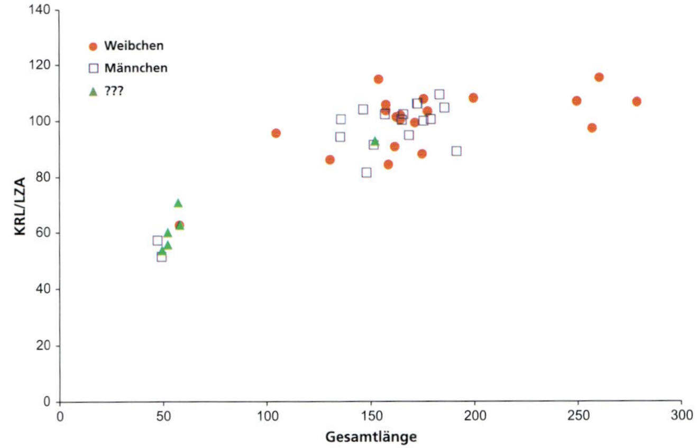

Abb. 6.8: Breiten der 30. Ventralia zwischen Männchen und Weibchen von *E. deschauenseei*
Die Unterschiede sind nicht signifikant.

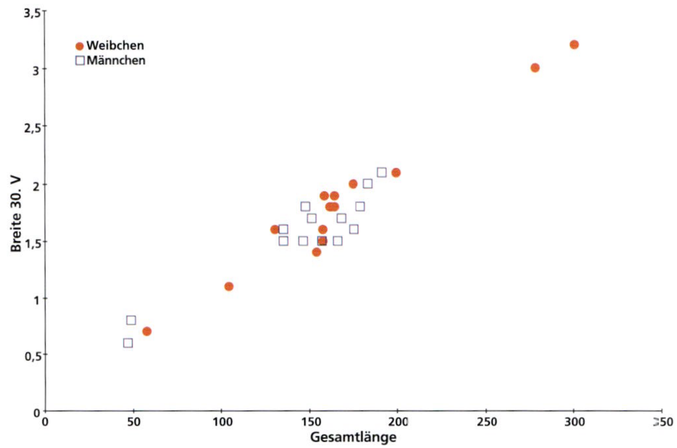

Abb. 6.9: Breiten der 10. Subcaudalia der Männchen und Weibchen von *E. deschauenseei*. Die 10. Subcaudalia der Männchen sind breiter als die gleich großer Weibchen.

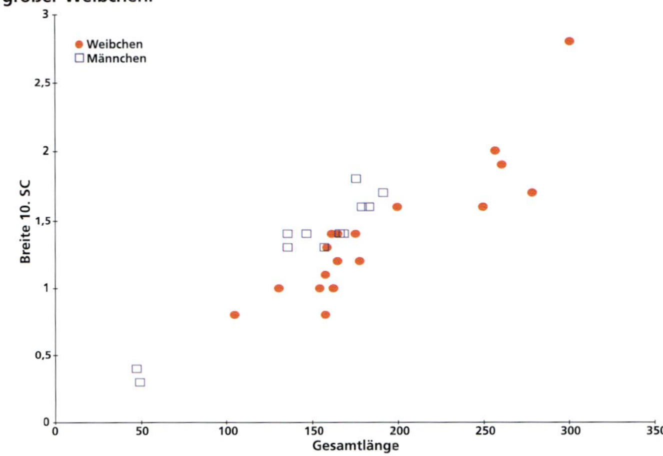

Tab. 6.7: Breite der 30. Ventralia bei Weibchen und Männchen sowie dem Gesamtdurchschnitt von *E. deschauenseei*

	< 100 cm	100–150 cm	150–200 cm	> 200 cm
Männchen	0,6–0,8 (2)	1,5–1,8 (4)	1,5–2,1 (9)	—
Weibchen	0,7 (1)	1,1–1,6 (2)	1,4–2 (8)	2,1–3,2 (3)
D gesamt	0,7 (3)	1,6 (6)	1,7 (17)	2,8 (3)

Tab. 6.8: Breiten der 10. Subcaudalia bei Weibchen und Männchen von *E. deschauenseei* sowie deren Durchschnitt in unterteilten Längenklassen

	< 100 cm	100–150 cm	150–200 cm	> 200 cm
Männchen				
10. SC	0,3–0,4 (2)	1,3–1,4 (3)	1,3–1,8 (7)	—
D				
10. SC	0,35	1,4	1,5	—
Weibchen				
10. SC	—	1 (1)	0,8–1,4 (10)	1,6–2,8 (6)
D				
10. SC	—	1	1,2	2,1
D gesamt	0,35	1,1	1,3	2,1

Tab. 6.9: Pholidosewerte der Körperschuppen von *E. deschauenseei*

	Variation	Durchschnitt	D Männchen	D Weibchen
Ventralia	214–236	224,3 (98)	223,8 (31)	225,3 (30)
Nabelanfang	151–165	157 (51)	157 (14)	157,1 (6)
Subcaudalia	49–62	56,4 (94)	56,3 (30)	55,3 (27)
doppelte Subcaudalia	0–34	8,6 (96)	5,9 (43)	11,3 (41)
Do Körpermitte	43–54	47,3 (101)	46,7 (33)	46,8 (30)
Do vor Kloake	28–33	30,4 (39)	30,1 (15)	30,5 (20)
Do hinter Kopf	32–40	36,9 (36)	37,1 (14)	37,1 (18)

Tab. 6.10: Pholidosewerte der Kopfschuppen von *E. deschauenseei*

	Variation	Durchschnitt	D Männchen	D Weibchen
Supralabialia	12–16	13,8 (103)	13,8 (32)	13,7 (30)
Infralabialia	16–20	17,7 (103)	17,7 (32)	17,6 (27)
Suborbitalia	0–5	1,4 (103)	1,3 (33)	1,1 (30)
Loreale	1	1 (103)	1	1
Nasalia	3	3 (103)	3	3
Ocularia	5–8	6,7 (50)	7,1 (18)	6,8 (33)
Schuppen ums Frontale	4–6	5,8 (48)	5,8 (36)	5,8 (17)
Schuppen zw. Supraocularia	2–3	2,8 (41)	2,9 (15)	2,9 (21)

Tab. 6.11: Femurlängen (FL) und Iliumlängen (ImL) sowie deren Quotient mit der GL von zwei *E.-deschauenseei*-Männchen

	MW	GL	FL	GL / FL	ImL	GL / ImL
SMF 62617	M	166,5	0,94	177,1	2,71	61,4
ZFMK 65465	M	179,5	0,8	224,4	2,50	71,8
D			0,87	200,6	2,61	66,6

6.4.1.5 Pholidose

98 untersuchte *E. deschauenseei* besitzen zwischen 214–236 Ventralia (V), durchschnittlich 224,3. Bei 61 eindeutig nach ihrem Geschlecht unterschiedenen Tieren besitzen die Weibchen durchschnittlich 1,5 V mehr als die Männchen (Tab. 6.9). Bei Jungtieren läßt sich noch der Nabel erkennen, der 3–5 V lang ist und zwischen dem 151. und 165. V (D = 157) beginnt. Gelegentlich ist die Nabelschnur bei den flüssig konservierten Neugeborenen noch vorhanden. Die Subcaudalia (SC) variieren von 49 bis 62 bei einem Durchschnitt von 56,4 (n = 94). Die Männchen weisen insgesamt 3 SC mehr auf als die Weibchen. Dies ist insofern nicht überraschend, als die Männchen über relativ geringfügig längere Schwänze verfügen. Überraschend häufig finden sich doppelte SC, normalerweise kein Merkmal der Boinae. Es können sogar mehr doppelte SC als einfache vorliegen. Nur ein Drittel aller De Schauensees Anakondas besitzt keine doppelten SC. Mit durchschnittlich 11,3 (n = 41) besitzen die Weibchen fast doppelt so viele wie die Männchen mit 5,9 (n = 43). Das Anale ist immer ungeteilt. Bei 101 untersuchten Schlangen wurden 43–54 Dorsalia um die Körpermitte, 28–33 vor der Kloake und 32–40 hinter dem Kopf gezählt (Tab. 6.9). Nennenswerte Unterschiede sind bei den Dorsalia zwischen den Geschlechtern nicht vorhanden.

Bei De Schauensees Anakonda variiert die Zahl der Supralabialia (SL) zwischen 12 und 16 (D = 13,8) und die der Infralabialia (IL) zwischen 16 und 20 (D = 17,7) (Tab. 6.10). Die vorderen SL und noch mehr die IL sind bis zur Höhe des Auges deutlich höher als breit. Hinter den Augen gehen die SL allmählich in eine quadratische Form über, während die IL sehr klein werden. Das Rostrale ist doppelt so breit wie hoch. Das Mentale ist lang, verjüngt sich nach unten und wird von den ersten IL vollständig eingerahmt. Während bei *E. murinus* immer eine Suborbital-Schuppenreihe zwischen den SL und den Ocularia sowie dem Loreale liegt, finden sich hier höchstens fünf, normalerweise aber nur 0–2 (D = 1,4), die aber niemals ganz zwischen den Ocularia und den SL liegen. Vereinzelt treten die Suborbitalia auch doppelt auf.

Das Loreale ist groß, unregelmäßig fünfeckig und zwischen SL und Praeoculare spitz zulaufend. Drei Nasalia umschließen die Nasenöffnung. 5–8 Ocularia, genauer ein großes Supraoculare, ein Praeoculare, 1–3 Subocularia und 2–4 Postocularia umranden die Augen, die typisch für aquatile Schlangen weit oben am Kopf sitzen. Die dorsalen Kopfschuppen sind groß, jedoch in ihrer Anzahl und Form recht unregelmäßig. Konstant zeigen sich allein zwei große Frontonasalia, die ca. doppelt so lang wie breit sind. Dahinter folgen median ein Praefrontale und ein Frontale, die zu einer Schuppe verwachsen sein können. Um das Frontale liegen 4–6 Schuppen, die meistens ungefähr gleich groß sind und ebenfalls verwachsen sein können. Zwischen den beiden Supraocularia können zwei oder drei Schuppen vorhanden sein. Die Unregelmäßigkeit der dorsalen Kopfschuppen wird in Abb. 6.10 anhand der Länge des Praefrontale stellvertretend für alle dorsalen Kopfschuppen dargestellt.

6.4.1.6 Skelett und Zähne

Leider war es nicht möglich, Skelettmaterial von *E. deschauenseei* zu untersuchen, da in keinem der besuchten Museen Material zu finden ist. Hier kann nur angenommen werden, daß es keine großen Unterschiede zu *E. notaeus* gibt, da diese beiden Arten sich nachweislich extrem ähneln und vermutlich erst in jüngster Vergangenheit aus einer Speziation hervorgegangen sind.

Einzige verfügbare Daten der rudimentären Knochen des Beckengürtels und der Beine sind aus Röntgenaufnahmen abzuleiten (Abb. 4.54). Im Gegensatz zu beispielsweise *Boa constrictor*, bei der sich drei Knochen nachweisen lassen (HOGE 1947), besitzen die Anakondas nur noch zwei, ein langes dünnes Ilium und ein kurzes, dafür kräftigeres Femur, auf dem der Aftersporn sitzt. Leider stand kein Weibchen für die Röntgenaufnahmen zur Verfügung, es ist aber davon auszugehen, daß die Weibchen hier wie *E. notaeus* und *E. murinus* etwas kleinere Knochen haben. Die beiden Männchen haben 0,8 und 0,94 cm lange Femora und 2,5 und 2,71 cm lange Ilia (Tab. 6.11).

6.4.1.7 Geschlechtsdimorphismus

Das Bestimmen des Geschlechtes wirft speziell bei kleinen, konservierten Anakondas Probleme auf, weil die Geschlechtsmerkmale noch wenig ausgeprägt sind. Das Sondieren von konservierten Anakondas wurde nach Erprobung unterlassen, da das verfestigte Gewebe ein Eindringen der Sonde oft nicht zuließ. Der deutlichste Unterschied ist in den rudimentären Beinknochen bzw. den äußeren Aftersporen zu finden (Abb. 4.54). Diese kleinen, seitlich der Kloake liegenden „Anhängsel" sind bei den Männchen eindeutig länger (Abb. 6.11). Die Aftersporne (KRL > 1 m) der Männchen sind 0,6–0,95 cm (D = 0,81 cm; n = 18) lang und die der Weibchen nur 0,25–0,6 (D = 0,4 cm; n = 16). Bei einem Weibchen von 279 cm GL sind sie nur 0,6 cm lang. Die Aftersporne großer wohlgenährter Weibchen sind im Gegensatz zu denen der Männchen oft in einer Hautfalte verborgen. Die größeren Aftersporne der Männchen besitzen an ihrer Basis gewöhnlich drei gut erkennbare Schuppen. Die Weibchen haben nur ein oder zwei derartige Schuppen. Bei Jungtieren aus Sammlungen ist das Geschlecht durch die Aftersporne nicht oder nur sehr unsicher zu ermitteln. Daher wurde darauf verzichtet, diese in den Vergleich der Geschlechter einzubeziehen.

Wie auch bei den anderen Anakonda-Arten werden die Weibchen deutlich größer als die Männchen. Acht Weibchen von 102 Schlangen waren länger als 2 m, das längste über 3 m. Alle gemessenen Männchen sind unter 2 m lang (Abb. 6.2). Bei vielen Schlangenarten besitzen die Männchen deutlich längere Schwänze als die Weibchen bei gleicher KRL. Bei Männchen von *E. deschauen-seei* ist der Schwanz hinter der

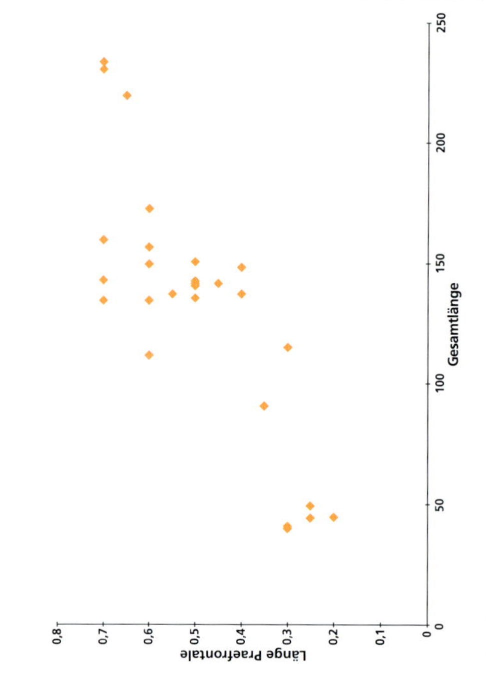

Abb. 6.10: Längen der unregelmäßig geformten Praefrontalia

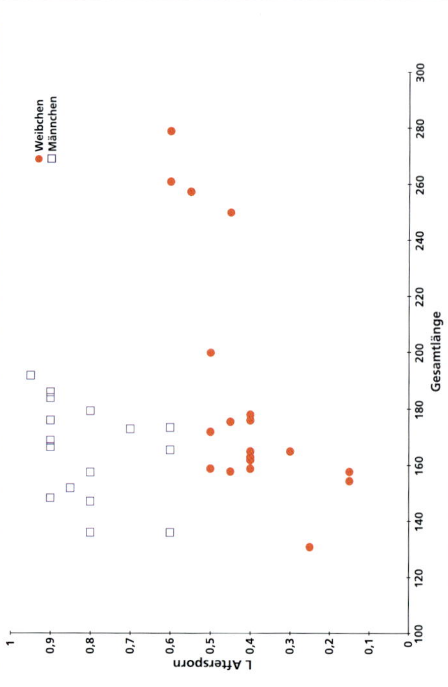

Abb. 6.11: Afterspornlängen der Männchen und Weibchen von *E. deschauenseei* Die Aftersporne der Männchen sind deutlich länger als die der Weibchen und eignen sich am besten zum Bestimmen des Geschlechtes durch äußere Merkmale.

Kloake verbreitert, jedoch so unbedeutend, daß eine Geschlechtsbestimmung anhand dieses Merkmales wegen der großen innerartlichen Variabilität meistens nicht möglich ist (Abb. 6.3). Die Männchen von *E. deschauenseei* haben hinter der Kloake einen breiteren Schwanz, wie dies bei Squamaten üblich ist, da hier die invertierten Hemipenes liegen. Dies läßt sich auch durch die Breite der vorderen Subcaudalia belegen. Während das 30. V keine Unterschiede zwischen den Geschlechtern zeigt, sind die 10. SC der Männchen deutlich breiter als die der Weibchen (Tab. 6.8 + 6.9).

6.4.1.8 Hemipenes

Wie alle männlichen Squamaten besitzen die Anakondas paarige Geschlechtsorgane, die Hemipenes, die im vorderen Schwanzbereich verborgen liegen und durch Turgordruck ausgestülpt werden können. Nur selten sind an Museumsexemplaren vollständig ausgestülpte Hemipenes zu finden gewesen. Für diese Anakonda-Art liegen nur Daten von zwei Männchen über 1 m Länge vor. IB 17642 hat 7 cm lange Hemipenes bei einer Gesamtlänge von 136 cm und die von ZFMK 65465 messen 6,6 cm bei einer Länge von 179,5 cm (Bild 62). Beim Sondieren dringt die Sonde bis zum 10.–12. Subcaudale vor.

Das Pedicel hat keine Integumentbeschuppung, ist also nackt, wie auch das untere Drittel des Truncus. Der Truncus ist 4,8 cm lang und an dickster Stelle gemessen 1 cm breit. Am Truncus befinden sich neun lamellenartige Paryphasmata, die bis auf den Sulcus spermaticus den gesamten Truncus umrunden. Asulcal, mittig gelegen befindet sich unter dem ersten Paryphasma eine flache, lappenartige Ausstülpung, die man als ein unvollständiges Paryphasma bezeichnen könnte. Der Apex ist in zwei gleich geformte Spitzen unterteilt, die 1,7 cm lang und vollständig mit 15 Paryphasmata bedeckt sind. Deren äußerer Rand ist mit Papillen besetzt. Die Hemipenes von ZFMK 65465 zeigen weniger stark ausgeprägte Paryphasmata als die einer untersuchten Paraguay-Anakonda (ZMS VII) (Bild 62). Vermutlich jedoch besitzt *E. deschauenseei* zur Paarungszeit stärker entwickelte Paryphasmata, da dieses Merkmal saisonal unterschiedlich sein kann, zumal ZFMK 65465 ein Terrarientier gewesen ist.

Zwei Drittel der Länge der Hemipenes fallen auf das Pedicel und den Truncus, ein Drittel auf den geteilten Apex. Der Sulcus spermaticus ist basal am Pedicel zunächst nach innen gewendet, verläuft dann sulcal in der Mitte, bis er sich vor dem Apex teilt und sich hier zu den nach außen gerichteten Seiten wendet. Die Hemipenes sind hellgelb. Das Pedicel, das untere Drittel des Truncus und die untere Hälfte des Sulcus spermaticus sind schwarz. Die Schwarzfärbung ist bei *E. notaeus* und *E. murinus* individuell sehr unterschiedlich. Vermutlich ist dies auch bei *E. deschauenseei* der Fall.

6.4.1.9 Fortpflanzung

Paarung

Die Schlangen der Unterfamilie Boinae sind ovovivipar, ein Merkmal, das sie von den Pythoninae unterscheidet. Zur Fortpflanzung von *E. deschauenseei* ist praktisch nichts bekannt, und es läßt sich nur vermuten, daß sie denen der anderen Arten ähnelt. Es liegen keinerlei Daten vor, wann die Paarung und wann die Geburten dieser Schlangen stattfinden. Sowohl *E. murinus* als auch *E. notaeus* verpaaren sich offensichtlich in Abhängigkeit zur jeweiligen Regen- und Trockenzeit und bekommen nach 6–8 Monaten (Ross & Marzec 1990; Starace 1998) ihre Jungen. So liegen Berichte von *E. murinus* vor, nach denen sie in Trinidad von Dezember bis Januar ihre Jungen bekommen (Mole 1924), in Peru im März (Dixon & Soini 1977) und in São Paulo in Brasilien zwischen Mai und Juli (Belluomini et al. 1976/77), ähnlich wie *E. notaeus* aus diesen Breiten (zwischen April und Juni, Ross & Marzec 1990). Starace (1998) beschreibt ein häufiges Auftreten von Jungtieren der Großen Anakonda in Französisch-Guayana in den Monaten Dezember bis Februar. Vermutlich ist dies auch die Zeit, in der *E. deschauenseei* gebiert. Dann würde die Paarungszeit auf den Beginn der Trockenzeit ungefähr von Juni bis August fallen. Diese Aussagen decken sich zumindest mit den Beobachtungen von Müller (1970) im April und eigenen Beobachtungen im Mai auf Marajó, bei denen weder Jungtiere, gravide Weibchen, noch Paarungen beschrieben bzw. festgestellt wurden. Ob diese Art zur Paarungszeit auch „mating-balls“ ausbildet, Aggregationen, bei denen sich mehrere Männchen manchmal wochenlang um ein Weibchen schlingen (Rivas 1999b), ist unbekannt.

Geburt und Nachkommenschaft

Neugeborene *E. deschauenseei* sind zwischen 32 und 59 cm lang. Drei Würfe in Gefangenschaft im Instituto Butantan waren 3–7 Jungtiere groß (Belluomini et al. 1959). Drei weitere Würfe, deren Vollständigkeit unklar ist, da sie in Museumssammlungen gefunden wurden, sind sieben, 11 und 26 Neugeborene stark.

Bild 71: *E. deschauenseei*-Habitat am Lago do Arari, Marajó, Brasilien Foto: L. Dirksen

Bild 72: ***E. deschauenseei*** **im Habitat. Im trüben Wasser ist sie nur schwer zu erkennen.** Foto: L. Dirksen

Chromosomen

Chromosomenuntersuchungen von *E. deschauenseei* wurden bis heute nicht durchgeführt. Vermutlich hat diese Art 2n = 36 Chromosomen, wie es auch bei *E. murinus* und vielen anderen Riesenschlangen der Fall ist (MENGDEN & STOCK 1980).

6.4.1.10 Habitat

Wie alle Anakonda-Arten ist *E. deschauenseei* immer in der Nähe von Gewässern zu finden. Nach eigenen Beobachtungen auf Marajó lebt *E. deschauenseei* in offenen, stehenden Gewässerhabitaten (Bilder 33, 71), sowohl in saisonal überschwemmten Graslandschaften als auch im großen, nur 2 m tiefen Lago do Arari, der großflächig mit Wasserpflanzen bedeckt ist und in der Trockenzeit nahezu wasserleer sein soll. Es liegen nur wenige Freilandbeobachtungen vor. MÜLLER (1970) entdeckte im Überschwemmungscampo am Lago do Arari viele *E. deschauenseei*. In Französisch-Guayana wird das typische Habitat als Sumpflandschaft beschrieben (MATZ 1981; CHIPPAUX 1986; STARACE 1998), in der die Schlangen syntop mit *E. murinus* vorkommt (MÜLLER 1970; MATZ 1981). Bastardierungen zwischen diesen beiden Arten sind nicht bekannt.

Während unseres Aufenthaltes im Mai 1998 auf Marajó lagen Tagestemperaturen zwischen 27° und 34 °C vor. Trotz erwarteten Endes der Regenzeit kam es im Mai fast täglich zu heftigen, meist nachmittäglichen Schauern. Über 3000 mm regnet es durchschnittlich im Jahr auf Marajó. Die De Schauensees Anakonda haben wir außerhalb des Ortes Santa Cruz do Arari in offenem, mit wenigen Büschen und Bäumen bewachsenem Überschwemmungs-Campos finden können. Im

Bild 73: ***E. deschauenseei*** **beim Aufrollen in die Ballstellung. Zuerst wird der Kopf in zwei Körperschlingen verborgen.** Foto: L. Dirksen

Bild 74: Ballstellung von *E. deschauenseei*. Zuletzt wird der Schwanz eingerollt. Foto: L. Dirksen

Bild 75: Vollständige Ballstellung von *E. deschauenseei* Foto: L. Dirksen

Gegensatz zur Trockenzeit zwischen August und Oktober war ein Großteil des Untersuchungsgeländes mit 20–80 cm trübem Wasser überflutet gewesen. Der große Binnensee Lago do Arari, der in der Trockenzeit unter Umständen sogar ganz austrocknen soll, ist nur bis 2 m tief. Das Auffinden der Anakondas stellte sich als sehr schwierig heraus, da ihr Lebensraum durch die Überschwemmungen sehr groß geworden war und die Anakondas sich beim Nähern unter der Wasseroberfläche versteckten. In der Trockenzeit werden sie sich in die Umgebung der Restgewässer zurückziehen. Im Gegensatz zu *Boa constrictor* konnte ich keinen *E. deschauenseei* beim Klettern in den 3–4 m hohen Büschen beobachten. Neben kleineren Schlangen der Gattungen *Helicops*, *Leptophis* und *Liophis* konnten wir am Lago do Arari auch eine Vergesellschaftung mit der großen Natter *Hydrodynastes gigas* feststellen, die wegen ihrer ähnlichen Habitatansprüchen sicherlich als ein Nahrungskonkurrent zu betrachten ist. Bezeichnenderweise findet man *Hydrodynastes gigas* auch im Pantanal mit *E. notaeus* syntop vor.

6.4.1.11 Nahrung

Vermutlich ist *E. deschauenseei* Generalist und sein Nahrungsspektrum ähnelt dem von *E. notaeus*, der sich von Fischen, Vögeln, Vogeleiern, Schildkröten, kleinen Krokodilen, Echsen und Säugetieren entsprechender Größe ernährt (Strüssmann 1997). Auf Marajó sollen die Anakondas nach Berichten aus der Bevölkerung kleine Schweine und Hühner fressen, weswegen sie in der Nähe der Hütten nicht gerne gesehen werden. Eigene Beobachtungen zur Ernährung liegen nicht vor.

6.4.1.12 Verhalten

E. deschauenseei ist im Wasser zwischen den Pflanzen kaum zu entdecken, nur die Nasenöffnungen und die Augen lugen über die Wasseroberfläche hervor. Bei Gefahr verschwindet er ganz im Wasser und kann minutenlang die Luft anhalten. Beute wird vermutlich nach Anakonda-Art umschlungen und, wenn möglich, gleichzeitig unter Wasser ertränkt. Bei Gefahr, wenn es der Schlange nicht möglich ist zu fliehen oder durch Drohen und Beißen abzuschrecken, wickelt sie ihren Kopf zunächst in eine vordere Körperschlinge und bildet mit dem übrigen Körper darum herum einen „Ball" (Bild 73–75), wie dies auch vom Königspython (auch Ballpython) *Python regius* bekannt ist (Kirschner & Seufer 1995). Dieses Verhalten wird für alle drei Anakonda-Arten erstmals von Dirksen et al. (1999) beschrieben: Der empfindliche Kopf ist geschützt. Die Oberfläche des „Balles" besteht aus angespannten Muskeln. Grundsätzlich versuchte *E. deschauenseei* die Konfrontation zu vermeiden und wurde nicht von sich aus aggressiv. Nach dem Fangen entließ er oft ein übelriechendes Sekret, Urin und Kot. Trotz starker Belästigung konnte ebenso wie bei *E. murinus* nicht beobachtet werden, daß die Anakonda Zischlaute von sich gibt.

6.4.1.13 Haltung

Veröffentlichte Erfahrungen zur Haltung dieser Riesenschlangenart sind äußerst selten. Es ist jedoch davon auszugehen, daß sie ähnliche Bedingungen wie die Große Anakonda und die Paraguay-Anakonda benötigt. Schmidt (1985) berichtet, daß sie sich tagsüber, wie *E. murinus*, meist versteckt, überwiegend nachtaktiv und ausgesprochen wasserliebend ist. Schmidt (1996) empfiehlt ein geräumiges Terrarium mit großem Wasserbecken und einem Kletterstamm bei Temperaturen zwischen 28 und 32 °C bzw. 25 °C nachts. Da *E. deschauenseei* in Äquatornähe lebt und an tropisches Klima angepaßt ist, sollten Temperaturen unter 20 °C vermieden werden. Nach Schmidt (1985) frißt diese Anakonda im Terrarium sowohl Warmblüter wie auch Kaltblüter, einschließlich Fische. In Schmidt (1996) wird das Nahrungsspektrum mit Fischen, Vögeln und Säugetieren beschrieben. Matz (1981) hielt *E. deschauenseei* ohne Probleme mit *E. murinus* vergesellschaftet.

6.4.1.14 Handel

Seit Bestehen der CITES-Register ist nicht ein einziges Exemplar von *E. deschauenseei* aufgeführt worden. Dieses hat zwei Gründe: Zum einen ist diese Schlange tatsächlich sehr selten (Chippaux 1986; Starace 1998) und zum anderen ist sie allgemein unbekannt und wird daher wegen ihrer Ähnlichkeit mit *E. notaeus* leicht verwechselt. So sind angeblich 1821 Häute der Paraguay-Anakonda und 30 lebende Tiere dieser Art in den letzten 18 Jahren aus Guyana und Surinam ausgeführt worden (Tab. 6.48), obwohl diese Art in einem weit entfernten Teil von Südamerika vorkommt. Speziell bei den lebenden Schlangen ist davon auszugehen, daß *E. deschauenseei* darunter war, der von Französisch-Guayana nach Surinam oder Guyana exportiert wurde. Zwar sind die von mir untersuchten *E. deschauenseei* alle vor 1970 exportiert worden, doch sind mir auch lebende Exemplare bekannt, die vermutlich nach 1970 nach Deutschland gelangt sein müssen. Nachzuchten außerhalb Brasiliens sind nicht beschrieben worden. Insgesamt betrachtet spielt der Handel mit *E. deschauenseei* nur eine unwesentliche Rolle. Dies geht auch aus den letzten 26 Bänden des „Anzeigen Journals" (1/1995-2/2001) der DGHT hervor, in denen keine einzige *E. deschauenseei* angeboten wurde und in denen im selben Zeitraum lediglich zwei Gesuche zu finden sind. Schutzmaßnahmen für diese Art müssten aus heutiger Sicht im Erhalt des Lebensraumes bestehen.

6.4.2 *Eunectes murinus* (LINNEAUS, 1758)

6.4.2.1 Diagnose

Größte Schlange weltweit. Im gesamten tropisch-subtropischen Südamerika verbreitet. Eindeutig von den anderen Anakonda-Arten durch eine grundsätzlich höhere Anzahl Schuppen (Dorsalia um die Körpermitte: 55–74, Ventralia: 239–266), eine Subocularschuppenreihe zwischen den Ocularia und Supralabialia, das Fehlen eines medianen Kopfstreifens, kleine, meist ovale Rückenflecken und laterale Augenflecken zu unterscheiden. Damit stärker von den anderen Arten abgegrenzt, als diese untereinander. Ausgeprägter Sexualdimorphismus, Weibchen über 9 m Länge möglich, Männchen nur über 3 m. Augen hoch am Kopf, halbaquatische Lebensweise. Nur in der Nähe von Gewässern.

6.4.2.2 Etymologie und Trivialnamen

Diese größte aller rezenten Schlangen heißt auf deutsch bezeichnenderweise Große Anakonda. Weitere deutsche Namen sind Grüne Anakonda und Nordanakonda. Die Grundfärbung dieser Art ist nur selten als ein echtes Grün zu bezeichnen. Meistens ist die Farbe ein dunkles Braun oder Olivgrün. Der Name Nordanakonda wurde im Gegensatz zur Südanakonda (*E. notaeus*) geprägt, wird jedoch eher selten benutzt. Nach heutigen Erkenntnissen kommt *E. murinus* in Südamerika immerhin bis zum 25. südlichen Breitengrad vor, während *E. notaeus* zwischen dem 13. und 32. Breitengrad beheimatet ist. Deshalb erscheint der Name Nordanakonda nicht sehr passend. Deshalb – und weil *E. murinus* die größte Schlange der Welt ist – wird in dieser Arbeit nur der deutsche Name Große Anakonda verwendet.

Für diese Art existieren eine Unmenge südamerikanischer Namen und noch viel mehr Schreibweisen. Leider ist es oft nicht nachvollziehbar, woher die vielen Namen, die in der Literatur aufgezählt werden, ihren Ursprung haben. Namen ohne bekannte Herkunft sind unter der Rubrik „Brasilien und Südamerika" aufgeführt. Nachfolgend werden alle gefundenen Schreibweisen – nach Möglichkeit mit Länder- oder Sprachherkunft – alphabetisch geordnet aufgelistet. Den Autoren der zitierten Arbeiten ist eine Zahl vergeben worden, die in Klammern hinter dem jeweiligen Namen steht. Die Zitate stehen in einer Liste unterhalb der Namen für die Große Anakonda.

Bild 76: *E. murinus* von Marajó, Brasilien Foto: L. Dirksen

Länder

Bolivien:
Sicuri (0, 24). Sicurí (30).

Brasilien und Südamerika:
Aboma (36), Alem de Minhocão (9), Amara (17), Aragboia (9), Arygboia (= Schlange, die im Wasser lebt) (2, 3, 5, 9, 31), Boiaçú (4, 9), Boi-assú (2, 3, 9, 31), Boiçu (= große Schlange) (4, 9, 31), Boiguaçú (9), Boiguassú (2, 3, 31), Boi-guçú (4), Boissú (2, 3, 31), Boitiaboia (3, 5, 9, 31), Boiuçú (5), Boiuna (0, 2, 3, 4, 5, 8, 9, 10, 31), Camoodi (23), Camoudi (16), Curudiú (5, 9), Curutijú (5, 9), Jiboiaçú (5, 9), Juba (0), Kamudi (25), Matatoro (= bull killer) (21, 36), Minhocão (9), Minhoço (4), Ró-ti (27), Suacuboia (0, 10), Sucuri (0, 2, 5, 8, 9, 10, 18, 21, 23, 25, 27, 31), Sucuri Grande (vor allem für große Exemplare, 18), Sucurijá (9), Sucuriú (19, 24, 31), Sucurijú (0, 2, 3, 4, 8, 9, 10, 31), Sucurijú Gigante (für große Exemplare) (18), Sucurijuba (2, 3, 4, 5, 9, 10, 24, 31), Sucuriú (2, 3, 4, 5, 9), Sucury (3, 24, 31), Viborão (2, 4, 9, 31).

Guyana:
Camudi (21, 24, 31), Water boa (16, 23, 29, 31), Water camoudi (1), Water camudi (18), Water kamudi (19, 31), Water komodi (13).

Französisch-Guayana:
Aboma (21, 22), Boiùna (22), Boma (22), Couleuvre d'eau (22), Mama-Wata (32), Sucuriju (22), Sucurijuba (22), Suacuboia (22), Sucuri (22), Tilii mapono kapi (22), Watra-aboma (22).

Kolumbien:
Güio de agua (11, 21, 24), Güio negro (26), Güio Petacero (11, 24), Petaca (11, 21, 24).

Paraguay:
Anaconda verde (6), Anaconda del norte (6), Mboi jagua (6), Mboí yaguá (0), Sucurí (28).

Peru:
Yacu-Mama (= Mutter der Gewässer) (21, 31).

Surinam:
Aboma (aus dem afrikanischen, ursprünglich für *Python sebae*, 18), Aboma of boma, (1), Watra aboma (1).

Trinidad:
Huila (12, 16), Huile (15, 16, 24, 29), Huilla (16, 24), Huille (31), Huillia (16, 29, 31).

Venezuela:
Culebra de agua (14, 20, 21, 24), Colubra de Agua (31).

Sprachen und Stämme

Akawai-Indianer: Ow-oo-rah (7), Sal-urring-mah (= schneller Renner) (7).
Castellano (spanisch): Anaconda verde (6), Anaconda del norte (6).
Creole: Water Camoodie.
Englisch: Anaconda (1), Water Boa (1).
Guaraní: Mboi jagua (6), Mboí yaguá (0).
Inka: Huaca.
Saramacca: Mama-Wata (32).

Quellen

0. Dirksen (eigene Recherchen)
1. Abuys (1982)
2. Amaral (1930)
3. Amaral (1935)
4. Amaral (1948b)
5. Amaral (1948a)
6. Aquino et al. (1998)
7. Bebee (1946)
8. Belluomini & Hoge (1957b)
9. Belluomini et al. (1976/7)
10. Cunha & Nascimento (1978)
11. Dunn (1944)
12. Gilmore & Murphy (1983)
13. Gorzula & Pilgrimm (1992)
14. Lancini & Kornacker (1989)
15. Mole (1924)
16. Murphy (1997)
17. Murphy & Henderson (1997)
18. O'Shea (1999)
19. Pope (1962)
20. Roze (1966)
21. Roze (1970)
22. Starace (1998)
23. Staedeli (1961)
24. Strimple (1993)
25. Trutnau (1982)
26. Uribe et al. (1994)
27. Vanzolini (1959)
28. Waller et al. (1995)
29. Wehekind (1955)
30. Kempff-Mercado (1975)
31. Petzold (1982)
32. E. Gruber & B. Gottsberger (pers. Mitt.)

6.4.2.3 Färbung und Zeichnung

Die Große Anakonda hebt sich in ihrer Färbung am deutlichsten von den anderen Arten ab. Sie besitzt als einzige Art keinen fünften, medianen Kopfstreifen, ist dunkler gefärbt und hat kleinere runde bis ovale Flecken auf dem Rücken, die sich über der Mitte nur selten berühren (Bilder 37, 39, 76-82, 85-87, 95, 96). Die Grundfarbe kann zwischen Braun und Oliv bis Grün liegen. Ventral ist sie cremigweiß bis hellgelb. Im Temporalbereich liegen je zwei nahezu parallel verlaufende, schwarze Streifen, ähnlich denen der anderen Arten. Zwischen diesen Streifen kann die Körperfärbung zwischen rot, gelb, weiß und orange variieren. Oft ist die hellere Temporalregion mit der Grundfärbung durchsetzt (Tab. 6.12).

Dorsal hat sie viele, meist ovale Flecken, die im Inneren heller sein können (Ozellen) oder seltener von außen einen helleren Ring zeigen. Wenn Ozellen vorhanden sind, beginnen sie immer am Hals und gehen irgendwann allmählich in die üblichen vollschwarzen Flecken über. Nur selten besitzen alle Flecken ein helleres Zentrum (Abb. 5.1). Dieses Merkmal ist bei Jungtieren stärker ausgeprägt. Nach der im Methodenteil beschriebenen Zählweise der dorsalen Flecken bzw. Barren weisen 174 untersuchte *E. murinus* durchschnittlich 119,1 schwarze Flecken auf (Tab. 6.13). Die Anzahl variiert zwischen 61 und 148. Die Unterschiede in der Anzahl der Flecken können zu unterschiedlichen Phänotypen führen, welche in dem großen Verbreitungsgebiet zum Teil bestimmten Regionen zugeordnet werden können. So finden sich bei Anakondas in Peru weniger Flecken (Bild 49), dafür aber rundere und größere als beispielsweise in den südlicher gelegenen Bolivien, Paraguay und Südbrasilien (Bild 36) (Tab. 6.12). Zum Schwanzende werden die Flecken häufig regelmäßig und bilden aufeinanderfolgende Querbarren.

Im Gegensatz zu den anderen Anakonda-Arten ist bei der Große Anakonda deutlich mehr von der Grundfarbe zu sehen, da die Abstände zwischen den Flecken viel größer sind. Dies läßt sich im Vergleich auch an den medianen Kontakten der Flecken zwischen der linken und rechten Rückenhälfte zeigen (Tab. 6.14). Die Anzahl der medianen Kontakte variiert stark zwischen neun und 51, der Durchschnitt von 110 Großen Anakondas beträgt 26,2. Ebenso wie bei *E. notaeus* haben die

Tab. 6.12: Anzahl *E. murinus* mit Grundfarbe, Mischung und hellerer Postocularregion sowie Variation und Durchschnitt der dorsalen, schwarzen Punkte in den Ländern ihres Vorkommens

	Grundfarbe	gemischt	heller	Barren
Bolivien	—	2	1	130–139(2) **134,5**
Brasilien	2	50	62	83–148 (122) **124**
Guyana	—	5	8	92–127 (13) **110,5**
Ecuador	1	2	—	109 (1) **109**
Französisch-Guayana	—	2	1	106–128 (2) **117**
Kolumbien	2	2	9	92–131 (11) **112,6**
Paraguay	—	1	2	126–133 (3) **130**
Peru	4	21	2	68–135 (23 **92,4**
Surinam	—	2	7	105–132 (7) **116,1**
Trinidad	—	—	14	—
Venezuela	1	2	9	104–125 (6) **115**

Tab. 6.13: Anzahl und Durchschnitt der dorsalen, schwarzen Barren bei *E. murinus*, getrennt nach den Geschlechtern. Die Unterschiede zwischen den Geschlechtern sind nicht signifikant. In der Spalte „alle" sind auch die Werte der Anakondas verwertet worden, deren Geschlecht unklar ist.

Barren	Männchen	Weibchen	alle
B Rumpf	49–109	41–110	41–110
Durchschnitt	89,7 (63)	88 (63)	88,8 (190)
B Schwanz	19–37	20–45	19–45
Durchschnitt	29,4 (60)	30,2 (59)	29,5 (179)
B gesamt	68–146	61–148	61–148
Durchschnitt	119,1 (58)	118,6 (58)	119,1 (174)

Tab. 6.14: Anzahl Kontakte der Barren über der dorsalen Mittellinie von *E. murinus*. Die Weibchen haben geringfügig mehr Kontakte.

	Männchen	Weibchen	alle
Kontakte Rumpf	4–29	4–35	4–35
Durchschnitt	14,8 (37)	15,7 (36)	15,2 (116)
Kontakte Schwanz	7–15	5–18	4–18
Durchschnitt	10,5 (36)	11,2 (35)	10,7 (110)
Kontakte gesamt	11–41	9–51	9–51
Durchschnitt	25,7 (36)	27,1 (35)	26,2 (110)

Bild 77: Männchen von *E. murinus* Foto: P. Strimple

Männchen geringfügig weniger Kontakte über die dorsale Mittellinie.

Lateral besitzt die Große Anakonda Augenflecken mit einem gelben oder orangenen Zentrum. Ventral ist sie gelb bis hellgelb; die Ventralia sind oft zu einem Drittel bis Viertel schwarz. Dieses Muster ist bei jeder Anakonda verschieden und kann zur individuellen Wiedererkennung herangezogen werden (Kemper 1996). Oft ist zu beobachten, daß die schwarzen Flecken auf den Ventralia zwei Reihen ausbilden. Die Zunge ist schwarz.

Bild 78: *E. murinus* – die Lateralzeichnung ist gut zu erkennen. Foto: P. Strimple

6.4.2.4 Morphometrie

Die Große Anakonda, die größte Schlange der Welt

Die Große Anakonda ist ganz ihrem Namen entsprechend die rezent größte Schlange überhaupt. Auch wenn es nicht ganz klar ist, ob eventuell *Python reticulatus* ein längeres Rekordexemplar hervorgebracht hat, so ist *Eunectes murinus* doch eindeutig dicker und schwerer und somit definitiv die größte unter den Riesenschlangen (Bild 3, 79, 90). Die Frage nach der tatsächlichen Rekordgröße der Anakondas wird auch in Zukunft nur annähernd beantwortet werden können (DIRKSEN 1999a). Laut PETZOLD (1982) sind auch die Anakondajungen die größten im Schlangenreich.

Reptilien können ihr Leben lang weiterwachsen. Das Wachstum verlangsamt sich allerdings nach Erreichen der Geschlechtsreife. So wuchs eine 5,02 m lange Anakonda in Gefangenschaft in 10 Jahren auf 6,31 m heran, wobei sie ihr Gewicht jedoch nahezu verdoppelte (BARTON & ALLEN 1961). Unter günstigen Voraussetzungen können Große Anakondas auch in freier Natur zu außergewöhnlich großen Exemplaren heranwachsen (ROBERTSON 1998). Derartige Voraussetzungen gehen jedoch durch vielfältige Einflüsse des Menschen immer mehr verloren, so daß besonders große Riesenschlangen immer seltener werden. Viele Berichte von Giganten unter den Anakondas wie auch von anderen Boiden entbehren jeglicher Grundlage, einige scheinen zwar von vertrauenswürdigen Personen zu stammen, doch es fehlen in aller Regelmäßigkeit die Beweise, nämlich die Prachtexemplare selbst. Unbeabsichtigte Fehleinschätzungen über die Längen von sehr großen Exemplaren sind häufig. Selbst in einem wissenschaftlichen Museum wurde mir erzählt, daß eine 10 m lange Haut im Archiv lagere (Bild 79). Wahrlich, eine Haut zum Staunen, doch gemessen nur 6,50 m lang. Und die großen Häute können durch das Bearbeiten noch einmal bis zu 30 % länger werden als die Originaltiere. Auf das Auflisten und Beurteilen der Glaubwürdigkeit von Erzählungen über besonders große Schlangen wird hier verzichtet, da dies rein spekulativ wäre und bereits oft genug geschehen ist. Tatsächlich sind praktisch alle Angaben zur möglichen Rekordlänge Vermutungen und beruhen nicht auf Messungen von Anakondas in ihrer Originallänge. Von Herpetologen wird die mögliche Größe meistens zwischen 9 und 12 m geschätzt. Mehr oder weniger glaubhafte Angaben zu besonders großen Exemplaren, Mythen und Jägerlatein finden sich u. a. bei QUELCH (1898), MOLE (1924), AMARAL (1935), DUNN (1944), FITZSIMONS (1953); BOGERT (1954), WEHEKIND (1955), BELLUOMINI & HOGE (1957/58b), SCHMIDT & INGER (1957), DOWLING (1961), ROZE (1966), MATZ (1981), PETZOLD (1982), STRIMPLE (1986a, 1993, 1996), GORZULA & PILGRIM (1992), GREENWELL (1992), GAY (1993a), GILMORE & MURPHY (1993), WALLER et al. (1995), KEMPER (1996), MURPHY, (1997), MURPHY & HENDERSON (1998), ROBERTSON (1998), DIRKSEN (1999a).

Bild 79: 6.5 m lange Haut einer Großen Anakonda aus Paraguay (rechts: MARTHA MOTTE, Kuratorin der Herpetologie des MNHNP in Asunción, Paraguay) Foto: L. Dirksen

Bild 80: Bei der Längenangabe von Anakondas wird gerne übertrieben. Dieses Foto wurde dem Verfasser von einem Gaucho in Paraguay gezeigt, der behauptete, es zeige eine 25 m lange Anakonda. Foto: L. Dirksen

Gesamtlänge

Das tatsächlich längste Exemplar, für das ein Nachweis existiert, wurde bereits 1935 beim Coxipo River im oberen Pantanal gehäutet und dabei nach Autorenangabe nicht gestreckt. Die Haut mißt ohne Kopf und Schwanzspitze mehr als 29 Fuß, ungefähr 8,6 m (ROBERTSON 1998). Mit Kopf und Schwanz könnte die Schlange über 9 m lang gewesen sein. In einem großen Projekt zur Biologie der Anakondas in Venezuela sind bereits um die 800 Anakondas vermessen worden. Keine jedoch war länger als 6 m (KEMPER 1996; RIVAS, pers. Mitt.). Daraus wird ersichtlich, wie selten solche Ausnahmeexemplare sind. Hier muß aber auch die Möglichkeit in Betracht gezogen werden, daß die Große Anakonda in anderen Populationen und Gegenden größere Exemplare hervorbringen kann. Dazu kommt, daß besonders große Schlangen schneller auffallen und bevorzugt vom Menschen gejagt werden. In Abb. 6.12 ist ein Längenprofil der von mir untersuchten Anakondas dargestellt.

Bild 81: D. Embert mit einer Großen Anakonda. Foto: L. Dirksen

Die längsten Exemplare, ausnahmslos Häute von Weibchen, sind bis 6,5 m lang.

Überraschenderweise ist weder bei RIVAS (pers. Mitt.) noch bei den eigenen Untersuchungen ein Männchen über 3 m Gesamtlänge gefunden worden. Einige Häute ließen sich allerdings keinem Geschlecht mehr zuordnen, ebenso wie dies ein Problem bei den konservierten Jungtieren ist. Das einzige mir bekannte Anakonda-Männchen über 3 m

Tab. 6.15: Schwanzlängen und deren Quotient zur Kopf-Rumpf-Länge von *E. murinus*, unterteilt in 4 Längengruppen und nach den Geschlechtern. In der untersten Zeile sind auch die Daten der nicht identifizierbaren Geschlechter enthalten.

	< 100 cm	100–200 cm	200–300 cm	> 300 cm	D gesamt
Männchen					
SwL	5,3–15	15–35	31,5–51	—	
KRL / SwL	5,2–6,6	4,2–6,7	3,9–6,3	—	
D KRL / SwL	5,7 (31)	5,5 (23)	5 (39)	—	5,4 (93)
Weibchen					
SwL	9–12	12–30	24–42	38–78	
KRL / SwL	6,3–8	5,4–8,6	5,2–8,3	5,8–8,1	
D KRL / SwL	7,2 (3)	6,3 (29)	6,3 (27)	6,6 (24)	6,3 (82)
D gesamt	5,9 (114)	6,1 (75)	5,6 (72)	6,6 (24)	5,9 (285)

Abb. 6.12: Längenprofil der untersuchten Großen Anakondas.
Mehrere Serien von Neugeborenen aus Nachzuchten mit offensichtlichen Mißbildungen werden nicht berücksichtigt. (Man beachte: ab 4 m Gesamtlänge wird die Skalierung von 20 cm auf 50 cm Schritte heraufgesetzt).

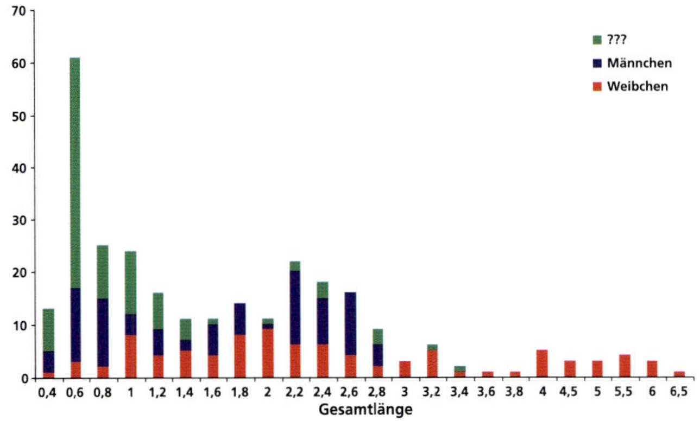

Abb. 6.13: Vergleich der Schwanzlängen zwischen Männchen und Weibchen von *E. murinus*.
Die Schwänze der Männchen sind etwas länger als die der Weibchen.

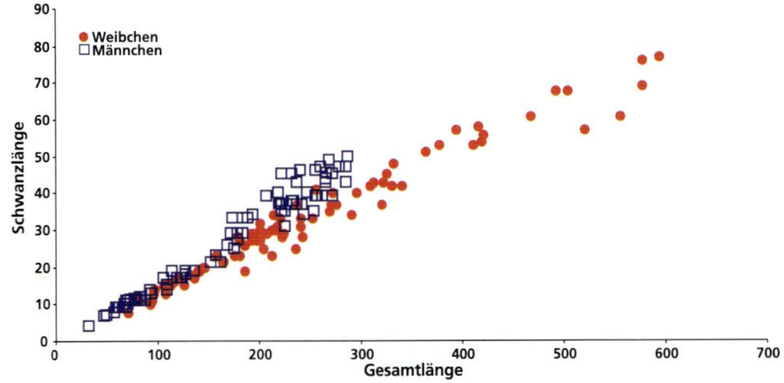

Abb. 6.14: Körperumfang an dickster Stelle der Männchen und Weibchen von *E. murinus*

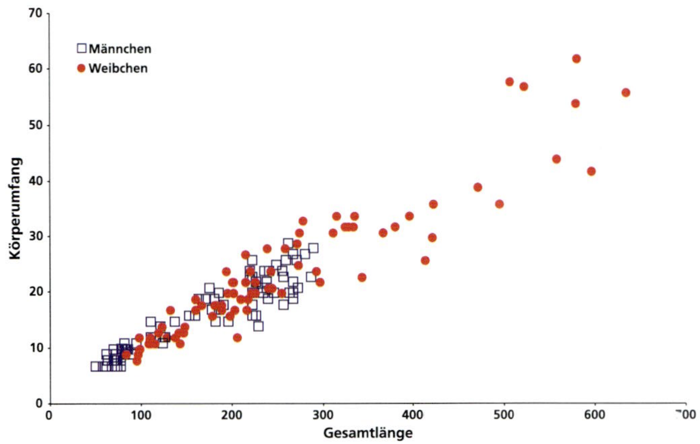

Abb. 6.15: Vergleich der Kopflängen der Männchen und Weibchen von *E. murinus*.
Es besteht kein Geschlechtsdimorphismus in der Kopflänge.

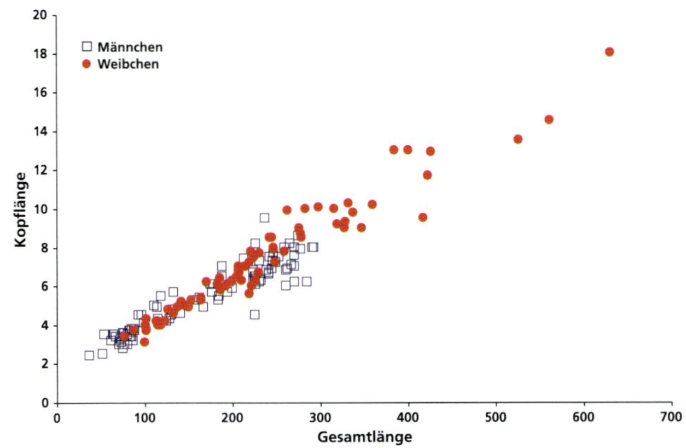

Tab. 6.16: Durchschnittswerte der Quotienten aus Kopf-Rumpf-Länge und Körperumfang für Männchen und Weibchen von *E. murinus* in Längenstufen unterteilt

	< 100 cm	100–200 cm	200–300 cm	> 300 cm	D gesamt
Männchen					
KU	6,7–11	11,5–20	14,5–27,5	—	
D KRL / KU	7,7 (27)	8,5 (19)	9,6 (35)	—	8,7 (81)
Weibchen					
KU	9	9–23,6	16,5–33	22,5–62	
D KRL / KU	8,3 (1)	8,8 (29)	9,3 (25)	10,1 (26)	9,3 (81)

Länge hält auch gleichzeitig den Altersrekord mit 31 Jahren und 9 Monaten, der bis dato mit 29 Jahren angegeben wurde (Nigrelli 1954): Es war ungewöhnliche 3,87 m lang geworden (Stemmler-Gyger 1963). Insgesamt betrachtet werden die Weibchen um ein 2- bis 3-faches länger und um ein Vielfaches schwerer als die Männchen. Dieser Größenunterschied zwischen den Geschlechtern der Großen Anakonda dürfte einen bisher nicht bekannten Rekord für alle Landwirbeltiere darstellen!

Ein Vergleich zwischen Männchen und Weibchen über 1 m Gesamtlänge ergibt, daß 96 Männchen und 90 Weibchen untersucht wurden (Abb. 6.12). Es ist allerdings anhand dieser Daten nicht möglich, Rückschlüsse auf die prozentuale Verteilung der Geschlechter in der Natur zu ziehen. Kleine Männchen ließen sich öfter eindeutig bestimmen, da gelegentlich die Hemipenes evertiert waren oder der Quotient aus SwL zur KRL eindeutig ein Männchen belegte.

Schwanzlänge

Die Schwänze der Großen Anakonda sind mittellang. An der Basis sind sie sehr kräftig und nehmen nach caudal gleichmäßig an Umfang ab. Wie auch bei den anderen Arten haben die Männchen im Mittel längere Schwänze als die Weibchen (Tab. 6.15; Abb. 6.13). Der Quotient aus KRL / SwL aller Großen Anakondas liegt bei 5,9 (n = 285), bei den Männchen bei 5,4 und bei den Weibchen bei 6,3. Dieser Unterschied ist jedoch generell nicht geeignet, um eine Geschlechtsbestimmung durchzuführen, weil einzelne Weibchen bei gleicher Länge etwas längere Schwänze haben als ein Teil der Männchen (Abb. 6.13). Die Schwänze sind bei den jungen Anakondas im Verhältnis zum Körper kürzer als bei ausgewachsenen. Dieses Wachstumsmuster findet sich auch bei der Paraguay-Anakonda wieder.

Aus der Abb. 6.13 geht hervor, daß sich die Länge der Schwänze der Männchen ab ca. 1,80 m deutlicher von denen der Weibchen abhebt, sie also stärker wachsen und eine Unterscheidung eher möglich ist.

Körperumfang

Wie auch bei den anderen Arten hängt die Dicke bzw. der Körperumfang stark von den Lebensumständen der Schlangen ab. Nach eigenen Beobachtungen sind z. B. Terrarientiere häufig wesentlich fetter als Freilandfänge. Aus den steigenden Quotienten geht hervor, daß die Große Anakonda stärker in die Länge als in die Dicke wächst (Tab. 6.16, Abb. 6.14). Die Mittelwerte der Männchen sind kleiner als die der Weibchen, weil einerseits mehr junge Männchen und andererseits viele längere Weibchen untersucht wurden.

Auch gegerbte Häute können das Bild verfälschen, da sie gestreckt worden sind. Aus Abb. 6.14 wird ersichtlich, daß der Körperumfang bei gleich langen Tieren stark schwankt und der Unterschied zwischen den Geschlechtern unerheblich ist. Matthews (1995) nimmt an, daß der Umfang sehr großer Anakondas sogar bei über 1 m liegen können.

Kopflänge und Kopfbreite

Der Kopf ist bei *E. murinus* nur etwas vom Körper abgesetzt, was sich besonders bei großen Exemplaren bemerkbar macht, wo der Kopf im Vergleich zum großen Körper jedoch klein erscheint. Augen und Nasenöffnungen liegen weit oben am Kopf, angepaßt an die aquatische Lebensweise der Anakondas. Mit zunehmendem Alter wird der Körper im Verhältnis zum Kopf länger (Tab. 6.17), wächst also nicht proportional mit. Der Kopf eines Jungtieres kann im Verhältnis zum Körper doppelt so lang sein wie der einer über 3 m langen Anakonda. Dadurch erscheint der Kopf bei großen Exemplaren auch so klein. Die Unterschiede zwischen Männchen und Weibchen sind unerheblich; nur Männchen über 2,5 m besitzen geringfügig kürzere Köpfe als die Weibchen (Abb. 6.15). Die untersuchten Weibchen haben mit 26,9 (n = 75) einen etwas größeren Mittelwert der Quotienten aus KRL / KL als die Männchen mit 24,6 (n = 93). Dies liegt aber in erster Linie an den unterschiedlichen Größen der bearbeiteten Männchen und Weibchen (Tab. 6.17).

Die Kopfbreite erscheint variabler, als sie in Wirklichkeit ist (Abb. 6.16), weil die breiteste Stelle auf Höhe der Unterkiefer liegt, die nicht fest am Schädel verankert sind

Tab. 6.17: Kopflängen und die Quotienten aus KRL/KL der Großen Anakondas in Längenklassen

	< 100 cm	100–200 cm	200–300 cm	> 300 cm
KL	2,5–4,5	3,5–7	5,6–10,1	9–18
D KRL / KL	19,6 (86)	24,5 (72)	28,5 (67)	30,7 (14)

Tab. 6.18: Kopfbreiten und mittlerer Quotient aus KRL/KB in Längenabschnitten von *E. murinus*

	< 100 cm	100–200 cm	200–300 cm	> 300 cm
KB	1,6–3,2	2,3–5,5	3,6–5,8	5,3–12
D KRL / KB	31,6 (87)	37,5 (75)	43,7 (65)	48,2 (12)

und dadurch schon bei leichtem Drücken die Lage verändern, wodurch die Breite beeinflußt wird. Die KB junger Anakondas ist im Verhältnis zur Körperlänge größer als bei erwachsenen Tieren (Tab. 6.18). Der breiteste untersuchte Kopf einer ca. 6,3 m langen Anakonda (Lebendlänge) mißt 12 cm.

Ein Unterschied zwischen den Geschlechtern ist wiederum erst bei Tieren über ca. 2,5 m Länge festzustellen. Auch hier zeigt sich, daß die Weibchen einen etwas größeren Kopf besitzen. Der Durchschnitt der Quotienten aller Weibchen beträgt 41,4 (n = 67) und der der Männchen 36,6 (n = 91). Die scheinbar breiteren Köpfe der Männchen sind auf die größere Anzahl kleinerer Männchen als Weibchen zurückzuführen. Gleich lange Anakondas beider Geschlechter zeigen annähernd gleiche Werte (Abb. 6.16). Durchschnittlich sind die Köpfe von *E. murinus* genauso wie bei *E. notaeus* 1,6-mal so lang wie breit.

Abb. 6.16: Vergleich der Kopfbreite zwischen den Geschlechtern von *E. murinus*

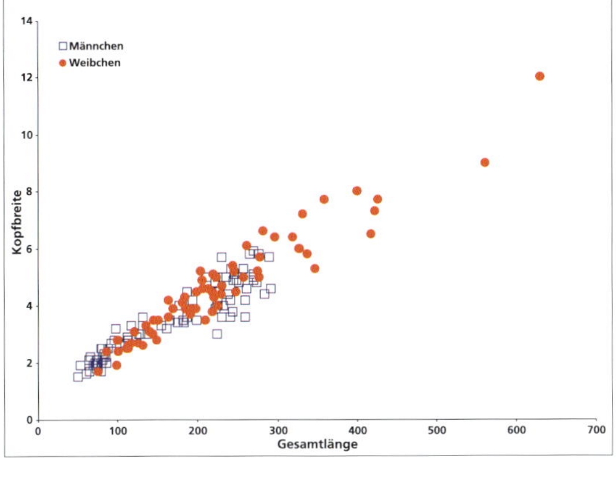

Schnauzenlänge und Abstand zwischen den Augen

Die Schnauze (SAL) der Großen Anakonda wächst wie der Kopf nur langsam im Verhältnis zum Körper (Tab. 6.19, Abb. 6.17). Das heißt, je kleiner die Schlange ist, desto länger ist der Kopf bzw. desto kleiner ist der Quotient aus KRL/SAL. 2–3 m lange Männchen besitzen etwas kleinere SAL als Weibchen von gleicher Länge. Der Mittelwert aus den Quotienten ist bei den Weibchen wiederum höher, da weniger kleine, dafür aber um so mehr große Weibchen in die Auswertung einfließen.

Der Abstand zwischen den Augen (LZA) vergrößert sich nur sehr langsam und wächst nicht proportional zur KRL mit. Der Summe der Quotienten ist bei den Weibchen etwas höher, weil wiederum mehr große Tiere vermessen wurden, deren Quotienten einen durchschnittlich höheren Wert bilden. Die Köpfe der Weibchen über 2 m Länge sind etwas größer als die der Weibchen. (Tab. 6.20, Abb. 6.18).

Bild 82: *E. murinus* vom unteren Amazonas in Brasilien
Foto: L. Dirksen

Breite 30. Ventralia und 10. Subcaudalia

Die Ventralia (V) fallen bei *E. murinus* besonders klein aus. Anders als bei *E. notaeus* wachsen die V der Großen Anakonda nicht proportional zur KRL mit (Tab. 6.21). Die Unterschiede zwischen den Geschlechtern sind sehr gering; die Männchen besitzen minimal breitere V (Abb. 6.19).

Wie auch bei *E. deschauenseei*, *E.* sp., und *E. notaeus* besitzen die Männchen der Großen Anakonda im Bereich der invertierten Hemipenes deutlich breitere SC (Tab. 6.22 und Abb. 6.20). Durchschnittlich haben Männchen zwischen 1 und 3 m GL 4–5,5 mm breitere 10. SC als die Weibchen. Bei adulten Männchen ist es oft möglich, das Geschlecht an der verdickten Schwanzwurzel zu erkennen. Mit dem Quotienten aus KRL / 10. SC läßt sich das Geschlecht in den meisten Fällen auch bei subadulten oder gar neugeborenen Anakondas sicher ermitteln. Der Durchschnittsquotient (KRL / 10. SC) aller untersuchter *E. murinus* beträgt 124,4 (n = 207).

Gewicht

Die Anakondas aus den Museumssammlungen sind nicht gewogen worden, da sie in Flüssigkeit konserviert keine verläßlichen Daten zum tatsächlichen Lebendgewicht geben. Aber auch die Anakondas aus Gefangenschaft spiegeln nicht die Gewichtsverhältnisse aus der Natur wieder, weil sie oft viel schwerer sind (eigene Beobachtung an Museumsexemplaren aus Gefangenschaft und Natur; Kemper 1996). Barton & Allen berichten von einem 4,95 m Wildfang aus Brasilien mit einem Gewicht von 49 kg. In Gefangenschaft wuchs die Anakonda innerhalb von knapp vier Jahren um 73 cm, nahm jedoch um ganze 23,4 kg zu. 1976 erhielt das Instituto Butantan in São Paulo ein 3,25 m langes und 15,3 kg schweres Weibchen. Innerhalb von fünf Jahren wuchs es um 45 cm und nahm jedoch um 18,7 kg zu, mehr als 100 %! Die beiden letzten Beispiele sollen verdeutlichen, daß die Gewichtsverhältnisse in der Natur meistens nicht denen aus der Gefangenschaft entsprechen.

Tab. 6.19: Schnauzen-Augen-Länge und deren Quotient zur Kopf-Rumpf-Länge von *E. murinus* unterteilt in Längengruppen und nach den Geschlechtern

	< 100 cm	100–200 cm	200–300 cm	> 300 cm	D gesamt
Männchen					
SAL	0,6–1,3	1,1–1,8	1,5–2,6	—	
KRL / SAL	50–84	66,5–110,7	75–138,8	—	
D KRL / SAL	67,2 (30)	93,7 (22)	105,5 (39)	—	90 (91)
Weibchen					
SAL	0,8–1	1–1,9	1,5–3	2,2–4,5	
KRL / SAL	67–110	71,7–114,7	78,6–119,5	89,4–164,8	
D KRL / SAL	84 (3)	92,2 (31)	98,1 (21)	117,7 (18)	99,8 (73)

Tab. 6.20: Längen zwischen den Augen und deren Quotient zur Kopf-Rumpf-Länge von *E. murinus* unterteilt in Längengruppen und nach den Geschlechtern

	< 100 cm	100–200 cm	200–300 cm	> 300 cm	D gesamt
Männchen					
LZA	0,5–1,1	1–1,8	1,5–2,4		
KRL / SAL	54–88,8	77,9–111,5	85,7–138,8		
D KRL / LZA	70,3(29)	95 (22)	110,8 (39)		93,9 (90)
Weibchen					
LZA	0,9	1–2,6	1,5–2,7	2–4	
KRL / LZA	74,4–97,8	60,8–110	91,1–130	90,6–158,9	
D KRL / LZA	85,2 (3)	92 (31)	106,4 (28)	123,2 (23)	104,9 (85)

Abb. 6.17: Schnauzenlängen der Männchen und Weibchen der Großen Anakonda

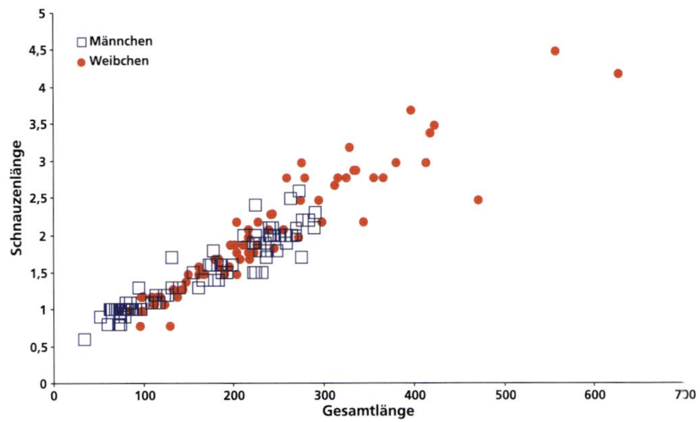

Abb. 6.18: Längen zwischen den Augen beider Geschlechter von *E. murinus*

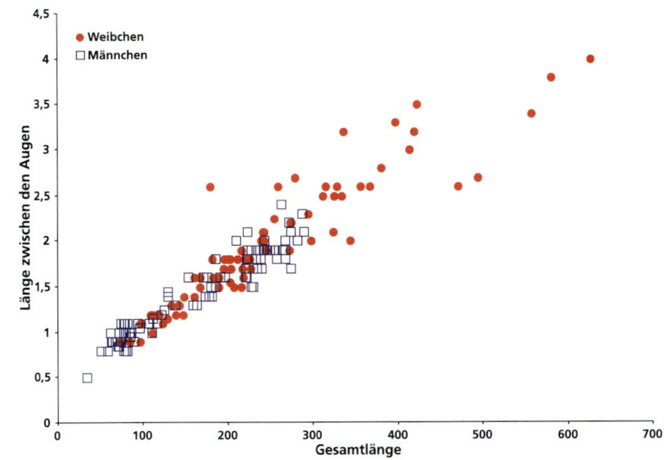

Abb. 6.19: Breiten der 30. Ventralia der Männchen und Weibchen von *E. murinus*. Im Gegensatz zu den vorderen Subcaudalia sind die Unterschiede zwischen den Geschlechtern unwesentlich.

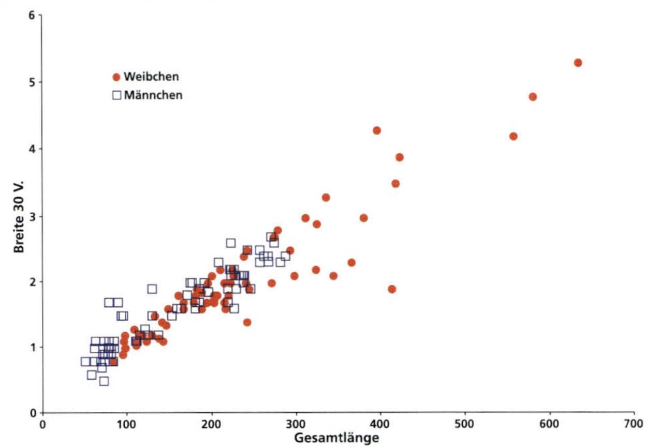

Abb. 6.20: Breiten der 10. Subcaudalia beider Geschlechter von *E. murinus* Die Männchen haben eindeutig breitere Subcaudalia

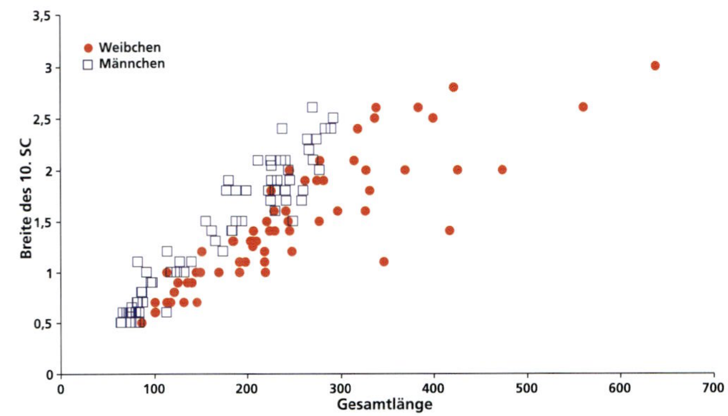

Tab. 6.21: Breiten der 30. Ventralia bei *E. murinus* in Längenklassen und nach den Geschlechtern getrennt sowie deren Quotient aus KRL/30. V

	< 100 cm	100–200 cm	200–300 cm	> 300 cm	D gesamt
Männchen					
30. V	0,5–1,7	1,1–2	1,6–2,7	—	
D 30. V	1 (27)	1,6 (20)	2,2 (28)	—	
D KRL / 30. V	69,7	84,8	93,2	—	82,5 (75)
Weibchen					
30. V	0,8–0,9	1–2	1,4–2,8	1,9–5,3	
D 30. V	0,85 (2)	1,4 (29)	2,1 (23)	3,2 (16)	
D KRL / 30. V	95,8	89,3	99,5	113,2	98,3 (70)

Tab. 6.22: Breiten der 10. Subcaudalia sowie deren Durchschnitt und Mittelwert aus den Quotienten aus KRL/10. SC der Männchen und Weibchen von *E. murinus* in Längenabschnitten

	< 100 cm	100–200 cm	200–300 cm	> 300 cm	D gesamt
Männchen					
10. SC	0,4–1,1	0,6–1,9	1,5–2,6	—	
D 10. SC	0,7 (25)	1,3 (19)	2,05 (31)	—	
D KRL / 10. SC	104,6	103,5	102,9	—	103,6 (75)
Weibchen					
10. SC	0,5	0,6–1,3	1–2,1	1,1–3	
D 10. SC	0,5 (2)	0,9 (22)	1,5 (25)	2,1 (20)	
D KRL / 10. SC	163	138,1	137	164,7 (18)	145,6 (67)

Daten zum Gewicht Großer Anakondas aus der Natur sind selten, da oft keine Waagen für derartige Gewichte im Feld zur Verfügung stehen. Zu den Gewichtsverhältnissen wird die Dissertation von J. Rivas (1999c) in Kürze Aufschluß liefern, der Daten von ca. 800 Großen Anakondas einer Population in Venezuela zur Verfügung hat. Kemper (1996) berichtet von dem Projekt in Venezuela, daß zehn adulte, 2–3 m lange Männchen eines „mating-balls" 5–10 kg schwer waren. Rivas (1999a) hat zwei Fälle von Angriffen auf Menschen durch Anakonda-Weibchen registriert, die 5,04 m lang und 54 kg schwer sowie 4,45 m lang und 39 kg schwer waren. Zwei ca. 4 m lange Weibchen wogen um die 28 und 30 kg. Das schwerste Weibchen wog ca. 97,4 kg bei einer Länge von ca. 4,60 m. Ein auf Marajó von mir gefangenes, 3,30 m langes Weibchen wog 16 kg und ein knapp 5 m langes aus Ecuador ca. 80 kg (Dirksen 2000; Strimple & Dirksen 2001). Mole (1924) erhielt ein 5,21 m langes Weibchen, das sofort gewogen 105 kg schwer war. Es ist gut vorstellbar, daß besonders große Exemplare von vielleicht 9 m über 200 kg, möglicherweise auch weit darüber hinaus, erreichen können.

**Tab. 6.23: Pholidosewerte der Körperschuppen von *E. murinus*.
Signifikante Unterschiede in der Pholidose zwischen den Geschlechtern sind nicht vorhanden.**

	Variation	Durchschnitt	D Männchen	D Weibchen
Ventralia	239–266	249,2 (266)	249,2 (96)	248,3 (82)
Nabelanfang	154–184	165,2 (55)	165 (17)	164,3 (4)
Subcaudalia	55–78	67,5 (255)	67,5 (91)	67,5 (79)
Doppelte SC	0–26	3,1 (162)	2,8 (59)	2,5 (47)
Do Körpermitte	55–74	62,6 (266)	62,3 (91)	62,9 (85)
Do vor Kloake	33–43	37,9 (179)	37,8 (62)	37,4 (52)
Do hinter Kopf	41–53	46,6 (179)	46,3 (51)	46,8 (52)

Tab. 6.24: Pholidosewerte der Kopfschuppen von *E. murinus*

	Variation	Durchschnitt	D Männchen	D Weibchen
Supralabialia	14–19	16,1 (278)	16,1 (93)	16,2 (83)
Infralabialia	18–25	21 (274)	21,1 (92)	21,2 (82)
Suborbitalia	3–10	6,2 (260)	6,1 (86)	6,4 (81)
Loreale	1	1	1	1
Nasalia	3	3	3	3
Ocularia	5–10	7,3 (274)	7,3 (94)	7,5 (82)
Schuppen ums Frontale	4–9	5,4 (223)	5,4 (79)	5,4 (64)
Schuppen zw. d. Supraocularia	1–3	2,2 (233)	2,1 (79)	2,2 (68)

6.4.2.5 Pholidose

Von insgesamt 374 *E. murinus* sind Schuppenwerte gesammelt worden (Tab. 6.23 + 6.24). Geschlechtsunterschiede in der Pholidose sind nicht signifikant (Tab. 6.23 + 24). Die Große Anakonda kann zwischen 239 und 266 Ventralia besitzen, deren Durchschnittszahl bei 249,2 liegt (Tab. 6.23). Der Ventraliawert ist unter anderem davon abhängig, ob die ersten Ventralia bereits früh am Hals beginnen oder hier zunächst viele kleine Schuppen sitzen und die Ventralia erst weiter caudal voll ausgebildet vorliegen. Das Anale ist bis auf eine einzige Ausnahme immer ungeteilt. Bei Jungtieren läßt sich noch die Nabelspalte erkennen, die 3–6 Ventralia lang ist und beim 154.–184. Ventrale beginnt. Ab und zu sind die Nabelschnur sowie ein Dottersack bei den flüssig konservierten Neugeborenen noch vorhanden. Die Zahl der Subcaudalia variiert zwischen 55 und 78 bei einem Durchschnitt von 76,5 (n = 255). Männchen und Weibchen besitzen mit 67,5 Subcaudalia genau denselben Durchschnitt. Erwartet war, daß die Männchen geringfügig mehr Subcaudalia besitzen, weil der Schwanz etwas länger ist, so, wie es auch bei der Paraguay-Anakonda der Fall ist. Häufig finden sich doppelte Subcaudalia (die einfach gezählt wurden), obwohl in Beschreibungen der Art nur zu lesen ist, daß die Anakondas einfache SC hätten. Im Mittel finden sich 3,1 doppelte SC bei *E. murinus*. Der Höchstwert liegt bei 26. Sehr selten treten auch halbe oder doppelte Ventralia auf. Dorsalia besitzt die Große Anakonda 55–74 um die Körpermitte, 33–43 vor der Kloake und 41–53 hinter dem Kopf (Tab. 6.23).

E. murinus besitzt 14–19 (D = 16,1) Supralabialia (SL) und 18–25 (D = 21) Infralabialia (IL). Die vorderen SL und noch stärker die vorderen IL sind bis zu den Augen deutlich höher als breit. 19 SL und 25 IL sind jeweils nur ein einziges mal auf einer Seite aufgetreten. Auch 14 SL sind eine seltene Ausnahme. Hinter den Augen werden die SL fast quadratisch, während die hinteren IL sehr klein sind. Das Rostrale ist doppelt so breit wie hoch. Das Mentale ist lang, verjüngt sich nach unten und wird von den ersten beiden IL vollständig eingerahmt. Zwischen den SL und den Ocularia befindet sich eine Reihe Schuppen, die sich meistens unter dem Loreale bis zum Rostrale hinzieht: die Suborbitalia (SO). Vereinzelt treten die SO auch doppelt auf, wurden dann jedoch einfach gezählt. Die Anzahl der SO kann zwischen drei und zehn variieren, der Durchschnitt liegt bei 6,2 (n = 86). Selten besitzt die Große Anakonda weniger als 5 SO. Diese befinden sich jedoch immer zwischen den Ocularia und den Supralabialia. Daran kann man *E. murinus* auf den ersten Blick von allen anderen Anakonda-Arten sofort unterscheiden.

Abb. 6.21: Breite der Frontalia der Männchen und Weibchen von *E. murinus*. Das Frontale variiert stark in der Größe. Die anderen dorsalen, in der Mitte des Kopfes gelegenen Schuppen sind in Form und Zahl sehr unterschiedlich.

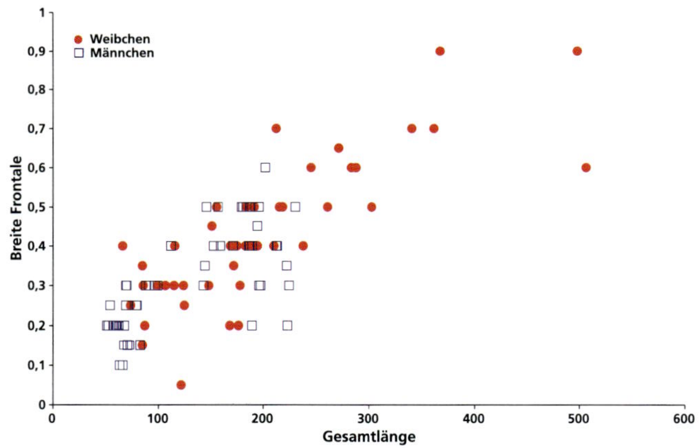

Abb. 6.22: Schädellängen der Männchen und Weibchen von *E. murinus*.

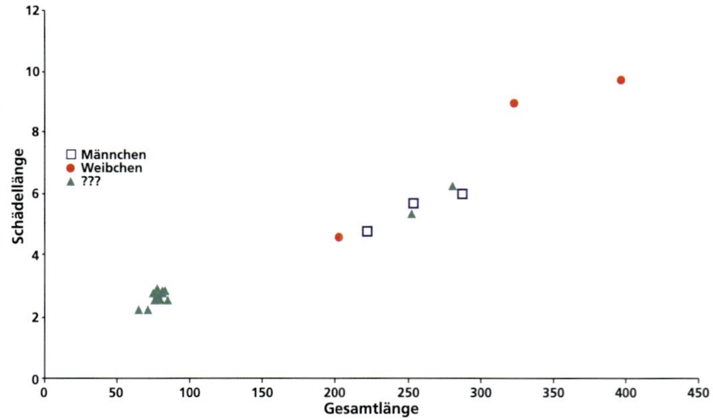

Abb. 6.23: Schädelbreiten von *E. murinus*, aufgetragen gegen die Schädellänge. Die Schädel über 10 cm Länge stammen von Weibchen. Ein Dimorphismus zwischen Weibchen und Männchen läßt sich nicht ableiten.

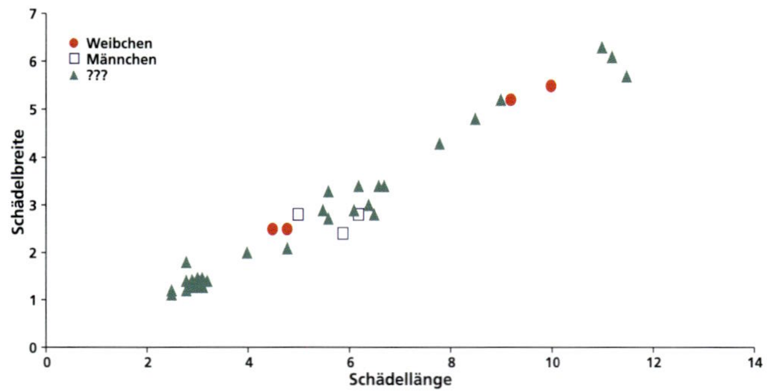

Abb. 6.24: Schädelbreiten von *E. murinus*, aufgetragen gegen die Unterkieferlänge. Der Quotient aus UKL/SchB beträgt 1,13 (n = 41).

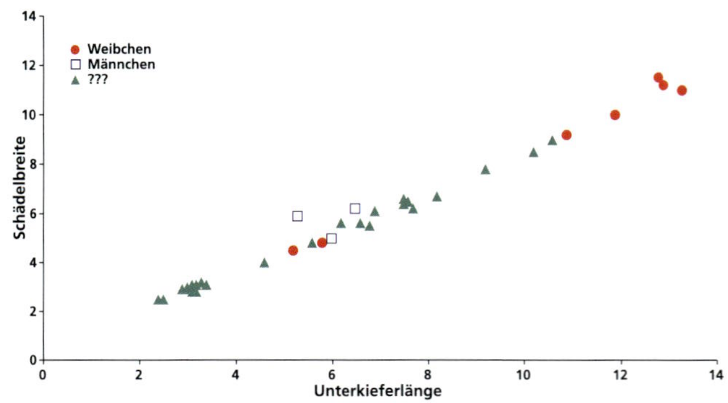

Das Loreale ist groß, unregelmäßig fünfeckig und zwischen SL und Praeoculare spitz zulaufend. Drei Nasalia umschließen die Nasenöffnung. Zwei große Frontonasalia, die ca. doppelt so lang wie breit sind, befinden sich zwischen den Nasalia. 5–10 Ocularia (D = 7,3; n = 274), genauer ein großes Supraoculare (das bei nur einem Exemplar geteilt vorlag), regelmäßig ein Praeoculare, 1–3 Subocularia und 2–4 Postocularia umranden die Augen (Tab. 6.24). Die übrigen dorsalen Kopfschuppen sind groß, jedoch in ihrer Anzahl und Form sehr unregelmäßig. Das Praefrontale und Frontale sind gelegentlich zu einer großen Schuppe verwachsen und in ihrer Größe extrem variabel. Um das Frontale können 4–9 Schuppen liegen, wodurch die Unregelmäßigkeit verdeutlicht wird. Meistens sind aber 5–6 ungefähr gleich große Schuppen um das Frontale vorhanden. Zwischen den beiden Supraocularia können 1–3 Schuppen liegen (Tab. 6.24). Die Unregelmäßigkeit der dorsalen Kopfschuppen wird in Abb. 6.21 anhand der Breite des Frontale stellvertretend für alle dorsalen Kopfschuppen dargestellt.

6.4.2.6 Skelett und Zähne

Von der Großen Anakonda konnte immerhin mehr oder weniger vollständiges Skelettmaterial von 54 Individuen untersucht werden (Bilder 31, 57–59, 84). Eine Serie von 17 kompletten Skeletten (CM 91414, 91415, 111958, 111959, 111979, 111994, 112028, 112262–112271, 114432) von vermutlich neugeborenen Anakondas befindet sich im Carnegie Museum. Sie stammen alle aus dem Pittsburgh Zoo, und einige haben ungewöhnlich niedrige Werte. Dieses Zucht-Phänomen ist an anderer Stelle bereits diskutiert worden und wird hier nur erwähnt, damit die niedrigeren Werte mit entsprechender Sorgfalt betrachtet werden. Dies bezieht sich in erster Linie auf die Wirbelzahlen der Carnegie-Exemplare, von denen eine nur 302 Wirbel besitzt. 328 Wirbel ist der höchste gezählte Wert aller untersuchten Skelette, und der Durchschnitt liegt bei 315,6 (n = 27). Schädelzeichnungen und Beschreibungen sind in Anthony & Serra (1950), Lüdicke (1962), Bellairs (1969) und in Petzold (1982) publiziert.

Zum Vergleich der Anakonda-Arten sind die Schädellängen (SchL), die Schädelbreiten (SchL), die Längen der Dentalia, der Maxillaria, der Pterygoidea und der Palatina gemessen worden. In Abb. 6.22 sind die Schädellängen von *E. murinus* zur Gesamtlänge der Schlangen aufgetragen.

Der Quotient aus der SchL / SchB der in Abb. 6.23 dargestellten Werte beträgt 2,0 (n = 43). Der Quotient aus KL / KB ist mit 1,5 (n = 251) deutlich geringer. Dies ist durch die Unterkiefer der ganz erhaltenen Anakondas zu erklären, da hier die Unterkiefer die breiteste Stelle am Kopf bilden. Die Unterkiefer sind in den Messungen der SchB nicht enthalten, da sie voneinander getrennt und lose vom Schädel vorliegen, so daß die Originalposition nicht genau feststellbar ist. Die Abweichung in der Abb. 6.23 der SchB sind deshalb auch viel geringer als die der Kopfbreite (vgl. Abb. 6.16).

Bild 83: Aftersporne eines 2,29 m langen *E.-murinus*-Männchens (ANSP 6688). Originallänge der Aftersporne: 0,85 cm. Foto: L. Dirksen

Bild 84: Zähne des Oberkiefers von *E. murinus* (FMNH 31665). Auf dem Palatinum und Pterygoid ist im Oberkiefer eine zweite Zahnreihe. Foto: L. Dirksen

Da oft nur die Schädel der Tiere in Museen zu finden sind, wurde für weitere Darstellungen einiger Schädelknochen die Unterkieferlänge (UKL) als Basisgröße gewählt. Die Schädellänge zeigt sich insofern als nicht geeignet, da die Schädelknochen im Gegensatz zu den Unterkiefern des öfteren in ihren Einzelteilen vorliegen.

In den Abb. 6.24–6.28 sind die gemessenen Schädelknochen-Werte aufgetragen. In der Abbildungsbeschriftung findet sich auch der jeweilige Quotient aus der UKL mit der Knochenlänge.

Äußerst selten finden sich in Sammlungen bei Skeletten von Anakondas die kleinen rudimentären Knochen des Beckengürtels und der Beinknochen, die als Aftersporne links und rechts neben der Kloake aus der Haut hervorragen (s. Geschlechtsdimorphismus) (Bilder 60, 61, 83). Insgesamt nur fünfmal konnten diese Knochen bei *E. murinus* gefunden und vermessen werden. Weitere Daten stammen von den Röntgenbildern eines Weibchens (SMF 16887) und eines Männchens (HLMD RA-120) (Abb. 4.50 + 4.51; Tab. 6.25). Das Ilium ist lang, dünn und verdickt sich am Femuransatz. Durch eine Krümmung hat es keinen Kontakt mehr zur Wirbelsäule und

Abb. 6.25: Maxillarlängen von *E. murinus*.
Der Quotient UKL/Max beträgt 1,7 (n = 41).

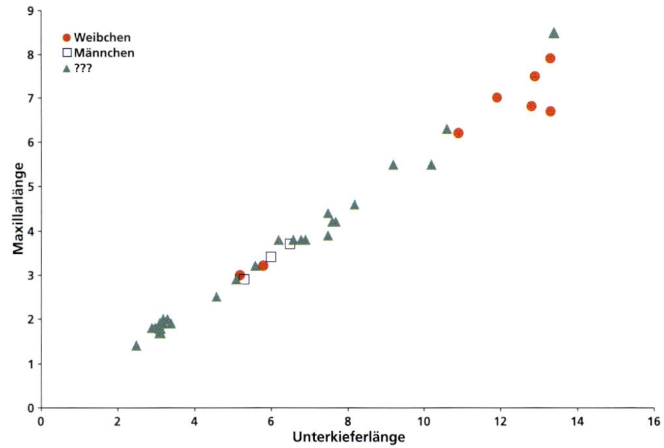

Abb. 6.26: Palatinum-Pterygoidlängen von *E. murinus*.
Der Quotient UKL/Pal.-Ptery. beträgt 1,2 (n = 41).

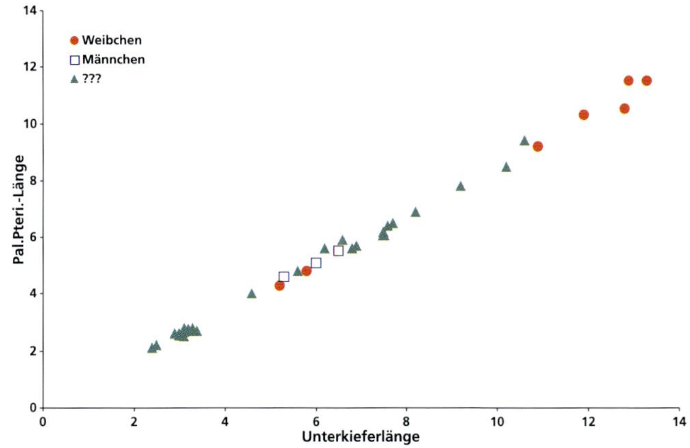

Abb. 6.27: Palatinumlängen von *E. murinus*.
Der Quotient UKL/Pal beträgt 4 (n = 10).

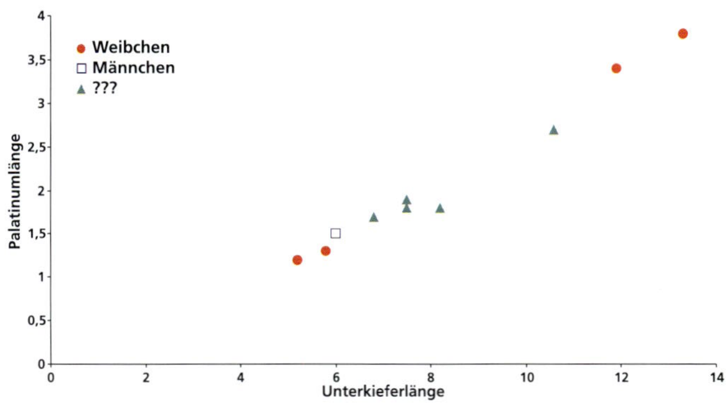

Abb. 6.28: Pterygoidlängen von *E. murinus*. Der Quotient UKL/Ptery. beträgt 1,5 (n = 10).

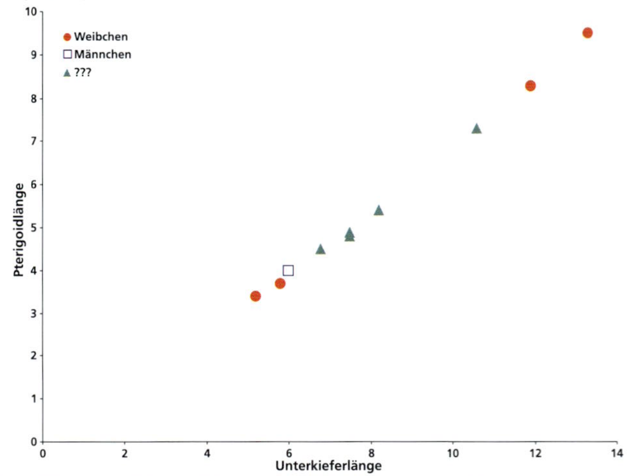

Tab. 6.25: Femurlängen (FL) und Iliumlängen (ImL) von *E. murinus*.

	M W	GL	FL	ImL
CM 61619	W	327	1,1	3,4
SMF 16887	W	347	0,84	2,54
FMNH 31665	W	400	1,5	3,1
HLMD RA-120	M	230	0,9	2,8
FMNH 22776	M	225	0,85	2,2
CM 145331	???	—	1,45	3,5
UMMZ 130169	???	—	0,9	2,4

verläuft parallel zu ihr. Es ist zwei- bis dreimal so lang wie das Femur. Das Femur ist kurz und dick. Die männlichen rudimentären Knochen sind von kräftigerer Gestalt. Das durchschnittliche Längenverhältnis der Femora der Männchen zu den Weibchen beträgt 6 : 5. Bei der Iliumlänge ist dieses Verhältnis 4 : 3. Da die Weibchen aus Tabelle 6.25 alle größer als die Männchen sind und das Wachstum der Knochen unerforscht ist, kann sich dieses Verhältnis bei gleich langen Exemplaren verschieben. Bei *E. notaeus* sind beide Knochen bei Weibchen im Verhältnis um ein Drittel kürzer.

Die Zahnzahl ist nur durch die Taschen der aglyphen, acrodonten Zähne am Schädel zu ermitteln und nicht an kompletten Köpfen zählbar, weil oft Zähne ausgefallen sind bzw. ein laufender Wechsel vollzogen wird (Petzold 1982). Im Durchschnitt wurden 16,9 Zähne auf den Dentalia, 17,1 auf den Maxillaria, 5,0 auf den Palatina und 11,9 auf den Pterygoidea gezählt (Tab. 6.26). Am wenigsten variabel ist die Zahnzahl auf den Palatina. Bis auf eine Ausnahme mit sechs und mit vier Zähnen sind es hier immer nur fünf.

Tab. 6.26: Zahnzahlen der Großen Anakonda

	Variation	D	Anzahl
Z Dentalia	16–18	16,9	44
Z Maxillaria	15–18	17,1	46
Z Palatina	4–6	5	42
Z Pterygoidea	9–14	11,9	43

6.4.2.7 Geschlechtsdimorphismus

Der offensichtlichste Unterschied zwischen Männchen und Weibchen ist die Größe (Bild 85). Die Weibchen können erheblich länger und schwerer werden als die Männchen. Während der eigenen Untersuchungen an 374 *E. murinus* konnte kein Männchen über 3 m Länge gefunden werden. Das längste selbst untersuchte Männchen mißt 2,92 m (Tab. 6.13). In der Literatur wird von einem Männchen berichtet, daß den Altersrekord innerhalb der Gattung *Eunectes* mit 31,9 Jahre hält und 3,87 m lang geworden ist (Stemmler 1963). 31 der selbst untersuchten Weibchen sind länger als 3 m, das längste mißt 6,52 m. Aus der Literatur gibt es viele Berichte über größere Exemplare, die mit Sicherheit alle Weibchen gewesen sind. Vom längsten mir bekannten Exemplar, von dem es auch einen Nachweis und nicht nur Erzählungen gibt, existiert eine ungestreckte Haut ohne Kopf und Schwanzspitze mit einer Länge von 29 Fuß (= ca. 9 m); die Anakonda soll über 200 kg gewogen haben (Robertson 1998).

Wie bereits Lederer (1942) beobachtete, sind die Schwänze der Männchen relativ etwas länger als die der Weibchen (Tab. 6.15, Abb. 6.13). Eine sichere Geschlechtsbestimmung ist jedoch nur möglich, wenn die Schwänze bei den Männchen besonders lang oder bei den Weibchen sehr kurz ausfallen.

Tab. 6.27: Afterspornlängen der Männchen und Weibchen von *E. murinus* in Längenabschnitten

	< 100 cm	100–200 cm	200–300 cm	> 300 cm	D gesamt
Männchen					
ASL	0,2–0,4	0,3–1	0,7–1,2	—	
D ASL	0,2 (26)	0,5 (22)	1 (36)	—	
D KRL / ASL	320,3	173,2	215,2	—	236,7 (84)
Weibchen					
ASL	0,1–0,2	0,1–0,4	0,3–0,8	0,3–0,9	
D ASL	0,15 (3)	0,3 (28)	0,5 (30)	0,63 (18)	
D KRL / ASL	557,2	540,5	442,1	597,1	516,7 (79)

Bild 85: Kopulation eines *E.-murinus*-Weibchens mit einem viel kleineren Männchen Foto: P. Strimple

Das sicherste äußerliche Unterscheidungskriterium bei gleich großen Männchen und Weibchen ist in der Afterspornlänge (ASL) zu sehen, die bei den Männchen ungefähr doppelt so lang werden wie bei gleich großen Weibchen (Bilder 60, 61, 83; Tab. 6.27). Selbst die größten Weibchen, die mehr als doppelt so lang wie große Männchen sind, besitzen kleinere Aftersporne als die meisten adulten Männchen.

Die Abb. 6.29 veranschaulicht den Größenunterschied der Aftersporne zwischen Männchen und Weibchen. Allerdings treten bei Jungtieren erhebliche Probleme auf, wenn man versucht, sie anhand der Aftersporne zu bestimmen, da diese noch zu klein sind und die Unterschiede unterhalb von einem Millimeter liegen. Nur sehr selten finden sich adulte Exemplare, die nicht eindeutig bestimmt werden konnten. Während die rudimentären Becken- und Beinknochen bei großen Weibchen mitwachsen (Tab. 6.25), stagniert das Wachstum der Aftersporne bei Weibchen ab 3 m Länge.

Entsprechend den Afterspornen sind auch die im Körper liegenden Ilium- und Femurknochen der Männchen länger als die der Weibchen (Tab. 6.25). Ein weiterer äußerer Unterschied besteht darin, daß die Männchen wegen der invertierten Begattungsorgane eine dickere Schwanzwurzel haben als die Weibchen, was sich auch durch breitere vordere Subcaudalia belegen läßt (Tab. 6.22, Abb. 6.20).

6.4.2.8 Hemipenes

Nur wenige Museumsexemplare mit vollständig ausgestülpten Hemipenes sind zu finden gewesen. Bei ausgewachsenen Männchen sind sie zwischen 6 und 9 cm lang (Abb. 6.30). Beim Sondieren dringt die Sonde bis zum 11.–13. Subcaudale vor.

Das Pedicel hat keine Integumentbeschuppung, ist also nackt, wie auch das untere Viertel des Truncus (Bilder 63, 64). Darüber befinden sich 5–6 lamellenartige Paryphasmata, die bis

Abb. 6.29: Afterspornlängen der Männchen und Weibchen von *E. murinus*. Die Aftersporne der Männchen sind deutlich länger als die gleich langer Weibchen, oft um das Doppelte.

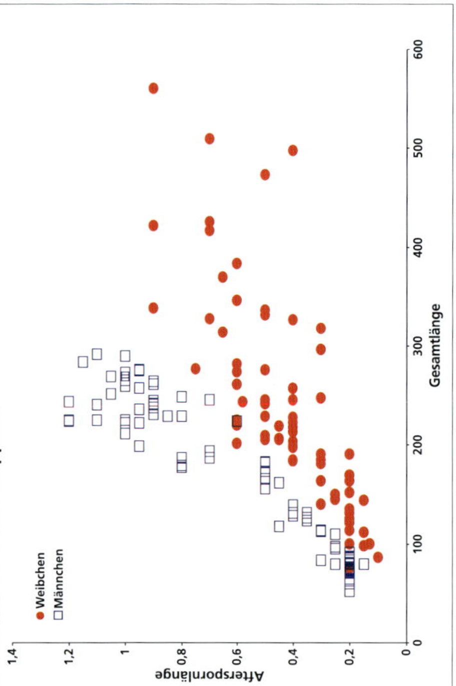

Abb. 6.30: Hemipenislängen von *E. murinus*

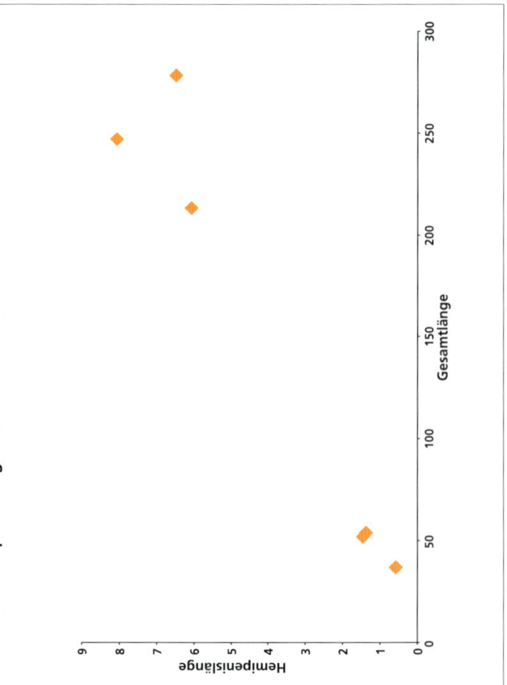

auf den Sulcus spermaticus den gesamten Truncus umrunden. Asulcal, mittig gelegen befindet sich unter dem ersten Paryphasma eine flache lappenartige Ausstülpung, die man als ein unvollständiges Paryphasma bezeichnen könnte. Der Apex ist in zwei gleich geformte Spitzen unterteilt, die vollständig mit Paryphasmata bedeckt sind, deren äußerer Rand mit Papillen besetzt ist. AMNH 127827 hat 23 Reihen Paryphasmata. Branch (1981) erwähnt eine Zeichnung von Cope, in der 26 Reihen skizziert wurden. Zwei Drittel der Länge der Hemipenes fallen auf das Pedicel und den Truncus und ein Drittel auf den geteilten Apex. Der Sulcus spermaticus ist basal am Pedicel zunächst nach innen gewendet, verläuft dann sulcal in der Mitte, bis er sich vor dem Apex teilt und sich hier zu den nach außen gerichteten Seiten wendet. Die Hemipenes sind gelb. Meistens sind das Pedicel und der Apex teilweise schwarz gefärbt. Die Schwarzfärbung ist individuell sehr unterschiedlich.

6.4.2.9 Fortpflanzung

Paarung

Die Paarungs- und Geburtszeiten von *E. murinus* sind von dem jeweiligen Vorkommen abhängig (Bild 85; Tab. 6.28). Insgesamt liegen nur unzureichende Daten vor, so daß Aussagen zur Ursache der verschiedenen Zeitpunkte nur unter Vorbehalt gegeben werden können. In Venezuela wird derzeit in einem groß angelegten Projekt die Fortpflanzungsbiologie von Anakondas aus den Llanos untersucht. Von hier ist bekannt, daß sich die Anakondas regelmäßig im April zum Ende der Trockenzeit paaren und zwischen November und Dezember ihre Jungen gebären (Rivas 1999b), also die Weibchen 7–8 Monate von der Befruchtung bis zur Geburt brauchen. Ross & Marzec (1990) geben diese Zeit mit 6–7 Monaten an. Somit lassen sich durch geschilderte Geburtsereignisse auch die ungefähren Paarungszeiten festlegen. Mole & Urich (1894) berichten von einer Geburt in Venezuela aus dem Monat Juli, allerdings ohne Ortsangabe. Diese Beobachtung scheint der Darstellung von oben zu widersprechen. Möglicherweise fand diese Geburt nicht in den Llanos, sondern im südlichen Teil Venezuelas statt, in dem es keine derart ausgeprägten Jahreszeiten gibt. Im Nachbarstaat Guyana gebar ein Weibchen seine Jungen im Januar (Neill & Allen 1962), in Peru und Ecuador im Februar und März (Holmstrom 1980; Dixon & Soini 1977, Strimple 1993). Auf Trinidad sollen die Anakondas nach Mole (1924) ihre Würfe in Juli und August haben. In der Region von Manaus am Amazonas Brasiliens fanden Hero & Santos (1987) am 29 Oktober ca. 45 cm lange Föten in einem Weibchen. In derselben Region entdeckten Martins & Oliveira (1999) im Mai in einem 6,20 m langen Weibchen 50 entwickelte Embryonen sowie in einem anderen Weibchen 18. Leider sind keine Daten zum südlichen Vorkommen verfügbar. Es ist jedoch wahrscheinlich, daß die Große Anakonda ähnlich wie *E. notaeus* zwischen April und Juni ihre Jungen

Tab. 6.28: Paarungs- und Geburtszeiten von *E. murinus* in unterschiedlichen Ländern. Es ist von einer Tragzeit von 7–8 Monaten zur Berechnung der Paarungen ausgegangen worden, die mit einem „ca." gekennzeichnet wurden.

Autor	Paarung	Geburt	Land
Mole (1924)	Dez.–Jan.	Juli–Aug.	Trinidad
Mole & Urich (1894)	ca. Jan.	Juli	Venezuela
Rivas (1999)	April, vor der Regenzeit	Nov.–Dez.	Venezuela
Martins & Oliveira (1999)	ca. Juni	Mai: gut entwickelte Embryonen	Dep. Amazonas in Brasilien
Hero & Santos (1987)	ca. Juni–Juli	29 Okt.: 45 cm lange Föten	Brasilien: nahe Manaus
Neill & Allen (1962)	ca. Juli	Jan.	Guyana
Holmstrom (1980)	ca. Aug.–Sept.	Feb. -. März	Peru
Strimple (1993)	ca. Aug.–Sept.	Feb.–März	Ecuador
Dixon & Soini (1977)	ca. Sept.	März	Peru
Veinert & Belluomini 1980/81	05.09.–10.10. *E. murinus* x *E. notaeus*	ohne Nachkommen (ca. Mai)	São Paulo, Brasilien
Ross & Marzec (1990)	März–Juli	Nov.–Feb.	allgemein
Holmstrom (1980)	April–Mai	30.11, 19.11, 05.02	(USA)
Holmstrom (1982)	März–Juni	08.12	(USA)
Strimple (1986)	April–Juni	Dez. 1986	(USA)
Strimple (1994)	Mai–Juli	Jan. 88, Dez. 90, Dez. 92	(USA)
Strimple (1999a)	Mai–Juni	Dez.	(USA)
Trutnau (1982)	Nov.–Feb.	Juli–Aug.	(BRD)

Tab. 6.29: Wurfgrößen, Längen und Gewicht neugeborener Großer Anakondas (E = Eier; Anführungsstriche = vermutlich geschätzte Daten der Autoren)

Autor	Länge W	Anzahl Neugeborene	Länge (cm)	Gewicht (g)
Amaral (1976)		„20–30,auch > 40"		
Belluomini & Hoge (1957/58a)	5,2 m	82	D = 70	D = 200
Belluomini et al. (1959)		70	D = 81,3	
Cunha & Nascimento (1978)		„70"		
Deschanel & Chason (1978)		15	D = 75	D = 250
Dixon & Soini (1977)		26, 22		
Hero & Santos (1987)	4,5 m	45 E		(400)
Holmstrom (1980)	3,8 m	30 + 1 E	D = 87,7	D = 265
	3,3 m	23	D = 74,8	D = 206
	3,2 m	27	D = 84,4	D = 249
	25,5 kg			
Holmstrom (1982)	3,53 m	18		
	21 kg			
Luttenberger (1973)		16	76–84	240–400
Mole (1924)		„30–42"		
Pérez-Santos & Moreno (1991)		„bis 34"	„70"	
Pope (1955)	ca. 6,30	72		
Staedeli (1961)		34	D = 68,6	
Strimple (1986a)	2,8 m	16 + 2 E	D = 78,1	D = 227g
	21 kg			
Strimple (1986b)		20–40	50,8–96,5	
		>50 mögl.	(D = 76,2)	
	Strimple (1993)		„70–90"	
Strimple (1986a)			„50–96 (D = 76)"	
Strimple (1994a)		21 + 14 E	72–78,9	D = 189
			(D = 75,4)	
		30 + 4 E	72,5–81,5	
			(D = 75,5)	D = 223,9
Strimple (1999a)		7 + 24 E	63,2–75,4	153–192

gebiert und die Paarungen entsprechend ebenso in der trockeneren Jahreszeit zwischen September und Januar stattfinden. Veinert & Belluomini (1980/81) beobachteten 26 Kopulationen eines *E.-notaeus*-Männchens mit zwei *E.-murinus*-Weibchen zwischen Anfang September bis Mitte Oktober in São Paulo im Süden Brasiliens. Die Geburtszeiten der Großen Anakonda bilden in Südamerika eine Nord-Süd-Achse aus: November bis Dezember in Venezuela, Januar bis März in Nordbrasilien, Peru und Ecuador und April bis Juni in Südbrasilien, Paraguay und Bolivien. Unklar bleibt zunächst, ob die Paarungsaktivitäten der Großen Anakondas in Gebieten ohne große saisonale Klimaschwankungen an eine bestimmte Jahreszeit gebunden sind.

Die Paarungen finden meistens im Wasser statt (Holmstrom 1980). Mole (1924) beobachtete auf Trinidad Paarungen sowohl im Wasser wie auch an Land, bei denen, wie auch bei der Paraguay-Anakonda, die Männchen mit ihren Aftersporen vor der Kopulation in der Kloakenregion des Weibchens kratzen. Bei der Paarung umschlingt das Männchen das Weibchen mit 1–2 Schlingen der hinteren Körperpartie. Erst kürzlich ist bekannt geworden, daß die Große Anakonda „mating-balls" ausbildet, bei denen sich bis zu 13 Männchen mehrere Wochen um ein größeres Weibchen wickeln, um es zu begatten (Rivas 1999b). Noch ist unbekannt, ob dabei mehrere Männchen die Eier befruchten oder nur das stärkste und ausdauerndste. Das Auffinden der Weibchen durch eine große Anzahl Männchen findet sicherlich olfaktorisch über Pheromone statt. Während der Schwangerschaft soll die große Anakonda keine Nahrung zu sich nehmen (Kemper 1996) und bis zu 20 % Gewichtsverlust erleiden. Diese Schwächung führt dazu, daß auch die Große Anakonda in der Natur nur in zweijährigem Abstand Junge zur Welt bringt.

Bild 86: Geburt bei *E. murinus* Foto: P. Strimple

Geburten und Nachkommenschaft

Die größte bekannte Anzahl Jungtiere, 82 Stück, kam 1958 in São Paulo im Instituto Butantan per Kaiserschnitt auf die Welt (Belluomini & Hoge 1957/58a). Die Größe des Wurfes ist stark von der Größe und dem Alter des Muttertieres abhängig. Ein Weibchen von ungefähr 6,3 m Länge hatte einen Wurf von 72 Jungen (Pope 1962), in einem Weibchen von 4,5 m fanden sich 45 Embryonen und in vier Weibchen zwischen 3 und 4 m 18–30 Jungtiere (Tab. 6.29). Die Länge und das Gewicht der Neugeborenen sind jedoch unabhängig von der Größe der Mutter. Die meisten Jungtiere sind zwischen 70 und 90 cm lang; die Extremwerte gibt Strimple (1986b) mit 50,8–96,5 cm an (Bild 86). Das kleinste Neugeborene einer Serie mißt 52 cm (CM R-222). Kleinere Exemplare entpuppten sich als Embryonen bzw. Frühgeburten. Entsprechend den Längenverhältnissen können die Neugeborenen zwischen 150 und ca. 400 g schwer sein (Tab. 6.29). Damit sind die neugeborenen Anakondas wesentlich schwerer als frisch geschlüpfte *Python reticulatus*. Das mittlere Gewicht von zehn Tage alten *P. reticulatus* gibt Riquier (1998) mit 142 g an.

Holmstrom & Behler (1981) beobachteten, daß ein Weibchen nach der Geburt die Häute der Fruchtblasen und unentwickelte Eier fraß. Ein Junges wurde von dem Weibchen sogar aus der Hülle befreit. Smith et al. (1953) entdeckten bei Anakonda-Föten Eizähne, die bei der Geburt jedoch wieder zurückgebildet sind. Bei einer Nachzucht häuteten sich die Jungtiere erst nach 36–87 Tagen zum ersten Mal (Strimple 1986a). Bei einem weiteren Wurf fiel Strimple (1986a) auf, daß die Jungtiere ungewöhnlich braungrün oder sogar tannengrün waren, nach einigen Häutungen aber ins gewöhnliche Olivgrün wechselten. Es kam jedoch auch vor, daß erst nach einigen Häutungen eine tannengrüne Färbung auftrat (Strimple 1999a). Während sich Jungtiere fünf- bis elfmal im Jahr häuten können, tun dies die Adulti nur noch 3–5-mal. Nach Murphy (1997) erklimmen die jungen Anakondas häufiger Büsche und Bäume als die ausgewachsenen.

Chromosomen

Die Große Anakonda besitzt 8 Paar Makro- und 10 Paar Mikrochromosomen, insgesamt also 36 Chromosomen. Karyogramme der Großen Anakonda werden bei Beçak & Beçak (1971) und bei De Smet (1978) beschrieben. Heteromorphe Geschlechtschromosomen sind nicht vorhanden (De Smet 1978).

Bild 87: *E. murinus*: Mutter mit Jungtier Foto: P. Strimple

Bild 88: Habitat von *Eunectes murinus* in Französisch Guayana
Foto: M. Schmidt

Bild 89: „Mating Ball" bei *E. murinus*
Foto: B. Holstrom

6.4.2.10 Nahrung

Bis heute ist keine detaillierte Liste des Nahrungsspektrums von *E. murinus* erschienen. Es existieren lediglich wenige Beobachtungen sowie die typischen Auflistungen der Beutegruppen. Sicherlich ist es richtig zu sagen, daß zum Beutespektrum dieser Art praktisch jedes verfügbare Wirbeltier mit geeigneter Größe gehört (Bild 90).

Mole (1924) und Wehekind (1955) listen für Trinidad Schafe, Hunde, Rehe, Ameisenbären, Schildkröten, Kaimane, Enten, Hühner, Agutis (*Dasyprocta aguti*), Pekaris und Pacas auf. Anscheinend eher selten fressen sie auch kleinere Welse (Beebe 1946). Elvey & Newlon (1998) beobachteten auf Trinidad eine Große Anakonda, die eine Schildkröte der Art *Phrynops ciba* umschlang. Medem (1983) berichtet von einer ca. 3 m langen Anakonda, die beobachtet wurde, als sie einen ca. 4–5 Fuß großen Kaiman attackierte. Auch Wehekind (1955) bestätigt, daß Kaimane Beutetiere der Anakondas sind. So fand man in einer ca. 6 m langen, geschossenen Anakonda einen ca. 2 m langen Kaiman. In Surinam frißt die Große Anakonda unter anderem Opossums, Agutis, Affen, Enten, Pekaris, Wasserschweine, Schildkröten, Kaimane und andere Schlangen (Abuys 1982). Petzold (1982) führt auch den Mohrenkaiman *Melanosuchus niger* als Beutetier auf. Starace (1998) schreibt, daß die Große Anakonda in Französisch-Guayana Säugetiere, Echsen und Vögel fresse. Aus Peru liegt ein Bericht vor, nach dem eine Große Anakonda einen Affen der Art *Saguinus mystax* fraß (Heymann 1987). Jácomo & Silveira (1998) fanden in Zentralbrasilien einen 7,5 kg schweren Fuchs der Art *Cerdocyon thous*, der einen Transmitter trug, im Bauch einer 3,15 m langen Anakonda wieder. Eine 1,42 m Anakonda aus Zentralbrasilien hatte einen Teiiden (*Kentropyx*) gefressen, eine andere Anakonda aus Roraima wurde beobachtet, wie sie Jagd auf eine Ralle machte (Martins & Oliveira 1999).

Die Nahrung der großen Anakonda in dem brasilianischen Bundesstaat São Paulo wird mit Fischen, Wasservögeln und Säugetieren angegeben (Machado & Abreu 1961). In den Llanos von Venezuela sollen die Anakondas bevorzugt Reiher und Störche fressen, aber auch Wasserschweine gehören zur Beute. Hier sind bei Kotuntersuchungen keine Fischreste entdeckt worden (Anonym 1994). Staedeli (1961) schreibt, daß Anakondas neben Fischen, Vögeln, Säugern bis hin zu kleinen Tapiren auch Frösche fressen. Für Jungtiere ist dies sicherlich gut vorstellbar, aber bisher nirgendwo belegt. In seiner umfangreichen Literatur über die Große Anakonda erwähnt Strimple (1986a, 1993, 1994b) nachfolgend aufgelistete Beutetiere: Säugetiere: Rehe, Wasserschweine, Pekaris, Tapire, Pacas, Agutis. Vögel: hauptsächlich Wasservögel. Reptilien: Schildkröten, *Caiman* und *Paleosuchus*. Amphibien. Fische. Auch Martins & Oliveira (1998) erwähnen unter anderem Tapire sowie Hirsche. Ein ausgewachsener Tapir oder großer Hirsch dürfte jedoch das Fassungsvermögen auch eines sehr großen *E. murinus* übersteigen. O'Shea (1994) wurde Zeuge, daß *E. murinus* auch zum Kannibalismus neigt. Er beobachtete, wie ein 2,32 m langes Weibchen nach dem Fang einen ca. 1,5 m langen Artgenossen auswürgte.

Bild 90: Diese Große Anakonda ist nach dem Umschlingen eines Kalbes erschlagen worden. Foto aus der brasilianischen Presse. Fotograf unbekannt.

Der Großen Anakonda selber droht durch Piranhas, Raubvögel, Katzen und Krokodile die Gefahr gefressen zu werden, solange sie noch jung ist. RIVAS et al. (1999) berichten von *Caiman crocodilus* als Prädator junger Anakondas. BEEBE (1946) bemerkt von Guyana, daß auch die ophiophage Mussurana (*Clelia clelia*) junge Anakondas und *Boa constrictor* verschlinge. Zu guter Letzt soll die Große Anakonda auch zum Speiseplan des Menschen gehören (IRVINE 1954). Andererseits kursieren, sicher zu Recht, Berichte, nach denen auch Kinder oder kleinere Erwachsene von Anakondas gefressen worden sein sollen. MATTHEWS (1995) ist der Auffassung, daß die Mehrheit der Anakondas den Menschen eher als eine Gefahr betrachtet, denn als Beute.

6.4.2.11 Verhalten

E. murinus ist vornehmlich nachtaktiv. Es gibt aber auch eine ganze Reihe von Beobachtungen zur Tageszeit. Insbesondere ist die Große Anakonda tagsüber beim Sonnen zu finden (MARTINS & OLIVEIRA 1998). Die Augen liegen am Kopf sehr hoch, typisch für eine aquatisch lebende Schlange. *E. murinus* ist ein Lauerjäger, der verborgen im Wasser liegt, so daß nur ein kleiner Teil des Kopfes mit Nasenöffnung und Augen aus dem Wasser guckt. Er gilt als besonders standorttreu. Beute wird gepackt und mit 2–4 Körperschlingen erdrosselt, so daß Atmung und Kreislauf bei der Beute versagen (PETZOLD 1982). Gleichzeitig versucht die Anakonda die Beute unter Wasser zu halten, um sie, wenn sie ungünstig umschlungen ist, zu ertränken. Bei Gefahr verschwindet sie ganz im Wasser und kann lange ohne Luftholen auskommen. WEHEKIND (1955) hat beobachtet, daß sie bis 17 min unter Wasser bleiben kann, ohne Luft zu holen. Ein ca. 5 m langes Weibchen, daß sich durch Eingraben im Schlamm dem Fang entziehen wollte, konnte sogar ca. 40–45 min nicht atmen (Bilder 16, 20); STRIMPLE & DIRKSEN 2001). Wenn es der Anakonda nicht möglich ist zu fliehen oder durch Drohen und Beißen abzuschrecken, wickelt sie ihren Kopf zunächst in eine Körperschlinge und bildet mit dem übrigen Körper darum einen Ball (DIRKSEN et al. 1999). Dieses Verhalten ist bei jüngeren Anakondas stärker ausgeprägt als bei erwachsenen. Im Kampf versucht die Anakonda sich um den Gegner zu wickeln und kräftig zuzudrücken. Wenn man sie in der Natur hinter dem Kopf packt, wickelt sie sich sofort kräftig um den Arm, drückt zu und entläßt übelriechendes Sekret oder Urin und Kot. Sie gibt nur selten und bei starker Störung verhältnismäßig leise Atemlaute von sich (pers. Beob.; MARTINS & OLIVEIRA 1998). In der Trockenzeit, z. B. in den Llanos Venezuelas, sucht die Große Anakonda die übriggebliebenen Gewässer auf und verkriecht sich auch im Schlamm. In der kurzen Trockenzeit im amazonischen Ecuador versteckte sich ein 5 m langes Weibchen in einem hohlen, umgefallenen Baum, der im ausgetrockneten Teil eines Sees lag (Bild 93). Auch

Bild 91: Liegeplatz einer Großen Anakonda auf dem plattgedrückten Gras einer dicken schwimmenden Pflanzenmatte im Cuyabeno Wildlife Reserve in Ecuador Foto: L. Dirksen

Bild 92: Bevorzugt liegen Große Anakondas im Wasser und halten nur den Kopf an der Oberfläche. Foto: H. Werning

Bild 93: Habitat der Großen Anakonda in Ecuador: Die große Höhle im Baumstamm diente einem 5 m langen Weibchen während der Trockenzeit (Dezember bis Februar) als Versteck. Foto: L. Dirksen

Bild 94: Weibchen der Großen Anakonda in einer Baumhöhle Foto: L. Dirksen

Martins & Oliveira (1999) beobachteten, daß sich eine 4 m lange Anakonda inmitten des amazonischen Brasiliens tagsüber in Wurzelhöhlen versteckte. Weitere Daten zum Verhalten und zur Lebensweise der Anakondas werden die in Kürze erscheinenden Dissertationen von J. Rivas (1999c) und C. Strüssmann (PUCRS) sowie die Berichte der Feldforschungen von T. Waller (IUCN + IBERA) enthalten.

6.4.2.12 Haltung

Natürlich ist bei der Anschaffung von Großen Anakondas zunächst daran zu denken, daß speziell die Weibchen sehr groß werden und genügend Platz vorhanden sein muß. Besonders wichtig ist ein großes Wasserbecken, in dem die Anakonda vollständig untertauchen kann. Oft halten sich die Anakondas stunden- oder auch tagelang im Wasser auf, in das sie meistens ihre Exkremente entlassen. Außerdem sollte man sich darüber im klaren sein, daß große Exemplare gefährlich werden können, zumal Anakondas häufig unberechenbar und bissig sind. Das Temperament der einzelnen Tiere variiert von handzahm bis äußerst aggressiv. Deshalb wird von einigen Fachleuten sogar empfohlen, die Haltung der Großen Anakonda zoologischen Gärten vorzubehalten. Auch die Große Anakonda versteckt sich gerne während ihrer Ruhephasen, und es sollte ihr ein trockener Unterschlupf, der zumindest das thigmotaktische Bedürfnis befriedigt, zur Verfügung gestellt werden. Besonders jüngere Exemplare klettern gerne. Dem tropisch-subtropischen Klima entsprechend empfiehlt z. B. Schmidt (1996) Tagestemperaturen zwischen 28 und 32 °C sowie eine nächtliche Abkühlung auf 25 °C. Mehrtens (1993) gibt 26–30 °C an. Matz (1981) ließ die Temperaturen nachts auf 22 °C absinken. Auch ist auf eine hohe Luftfeuchtigkeit, genügend Frischluft und Licht zu achten, auch wenn die Anakondas mehr nacht- als tagaktiv sind. Temperaturstrahler oder Heizkabel im Boden ermöglichen der Anakonda, sich den Platz mit der gerade gewünschten Temperatur auszusuchen. Wildfänge der Großen Anakonda sollen sich in Gefangenschaft nicht so gut akklimatisieren wie die der Paraguay-Anakonda (Ross & Marzec 1990).

Bild 95: *E. murinus* im Bronx Zoo, New York
Foto: L. Dirksen

In Gefangenschaft haben Anakondas unter anderem Weißfische, Mäuse, Ratten, Goldhamster, Meerschweinchen, Kaninchen, Agutis, Pakas, Wasserschweine, Hausschweine, Enten, Gänse, Tauben, Küken und Wachteln akzeptiert (LUTTENBERGER 1973; DESCHANEL & CHASON 1978; PETZOLD 1982; TRUTNAU 1982; STRIMPLE 1994a, 1994b). Mitunter werden Anakondas in Gefangenschaft „Nahrungsspezialisten". BARTON & ALLEN (1961) fütterten einen über 5 m großen Wildfang zunächst mit Schweinen, Kaninchen, Enten und Karpfen. Nach einem Monat akzeptierte das Weibchen plötzlich nur noch Stockenten, Pekingenten und Schneegänse. 1965 erhielt das Überseemuseum in Bremen eine 1,30 m lange Anakonda, die sich 3 Monate weigerte, Mäuse, halbwüchsige Meerschweinchen, Goldhamster, Spatzen, Jungtauben und Plötzen zu fressen (BRANDES 1971). Erst als ein „Grüner Hering", ein leicht vorgesalzener, frischer Hering, vorgelegt wurde, war die Hungerkur beendet, und von jetzt ab fraß sie zunächst ausschließlich diesen Fisch. Erst viel später begann sie, auch Meerschweinchen, Tauben usw. zu fressen. Anakondas gelten nicht zu Unrecht als unberechenbar. KLINGELHÖFFER (1959) setzte einen nur 50 cm langen *E. murinus* mit einem 25 cm langen Alligator zusammen. Am nächsten Morgen war der Alligator verschwunden und nur noch eine stark aufgeblähte Anakonda im Terrarium.

Als typischer Nahrungsgeneralist frißt die Anakonda auch Schlangen. Dies führte schon des öfteren zu unangenehmen Überraschungen. In Gefangenschaft fütterte SCHWEIZER (1953) seine junge Große Anakonda mit Barben und Weißfischen. Er hielt dieses Exemplar viele Jahre später zusammen mit einem 2,50 m langen *Python molurus*, den die mittlerweile 5 m lange und 22 Jahre alte Anakonda erwürgte und innerhalb von 20 min vollständig verschlang. Auch BLOMBERG (1955) berichtet, daß eine von ihm gefangene Große Anakonda in Gefangenschaft eine andere Riesenschlange, hier eine *Boa constrictor*, erwürgte und auffraß. Von einem weiteren Fall von Ophiophagie berichtet MICHAELS (1985). Er setzte zu einer knapp 1 m langen Anakonda eine ca. 70 cm lange *Nerodia sipedon*, die er nach wenigen Stunden nicht mehr wiederfand, dafür aber eine um so dickere Anakonda. Wie oben dargestellt, schreckt die Große Anakonda unter Umständen auch vor Schlangen ihrer eigenen Art nicht zurück (O'SHEA 1994).

Die Große Anakonda kann lange Perioden ohne Nahrung auskommen. In einem Fall wird von einer in Gefangenschaft lebenden Anakonda berichtet, die 500 Tage ohne Nahrungsaufnahme überlebt haben soll (SCHUBERT 1884). In Freiheit gibt es natürliche Perioden, in denen die Anakondas keine Nahrung zu sich nehmen; hierzu gehören die Paarungszeit und die nachfolgende Trächtigkeit des Weibchens. In Gefangenschaft verweigern Anakondas häufig die Nahrung vor einer Häutung.

Über Krankheiten, Parasiten (Bild 98) und medizinischen Behandlungen von Anakondas sind Informationen bei

Bild 96: *E. murinus* kurz vor der Häutung im Reptilienzoo auf dem Drachenfels bei Bonn Foto: L. Dirksen

Bild 97: Ein Jungtier von *E. murinus* hat sich im Terrarium im Bodensubstrat vergraben Foto: C. Homrighausen

Bild 98: Wildfänge der Anakondas sind oft von Ektoparasiten wie einer solchen Zecke befallen (hier: *E. deschauenseei*) Foto: L. Dirksen

folgenden Autoren zu finden: LÜDICKE (1962); BELLAIRS & BOYD (1957): anomale Palatina; BELLUOMINI & HOGE (1957/8a): Kaiserschnitt; JACOBI (1961): *Entamoeba invadens*; STEMMLER-GYGER (1963): Pleropneumie, Pericarditis, Fadenwürmer, *Salmonella arizona*; FRANK & SCHEPKY (1969): Lymphokom; LEHMANN (1969): *Amblyomma testudinis*; GIORGI (1970): *Salmonella newport*; KUGI & SAWADA (1970): *Crepidobothrium macroacetabula*; KEIRANS (1972): *Amblyomma fulvum*; CORRÊA GOMES & MAGALHÃES PINTO (1978): *Pachypsolus sclerops*; PETZOLD (1982); TRUTNAU (1982): Mundfäule, Bandwürmer, Milben; LUTTENBERGER (1984): Deformationen an Neugeborenen; VEINERT et al. (1983/84): Nekrose, *Protaeus mirabilis*, *Alcaligenes foecalis*; JACOBSON et al. (1986): Nierengeschwülst; PHILIP (1986): *Phaetabanus innotescens*, *Tabanus dorsiger stenocephalus*, *Tabanus dorsiger modestus*; ZUCHOWSKA (1989): *Crepidobothrium geradii*, *Stenotabanus incipiens*; CALLE et al. (1994): Blutuntersuchungen, *Amblyomma dissimile*, *Crepidobothrium* sp., *Dracunculus* sp., Trematoden, *Hemoproteus* sp.; MCNAMARA et al. (1994): *Cryptococcus neoformans*; STRIMPLE 1994b; WALLER et al. (1995): Plathelminthen, Nemathelminthen.

Nachfolgend werden einige Autoren genannt, die sich intensiv mit der Haltung und Zucht von *E. murinus* auseinandergesetzt haben und weitere, vertiefende Informationen liefern können: FLOWER (1937), SCHWEIZER (1953), VOGEL (1954), KLINGELHÖFFER (1959), BARTON & ALLEN (1961), STAEDELI (1961), STEMMLER-GYGER (1963), BRANDES (1971), LUTTENBERGER 1973, BELLUOMINI et al. (1976/77), DESCHANEL (1978), ENGELMANN (1978), HOLMSTROM (1980), VEINERT & BELLUOMINI (1980/81), MATZ (1981, 1986), PETZOLD (1982), TRUTNAU (1982), STRIMPLE (1986b, 1993, 1994a, 1994b, 1996, 1999a, 1999b), ROSS & MARZEC (1990), GAY (1993a), SCHMIDT (1996).

6.4.2.13 Handel

E. murinus wird zum Schutz vor übermäßigem Handel unter dem Washingtoner Artenschutzübereinkommen WA II (CITES) sowie der EU-Artenschutzverordnung Anhang B geführt. Diese Schutzmaßnahme hat bewirkt, daß der legale Handel mit Häuten der Großen Anakonda praktisch zum Erliegen gekommen ist (Abb. 6.31). Die in der Abb. 6.31 aufgeführten Daten stellen die Summe der Anakondas dar, die aus Ländern mit natürlichen Vorkommen exportiert wurden. Ab 1990 entstammen die Daten der Import-/Exportliste des World Conservation Monitoring Center (WCMC). Die Daten bis 1989 sind von WALLER et al. (1995) übernommen bzw. variiert worden. Die Angaben liegen oft nicht in „Anzahl der Tiere", sondern in Kilogramm, Metern oder sogar Metern im Quadrat der Häute vor. Die Umrechnung in „Anzahl Anakondas" ist wie folgt geschehen: 1 kg Haut = 1 Anakonda; 2,5 m Haut = 1 Anakonda; 1m² Haut = 1,5 Anakondas. Die Umrechnungsfaktoren sind anhand eigener Daten von 116 über 1,5 m langen Großen Anakondas unter Berücksichtigung der Vergrößerung der Häute durch Bearbeitung entstanden. Von 112.611 in kg, m oder m² angegebenen Werten sind auf diese Weise 23.944 Tiere errechnet worden (Tab. 6.30). Auffallend in der Liste des WCMC ist, daß die Import- und Exportzahlen nur sehr selten

Bild 99: Von einem Straßenhändler in Quito wird eine Anakondahaut zum Verkauf angeboten. Foto: L. Dirksen

übereinstimmen, oft aber hunderte oder tausende Anakondas, meistens von den Exporteuren, nicht angegeben wurden. Aus diesen Gründen dürfen die Daten nur als Anhaltspunkte verwendet werden. Exporte aus Ländern, in denen die Große Anakonda nicht vorkommt, sind nicht in die Auswertung eingeflossen. Einzige Ausnahme ist Argentinien, wo die Große Anakonda zwar nicht heimisch ist, von dort jedoch exportiert wurde, ohne daß es registrierte Importe gibt. Es ist davon auszugehen, daß diese Anakondas nach Argentinien geschmuggelte Wildfänge darstellen.

Für einen Zeitraum von 18 Jahren sind 112.611 Große Anakondas in der Exportliste der Länder ihres Vorkommens vermerkt. Daraus errechnet sich ein Jahresdurchschnitt von 6256 Anakondas. In den letzten vier Jahren des Erhebungszeitraumes (Abb. 6.31) sind allerdings nur noch zwei Häute registriert worden. Offensichtlich zeigt hier der Schutzstatus von *E. murinus* eine überraschend positive Wirkung. Andererseits ist bekannt, daß die Lederindustrie auf andere Arten, wie *Python reticulatus*, ausgewichen ist, von dem alleine für 1996 eine Jagdquote von 180.000 festgesetzt worden ist, jedoch vermutlich noch weit mehr der Lederindustrie zum Opfer fallen (RIQUIER 1999). Hauptimporteur sind bzw. waren die USA. Weitere Länder mit größeren Importen sind Italien, Frankreich, Österreich, Schweiz, Großbritannien und Japan. Für Deutschland sind in den 18 Jahren nur vier Große Anakondas registriert worden.

Der Umfang an Exporten von lebenden Anakondas aus den Ursprungsländern lag zwischen 1980 und 1997 ungefähr um das Zehnfache niedriger als der Export von Häuten und spielt somit zunächst keine bedeutende Rolle (Abb. 6.32). Im Erhebungszeitraum sind 9163 Exporte registriert worden (Tab. 6.30). Bis auf die beiden Ausnahmen 1991 und 1996 ist der Handel mit lebenden Tieren relativ konstant geblieben. Durchschnittlich wurden pro Jahr 509 Anakondas exportiert. Das bei weitem wichtigste Importland sind die USA, gefolgt von Großbritannien und Deutschland. Bei Importen von mehreren hundert lebenden Großen Anakondas stellt sich die Frage, wie man so viele Tiere zunächst artgerecht halten will. Hier kommt der Verdacht auf, daß einige dieser Importe der letzten Jahre für die Lederindustrie erfolgten. So wären auch die ungewöhnlich großen Exportzahlen von 1991 und 1996 zu erklären. Zu bedenken ist auch, daß die Große Anakonda wegen ihrer Größe und ihres unberechenbaren Charakters von Terrarianern, Zoos usw. allgemein nicht mehr so stark gefragt ist wie früher.

Aus der Tabelle 6.30 geht hervor, daß Paraguay und Guyana die Hauptexportländer für die Große Anakonda sind. Sie kommt nur in einem kleinen Teil von Paraguay vor. Folglich kann die angegebene große Anzahl Anakondas nicht aus Paraguay stammen. Da es keine Registrierung von Importen und Exporten zwischen den Ursprungsländern gibt, ist wohl der größte Teil der Anakondas nach Paraguay verbracht worden, um von hier den Export in die Abnehmerstaaten abzuwickeln. Gleiches gilt für Argentinien, da hier die Große Anakonda überhaupt nicht vorkommt.

Bild 100: Anakondas werden von der einheimischen Bevölkerung häufig getötet. Foto: L. Dirksen

**Tab. 6.30: Registrierte, exportierte Häute der Großen Anakonda sowie lebende Anakondas, verteilt auf die Exportländer ihres Vorkommens.
In Klammern steht die aus kg-, m- und m²-Angaben errechnete Anzahl Anakondas, die aber in der Summe der Länder bereits enthalten ist.**

	Häute	lebende Anakondas
Argentinien	17.573	—
Bolivien	6136 (2527)	3
Brasilien	4755 (1841)	1
Ecuador	3	—
Französisch-Guayana	—	1
Guyana	21.271 (2405)	7457
Kolumbien	250	—
Peru	8793 (1924)	1
Paraguay	53.668 (11181)	1
Surinam	—	1586
Trinidad u. Tobago	1	20
Venezuela	161	93
gesamt	112.611 (23944)	9163

Abb. 6.31: Registrierte, aus den Ursprungsländern exportierte Häute der Großen Anakonda (s. Tab. 6.30)

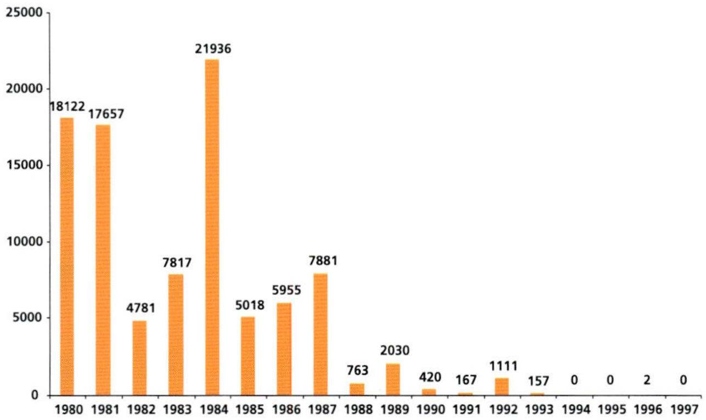

Abb. 6.32: Registrierte, aus den Ursprungsländern exportierte lebende Große Anakondas von 1980–1997 (s. Tab. 6.30)

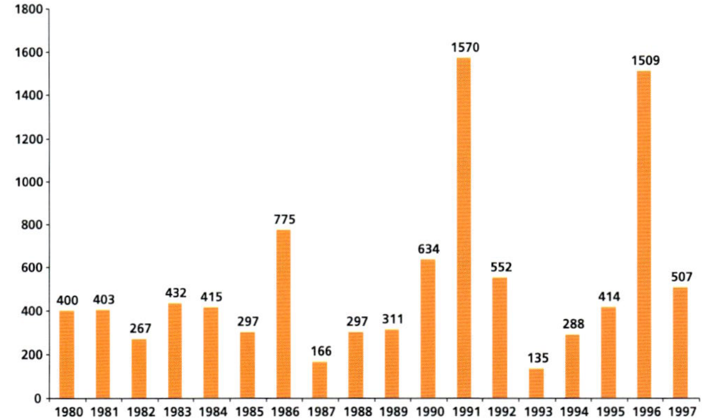

Abb. 6.33: Längenprofil der untersuchten Paraguay-Anakondas

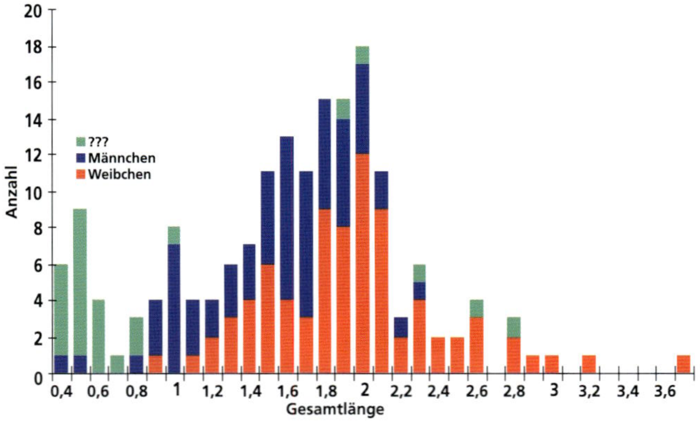

Abb. 6.34: Schwanzlängen der Männchen und Weibchen der Paraguay-Anakondas. Die Schwänze der Männchen sind etwas länger als die der Weibchen.

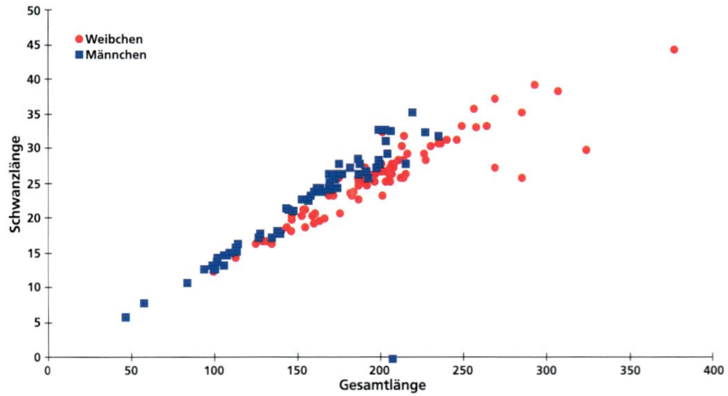

6.4.3 *Eunectes notaeus* Cope, 1862

6.4.3.1 Diagnose

3–4 m lang werdende Riesenschlange aus Paraguay, Südostbolivien, Nordargentinien und dem Pantanal Brasiliens. Gelb mit dichtem, schwarzem Zeichnungsmuster, das sich von *E. deschauenseei* (114,5) und *E.* sp. (98,4) durch eine im Mittel höhere Zahl dorsaler Barren (139,8), die Ausbildung von lateralen, schwarzen Ringen (versus eine oder zwei große Punktreihen) und viele kleine, laterale Flecken unterscheidet. In der Beschuppung der Schwesterart *E. deschauenseei* sehr ähnlich. Semiaquatisch.

6.4.3.2 Etymologie und Trivialnamen

Der Artname für *E. notaeus* hat seinen Ursprung im Griechischen. Er leitet sich nach dem Vorkommen in Südamerika von „notos“, „der Süden“, ab. Für *E. notaeus* sind im Deutschen drei Namen gebräuchlich: Paraguay-Anakonda, Südanakonda oder Gelbe Anakonda. Paraguay-Anakonda ist dabei die am häufigsten anzutreffende Form. Die Einteilung in Südanakonda (*E. notaeus*) und Nordanakonda (*E. murinus*) ist hingegen sehr selten benutzt worden. Daher wird der Name Südanakonda in dieser Arbeit nicht verwendet, um einen eindeutigen Namen zu prägen. Der Name Gelbe Anakonda führt leicht zu einer Verwechslung mit der ebenfalls gelblichen bis hellbraunen *E. deschauenseei*. Deshalb wird in dieser Arbeit ausschließlich der treffendere Name Paraguay-Anakonda verwendet. Trotz eines begrenzten Gebietes in Südamerika gibt es für *E. notaeus* eine ganze Reihe verschiedener Namen. Diese werden nachfolgend einschließlich aller gefundenen Schreibweisen – nach Möglichkeit mit Länderherkunft – alphabetisch geordnet aufgelistet. Den Autoren der angeführten Arbeiten ist eine Zahl vergeben worden, die in Klammern hinter dem jeweiligen Namen steht. Die Zitate sind der Liste unterhalb der Namen zu entnehmen.

Südamerika: Ampallagua (1, 2), Boa curiyú (7), Curudiú (1, 2), Curutijú (4, 7), Sucuri (1, 2, 11), Sucuri amarela (4, 5, 6, 9, 10), Sucuri do Pantanal (5).
Argentinien: Ampalagua (3, 9, 11), Anaconda amarilla (9), Anaconda austral (9), Anaconda del Paraguay (9), Boa acuática (3), Boiguaçu (8), Curiyú (9), Curudiú (9, 11), Curutijú (9), Kurúyú (3, 9), Mboi-yagua (9), Quetemeniope (9), Sucuridjú (9), Sucuriú (9).
Bolivien: Sicurí amarilla (12).
Paraguay: Anaconda amarilla (8), Curidyú (8), Curiyú (8), Kochokor (8), Mbói-Dyaguá (8).
Guaraní (Sprache der Guarani-Indianer): Kurúyú (3).

Quellen

1. Amaral (1930)	7. Waller (1988)
2. Amaral (1935)	3. Barran & Freiberg (1951)
8. Waller et al. (1995)	9. Williams & Scrocchi (1994)
4. Belluomini et al. (1976/7)	10. Strüssmann (1997)
5. de Lema (1994)	11. Petzold (1982)
6. Veinert et al. (1983/84)	12. Kempff-Mercado (1975)

Bild 101: 3,60 m langes und 29 kg schweres Weibchen der Paraguay-Anakonda im Pantanal Foto: C. Strüssmann

6.4.3.3 Färbung und Zeichnung

Entsprechend ihrem zweiten deutschen Namen Gelbe Anakonda ist ihre Grundfarbe Gelb, auf dem sich ein ausgeprägtes, schwarzes Muster befindet (Bilder 101-105, 110, 112, 113), das dem von *E. deschauenseei* sehr ähnlich ist. Am Kopf hat sie ebenso fünf schwarze Streifen, deren mittlerer sich manchmal in Zickzackform bis in das vordere Körperdrittel hinzieht, um in die schwarzen, dorsalen Querbarren überzugehen. MTKD 29835 besitzt ein derartiges Zickzackmuster bis über das vordere Drittel hinaus. Auch die oberen Seitenstreifen des Kopfes können verlängert sein, wie dies z. B. mit ca. 50 cm langen, leicht gewellten Streifen bei dem Exemplar MNHNP 6951 zu finden ist. Bei besonders ausgeprägten Querbarren erscheint die dorsale, gelbe Grundfarbe wie ein Gittermuster. 139,8 Querbarren (Zählweise im Methodenteil) sind durchschnittlich für *E. notaeus* ermittelt worden, wovon sich 108,5 dorsal auf dem Rumpf und 32,4 auf dem Schwanz befinden. Die letzten Querbarren des Schwanzes treten oft als eine gelb-schwarze Querstreifung auf. Unterschiede zwischen Männchen und Weibchen in der Färbung sind nicht ausgeprägt (Tab. 6.31). Die Barren können durchgehend schwarz sein, gelb-schwarz gesprenkelt oder auch ein helleres, verwaschen wirkendes Zentrum besitzen. Eine seltene Farbvariante zeigt ein dunkelbraunes Körpermuster anstatt eines schwarzen (Bild 103). IB 22476 hat Barren, die innen deutlich heller als die Körperfarbe sind. Nur in einer Serie Neugeborener konnte eine Farbmutation am Kopf festgestellt werden, bei der kleinere Bereiche weiß sind. Albinismus oder Melanismus sind in dieser Gattung ansonsten nicht bekannt.

Das dorsale Barrenmuster ist häufig mit kurzen Zickzack-Sequenzen oder schwarzen Punkten, ähnlich denen von *E. murinus*, durchsetzt. Um ein Maß hierfür zu bekommen, wurden die medianen, dorsalen Kontakte der Barren gezählt. Durchschnittlich 64,6-mal berühren sich die Barren über der dorsalen Mitte (Tab. 6.32).

Lateral hat *E. notaeus* schwarze Ozellen, die jedoch kein helleres Zentrum besitzen, wie dies bei *E. murinus* der Fall ist. Die Ringe bilden meistens keinen durchgehenden Kreis, sondern sind unvollständig ausgeprägt und aus mehreren kleinen Flecken zusammengesetzt. Unterhalb der Ringe bis zu den Ventralia befinden sich viele, unregelmäßig verteilte kleine schwarze Flecken (Bilder 51, 53). Die Ventralia sind oft schwarz gefleckt. Diese Flecken können in zwei Reihen verlaufen. Auf den Subcaudalia sind die Flecken größer, oft sogar die Hälfte der Schuppe einnehmend. Dieses Muster ist bei jeder Anakonda verschieden und kann zur individuellen Wiedererkennung herangezogen werden (KEMPER 1996). Auch die gelben Supralabialia können schwarz gefleckt sein.

Tab. 6.31: Anzahl und Durchschnitt der dorsalen, schwarzen Barren bei *E. notaeus*, getrennt nach den Geschlechtern

	Männchen	Weibchen	gesamt
Barren Rumpf	81–126	91–132	81–139
Durchschnitt	107,4 (69)	108,5 (82)	107,9 (176)
Barren Schwanz	24–40	20–43	20–45
Durchschnitt	33,1 (67)	32,4 (82)	32,4 (173)
Barren gesamt	105–164	113–175	101–175
Durchschnitt	140,9 (68)	140,4 (84)	139,8 (175)

Tab. 6.32: Anzahl Kontakte der Barren über der dorsalen Mittellinie von *E. notaeus*. Die Weibchen haben geringfügig mehr Kontakte.

	Männchen	Weibchen	gesamt
Kontakte Rumpf	35–60	43–60	35–66
Durchschnitt	48,9 (16)	51,2 (13)	49,9 (44)
Kontakte Schwanz	10–19	12–20	10–20
Durchschnitt	14,8 (16)	15,9 (13)	14,6 (44)
Kontakte gesamt	45–78	57–78	45–85
Durchschnitt	63,7 (16)	67,1 (13)	64,6 (44)

Bild 102: *E. notaeus* Foto: H. Bosch

Bild 103: Ungewöhnliche braune Farbvariante (links) von *E. notaeus* mit helleren Zentren der dorsalen Flecken. Das rechte Exemplar ist gewöhnlich gefärbt. Foto: L. Dirksen

Bild 104: *E. notaeus* aus Corrientes, Argentinien Foto: L. Dirksen

6.4.3.4 Morphometrie

Gesamtlänge

In Körperform und Größe ähnelt die Paraguay-Anakonda sehr dem amazonischen *E. deschauenseei*. Das Längen-Höchstmaß von *E. notaeus* wird allgemein mit 3 oder 4 m angegeben. Anders als bei *E. murinus*, der 9 m und mehr erreichen kann, finden sich zur Paraguay-Anakonda keine maßlos übertriebenen Darstellungen hinsichtlich ihrer Körperlänge. Die längste Paraguay-Anakonda, von der ich je gehört habe, befindet sich nach T. Waller (pers. Mitt.) in Misiones (Argentinien); sie soll 5 m lang sein. Allerdings handelt es sich um eine Haut, die somit weit länger ist als das Originaltier. T. Waller schätzt die ursprüngliche Länge auf 4,20–4,50 m. Da eine Haut bis 30 % oder sogar mehr gestreckt werden kann, je nach Methode der Präparation, könnte die Schlange auch lediglich 4 m lang gewesen sein. Eine weitere mit 4,30 m sehr große Haut befindet sich in Uruguay in der zoologischen Wirbeltiersammlung der wissenschaftlichen Fakultät von Montevideo (ZVC-R 5349). Von diesem Exemplar berichtet Achaval (pers. Mitt.), daß es mit einem Lamm im Bauch entdeckt worden, später konfisziert und ins Museum gebracht worden sei. Allerdings ist auch hier nicht die Länge des lebenden und vollständigen Exemplares, sondern wiederum nur die Haut gemessen worden. Mit großer Sicherheit ist diese Paraguay-Anakonda lebend unter 4 m lang gewesen. Der längste mir bekannte, lebendig oder im Originalzustand gemessene *E. notaeus* ist ein Weibchen, das T. Waller (pers. Mitt.) im argentinischen Bundesstaat Corrientes fand und das 3,95 m lang sowie 25 kg schwer war. C. Strüssmann (pers. Mitt.) fing und vermaß ein 3,60 m langes und 29 kg schweres Weibchen im Pantanal (Bild 101). Vom längsten in einem Museum vorgefundenen Exemplar existiert nur eine Haut, die 3,77 m mißt (IB 2146), die aber länger als das ursprüngliche Tier ist. In Abb. 6.33 ist ein Längenprofil aller selbst untersuchten Paraguay-Anakondas mit meßbarer Gesamtlänge dargestellt (n = 177), unterteilt nach Weibchen (50 %), Männchen (33 %) und nicht sicher zu ermittelndem Geschlecht (17 %). Wie auch bei den anderen Anakonda-Arten werden die Weibchen erheblich größer als die Männchen und lassen sich die konservierten Jungtiere schlecht an äußeren Merkmalen auf ihr Geschlecht bestimmen. Das größte untersuchte Männchen erreicht eine Länge von 2,35 m (NKR 1152). Waller et al. (1995) haben 237 Paraguay-Anakondas einer Population vermessen und ein ähnliches Größenprofil gefunden. Demnach sind Anakondas zwischen 1,6 und 2 m am häufig-

Tab. 6.33: Schwanzlängen und deren Quotient zur Kopf-Rumpf-Länge von *E. notaeus*, unterteilt in Längengruppen und nach den Geschlechtern

	< 100 cm	100–150 cm	151–200 cm	> 200 cm	D gesamt
Männchen					
SwL	6–13	13–21,7	22,7–33	28–35,5	
KRL / SwL	6,1–6,6	5,6–6,8	5,2–6,5	5,1–6,7	
D KRL / SwL	6,4 (6)	6,2 (18)	5,7 (34)	5,7 (8)	5,9 (66)
Weibchen					
SwL	12,5	14,5–20,5	19–27,5	23,5–44,5	
KRL / SwL	6,9	6,1–7,1	6,1–7,3	5,2–10	
D KRL / SwL	6,9 (1)	6,6 (10)	6,5 (30)	6,8 (41)	6,7 (82)
D ges.	6,2 (29)	6,4 (29)	6,1 (66)	6,6 (50)	6,3 (174)

Tab. 6.34: Durchschnittswerte der Quotienten aus Kopf-Rumpf-Länge und Körperumfang der Männchen und Weibchen von *E. notaeus* in Längenstufen unterteilt

	< 100 cm	100–150 cm	151–200 cm	> 200 cm	D gesamt
Männchen					
KU	6–12	8,8–18	15–22	18–26	
D KRL / KU	7,3 (6)	7,6 (18)	8,3 (30)	8,6 (8)	8,1 (62)
Weibchen					
KU	11	11,5–17,5	15–24,5	18–44	
D KRL / KU	7,9 (1)	7,9 (10)	7,7 (23)	8,4 (39)	8,1 (73)

Tab. 6.35: Kopflängen sowie die Quotienten aus KRL/KL in unterteilten Längenklassen von *E. notaeus*

	< 100 cm	100–150 cm	150–200 cm	> 200 cm
KL	2,4–4	3,2–5,2	4,7–6,9	5,4–9,2
KRL / KL	14,8–24	21,1–27,9	24,4–33,3	24,2–31,2
D (KRL / KL)	18,8 (28)	25,3 (29)	27,7 (65)	29,2 (48)

Tab. 6.36: Kopfbreite und Quotienten aus KRL/KB von *E. notaeus* in unterteilten Längenklassen

	< 100 cm	100–150 cm	150–200 cm	> 200 cm
KB	1,2–2,5	1,9–3,8	2,6–4,5	3,1–7,4
KRL / KB	23,1–41,2	32,2–46,6	37,5–59	37,4–58,7
D (KRL / KB)	31,5 (27)	39,7 (29)	44,6 (61)	43,6 (48)

sten. Auffällig bei WALLER et al. (1995) ist die geringe Anzahl Schlangen unter einem Meter. Dies ist jedoch saisonal bedingt. Außerdem ist zu bedenken, daß in die eigenen Untersuchungen mehrere vollständige Würfe aus Gefangenschaft einfließen. Das längste Individuum dieser Population mißt lediglich ca. 2,60 m und bleibt damit weit unter der möglichen Größe dieser Art zurück. Sektionen und Untersuchungen der Geschlechtsorgane, zur Fortpflanzungsbiologie und Populationsdynamik (ausführliche Ergebnisse sind in Bearbeitung und sollen bald veröffentlicht werden; T. WALLER, pers. Mitt.) ergaben ein Verhältnis von 52,4 % Weibchen zu 47,6 % Männchen. Auf die Angabe von Prozentzahlen selbst untersuchter Paraguay-Anakondas wird wegen der großen Zahl nicht eindeutig bestimmbarer Exemplare verzichtet.

Schwanzlänge

Die Schwänze der Paraguay-Anakondas sind mittellang und verjüngen sich nur langsam. Die Männchen (n = 66) von *E. notaeus* haben mit 5,9 KRL / SL durchschnittlich etwas längere Schwänze als die Weibchen (n = 82) mit 6,7 (Tab. 6.33). Die Unterschiede in der Länge reichen nicht aus, um eine generelle Geschlechtsbestimmung mit diesem Merkmal durchzuführen, können aber, je nach Ausprägung, ein deutliches Indiz für das Geschlecht sein. WALLER et al. (1995) berechneten bei Männchen (n = 64) die SL mit 14,3 % von der GL und bei den Weibchen (n = 77) mit 12,7 %. Dieses Ergebnis korreliert mit den eigenen Ergebnissen. Die Schwänze der adulten Männchen sind im Verhältnis länger als die der Neugeborenen und der Subadulti.

Körperumfang

Der Quotient aus der KRL mit dem Körperumfang (KU) beträgt sowohl bei den Männchen als auch bei den Weibchen 8,1 (Tab. 6.34, Abb. 6.35). Junge Männchen scheinen etwas dicker als junge Weibchen zu sein. Diese Aussage kann wegen der geringen Zahl von Stichproben nur unter Vorbehalt getroffen werden. Wie auch bei den anderen Arten hängt die Dicke bzw. der Körperumfang stark von den Lebensumständen der Schlangen ab. So sind Terrarientiere häufig wesentlich fetter als frei lebende Anakondas.

Kopflänge und Kopfbreite

Der Kopf der Paraguay-Anakonda ist nur wenig vom Körper abgesetzt. Die Augen und Nasenöffnungen liegen bei den aquatischen Anakondas höher als bei terrestrischen Schlangen. Der Kopf ist gedrungen, kräftig und erscheint bei ausgewachsenen Anakondas im Verhältnis zum Körper recht klein. Nennenswerte Unterschiede in der Kopflänge (KL) sind zwischen den Geschlechtern nicht vorhanden (Abb. 6.36 und 6.37). Mit dem Längenwachstum der Schlangen wird der Kopf im Verhältnis zum Körper kürzer (Tab. 6.35), wächst also nicht proportional mit.

Die Kopfbreite (KB) erscheint variabler, als sie in Wirklichkeit ist (Abb. 6.37), weil die Unterkiefer die breiteste Stelle am Kopf markieren, sehr beweglich sind und beim Konservieren durch unterschiedliche Drücke anders liegen. Die Kopfbreite junger Anakondas ist im Verhältnis zur Körperlänge größer (Tab. 6.36). Bei 2 m langen Exemplaren wächst die Breite des Kopfes ungefähr proportional zur Länge mit. Der Quotient aus KL / KB beträgt 1,6 (n = 172).

Bild 105: *E. notaeus* vom Reptilienzoo in Königswinter Foto: L. Dirksen

Abb. 6.35: Körperumfang der Männchen und Weibchen von *E. notaeus*. Subadulte Männchen sind bei den untersuchten Exemplaren etwas dicker.

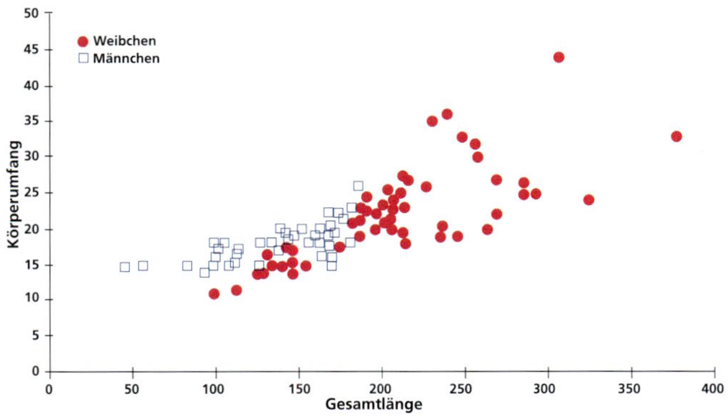

Abb. 6.36: Kopflängen im Vergleich der Geschlechter von *E. notaeus*

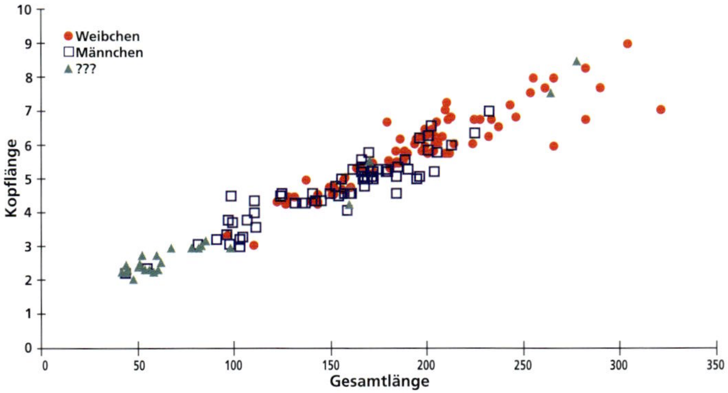

Abb. 6.37: Kopfbreiten von *E. notaeus* im Vergleich der Geschlechter

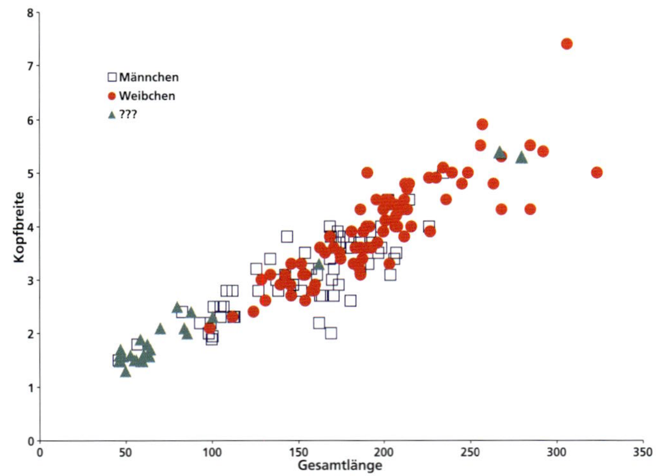

Abb. 6.38: Breiten der 10. Subcaudalia der Männchen und Weibchen von *E. notaeus*. Die Männchen besitzen breitere als die Weibchen.

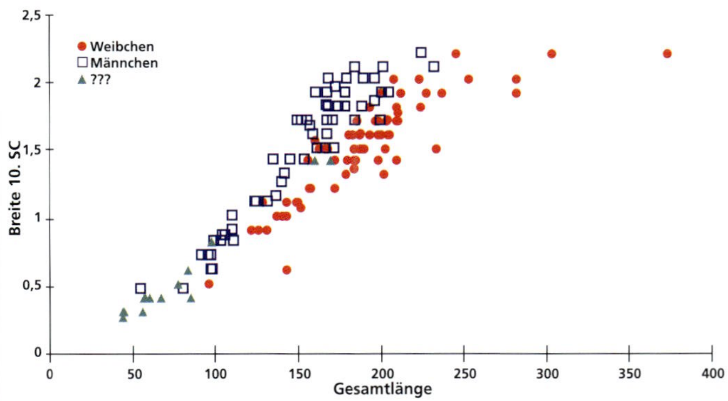

Tab. 6.37: Schnauzen-Augen-Länge und deren Quotient zur Kopf-Rumpf-Länge von *E. notaeus*, unterteilt in Längengruppen und nach den Geschlechtern

	< 100 cm	100–150 cm	151–200 cm	> 200 cm	D gesamt
Männchen					
SAL	0,7–1	1–1,4	14–2	1,4–2,3	
KRL / SAL	57,1–86,5	75,4–96,9	86–112,7	95,3–132,1	
D KRL / SAL	71,3 (6)	86,4 (17)	93,6 (32)	104,4 (70)	97,6 (125)
Weibchen					
SAL	1,1	1,4–1,6	1,3–1,9	1,6–2,5	
KRL / SAL	78,7	61,3–91,1	82,2–105,7	91,6–152,4	
D KRL / SAL	78,6 (1)	83 (10)	93,1 (30)	103,6 (35)	96,4 (76)

Tab. 6.38: Länge zwischen den Augen und deren Quotient zur Kopf-Rumpf-Länge von *E. notaeus*

	< 100 cm	100–150 cm	151–200 cm	> 200 cm	D gesamt
Männchen					
LZA	0,7–1,1	1–1,5	1,3–1,9	1,4–2,1	
KRL / SAL	70–78,7	77,9–99,1	67,8–107,7	94,2–132,1	
D KRL / LZA	74,9 (5)	91,2 (17)	94,8 (32)	104,7 (7)	93,3 (61)
Weibchen					
LZA	1	1–1,5	1,3–1,9	1,3–2,6	
KRL / LZA	86,5	80–98	87,6–106,2	98–140	
D KRL / LZA	86,5 (1)	89 (10)	95,6 (30)	104,7 (37)	98,6 (76)

Tab. 6.39: Breiten der 30. Ventralia von *E. notaeus* in Längenklassen und nach den Geschlechtern getrennt sowie deren Quotient aus KRL/30. V

	< 100 cm	100–150 cm	151–200 cm	> 200 cm	D gesamt
Männchen					
30.V	0,8–1,1	0,9–1,6	1,8–2,2	1,9–2,5	
D KRL / 30. V	77,2 (6)	81,1 (18)	77,5 (29)	83,9 (6)	79,2 (59)
Weibchen					
30. V	1	1,1–1,7	1,6–2,5	1,9–4	
D KRL / 30. V	86,5 (1)	81,3 (10)	75,2 (29)	79,2 (33)	78,2 (72)

Tab. 6.40: Breiten der 10. Subcaudalia, deren Durchschnitt und die Mittelwerte aus den Quotienten aus KRL/10. SC der Männchen und Weibchen von E. notaeus in 1-m-Abschnitten

	< 100 cm	100–150 cm	151–200 cm	> 200 cm	D gesamt
Männchen	10. SC	0,6–0,7	0,7–1,5	1,5–2,2	1,8–2,3
D 10. SC	0,7	1,1	1,8	2,1	
D KRL/10. SC	110,1 (5)	96,3 (17)	81,8 (34)	88,2 (6)	88,4 (60)
Weibchen					
10. SC	0,6	0,7–1,2	1,2–1,9	1,4–2,6	
D 10. SC	0,6	1	1,5	1,9	
D KRL / 10. SC	144,2 (1)	117,4 (9)	101,5 (29)	108,3 (32)	106,9 (73)

Schnauzenlänge und Abstand zwischen den Augen

Die Schnauze der Paraguay-Anakonda wächst wie der Kopf nur langsam – im Verhältnis zum Körper – mit. Insgesamt sind keine signifikanten Unterschiede zwischen den Geschlechtern zu erkennen.

Der Abstand zwischen den Augen vergrößert sich nur sehr langsam und wächst nicht proportional zur KRL. Die Summe der Quotienten ist bei den Weibchen etwas höher, weil mehr große Tiere vermessen wurden, deren Quotienten einen durchschnittlich höheren Wert bilden. Innerhalb der einzelnen Größenstufen sind jedoch keine bedeutsamen Unterschiede zu erkennen (Tab. 6.38).

Breite 30. Ventralia und 10. Subcaudalia

Die Ventralia der Anakondas sind kleiner als die der meisten anderen Schlangen. Sie wachsen ungefähr proportional in ihrer Breite mit der KRL mit (Tab. 6.39). Unterschiede zwischen den Geschlechtern bestehen nicht. Der Durchschnitt des Quotienten aus der KRL und der Breite des 30. V von 131 *E. notaeus* beträgt 78,7.

Wie auch bei den anderen Anakonda-Arten haben die Männchen der Paraguay-Anakonda im Bereich der invertierten Hemipenes breitere SC (Tab. 6.40 und Abb. 6.38). Durchschnittlich besitzen über 150 cm lange Männchen 3 mm breitere 10. SC. Auffällig ist, daß dieses Merkmal bereits bei den Jungtieren zu erkennen ist, wenn auch schwä-

Bild 106: *Eunectes notaeus* Foto: L. Dirksen

cher ausgeprägt. Der Durchschnittsquotient (KRL / 10. SC) aller untersuchter *E. notaeus* beträgt 98,6 (n = 133). Tiere zwischen 150 und 200 cm haben im Verhältnis zum Körper die breitesten SC.

Die Breite der vorderen SC kann als wichtiges Indiz zur Bestimmung des Geschlechtes herangezogen werden (Abb. 6.38). Es ist anzunehmen, daß dieses Ergebnis ebenso in anderen Schlangengruppen Gültigkeit hat. Dies müßte jedoch noch verifiziert werden.

Gewicht

Die Anakondas aus den naturhistorischen Museen habe ich nicht gewogen, da sie in Flüssigkeit konserviert keine verläßlichen Daten zum tatsächlichen Lebendgewicht besitzen. Waller et al. (1995) hatten während des Flutens des riesigen Itaipua-Stausees die einmalige Gelegenheit, eine sehr große Anzahl an Paraguay-Anakondas zu untersuchen. Insgesamt wurden 1450 *E. notaeus* beim Überfluten des Gebietes gesammelt. Davon wurden 197 Individuen gewogen. In einer Grafik des Untersuchungsberichtes (dort auf S. 54) ist das Gewicht im Verhältnis zur GL aufgetragen. Es zeigt sich, daß die Anakondas mit steigender Länge exponentiell schwerer werden. Das längste Exemplar mit ca. 2,5 m Länge wiegt knapp 8 kg. Anakondas werden in Gefangenschaft deutlich schwerer als in der freien Natur.

6.4.3.5 Pholidose

104 untersuchte *E. notaeus* besitzen zwischen 213 und 237 Ventralia (V), deren Durchschnittswert bei 227,3 liegt (Tab. 6.41). Der Ventraliawert ist unter anderem davon abhängig, ob die ersten V bereits früh am Hals beginnen oder hier zunächst viele kleine Schuppen sitzen und die V erst weiter hinten voll ausgeprägt auftreten. Das Anale ist immer ungeteilt. 156 Paraguay-Anakondas konnten eindeutig einem Geschlecht zugeordnet werden. Konservierte Jungtiere und Häute ließen sich meistens nicht eindeutig identifizieren. Die Unterschiede zwischen Männchen und Weibchen in den Ventraliawerten wie auch den übrigen Körperschuppen stellen sich jedoch als unwesentlich heraus (Tab. 6.41). Bei Jungtieren läßt sich noch der Nabel erkennen, der 3–6 V lang ist und zwischen dem 144. und 162. V beginnt.

Tab. 6.41: Pholidosewerte der Körperschuppen von *E. notaeus*

	Variation	Durchschnitt	D Männchen	D Weibchen
Ventralia	213–237	227,3 (104)	227 (39)	227,4 (42)
Nabelanfang	144–162	154,6 (14)	151 (2)	—
Subcaudalia	44–61	54,2 (166)	54,9 (83)	54 (64)
doppelte SC	0–27	5,8 (157)	5,2 (62)	6,2 (79)
Do Körpermitte	43–52	46,8 (178)	46,7 (70)	47,3 (81)
Do vor Kloake	26–35	30,2 (43)	30,4 (13)	29,4 (13)
Do hinter Kopf	34–42	37,3 (44)	37,3 (13)	37,4 (13)

Tab. 6. 42 Pholidosewerte der Kopfschuppen von *E. notaeus*

	Variation	Durchschnitt	D Männchen	D Weibchen
Supralabialia	12–16	14 (182)	14,1 (69)	14,1 (84)
Infralabialia	15–21	17,7 (176)	17,8 (68)	17,7 (81)
Suborbitalia	0–4	1,2 (182)	1,2 (69)	1,3 (85)
Loreale	1	1 (182)	1	1
Nasalia	3	3 (182)	3	3
Ocularia	5–9	7 (183)	7,1 (69)	7,1 (86)
Schuppen ums Frontale	3–8	5,4 (127)	5,3 (50)	5,4 (59)
Schuppen zw. Supraocularia	1–3	2,3 (163)	2,3 (62)	2,4 (79)

Die Zahl der Subcaudalia (SC) variiert zwischen 44 und 61 bei einem Durchschnitt von 54,2 (n = 166). Die Männchen besitzen durchschnittlich 0,9 SC mehr als die Weibchen. Die Ursache hierfür läßt sich in den geringfügig längeren Schwänzen der Männchen vermuten. Überraschend häufig finden sich doppelte SC, obwohl in der Literatur immer wieder zu lesen ist, daß die Anakondas einfache SC hätten. Von 173 *E. notaeus* besitzen nur 41 Schlangen ausnahmslos einfache SC, 132 jedoch zwischen 1 und 27 doppelte SC mit einem Durchschnitt von immerhin 5,8 SC. Sehr selten treten auch halbe oder doppelte Ventralia auf.

Dorsalia besitzt die Paraguay-Anakonda 43–52 (n = 178) um die Körpermitte, 26–35 (n = 43) vor der Kloake und 34–42 (n = 44) hinter dem Kopf (Tab. 6.41). Unterschiede zwischen den Geschlechtern sind bei den Dorsalia nicht signifikant.

12–16 (D = 14) Supralabialia (SL) und 15–21 (D = 17,7) Infralabialia (IL) sind bei *E. notaeus* zu finden. Die vorderen SL und noch mehr die vorderen IL sind bis zu den Augen viel höher als breit. Hinter den Augen werden die SL fast quadratisch, während die hinteren IL sehr klein werden. Das Rostrale ist doppelt so breit wie hoch. Das Mentale ist lang, verjüngt sich nach unten und wird von den ersten beiden IL vollständig eingerahmt. Während bei *E. murinus* immer eine Suborbital- (SO-) Schuppenreihe zwischen den SL und den Ocularia sowie dem Loreale liegt, finden sich hier höchstens 4 SO, meistens nur eines (D = 1,2). Die SO befinden sich aber niemals ganz zwischen den Ocularia und den SL. Vereinzelt treten die SO auch doppelt auf.

Das Loreale ist groß, unregelmäßig fünfeckig und zwischen SL und Praeoculare spitz zulaufend. Drei Nasalia umschließen die Nasenöffnung. 5–9 Ocularia, genauer ein großes Supraoculare, 1–2 Praeocularia, 1–3 Subocularia und 2–4 Postocularia umranden die Augen, die – typisch für aquatile Schlangen – weit oben am Kopf sitzen. Die dorsalen Kopfschuppen sind groß, jedoch in ihrer Anzahl und Form recht unregelmäßig. Konstant zeigen sich allein zwei große Frontonasalia, die ca. doppelt so lang wie breit sind. Dahinter folgen median ein Praefrontale und ein Frontale, die auch zu einer großen Schuppe verwachsen sein können. Um das Frontale liegen 3–8 Schuppen, was die Unregelmäßigkeit verdeutlicht. Gewöhnlich sind 5–6 ungefähr gleich große Schuppen um das Frontale vorhanden. Zwischen den beiden Supraocularia können 1–3 Parietalia liegen (Tab. 6.42). Die Unregelmäßigkeit der dorsalen Kopfschuppen wird in Abb. 6.39 anhand der Länge des Frontale stellvertretend für alle dorsalen Kopfschuppen dargestellt. Allein 20mal konnten keine Werte genommen werden, da das Frontale mit dem Praefrontale verwachsen war, und 24mal war es zu klein, unregelmäßig geformt oder mit anderen Schuppen verwachsen.

6.4.3.6 Skelett und Zähne

In den Museen ist nur sehr wenig Skelettmaterial von der Gattung Anakonda zu finden gewesen. 12 mehr oder weniger komplette Skelette der Paraguay-Anakonda sind untersucht worden. Neun von diesen gehören zu Jungtieren in der Größe von Neugeborenen, und davon sind wiederum sieben aus der Serie mit den Mißbildungen des FMNH, von denen auch die vollständige Haut erhalten ist. Offensichtliche Abweichungen, wie eine Wirbelzahl von 260 aus dieser Serie, sind nicht berücksichtigt worden. Nur drei Schädelknochen von Paraguay-Anakondas über 1 m konnten letztlich untersucht werden. Die geringe Menge der Untersuchungsobjekte läßt keine fundierten Aussagen über Variabilität, Wachstum oder Geschlechtsdimorphismus zu, außer ihrer Beschreibung und einem Vergleich mit *E. murinus*. Verwertbare Zahlen der Wirbel konnten nur fünfmal erhoben werden. Demnach liegt die Variation zwischen 298 und 306. Der Durchschnitt beträgt 302,7.

Der Quotient aus der SchL / SchB der in Abb. 6.41 dargestellten Werte beträgt 2,1 (n = 12). Der Quotient aus KL / KB ist

Abb. 6.39: Breiten der Frontalia von *E. notaeus*. Das Frontale wie auch die anderen, dorsalen, in der Mitte des Kopfes gelegenen Schuppen zeigen sich in Form und Zahl sehr verschieden. Oftmals konnten wegen Verwachsungen der Schuppen keine Maße genommen werden.

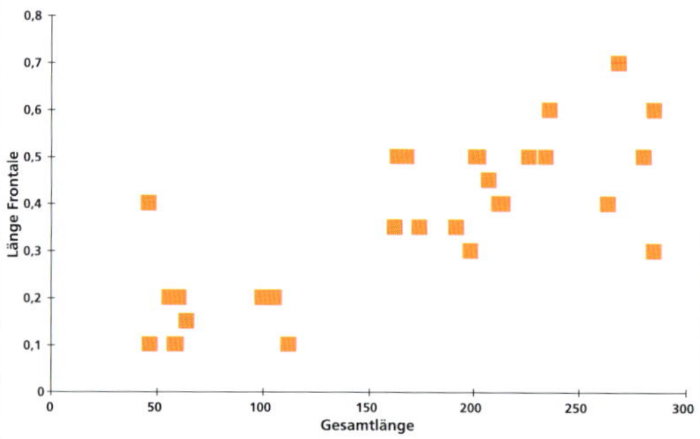

Bild 107: Zähne eines *E. notaeus* Foto: L. Dirksen

Abb. 6.40: Schädellängen der Paraguay-Anakonda

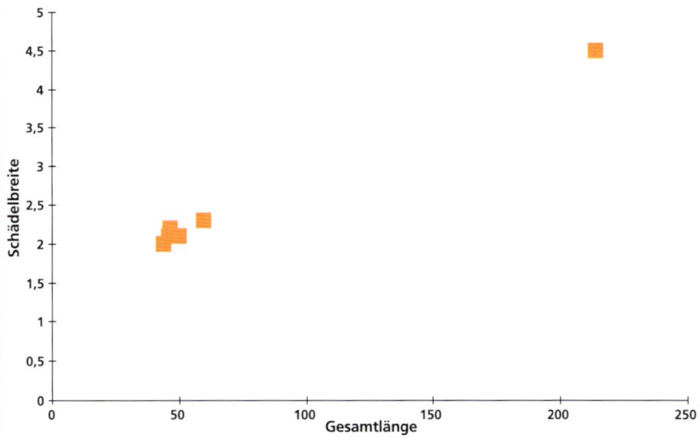

Abb. 6.41: Schädelbreiten von *E. notaeus*, aufgetragen gegen die Schädellängen

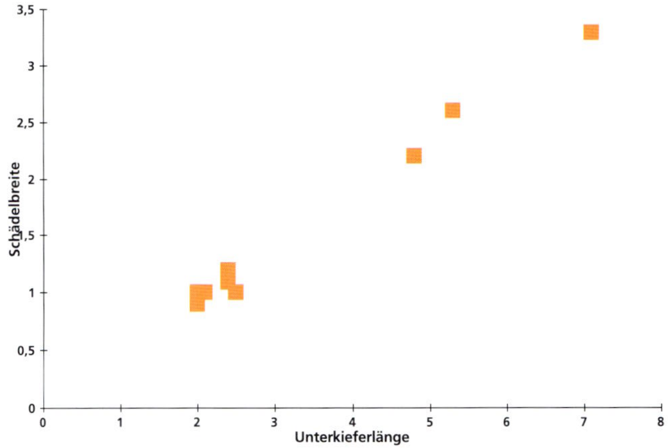

Abb. 6.42: Schädelbreiten von *E. notaeus*, aufgetragen gegen die Unterkieferlänge. Der Quotient aus UKL/SchB beträgt 2,1 (n = 12).

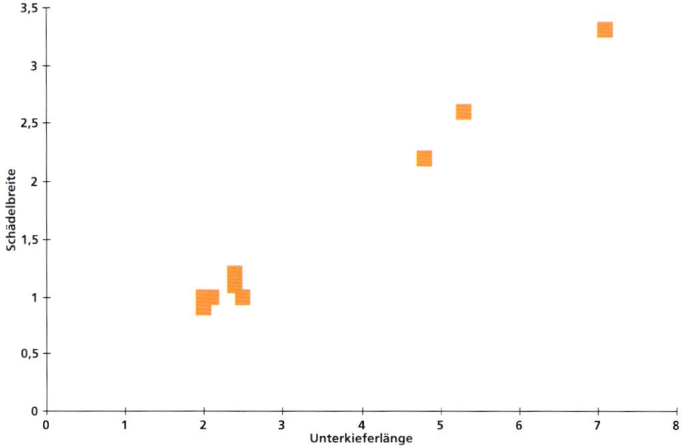

Abb. 6.43: Maxillarlängen von *E. notaeus*. Der Quotient UKL/Max beträgt 1,7 (n = 13).

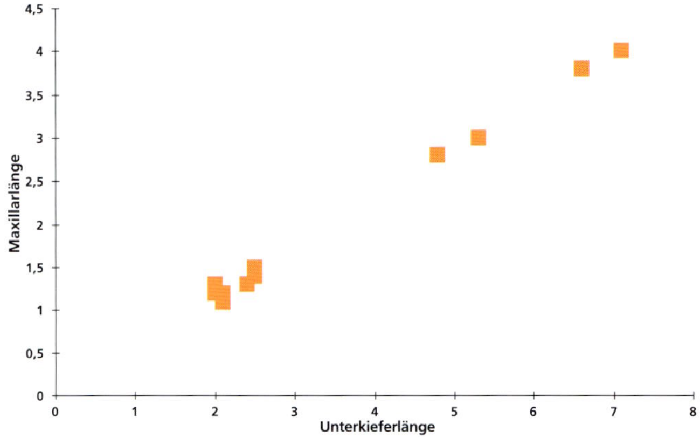

Abb. 6.44: Palatinum-Pterygoid-Längen von *E. notaeus*. Der Quotient UKL/Pal.-Ptery.-Länge beträgt 1,2 (n = 13).

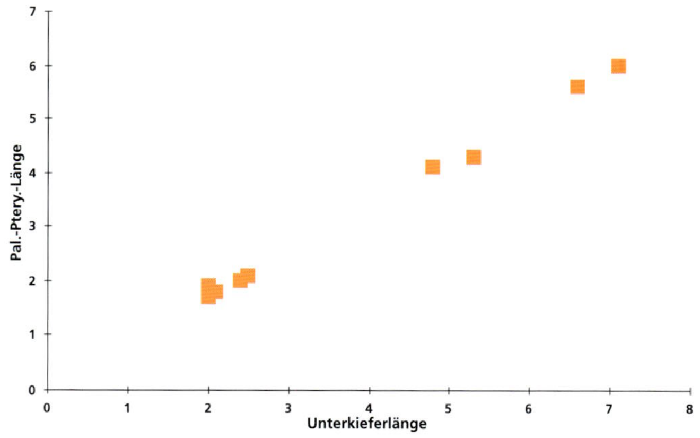

Abb. 6.45: Palatinumlängen von *E. notaeus*. Der Quotient UKL/Pal. beträgt 3,8 (n = 4).

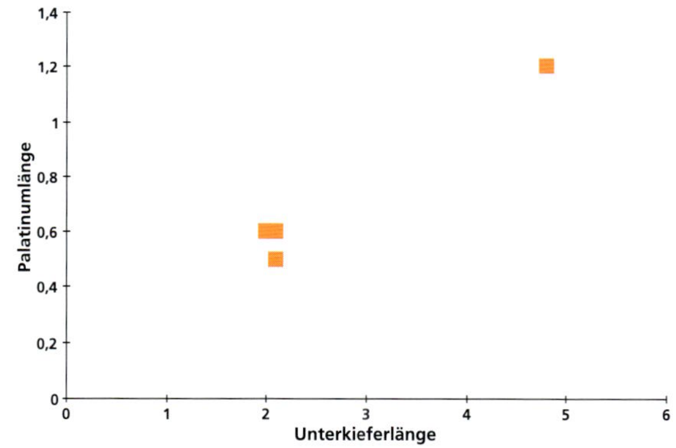

Abb. 6.46: Pterygoidlängen von *E. notaeus*. Der Quotient UKL/Ptery. beträgt 1,4 (n = 5).

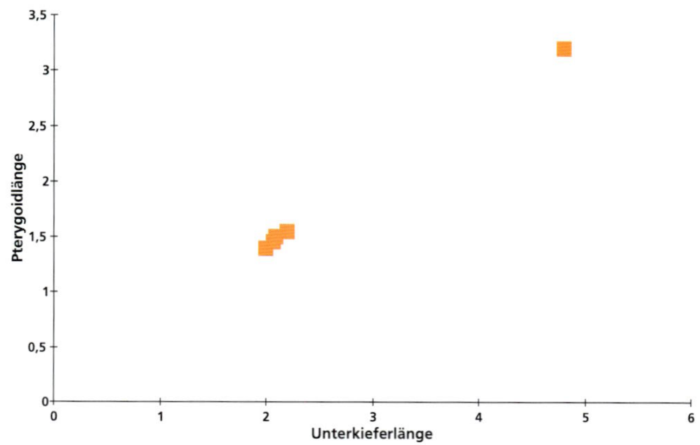

Abb. 6.47: Afterspornlängen der Männchen und Weibchen von *E. notaeus*. Die Aftersporne der Männchen sind deutlich länger als die der Weibchen, oft um das Doppelte.

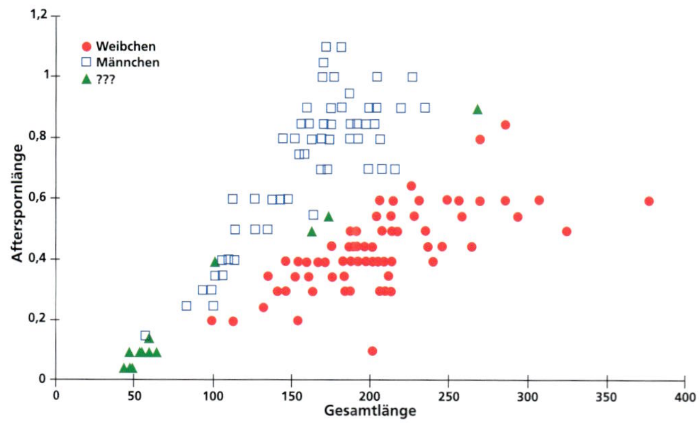

mit 1,6 (n = 172) deutlich geringer. Dies ist durch die Unterkiefer der ganz erhaltenen Anakondas zu erklären, da hier die Unterkiefer die breiteste Stelle am Schädel bilden. Die Unterkiefer sind in den Messungen der Schädelbreite nicht enthalten, da sie voneinander getrennt und lose vom Schädel vorliegen, so daß die Originalposition nicht zu ermitteln ist.

Da oft nicht die GL oder KRL der Tiere vorliegt, wenn sie als Skelette erhalten sind, mußte eine andere Berechnungsgröße gewählt werden. Zunächst erscheint die SchL als geeignet, wie dies in Abb. 6.41 dargestellt wird. Leider finden sich jedoch öfter Schädel, die in ihren Einzelteilen vorliegen, so daß die SchL als Basisgröße ungeeignet ist, da mit ihr zu viele der wenigen ermittelten Werte nicht verarbeitet werden können. Die Unterkieferlänge (UKL) ist dagegen immer vorhanden und somit als Berechnungsgröße besser geeignet. In den Abb. 6.42 bis 6.46 sind die gemessenen Schädelknochen-Werte aufgetragen. In der Abbildungsbeschriftung findet sich auch der Quotient aus der UKL mit der jeweiligen Knochenlänge zum späteren Vergleich mit *E. murinus*. Äußerst selten finden sich in Sammlungen bei Skeletten von Anakondas die kleinen rudimentären Knochen des Beckengürtels und der Beinknochen (Bilder 58, 59), die als Aftersporne links und rechts neben der Kloake aus der Haut hervorragen (s. Geschlechtsdimorphismus) und wie eine kleine Klaue oder Kralle aussehen (Bilder 60, 61, 83). Leider konnten in den Sammlungen nur zwei Femora einer Paraguay-Anakonda entdeckt werden (Bild 59, Tab. 6.43). Der Quotient aus UKL und Femur beträgt bei dem Männchen 5,3. Weitere Daten liefern Röntgenbilder eines Männchens und eines Weibchens der Paraguay-Anakonda (Abb. 4.52 + 4.53), die fast gleich lang sind. Danach sind sowohl das Femur wie auch das Ilium der Weibchen um ungefähr ein Drittel kürzer als die der Männchen. Außerdem sind diese Knochen bei den Weibchen sichtbar dünner.

Die Zahnzahl ist nur durch die Taschen der aglyphen, acrodonten Zähne am Schädel zu ermitteln und nicht an kompletten Köpfen zählbar, weil oft Zähne ausgefallen sind bzw. ein laufender Wechsel vollzogen wird (Petzold 1982). In der Quersumme wurden 16,5 Zähne auf den Dentalia, 16,9 auf den Maxillaria, fünf auf den Palatina und 12,6 auf den Pterygoidea gezählt (Tab. 6.44). Am wenigsten variabel ist die Zahnzahl auf den Palatina. Bis auf eine Ausnahme mit sechs Zähnen sind es immer nur fünf. Boinae haben nie Zähne auf den Prämaxillaria, wie dies bei den Pythoninae vorkommt.

Tab. 6.43: Femurlängen (FL) und Iliumlängen (ImL) sowie deren Quotient mit der Unterkieferlänge von *E. notaeus*

	M W	GL	FL	UKL / FL
CM 140249	—	—	1,25	5,3
ZSM 474/1999	M	206	0,91	—
ZSM 472/1999	W	212	0,6	—

Tab. 6.44: Zahnzahlen der Paraguay-Anakonda

	Variation	D	Anzahl
Z Dentalia	16–17	16,5	22
Z Maxillaria	16–20	16,9	14
Z Palatina	5–6	5	24
Z Pterygoidea	10–14	12,6	16

6.4.3.7 Geschlechtsdimorphismus

Der deutlichste Unterschied zwischen Männchen und Weibchen besteht in der Größe. Die Weibchen können erheblich länger und schwerer werden als die Männchen. Aus der Abb. 6.33 geht dieses allgemein bekannte Phänomen klar hervor. Die Männchen (n = 61) über 1 m Länge sind durchschnittlich 164,2 cm lang und alle Weibchen (n = 81) über ein Meter durchschnittlich 201,5 cm. Weiter ist das längste Männchen nur 234 cm lang, 16 untersuchte Weibchen sind länger; das längste Exemplar mißt immerhin 376,5 cm. Wie bereits Lederer (1942) beobachtete, sind die Schwänze der Männchen relativ etwas länger als die der Weibchen (Tab. 6.33, Abb. 6.34). Eine sichere Geschlechtsbestimmung ist jedoch nur möglich, wenn die Schwänze bei den Männchen besonders lang oder bei den Weibchen sehr kurz ausfallen, was aber auch auf den Verlust der Schwanzspitze zurückzuführen sein kann.

Ein weiterer äußerer Unterschied gleich großer Männchen und Weibchen ist in den Afterspornen zu finden, die bei den Männchen fast doppelt so lang werden wie bei den Weibchen (Bilder 60, 62, 84; Tab. 6.45). Selbst bei den Tieren über 2 m sind die Aftersporne der Männchen mit durchschnittlich 9 mm erheblich größer als die der insgesamt wesentlich größeren Weibchen mit 4 mm.

Die Abb. 6.47 veranschaulicht den Größenunterschied der Aftersporne zwischen Männchen und Weibchen. Gut ist auch die Schwierigkeit zu erkennen, Jungtiere unter 1 m anhand der Aftersporne bestimmen zu wollen. Dies ist aus zu großer Unsicherheit unterlassen worden. Nur sehr selten finden sich Exemplare, die zwischen den Werten der Männchen und Weibchen liegen und nicht bestimmt werden konnten, wie dies in Abb. 6.47 durch Dreiecke dargestellt ist.

Entsprechend den Afterspornen sind auch die im Körper liegenden Ilium- und Femurknochen der Männchen zwischen

Tab. 6.45: Aftersopornlängen (ASL) von *E. notaeus* in Abhängigkeit zur Gesamtlänge und zum Geschlecht

	< 100 cm	100–150 cm	151–200 cm	> 200 cm	D gesamt
Männchen					
ASL	0,15–0,3	0,25–0,8	0,7–1,1	0,85–1	
D ASL	0,26 (5)	0,5 (18)	0,8 (33)	0,9 (9)	0,7 (65)
D KRL / ASL	290,9 (5)	222 (18)	179,7 (33)	215 (9)	204,8 (65)
Weibchen					
ASL	0,2	0,2–0,4	0,2–0,5	0,1–0,85	
D ASL	0,2 (1)	0,3 (8)	0,4 (29)	0,5 (40)	0,4 (78)
D KRL / ASL	432,5 (1)	407,3 (8)	403,5 (29)	448,5 (40)	427,3 (78)

einem Drittel oder gar bis zur Hälfte länger als die der Weibchen (Tab. 6.43). Ein weiterer äußerer Unterschied besteht darin, daß die Männchen wegen der invertierten Begattungsorgane eine dickere Schwanzwurzel haben als die Weibchen, deren Schwanz sich gleichmäßiger verjüngt (LEDERER 1942). Dies drückt sich auch in der Breite der Subcaudalia aus, die bei den Männchen bei gleicher GL breiter sind als bei den Weibchen (Tab. 6.45, Abb. 6.38), im Gegensatz zu der Ventraliabreite, wo sich kein Unterschied zwischen den Geschlechtern finden läßt (Tab. 6.39).

6.4.3.8 Hemipenes

Während der Untersuchungen sind immerhin 19 Paraguay-Anakondas mit ausgestülpten Hemipenes in Museen gefunden worden (Abb. 6.48). Die Hemipenes adulter Männchen sind zwischen 6 und 9 cm lang. Der Quotient aus GL und der Länge der Hemipenes (n = 19) beträgt 28,8.

Das Pedicel hat keine Integumentbeschuppung, ist also nackt, wie auch die untere Hälfte (bei *E. deschauenseei* nur das untere Drittel) des Truncus (Bild 62). Der Truncus (ZSM 474/1999) ist 3 cm lang und an dickster Stelle gemessen 0,9 cm breit. Am Truncus befinden sich neun lamellenartige Paryphasmata, die bis auf den Sulcus spermaticus den gesamten Truncus umrunden. Asulcal, mittig gelegen, befindet sich unter dem ersten Paryphasma eine flache lappenartige Ausstülpung, die man als ein unvollständiges Paryphasma bezeichnen könnte. Der Apex ist in zwei gleich geformte Spitzen unterteilt, die 2 cm lang und vollständig mit 15 Paryphasmata bedeckt sind. Diese gehen auf den Außenseiten vollständig in Papillen über. Pedicel und Truncus machen zwei Drittel und der Apex ein Drittel der Länge der Hemipenes aus. Der Sulcus spermaticus ist basal am Pedicel zunächst nach innen gewendet, verläuft dann sulcal in der Mitte, bis er sich vor dem Apex teilt und sich hier zu den nach außen gerichteten Seiten wendet. Die Hemipenes sind gelb. Pedicel, das untere Drittel des Truncus und die nach außen gerichteten Apexhälften sind schwarz. Bei 19 Hemipenes ist das Pedicel und der basale Truncus fast vollständig schwarz gefärbt. Bei über der Hälfte sind weitere, individuell verschiedene schwarze Partien, meistens am Apex und entlang dem Sulcus spermaticus vorhanden. Häufig, aber nicht immer, ist die Färbung beider Hemipenes eines Männchens sehr ähnlich. MNHNP 6955 ist in der oberen Hälfte des Truncus und am Apex vollständig schwarz gefärbt.

Abb. 6.48: Hemipenislängen von *E. notaeus*

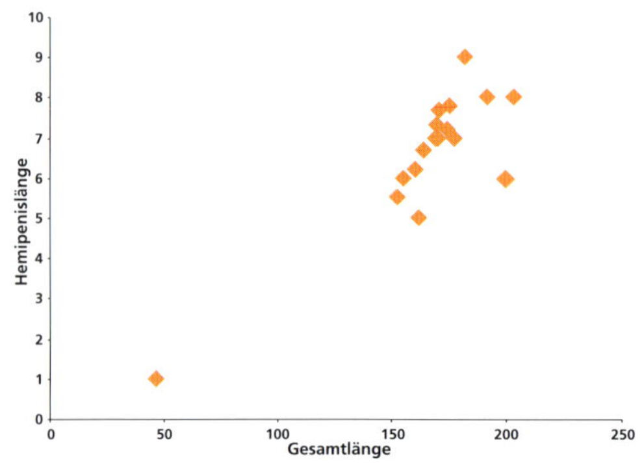

6.4.3.9 Fortpflanzung

Paarung

Zwar liegen eine ganze Reihe Berichte zur Fortpflanzung von *E. notaeus* aus Terrarienhaltung vor (Tab. 6.46), Beobachtungen aus freier Natur sind aber äußerst selten. Dies hat zu verwirrenden Angaben über die Zeiten der Paarungen und Geburten geführt, da die Anakondas in Terrarien, in anderen Klimaten und unter Einfluß des Menschen (Zeitpunkt des Zusammensetzens von Männchen und Weibchen) sich nicht grundsätzlich zur selben Jahreszeit verpaaren. Paarungen bei LEDERER (1942) begannen, nachdem er Weibchen und Männchen zusammensetzte, einmal im April und einmal im Dezember. Er beobachtete dabei, daß Paarungen eher dann stattfinden, wenn man neue Tiere zusammensetzt, und daß außerdem der Geruchssinn dabei eine wichtige Rolle spielt. Die in der Tabelle aufgeführten Paarungen fanden meistens von September bis Januar statt. Den einzigen ermittelten Report einer Paarung aus der Natur teilte mir freundlicherweise C. Strüssmann mit, die am 25. September 1998 eine Verpaarung eines Weibchen mit mehreren Männchen („mating-ball") beobachten konnte (weitere Informationen: aktuelle Dissertation von C. Strüssmann über *E. notaeus* aus dem Pantanal). Demnach finden die Paarungsaktivitäten im natürlichen Lebensraum zwischen September und Dezember, am Ende der Trockenzeit statt. T. Waller (pers. Mitt.) schreibt über Corrientes in Argentinien: „Usually spring time (Oct. - Nov.) is a good oportunity to see moving males and reproductive activity." Die Paarungszeit während dieser Periode soll typisch für Schlangen in ausgeprägten saisonalen Klimata in gemäßigten oder subtropischen Zonen sein (Waller et al. 1995). Dies ermöglicht den Anakondas außerdem ein leichteres Auffinden der Geschlechtspartner in den verbleibenden Wasserhabitaten. Bei der Paarung wickelt sich das kleinere Männchen ganz oder mit dem hinteren Körperteil um die Kloakenregion des Weibchens (Holmstrom 1981). Kurz vor der Kopulation, die über neun Stunden andauern kann (Holmstrom 1981), bewegt das Männchen seine Aftersporne am Körper des Weibchen schnell auf und ab. Offensichtlich kann durch Temperaturerhöhung das Paarungsverhalten der Männchen auch stimuliert werden (Townson 1985)

Townson (1985) und Gay (1993b) betonen, daß keine Kommentkämpfe zwischen den Männchen ausgetragen werden und keinerlei Art sexueller Interaktion bekannt ist. Die Tragzeiten werden mit 4–9 Monaten beziffert. Hier kann man nur vermuten, welche Einflüsse zu diesen sehr unterschiedlichen Angaben zur Tragzeit führten. Zunächst ist mehrfach beobachtet worden, daß die Kopulationen sich über 1–2 Monate oder sogar länger hinzogen. Je nach der beobachteten ersten oder letzten Kopulation ist ein Unterschied von ca. zwei Monaten festzustellen. Die Bedingungen im Terrarium können in vielerlei Hinsicht zu Irritationen führen. Auch mögen die vom Tier benötigten Umstände wie Temperatur oder Luftfeuchtigkeit nicht den Ansprüchen genügen. Tatsächlich wird oft berichtet, daß viele unbefruchtete Eier, Totgeburten und verkrüppelte Jungtiere in Terrarien geboren wurden. Osgood (1978) nimmt als Ursache ungünstige Temperaturverhältnisse an, U. Fritz (pers. Mitt.) vermutet, daß Streß oft eine erhebliche Rolle spielen kann. Insgesamt klaffen die Daten der Geburten in Terrarien erheblich auseinander und spiegeln nicht mehr die Wurfzeit in natürlicher Umgebung wieder. C. Strüssmann fand im Mai im Pantanal eine 75 cm lange und 260 g schwere und im Juni eine 64,5 cm lange und 190 g schwere Paraguay-Anakonda. Beide Tiere sind bereits etwas länger und schwerer als typische Neugeborene. Daraus kann man schließen, daß sie ungefähr zwischen Februar und April geboren wurden. Innerhalb dieser Zeit wurden auch die meisten Anakondas in Gefangenschaft geboren. Während der Tragzeit wird weniger oder gar keine Nahrung von den Weibchen aufgenommen, und es wurde beobachtet, daß sie sich gerne für lange Zeit im Wasser aufhalten, wo auch häufig die Paarungen und Geburten stattfinden (Lederer 1942; Holmstrom 1981; Townson 1985; Gay 1993b).

Tab. 6.46: Daten zur Paarung, Geburt und Tragzeit der Paraguay-Anakonda

	Paarung	Geburt	Tragzeit
Engelmann (1978)		- 20.April - 03.März	
Gay (1993b)	Okt.–Dez.	- 20. Juli	
Holmstrom (1981)	Sept.–Jan.	29.04.78 - 17.05.79 - 12.06.80 - 19. Okt	
Holmstrom (1982)	Nov.–Dez.	- 10. Juli	
Klingelhöffer (1959)			9 Monate
Lederer (1942)	04.04.–04.05; 25.12.–18.02.	- 07.01.27 - 15.08.29; - 11.09.29 - 12.11.31	8–9 Monate 6–7 Monate
Luttenberger (1984)	Sept.–Dez.	- 07.03.79 - 13.02.82 - 28.02.83	
Ross & Marzec (1990)	Okt.–Feb.	April–Juni	5 Monate
Schmidt (1996)			5–9 Monate
Strüssmann (pers. Mitt. 1999)	Sep.- Jan. Trockenzeit 25. 09. 98		
Townson (1985)	Herbst–Winter	04. Juli 30. Aug. 16. Juli	8–9 Monate
Trutnau (1982)	Aug.	02. Mai	
Veinert & Belluomini (1981)	05.09.–10.10.78 27.09. + 06.10.78 25.06.–10.07.80 24.04. + 22.05.81		
Waller (1988)	Okt.–Dez.	März–April	4–5 Monate
Waller et al. (1995)	Frühling (Südhalbkugel) Sommer–Herbst		
Williams & Scrocchi (1994)	Frühling (Südhalbkugel)		

Geburt und Nachkommenschaft

E. notaeus ist mittlerweile häufig nachgezogen worden, und es liegt eine ganze Reihe Berichte zur Geburt von Jungtieren dieser ovoviviparen Riesenschlange vor. Wurfgrößen von 5–23 Jungschlangen werden beschrieben (Tab. 6.47). Offensichtlich kommen aber auch größere Würfe vor. WALLER (1988) ist ein Wurf von 29 Neonati aus Buenos Aires bekannt. AMARAL (1976) nennt 30 und WILLIAMS & SCROCCHI (1994) geben die Höchstrate sogar mit 37 an, ohne die Quelle zu zitieren, doch halte ich diese Zahl durchaus für realistisch. Als untere Grenze der Wurfgröße nennt WALLER (1988) zwei Jungtiere. Oft werden in Gefangenschaft mit den Jungtieren auch unbefruchtete oder unentwickelte Eier ausgestoßen. Meistens werden zwischen acht und 16 Junge geboren. Die einzige Untersuchung an Wildfängen zur Reproduktionsbiologie wurde von WALLER et al. (1995) an einer Population des Yacyreta-Stausees in Paraguay durchgeführt. Bei der Sektion von 13 Weibchen fanden sie 7–18 (D = 12,7) sekundäre Follikel und bei weiteren neun Weibchen 6–16 (D = 11,3) embryonale Eier. 13 Weibchen wiesen Follikel im gereiften Zustand auf, 12 nicht. Bereits im Terrarium fiel auf, daß Anakondas oft nicht jährlich, sondern nur alle zwei Jahre Nachkommen erzeugen (TOWNSON 1985). Diese Diskontinuität in der Reproduktion erkannten WALLER et al. (1995) daran, daß nur jedes zweite Weibchen sekundäre Follikel (13 mit und 12 ohne) ausgebildet hatte. Sie folgerten, daß die Paraguay-Anakonda in der Region nicht die Kapazität zur jährlichen Fortpflanzung besitze. Bei HOLMSTROM (1981) warf ein Weibchen drei Jahre hintereinander (Tab. 6.46). Dies ist wohl nur durch die günstige Ernährungslage in Gefangenschaft und durch das Ausbleiben saisonaler Klimaschwankungen mit Aktivitätsminima zu erklären. Auch die Anzahl und Größe der Jungtiere scheint unter anderem davon abzuhängen, ob die Anakonda eine Reproduktionspause einlegt. Ein 11 kg schweres und 2,5 m langes Weibchen bekam im Abstand von drei Jahren jeweils

Tab. 6.47: Wurfgröße, Länge und Gewicht neugeborener Paraguay-Anakondas (E = Eier; Anführungsstriche = von Autoren vermutlich geschätzte Anzahl)

	Länge W	Junge	Länge (cm)	Gewicht (g)
AMARAL (1976)	—	„15–30"		
BELLUOMINI et al. (1959)	—	18	D = 49,2	
ENGELMANN (1978)	—	8	57–64	130–140
	—	6		
GAY (1993b)	—	5		
HOLMSTROM (1981)	—	12	58–70 (D = 66,3)	95–149 (D = 131)
	—	10	53,5–57 (D = 55,5)	110–122 (D = 117)
	—	11	63–69 (D = 64,9)	132–151 (D = 141)
	—	6 + 1 E	68,5–78 (D = 71,7)	166–180 (D = 173)
HOLMSTROM (1982)	2,48 m, 8,8 kg	18		
KLINGELHÖFFER (1959)	—	8	55–60	
LEDERER (1942)	—	7 + 2 E	52–60	
	—	8 + 2 E	40–46	
LUTTENBERGER (1984)	2,5 m, 11 kg	16	62–65 (D = 63,5)	85–160 (D = 118,8)
		16	52–60 (D = 56,1)	88–120 (D = 101,2)
	—	10	54–69 (D = 61,7)	110–130 (D = 124)
NORMAN (1994)	—	„12–22"	„56–66"	
SCHMIDT (1996)	—	„>20"	„60"	„150"
TOWNSON (1985)	—	6	38-55 (D = 48,5)	41–87 (D = 70,2)
	—	19	53–58 (D = 55,5)	56,7–69,7 (D = 64,4)
	—	11	52–62 (D = 59,3)	88,2–107,9 (D = 97,9)
	—	14	60–65 (D = 63,1)	93,5–114,5 (D = 105,8)
TRUTNAU (1982)	—	15 + 2 E	57,5–60,7	121–139
VOGEL (1954)	—	23	45–50	
WALLER (1988)	—	„2–20 ca. D = 12"	„40–78"	
WILLIAMS & SCROCCHI (1994)	—	„4–37"	„55–66"	

Bild 108: 22 gerade geborene Jungtiere von *E. notaeus*
Foto: H. Bosch

Bild 109: Einjähriges Nachzuchttier von *E. notaeus*
Foto: H. Bosch

16 Junge, im darauffolgenden Jahr jedoch nur zehn (LUTTENBERGER 1984). Längen für Neugeborene liegen zwischen 38 und 78 cm (HOLMSTROM 1982; TOWNSON 1985; WALLER 1988). Gewöhnliche Längen liegen zwischen 50 und 70 cm. Mit 41–180 g sind die Unterschiede im Gewicht der Neugeborenen erheblich (Tab. 6.47). Letztlich hängen Länge und Gewicht der Jungtiere von der Größe des Muttertieres, der Wurfstärke, der letzten Reproduktion und der Ernährungslage ab.

Unterschiedlich sind die Angaben zur Häutung der Neonati. Bei KLINGELHÖFFER (1959) häuteten sich die frisch Geborenen bereits ein paar Stunden nach der Geburt. Auch TRUTNAU (1982) fand, daß sie sich noch am selben Tag gehäutet hatten. Bei TOWNSON (1985) benötigten die Jungtiere 4–22 Tage bis zur ersten Häutung, bei LUTTENBERGER (1984) 5–16 Tage und bei ENGELMANN (1978) 16–30 Tage. LUTTENBERGERS (1984) Nachzucht zeigte sich bereits kurz nach der Geburt bissig. VOGEL (1954) beobachtete, daß ein Jungtier ein anderes nach der Geburt fraß, jedoch am nächsten Tag wieder erbrach. Nach GAY (1993b) erreichen die Weibchen die Geschlechtsreife mit vier Jahren. Ein Weibchen, das von 14 Jungtieren acht Tote gebar, fraß diese alle auf, ignorierte jedoch die lebenden (TOWNSON 1985). Dieser „Kannibalismus“ ist durch die gewöhnlich lange Hungerperiode der Schwangerschaft bedingt und hilft der Mutter, schneller wieder zu Kräften zu kommen. Nach einer weiteren Geburt fraß dasselbe Weibchen die Häute der Fruchtblasen.

Chromosomen

Auch von *E. notaeus* ist keine Chromosomenuntersuchung bekannt. Da die Chromosomenzahl bei Schlangen ein wenig variables Merkmal darstellt, ist anzunehmen, daß *E. notaeus* wie *E. murinus* 36 Chromosomen besitzt. 36 Chromosomen finden sich z. B. auch bei *Boa constrictor* und *Epicrates cenchria* (BEÇAK & BEÇAK 1971).

6.4.3.10 Nahrung

Die Paraguay-Anakonda gilt als Generalist; ihr Nahrungsspektrum reicht über alle Wirbeltiergruppen (Bild 110). Aus dem Pantanal existiert bereits eine umfangreiche Studie zur Ernährung der Paraguay-Anakonda (STRÜSSMANN 1997). Folgende Beutetiere konnten identifiziert werden. Fische: *Cichlasoma dimerus* (Cichlidae), der Piranha *Pygocentrus nattereri* (Serrasalmidae), *Pterodoras sp.* (Doradidae) und *Piaractus mesopotamicus* (Characidae). Amphibien: Leptodactylidae. Reptilien: *Caiman yacare* (Crocodylidae), *Tupinambis sp.* (Teiidae) und *Dracaena paraguayensis* (Teiidae). Vögel: *Phalacrocorax olivaceus* (Phalacrocoracidae), *Egretta alba* (Ardeidae), *Mycteria americana* (Ciconiidae), *Ciconia maguari* (Ciconiidae), *Phimosus infuscatus* (Threskiornithidae), *Chauna torquata* (Anhimidae), *Gallus gallus* (Phasianidae), *Aramus guarauna* (Aramidae), *Vanellus chilensis* (Charadriidae). STRÜSSMANN & SAZIMA (1991) beobachteten, daß die Paraguay-Anakonda auch Vogeleier frisst. Säugetiere: *Holochilus sp.* (Muridae), junge Wasserschweine *Hydrochoerus hydrochaeris* (Hydrochoeridae), *Eufractus sexcinctus* (Dasypodidae), *Cerdocyon thous* (Canidae) und *Procyon crancrivorus* (Procyonidae). Nach STRÜSSMANN (1997) ist die Größe der Beutetiere im Verhältnis zur Größe der Paraguay-Anakonda geringer als bei größeren Riesenschlangen. Demgegenüber berichtet ACHAVAL (pers. Mitt.), daß in Uruguay ein sehr großes Exemplar, die Haut mißt 4,30 m, mit einem Lamm im Bauch gefunden wurde. Anscheinend ist *E. notaeus* in der Trockenzeit zwischen Juli und November insgesamt aktiver. STRÜSSMANN (1997) konnte für diese Zeit 76 % der Beute ausmachen. Beutesuche konnte sowohl am Tag wie auch in der Nacht beobachtet werden. Dabei benutzt die Paraguay-Anakonda sowohl die Strategie des Lauerns als auch die der aktiven Suche. Ihre Ökologie und Lebensweise sind derzeit Dissertationsthema von C. STRÜSSMANN (PUCRS).

Bild 110: Eine Paraguay-Anakonda hat einen Vogel erbeutet. Foto: C. Strüssmann

Für Argentinien beschreibt WALLER (1988) das Nahrungsspektrum mit Fischen, Reptilien, Vögeln und mittelgroßen Säugetieren. Im Rahmen von Untersuchungen am Yacyreta-Stausee wiesen WALLER et al. (1995) die Beutelratte *Lutreolina crassicaudata* (Didelphidae), *Cavia aperea* (Caviidae), *Scapteromys tumidus* (Cricetidae), den Wasservogel *Agelaius cyanopus* (Icteridae) und ein Wasserhuhn nach.

6.4.3.11 Verhalten

Eunectes notaeus soll zwar nachtaktiv sein, dies ist aber nur bedingt richtig, da eine ganze Reihe von Beobachtungen zur Tageszeit existiert. Die Augen liegen am Kopf sehr hoch, typisch für eine aquatisch lebende Schlange. Jedoch soll die Paraguay-Anakonda nicht so stark an Gewässer gebunden sein wie die Große Anakonda. *E. notaeus* ist ein Lauerjäger, obwohl sie auch gelegentlich aktiv auf die Suche zu gehen scheint (STRÜSSMANN 1997). Zwischen den Wasserpflanzen versteckt lugen nur die Nasenöffnung und die Augen aus dem Wasser hervor (Abb. 6.49).

Beute wird gepackt und mit 2–4 Körperschlingen erdrosselt, so daß Atmung und Kreislauf bei der Beute versagen (PETZOLD 1982). Gleichzeitig versucht die Anakonda die Beute unter Wasser zu halten, um sie, wenn sie ungünstig umschlungen ist, zu ertränken. Bei Gefahr verschwindet sie ganz im Wasser und kann minutenlang die Luft anhalten. Wenn die Schlange im Augenblick der Gefahr nicht fliehen oder Feinde durch Drohen und Beißen abschrecken kann, wickelt sie ihren Kopf zunächst in eine Körperschlinge und bildet mit dem übrigen Körper darum einen „Ball" (DIRKSEN et al. 1999) (Bild 112). Dieses Verhalten ist bei jüngeren Anakondas stärker ausgeprägt als bei erwachsenen. Im Kampf versucht die Anakonda, sich um den Gegner zu wickeln und kräftig zuzudrücken. Wenn man sie in der Natur hinter dem Kopf packt, wickelt sie sich sofort kräftig um den Arm, drückt zu und entläßt übelriechende Ausscheidungen. Bisher ist nicht beschrieben worden, ob sie auch Zischlaute von sich gibt.

Während der kühleren Jahreszeit soll die Paraguay-Anakonda eine Art Winterruhe durchmachen (MATZ 1981). T. WALLER (IUCN + IBERA) führt zur Zeit eine ökologische Studien an *Caiman yacare* in dem Ibera Marschland in Corrientes / Argentinien sowie eine Inventarisierung des Gebietes durch (s. Kap. 1.4). Dabei hat er festgestellt, daß *E. notaeus* sich nicht in eine durchgehende Win-

Bild 111: Eine Paraguay-Anakonda mit Sender in Argentinien wird aus ihrem Versteck, einer Wurzelhöhle, geborgen. Foto: L. Dirksen

Bild 112: Ballstellung von *E. notaeus* Foto: T. Waller

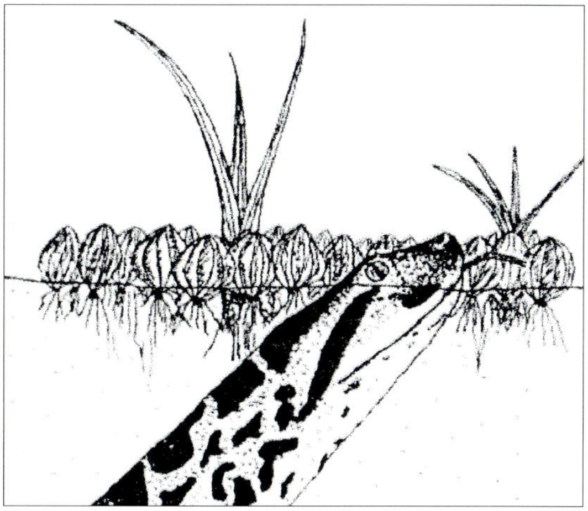

Abb. 6.49: *E. notaeus* im Wasser verborgen (Abbildung aus T. Waller 1988).

terruhe begibt, sondern sich sein Verlassen eines Unterschlupfes nach den jeweiligen Wetterbedingungen richtet. Während der kühlen Phasen ziehen sich die Anakondas in diesem Gebiet unter große Grasmatten im Sumpfgebiet, aber auch in von Ameisenbären aufgebrochene Termitenbauten zurück. T. Waller (pers. Mitt.) hat wiederholt beobachtet, daß nach einer sehr kalten Winternacht, in der die Frostgrenze überschritten werden kann, die Paraguay-Anakondas bei günstiger Wetterlage zum Sonnenbaden herauskommen. Mit Spannung darf der Bericht von T. Waller erwartet werden, in dem er unter anderem schildern wird, wie die Anakondas, aber auch die Caimane, nächtlichen Frost überstehen.

6.4.3.12 Haltung

E. notaeus ist eine Riesenschlange, die relativ oft in Terrarien gehalten wird und mit der schon häufig Nachzuchten (Kap. 6.4.3.9) gelungen sind. Die empfohlene Tagestemperatur wird z. B. von Mehrtens (1993) mit 27 °C und bei Schmidt (1996) zwischen 26 und 32 °C angegeben. Die Tagestemperaturen entsprechen weitgehend denen der Großen Anakonda, jedoch kann die Temperatur nachts problemlos tiefer abfallen. Wie oben geschildert, überstehen Paraguay-Anakondas in Argentinien sogar leichten Frost. Damit können sie besser mit dem Klima in Mitteleuropa oder den Vereinigten Staaten zurechtkommen als die Große Anakonda oder De Schauensees Anakonda. Das Terrarium sollte ein großes Wasserbecken enthalten, in dem die Schlange wenigstens ganz untertauchen kann. Die Exkremente werden gewöhnlich ins Wasser entlassen, weswegen das Wasserbecken oft gesäubert werden muß. Eine reichhaltige Strukturierung mit Klettermöglichkeit hilft der Anakonda, sich wohler zu fühlen. Tagsüber versteckt sie sich gerne in Spalten oder Höhlen. Bisweilen scheint ihr das thigmotaktische Bedürfnis, eingeklemmt in einer Spalte zu liegen, größer zu sein, als ein weniger enger Versteckplatz mit optimaler Temperatur. Die Paraguay-Anakondas sind meistens nicht so aggressiv wie ihre großen Verwandten. Einzelne Exemplare bleiben jedoch unberechenbar und bissig.

In Gefangenschaft wurden Paraguay-Anakondas erfolgreich mit Mäusen, Ratten, Fröschen, Fischen, Sperlingen, Wachteln, Meerschweinchen, Goldhamstern und Hühnern gefüttert (Klingelhöffer 1959; Engelmann 1978; Petzold 1982; Luttenberger 1984, Townson 1985). Fische wurden nach Vogel (1954) und Luttenberger (1984) grundsätzlich verschmäht, ebenso wie Amphibien (Vogel 1954); Eidechsen wurden dagegen gefressen. Meistens akzeptieren die Anakondas tote Tiere, und sie scheinen sich in Gefangenschaft nicht so ausgeprägt auf bestimmte Futtertiere zu spezialisieren, wie dies von *E. murinus* beobachtet wurde. Es sollte darauf geachtet werden, daß die Schlange nicht zu viel frißt und verfettet, wodurch die Lebenserwartung sinken würde. Ebenso wie bei der Großen Anakonda muß man sehr sorgsam abwägen, welche Tiere man zu *E. notaeus* ins Terrarium setzt. Werner (1903) berichtet, daß eine 2 m lange Paraguay-Anakonda ein junges Stumpfkrokodil (*Osteolaemus tetraspis*) umwickelt hatte und es, obwohl noch lebend, bereits vom Schwanz aus verschlang. Kaimane und Anakondas sind natürliche Feinde und sollten grundsätzlich nicht zusammengesetzt werden.

In Gefangenschaft sind wiederholt Fälle von Kannibalismus aufgetreten. Vogel (1954) beobachtete, daß ein Jungtier ein anderes nach der Geburt fraß, jedoch am nächsten Tag wieder erbrach. Townson (1985) berichtet von einem Weibchen, das acht totgeborene Jungtiere direkt nach der Geburt fraß, jedoch die übrigen 6 lebenden ignorierte. Diese Art von

Bild 113: *E. notaeus* im Terrarium des Autors Foto: L. Dirksen

„Kannibalismus“ ist vermutlich durch die gewöhnlich lange Hungerperiode der Schwangerschaft bedingt und hilft dem Muttertier, schneller wieder zu Kräften zu kommen. Auch unbefruchtete Eier werden nach der Geburt gefressen. Über Kannibalismus unter adulten *E. notaeus* oder aus der Natur ist bisher nichts bekannt.

Das Verhalten, das Nahrungspektrum und die Fortpflanzung sind in den vorherigen Kapiteln bereits beschrieben worden. Nachfolgend werden einige Autoren zitiert, die von

Bild 114: Paraguay-Anakonda im Terrarium
Foto: H. Werning

ihren Erfahrungen mit der Haltung und Zucht der Paraguay-Anakonda berichten: Lederer (1942), Belluomini et al. (1959), Klingelhöffer (1959), Engelmann (1978), Holmstrom (1981, 1982), Veinert & Belluomini (1981), Trutnau (1982), Luttenberger (1984), Townson (1985), Ross & Marzec (1990), Gay (1993b) und Schmidt (1996).

6.4.3.13 Handel

E. notaeus wird unter dem Washingtoner Artenschutzübereinkommen WA II (CITES) sowie der EU-Artenschutzverordnung Anhang B geführt. Die registrierten Exporte aus den Ursprungsländern sind bis 1995 stark zurückgegangen (Abb. 6.50). 1996 sind jedoch 68.726 und 1997 (vermutlich noch unvollständig) 43.725 Häute aus Argentinien exportiert worden. Aller Wahrscheinlichkeit nach stammen viele dieser Häute auch aus Paraguay, wo die Schlange noch recht häufig vorkommen soll. Dafür spricht, daß für dieses Land nur noch 335 *E. notaeus* zwischen 1989 und 1997 als Exporte registriert wurden, vorher jedoch um ein Vielfaches mehr. In Tab. 6.48 sind die Exporte der Paraguay-Anakonda aus südamerikanischen Länder mit natürlichem Vorkommen aufgeführt. In Guyana und Surinam kommt sie zwar nicht vor, doch sind aus diesen beiden Ländern ebenfalls Exporte der Paraguay-Anakondas erfaßt worden, die mit Sicherheit keine Nachzuchten, sondern Wildfänge darstellen. Ein Export dieser Schlangen nach Guyana und Surinam wurde von den CITES-Behörden nicht genehmigt bzw. mitgeteilt. Hier stellt sich allerdings die Frage, ob es sich bei diesen Anakondas nur um *E. notaeus* oder auch um den seltenen und sehr ähnlichen *E. deschauenseei* gehandelt hat, der im benachbarten Französisch-Guayana vorkommt und möglicherweise auch in Surinam. Für letztgenannte Art existieren nämlich überhaupt keine Einträge, obwohl sie nach eigenem Wissen zumindest in Deutschland, wenn auch selten, im Handel auftauchte. Exporte aus nicht südamerikanischen Ländern sind nicht in die Auswertung eingeflossen.

Insgesamt sind in den 18 Jahren von 1980 bis 1997 insgesamt 287. 228 Paraguay-Anakondas in die Exportlisten der Länder ihres Vorkommens eingetragen worden (Tab. 6.48). Der Jahresdurchschnitt registrierter, gehandelter Häute aus den Ursprungsländern beträgt 15.597. Hauptimporteur für Häute dieser Schlangenart sind bis vor kurzem die USA gewesen. In den Jahren 1996 und 1997 hat jedoch Italien allein 104.798 Häute importiert. In die Bundesrepublik Deutschland sind zwischen 1980 und 1983 4631 Häute gelangt, danach sind keine Importe mehr registriert worden.

Ab 1990 entstammen die Daten in Abb. 6.50 der Import-/Exportliste des World Conservation Monitoring Center (WCMC). Die Daten vor 1990 sind von WALLER et al. 1995 übernommen bzw. variiert worden. Hierbei trat die Schwierigkeit auf, daß die Angaben oft nicht in Anzahl der Tiere, sondern in Kilogramm, Metern oder sogar Metern im Quadrat vorliegen. Die Umrechnung in Anzahl Anakondas ist wie folgt geschehen: 0,7 kg = 1 Anakonda; 2 m = 1 Anakonda; $1m^2$ = 3 Anakondas. Die Umrechnungsfaktoren sind anhand eigener Daten von 118 über 1,3 m langen Paraguay-Anakondas unter Berücksichtigung der Vergrößerung der Häute durch Bearbeitung entstanden. Aus diesen Gründen dürfen die Daten nur als Anhaltspunkte verwendet werden. Auch ist es aus der Liste nicht immer ersichtlich, ob die importierten Tiere aus Nachzuchten stammen oder ob sie Wildfänge sind, die über mehrere Ländergrenzen gegangen sind. Unbekannt bleibt, inwieweit es einen illegalen Handel mit Häuten dieser Schlange gibt. Wie auch bei *E. murinus* stimmen die Import- und Exportzahlen in der Liste des WCMC nur sehr selten überein. Allerdings fällt auf, daß die Abweichungen in den letzten fünf Jahren der Erhebung zurückgehen.

Argentinien und Paraguay sind die Länder mit dem größten Exportvolumen an *E. notaeus* (Tab. 6.48). Seit 1989 sind jedoch nach offizieller Registrierung nur noch 335 Häute aus Paraguay ausgeführt worden. Seit 1987 hat es keine großen offiziellen Exporte mehr aus Bolivien gegeben, und auch Brasilien hat die Ausfuhr rigoros gestoppt. Bis 1990 tauchen größere Lieferungen ohne Herkunftsland auf, bei denen davon auszugehen ist, daß sie aus den Ursprungsländern stammen (= „unbekannt" in Tab. 6.48).

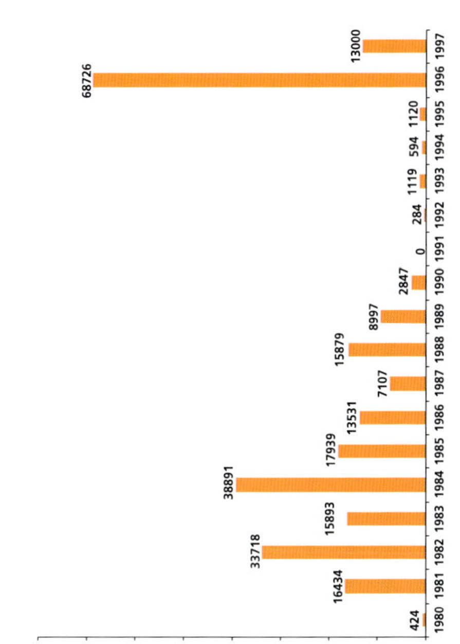

Abb. 6.50: Registrierte, aus den Ursprungsländern zwischen 1980 und 1997 exportierte Häute der Paraguay-Anakonda (s. Tab. 6.48)

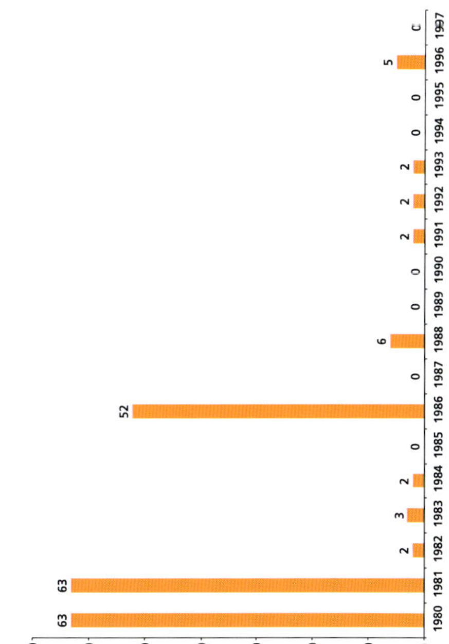

Abb. 6.51: Registrierte, aus den Ursprungsländern exportierte lebende Paraguay-Anakondas von 1980–1997 (s. Tab.6.48)

Der Umfang an registrierten Exporten von lebenden Anakondas aus den Ursprungsländern stellt sich als überraschend niedrig heraus. So sind zwischen 1980 und 1997 nur 198 Exporte der Paraguay-Anakonda aus den Ländern ihres Vorkommens registriert worden und davon in den letzten 11 Jahren nur 17 Schlangen (Abb. 6.51). Zwar wird *E. notaeus* mittlerweile oft mit Erfolg nachgezogen, doch können diese Nachzuchten mit Sicherheit nicht den Markt alleine abdecken.

Beim Durchsehen der Liste des WCMC fällt auf, daß es einen regen Handel mit *E. notaeus* gibt, wobei jedoch für die letzten zehn Jahre Angaben zur primären Herkunft völlig fehlen (Abb. 6.52). Bemerkenswert sind aber folgende zwei Handelswege: Seit 1990, also zeitlich zusammenhängend mit dem Zusammenbruch des Warschauer Paktes und der größeren Durchlässigkeit der Grenzen zu Westeuropa, tauchen ungewöhnlich viele Exporte aus ost- und mittelosteuropäischen Ländern auf, ohne daß die Herkunft dieser Anakondas in den Listen des WCMC eingetragen worden ist (Abb. 6.52). Es besteht kein Zweifel daran, daß ein großer Teil dieser Lebendexporte Wildfänge aus Südamerika sind und diese vermutlich illegal nach Osteuropa verbracht wurden. Ganz anders ist die Situation bei den Großen Anakondas: Hier sind auf diesem Weg lediglich 12 Exemplare registriert.

Der größte Teil der Anakondas wird von Tschechien nach Westeuropa, hauptsächlich Deutschland, exportiert. Alle Exporte Österreichs gingen ausnahmslos in die Bundesrepublik Deutschland. Ein großer Teil der hier eingeführten Paraguay-Anakondas wird wiederum in die USA exportiert. Allein in 6 Jahren sind 471 Anakondas offiziell aus Deutschland in die USA exportiert worden, mehr als doppelt so viele, wie in 17 Jahren aus den Herkunftsländern offiziell ausgeführt wurden.

Tab. 6.48: Registrierte, exportierte Häute der Paraguay-Anakonda von 1980–1997, aufgegliedert auf die Exportländer ihres Vorkommens sowie die südamerikanischen Exportländer Guyana und Surinam nach WALLER et. al. (1995) und der Liste des WCMC. In Klammern steht die aus kg-, m- und m²-Angaben errechnete Anzahl Anakondas, die aber in der Summe der Länder bereits enthalten ist.

	Häute	lebende Anakondas
Argentinien	160.899 (19.906)	4
Bolivien	27.614 (443)	30
Brasilien	712 (63)	—
Guyana	1821	17
Surinam	—	13
Paraguay	82.611 (26.538)	134
unbekannt	13.571 (3122)	—
gesamt	287.228	198

Neuerdings importieren die USA auch größere Mengen dieser Anakondas direkt von Tschechien. Aus den USA wird ein Teil dieser Tiere nach Japan und in andere Länder weiterexportiert. Dann haben sie eine Weltreise von Südamerika über unbekannte Wege nach Osteuropa, nach Westeuropa, in die USA bis nach Japan hinter sich. Da es anscheinend nicht möglich ist, den Handel zu unterbinden, stellt sich die Frage, ob ein begrenzter legaler Handel nicht sinnvoller wäre. Dies würde die Handelswege erheblich verkürzen und den vermutlich mafiösen Tierhändlerringen die Grundlage entziehen. Auch würde die ursprüngliche Herkunft der Paraguay-Anakondas wieder durchsichtiger werden.

Abb. 6.52: Exporte von *E. notaeus* aus osteuropäischen und mittelosteuropäischen Ländern sowie von Österreich nach Westeuropa

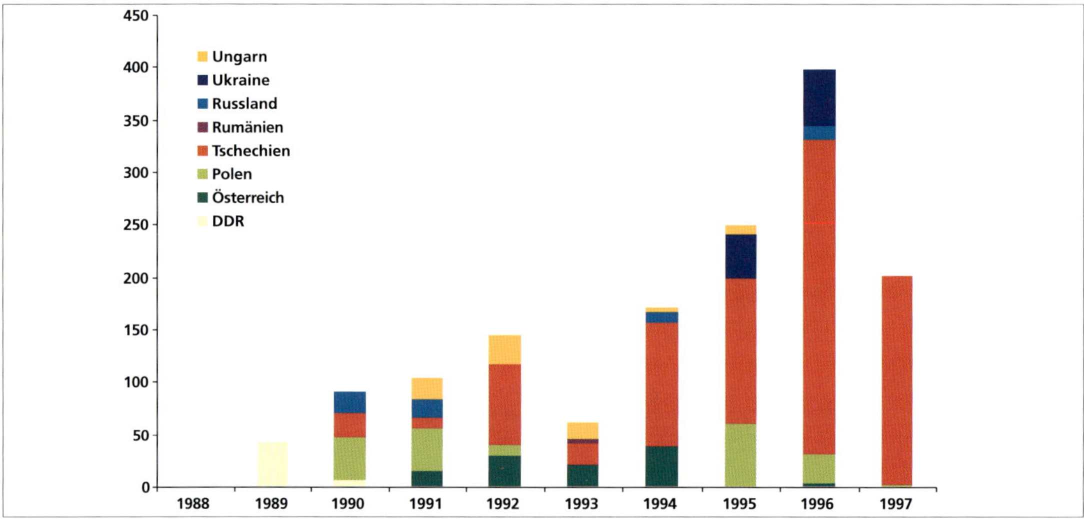

6.4.4 *Eunectes beniensis* sp. nov.

6.4.4.1 Diagnose

Mittelgroße, kräftige, mindestens 3,5–4 m lang werdende Riesenschlange aus den unbewaldeten Überschwemmungssavannen des Beni (Bild 115) und aus dem Pando Boliviens.

E. beniensis sp. nov. hat fünf Kopfstreifen (versus vier bei *E. murinus*), besitzt im Schnitt 16 dorsale Barren (D = 98,4) weniger als *E. deschauenseei* (D = 114,5), 21 weniger als *E. murinus* (D = 119,1) und 41,4 weniger als *E. notaeus* (D = 139,8) (Bilder 51, 53). Dies spiegelt sich auch in der Anzahl der über die dorsale Mitte verlaufenden Kontakte der Barren wider: *E. beniensis* sp. nov. hat mit 38,3 (n = 3) deutlich weniger Kontakte als *E. notaeus* mit 64,6 (n = 44) und *E. deschauenseei* mit 53,4 (n = 39). *E. beniensis* sp. nov. besitzt viel weniger, dafür größere seitliche Flecken, die auch als große Ringe ausgebildet sein können, als alle anderen Anakonda-Arten. Hellere Zentren in den dorsalen schwarzen Barren wie bei *E. murinus* und *E. notaeus* sind nicht vorhanden. Die Grundfarbe ist Braun bis Olivbraun im Gegensatz zu Olivgrün bei *E. murinus*, Gelb bis Gelbbräunlich bei *E. deschauenseei* und Gelb bei *E. notaeus*.

In der Pholidose unterscheidet sich *E. murinus* von den anderen Anakonda-Arten durch eine definitiv abgrenzbar höhere Anzahl Körperschuppen sowie Suborbitalia zwischen den Ocularia und Supralabialia. *E. beniensis* sp. nov. besitzt geringfügig mehr Schuppen als *E. deschauenseei* und *E. notaeus*, die sich von allen Arten in der Pholidose am wenigsten unterscheiden.

Holotypus

AMNH 101924, M, adult, Trinidad, Beni, Bolivien, leg. W.P. McLean, 30.08.1964.

Beschreibung des Holotypus

Männchen. Gesamtlänge 170 cm (Kopf-Rumpf-Länge 134 cm, Schwanzlänge 26 cm). Afterspornlänge 0,8 cm. Körperumfang an breitester Stelle 19 cm. Kopflänge 5,7 cm. Kopfbreite 3,1 cm. Schnauzenlänge (SAL) 1,5 cm. Länge zwischen den Augen (LZA) 1,5 cm. Breite des 30. Ventrale 2 cm und des 10. Subcaudale 1,9 cm. 226 Ventralia, 57 Subcaudalia,

50 Dorsalia um die Körpermitte, 38 eine Kopflänge hinter dem Kopf und 32 eine Kopflänge vor der Kloake. Rechts 15 und links 14 Supralabialia, rechts 19 und links 18 Infralabialia. Ein Rostrale, doppelt so lang wie breit, drei ca. gleich große Nasalia, zwei in der Mitte aneinanderliegende, 0,7 cm lange und 0,4 cm breite Frontonasalia, 0,4 cm langes und 0,6 cm breites Praefrontale, 0,4 cm langes und 0,35 cm breites Frontale. Rechts drei Suborbitalia über den 2–5 Supralabialia und links vier Suborbitalia über den 2–5 Supralabialia. Keine Suborbitalia zwischen den Ocularia und Supralabialia. Ein großes Loreale. Je ein Supraoculare, ein Praeoculare, zwei kleine Subocularia und drei kleine Postocularia. Drei Schuppen zwischen den beiden Supraocularia und sechs (einschließlich des Praefrontale) in etwa gleich große Schuppen um das Frontale. Augendurchmesser 0,45 cm, Pupille vertikal geschlitzt.

Grundfarbe braun (nicht genau erfaßbar, da Originalfarbe durch Konservierungseinwirkung verändert). Fünf schwarze, längs verlaufende Kopfstreifen, einer median, zwei je parallel

Bild 115: *E. beniensis* sp. nov. nahe Trinidad im Beni Boliviens. Dieses Exemplar befindet sich seit kurzer Zeit im NKR in Santa Cruz. Foto: L. Dirksen

Bild 116: Habitat von *Eunectes beniensis* sp. nov. im Beni von Trinidad, Bolivien Foto: L. Dirksen

hinter den Augen, leicht nach hinten unten gerichtet. 95 schwarze Barren vom Hals bis zur Schwanzspitze. Abstand zwischen den Barren ungefähr 3–4 Schuppen. Lateral unterhalb der dorsalen Barren eine Reihe großer Ringe mit der Grundfarbe im Inneren. Darunter vereinzelt kleine, schwarze Flecken. Ventral hellbraun, meist mit schwarzen Punkten auf den Seiten der Ventralia, die in Längsreihen angeordnet sind.

Paratypen

CBF 1675, W, adult (nur Kopf), Straßenfund, 77 km entfernt von Asunción de Guarayos in Richtung Trinidad (15°29' / 63°41'), leg. LUTZ DIRKSEN und JÖRN KÖHLER, 30.10.1994 (Bild 117); NKR 1735, M, adult (Kopf, Haut und Schwanz), Trinidad (11°08'/66°10'), Beni, Bolivien, leg. LUTZ DIRKSEN und ANDREA DITTRICH, 11.07.1998; NKR ?, M, adult, auf der Straße von Trinidad nach San Ignacio de Moxos, 9 km vom Rio Marmoré Richtung Rio Tijamuchi (14°81'/65°08'), Beni, Bolivien, leg. LUTZ DIRKSEN und ANDREA DITTRICH, 28.07.1998 (Bild 115, 119); UMMZ 56863, M, subadult, Manao, äußerste nordöstliche Ecke von Bolivien am Zusammenfluß des Rio Abuna und des Rio Madeira, leg. M. GONZALES.

Bild 117: Kopf einer überfahrenen *E. beniensis* sp. nov. nahe Trinidad im Beni Foto: L. Dirksen

Bild 118: *E. beniensis* sp. nov. in Bolivien Foto: L. Dirksen

6.4.4.2 Etymologie und Trivialnamen

Der Artname *beniensis* beschreibt das bisher bekannte Hauptvorkommen dieser neuen Anakonda-Art, den bolivianischen Bundesstaat Beni. Entsprechend sei an dieser Stelle der deutsche Trivialname Beni-Anakonda empfohlen.

6.4.4.3 Färbung und Zeichnung

E. beniensis sp. nov. ist braun bis braunoliv gefärbt. Am Kopf sind wie bei *E. notaeus* und *E. deschauenseei* fünf schwarze Streifen vorhanden (Bild 118), deren mittlerer im Bereich des Halses in die schwarzen dorsalen Barren übergeht. Die dorsalen Barren vom Hals bis zur Schwanzspitze sind meist regelmäßig hintereinander angeordnet, können aber auch in abgerundeter Dreiecksform oder als große Punkte seitlich der dorsalen Mitte liegen. Die Abstände zwischen den einzelnen Barren sind im Schnitt ungefähr drei Schuppenreihen breit. Vier Männchen besitzen zwischen 78 und 113 dorsale Barren, bei einem Schnitt von 98,4. Über die dorsale Mittellinie verlaufende Kontakte der Barren sind durchschnittlich 38,3 (n = 3) vorhanden. Unterhalb der dorsalen Barren befindet sich lateral eine Reihe großer, runder schwarzer Flecken (Bild 119) oder Ringe mit Grundfarbe im Zentrum. Darunter liegen etwas kleinere, unregelmäßig geformte, eckigere Flecken. Diese können auch fast ganz fehlen. Die Ventralia und Subcaudalia zeigen häufig schwarze Punkte, die in ihrer Gesamtheit meist zwei seitlich auf den Ventralia liegende Linien bilden.

Bild 119: *E. beniensis* sp. nov., Beni, Bolivien
Foto: L. Dirksen

6.4.4.4 Morphometrie

E. beniensis sp. nov. besitzt einen kräftigen Habitus, so wie es auch bei den anderen Anakonda-Arten der Fall ist. Von sechs vermessenen *E. beniensis* sp. nov. ist die Länge bekannt. Das längste Männchen mißt 217,5 cm, das einzige bekannte Weibchen 320 cm (CBF 1675) – von diesem liegen leider keine weiteren Daten zur Morphometrie und Pholidose vor. Gleiches gilt für ein weiteres, 1994 gefangenes und freigelassenes, 175 cm langes Exemplar (Bilder 2, 118) (Dirksen 1995). Der Quotient aus KRL /SwL beträgt bei *E. beniensis* sp. nov. 6 (n = 5). Die Männchen besitzen im Verhältnis zur Körperlänge längere Schwänze als das Weibchen (Tab. 6.49). Der Mittelwert aus KRL / KU beträgt 7,7. Der KU ist von der Jahreszeit (Hungerperioden) und der wechselnden Ernährungslage abhängig. Die Morphometrie dieser Art ist wegen der geringen Anzahl untersuchter Schlangen und des Fehlens von Daten von Weibchen noch unzureichend bearbeitet.

Tab. 6.49: Körpermaße von *E. beniensis* sp. nov. und deren Quotienten zur Kopf-Rumpf-Länge

	AMNH 101924	UMMZ 56863	NKR 1735	NKR	CBF 1675	Mittelwert
Status	Holotypus	Paratypus	Paratypus	—	Paratypus	
Geschlecht	M	M	M	M	W	
GL	170	97,5	217,5	179	320	—
KRL	134	84	184,5	151	283	—
SwL	26	13,5	33	28	37	—
KRL / SwL	5,2	6,2	5,6	5,4	7,6	6
KU	19	12	20	21	—	—
KRL / KU	7,1	7	9,2	7,2	—	7,7
KL	5,7	3,4	6	5,8	—	—
KRL / KL	23,5	24,7	30,8	26	—	27
KB	3,1	2,6	—	3,6	—	—
KRL / KB	43,2	32,3	—	41,9	—	39,1

Auch *E. beniensis* sp. nov. besitzt für Boinen verhältnismäßig kleine V und SC. Der Durchschnitt aus KRL / 30. V beträgt 73,3 und der aus KRL / 10. SC 93,5 (Tab. 6.50). Es ist davon auszugehen, daß die Weibchen von *E. beniensis* sp. nov., wie für Anakondas typisch, deutlich weniger breite vordere Subcaudalia besitzen.

6.4.4.5 Pholidose

Die Körperschuppen von *E. beniensis* sp. nov. sind ungekielt. Die Pholidose ist der von *E. notaeus* und *E. deschauenseei* ähnlich. Die Werte im einzelnen sowie die Mittelwerte sind der Tabelle 6.51 zu entnehmen. Unterschiede in der Pholidose zwischen Weibchen und Männchen sind, wie auch bei den anderen Arten, nicht zu erwarten. Die Variation der V und SC ist durchschnittlich, während die der Dorsalia sehr gering ist.

Auch die Kopfschuppen von *E. beniensis* sp. nov. ähneln denen von *E. notaeus* und *E. deschauenseei*, jedoch sind durchschnittlich etwas mehr Schuppen vorhanden. Die Zahl der Kopfschuppen ist der Tabelle 6.52 zu entnehmen. Die Supralabialia sind ungefähr quadratisch und in etwa gleich groß, während die Infralabialia vorne mehrfach länger als breit sind und nach hinten immer kleiner werden. Das Rostrale ist doppelt so breit wie hoch und das Mentale wird von den beiden ersten Infralabialia vollständig eingerahmt. Die beiden innen gelegenen Nasalia berühren sich median, ebenso wie die beiden darüber liegenden Frontonasalia, die etwas länger als breit sind. Mittig darüber gelegen befinden sich erst das Praefrontale und dann das Frontale. Diese beiden Schuppen sowie die ringsherum gelegenen sind in Zahl und Größe variabel. Das Loreale ist groß und fünfeckig. Um das Auge liegen 7–8 Schuppen, ein großes Supraoculare, ein großes Praeoculare, zwei kleine Subocularia und 2–3 Postocularia. Zwischen den beiden Supraocularia liegen entweder zwei größere Parietalia oder drei kleinere Schuppen.

6.4.4.6 Skelett und Zähne

Unbekannt. Vermutlich ähnlich denen von *E. notaeus* und *E. deschauenseei*.

6.4.4.7 Geschlechtsdimorphismus

Die extremen Größenunterschiede zwischen den Männchen und Weibchen der anderen Arten lassen vermuten, daß auch die Weibchen von *E. beniensis* sp. nov. um ca. ein Drittel bis doppelt so groß werden. Die Tatsache, daß das einzige Weibchen mit 3,20 m über einen Meter länger ist als das längste der vier Männchen, unterstützt diese Vermutung.

Die Aftersporne der Männchen sind ungefähr so lang wie die gleich großer Männchen von *E. notaeus* und *E. deschauenseei*. Die Aftersporne der Weibchen werden wie bei den anderen Arten zwischen einem Drittel und der Hälfte kürzer sein.

6.4.4.8 Hemipenes

Unbekannt. Vermutlich ähnlich denen von *E. notaeus* und *E. deschauenseei*.

Tab. 6.50: Schuppenbreite der 30. Ventralia und der 10. Subcaudalia von *E. beniensis* sp. nov.

	AMNH 101924	UMMZ 56863	NKR 1735	NKR	Mittelwert
30. V	2	1,2	2,4	1,9	—
KRL / 30. V	67	70	76,9	79,5	73,3
10. SC	1,9	0,8	2,2	1,9	—
KRL / 10 SC	70,5	105	83,9	79,5	84,7

Tab. 6.51: Körperschuppen von *E. beniensis* sp. nov.

	AMNH 101924	UMMZ 56863	NKR 1735	NKR	Mittelwert
Ventralia	226	224	219	230	224,8
Subcaudalia	57	57	59	54	56,8
Do Körpermitte	50	48	50	51	49,8
Do vor Kloake	32	33	30	32	31,8
Do hinter Kopf	38	36	38	39	37,8

Bild 120: *E. beniensis* sp. nov. ist von einem Einheimischen gefangen worden. Foto: C. Korda

6.4.4.9 Fortpflanzung

Paarung

Zur Fortpflanzung von *E. beniensis* sp. nov. ist nichts bekannt. Das Klima in Bolivien ist starken jahreszeitlichen Schwankungen unterworfen. Die Regenzeit beginnt im Oktober und endet im Februar bis März. Zwischen April und September wird es so trocken, daß selbst größere Flüsse kaum noch Wasser führen. Da sowohl die Große Anakonda im Norden Südamerikas wie auch die Paraguay-Anakonda im Süden in Gebieten mit ausgeprägten Trockenzeiten ihre Paarungsaktivitäten zum Ende der Trockenzeiten entwickeln, ist davon auszugehen, daß sich *E. beniensis* sp. nov. in Bolivien ungefähr zwischen September und Oktober paart. Die Geburten würden dann ca. sieben Monate später im April bis Mai stattfinden.

Geburt und Nachkommenschaft

Weder Jungtiere noch gravide Weibchen sind bisher bekannt. Zur Geburt und Nachkommenschaft kann nur vermutet werden, daß die Anzahl und Größe der Jungtiere denen der ungefähr gleich großen Paraguay-Anakonda ähnlich sind.

Chromosomen

Chromosomenuntersuchungen bei *E. beniensis* sp. nov. sind nicht durchgeführt worden. Vermutlich besitzt sie 2n = 36 Chromosomen, wie auch *E. murinus* und viele andere Riesenschlangen (Mengden & Stock 1980).

Tab. 6.52: Kopfschuppen von *E. beniensis* sp. nov.

	AMNH 101924	UMMZ 56863	NKR 1735	NKR	Mittelwert
Supralabialia	15 + 14	15 + 14	15 + 15	15 + 14	14,6
Infralabialia	19 + 18	18 + 17	—	18 + 19	18,2
Suborbitalia	3 + 4	2 + 2	2 + 2	2 + 2	2,4
Lorealia	1 + 1	1 + 1	1 + 1	1 + 1	1
Nasalia	3 + 3	3 + 3	3 + 3	3 + 3	3
Ocularia	7 + 7	7 + 7	8 + 8	7 + 7	7,4
Schuppen ums Frontale	6	6	6	5	5,8
Sch. zw. Supra-ocularia	3	3	—	2	2,7

Tab. 6.53: Afterspornlängen von *E. beniensis* sp. nov.

	AMNH 101924	UMMZ 56863	NKR 1735	NKR
Afterspornlänge	0,8	0,3	0,9	0,8
KRL / ASL	212,5	325	241,7	223,8

6.4.4.10 Nahrung

Unbekannt. Vermutlich Generalist, wie auch die anderen Arten.

6.4.4.11 Verhalten

Zwei Exemplare wurden jeweils morgens zwischen 9 und 10 Uhr beim Überqueren einer Straße gefangen. Das Befahren derselben Straße in vielen Nächten brachte keine weiteren Beobachtungen. Vermutlich richtet sich die Tag- und Nachtaktivität nach den jeweiligen Temperaturen in der Jahreszeit. Die noch von der Nacht gekühlten Schlangen zeigten sich wenig aggressiv. Dies änderte sich bei einem Exemplar, als die Temperaturen anstiegen. Die Anakonda wurde sehr bissig, entließ eine übelriechende Flüssigkeit, wickelte sich um den Arm, wenn man sie hinter dem Kopf packte und rollte sich letztendlich zu einer „Ballform" zusammen (Bild 121). Ein Zischen war nicht zu vernehmen. Beobachtungen zu weiteren Verhaltensweisen liegen nicht vor.

6.4.4.12 Haltung

Unbekannt. Die Ansprüche dürften denen der Paraguay-Anakonda recht nahe kommen. Nur bei der Temperatur ist zu bedenken, daß es im Vorkommensgebiet von *E. beniensis* sp. nov. bei weitem nicht so kalt wird, und deshalb auf entsprechende Temperaturen geachtet werden muß.

6.4.4.13 Handel

Unbekannt. Nach Priewe (1985) blühte der Tierhandel in Bolivien Anfang der achtziger Jahre. Auch von einer großen Menge Reptilienhäute ist die Rede. Sicherlich befand sich auch eine große Anzahl *E. beniensis* sp. nov. darunter. Dies ist jedoch jetzt nicht mehr nachvollziehbar. Inwieweit *E. beniensis* sp. nov. auch heute noch als *E. murinus* oder *E. notaeus* in den Handel gelangt, ist unbekannt.

Bild 121: *E. beniensis* sp. nov. beim Entkugeln aus der Ballstellung Foto: C. Korda

Bild 122: Habitat von *E. murinus* aus Französich Guayana. Foto: M. Schmidt

7.1 Zusammenfassung

29 wissenschaftliche Sammlungen aus Europa, Nord- und Südamerika mit Anakondamaterial wurden im Rahmen der vorliegenden Dissertation besucht. Inklusive eigener Feldarbeit in Bolivien, Brasilien und Ecuador sind insgesamt 754 Anakondas (*Eunectes* WAGLER, 1830) eigenhändig auf ihre Merkmale untersucht worden. Im günstigsten Fall sind pro Exemplar 84 standardisierte Daten zu Färbung und Zeichnung, Morphometrie, Pholidose, Herkunft und Geschlecht ermittelt worden. Dies ermöglicht erstmals, alle Anakonda-Arten basierend auf umfangreichem Datenmaterial aus ihrem gesamten Verbreitungsgebiet zu untersuchen und vergleichen. Auch der aktuelle Wissensstand sowie neue Erkenntnisse zu Fortpflanzung, Habitat, Nahrung, Verhalten, Haltung und Handel werden in dieser monographischen Revision vermittelt und diskutiert.

Die Vorkommen der Anakonda-Arten, die bisher unzureichend bearbeitet worden sind, werden erstmals durch eine Vielzahl von Fundorten, die für jede Art in Länderkarten eingetragen sind, nachgewiesen. Demnach ist *E. murinus* nicht nur östlich der Anden in Amazonien beheimatet, sondern auch bis weit in den Süden Brasiliens einschließlich des oberen Pantanals und Paraguay verbreitet. Entgegen vielen früheren Darstellungen kommt *E. murinus* in Brasilien ausgedehnt parapatrisch mit *E. notaeus* vor. Die nördlichste Verbreitungsgrenze letztgenannter Art findet sich in Bolivien bis in das Amazonassystem. *E. deschauenseei* ist die am wenigsten erforschte der vor dieser Arbeit bekannten Anakonda-Arten. Die erste Fundortkarte dieser Art zeigt, daß sie am unteren Amazonas bis Santarém, auf der großen Amazonasinsel Marajó und im Küstenbereich von Amapá und Französisch-Guayana gefunden wurde. Die neue Art *E. beniensis* ist bisher nur aus dem amazonischen Beni und Pando Boliviens bekannt. Inwieweit sie sympatrisch mit *E. murinus* vorkommt, ist unbekannt.

Der Holotypus von *E. barbouri* wurde in den Rang einer Art erhoben, weil er dorsale Ozellen anstatt schwarzer Flecken besitzt. Dieses Merkmal tritt jedoch mehr oder weniger stark ausgeprägt im gesamten Verbreitungsgebiet von *E. murinus* auf. Da keine weiteren Unterschiede zwischen diesen Arten festzustellen sind, muß *E. barbouri* als Farbvariante betrachtet und in die Synonymie von *E. murinus* gestellt werden.

Auch die Unterart *E. murinus gigas* muß als Synonym zu *E. murinus* betrachtet werden, da ein heller Streifen in der Temporalregion im gesamten Verbreitungsgebiet von *E. murinus* zu finden ist. Andere Unterschiede sind nicht festzustellen. Eine neue Untergliederung von *E. murinus* in Unterarten erscheint nicht sinnvoll, obwohl geringfügige Unterschiede in Färbung und Zeichnung der Großen Anakonda für bestimmte Gebiete existieren. Diese können jedoch nur als klinale Variationen angesehen werden. Somit stellt sich *E. murinus* als monotypische Art dar.

E. notaeus und *E. deschauenseei* besitzen große phänetische Ähnlichkeiten und lassen sich in Morphometrie und Pholidose kaum unterscheiden. *E. deschauenseei* hat allerdings signifikant weniger und größere dorsale Querbarren sowie größere schwarze, laterale Flecken, die im Unterschied zu *E. notaeus* nie helle Zentren besitzen. Die DNA-Analysen (RAPD) weisen auf zwei nah verwandte Taxa hin, deren Speziation stammesgeschichtlich erst in jüngerer Zeit vonstatten gegangen sein kann. Die disjunkte Verbreitung beider Arten und ihre dargestellten Unterschiede rechtfertigen den eigenen taxonomischen Status von *E. deschauenseei*. Es ist unbekannt, ob beide Arten fertile Nachkommen erzeugen können, wenn dies auch wahrscheinlich ist, da *E. notaeus* selbst mit dem phylogenetisch deutlich entfernteren *E. murinus* in Gefangenschaft Hybriden erzeugt hat. *E. deschauenseei* wird weiterhin Artstatus zuerkannt und muß als Schwesterart zu *E. notaeus* gelten. Ob *E. deschauenseei* als Art oder Unterart betrachtet werden soll, hängt nicht zuletzt von dem angewendeten Artkonzept ab. Möglicherweise bilden beide Arten zusammen mit *E. beniensis* eine Superspezies.

E. beniensis besitzt ebenfalls phänetische Ähnlichkeiten mit *E. notaeus* und *E. deschauenseei*. Diese sind jedoch insgesamt weniger stark ausgeprägt als bei den beiden anderen Arten. Die ursprüngliche Hypothese, daß es sich bei *E. beniensis* um Hybriden zwischen *E. notaeus* und *E. murinus* handeln könnte, bestätigt sich weder in Pholidose noch in den Zeichnungsmerkmalen. Auch die RAPD-Analyse weist auf eine nahe Verwandtschaft zu *E. notaeus* und *E. deschauenseei* hin, jedoch nicht auf *E. murinus*, der sich somit deutlich von den drei kleineren Arten abhebt.

Zusammenfassung der taxonomischen Schlußfolgerung:

Eunectes barbouri	=	*Eunectes murinus*
Eunectes murinus gigas	=	*Eunectes murinus*
Eunectes murinus murinus	=	*Eunectes murinus*
Eunectes murinus	=	*Eunectes murinus*
Eunectes deschauenseei	=	*Eunectes deschauenseei*
Eunectes notaeus	=	*Eunectes notaeus*
Eunectes sp. *(Bolivien)*	=	*Eunectes beniensis*

E. murinus (E. beniensis ((E. notaeus - E. deschauenseei)))

7.2 Summary

This thesis involved the examination of anacondas (*Eunectes* Wagler, 1830) from 29 scientific collections originating from Europe, and North and South America. These specimens, combined with many studied during field surveys in Bolivia, Brazil, and Ecuador, resulted in the examination of 754 anacondas. Each specimen was examined for 84 standardised characteristics such as colour, pattern, morphometry, pholidosis, skeleton, origin, and sex. Thus, for the first time all species in the genus *Eunectes* could be examined, with sufficient data, from throughout the entire range. Additionally, current knowledge and new information are provided concerning the genus' biology and ecology, particularly concerning reproduction, habitat use, and prey behaviour. Also, behavioural aspects of the genus are outlined in this monographic revision, and national as well as international trade information is presented.

Until recently the distribution patterns of anaconda species could not be accurately defined by existing locality data. This has now been extensively improved by mapping a large number of locality records, on individual maps from each country within the range of this genus. The results revealed new and surprising locality records and range extensions. For example, it is now clear that *E. murinus* is not solely distributed east of the Andes in the Amazon Basin, but that it also ranges far to the south of Brazil including the northern Pantanal and Paraguay. In contrast to former views, *E. murinus* is widely parapatric with *E. notaeus* in Brazil. The latter taxon is also abundant in Bolivia, reaching the Amazon system. Among all taxa of *Eunectes*, *E. deschauenseei* is the least known species due to a lack of scientific research. The first distribution map, with locality records, of *E. deschauenseei* reveals that it occurs in the lower Amazon, up to Santarém, the island Marajó, and in the coastal regions of Amapá and French Guiana. The new species has so far only been recorded from Beni and Pando in Bolivia. It is not yet known whether it occurs sympatrically with *E. murinus*.

The holotype of *Eunectes barbouri* is characterised by black blotches with light-coloured centers, scattered across the dorsum, instead of solid black blotches. This characteristic occurs in specimens, more or less, throughout the entire range of *E. murinus*. Due to a lack of additional differences occurring between both taxa, the species *E. barbouri* is treated here as a colour morph of *E. murinus*, and thus represents a synonym of *E. murinus*, as recently described in the literature.

The subspecies *E. murinus gigas* is treated as a synonym of *E. murinus*. The different colour patterns of both taxa are not consistently abundant throughout the range to warrant subspecific designation. In addition the light-colored stripe located in the temporal region of *E. murinus gigas* (as defined in the original subspecies description) is not just restricted to the specimens from the locality records defined, but it also occurs in individuals throughout the entire range of *E. murinus*. Although various geographic colour morphs of *E. murinus* do exist throughout this species' range, this is not enough to separate *E. murinus* into further subspecies. Finally, a monotypic taxon with clinal variations is defined.

The phenology of *E. notaeus* and *E. deschauenseei* is very similar. Both taxa scarcely differ in morphology and scalation. The latter, though, has significantly fewer and larger transverse blotches on the dorsum, and larger black spots on the flanks. These never have a light center, as in *E. notaeus*. DNA-studies (RAPD) reveal that these two taxa probably are closely related, and speciation is a young historical event. On the basis of the differences presented in both taxa, and the fact that they have a disjunct distribution, the taxonomic status of *E. deschauenseei* is justified. To date, there have been no hybridisation records of *E. notaeus* and *E. deschauenseei*, although the former species has reproduced, in captivity, successfully with *E. murinus* (a phylogenetically more distinct species). Thus, *E. deschauenseei* is considered, for now, a distinct species, and represents the sister group of *E. notaeus*. There is a question, however, as to whether *E. deschauenseei* should continue to be treated as species or whether it should be designated as a subspecies of *E. notaeus*. This is also dependent upon the species concept referred to.

Eunectes sp. also shares phenologics with *E. notaeus* and *E. deschauenseei*, but these are more distinct than those between *E. notaeus* and *E. deschauenseei*. The original hypothesis that *E.* sp. could represent a hybrid of *E. notaeus* and *E. murinus* is rejected, as not enough similarities in pholidosis and colour patterns occur with *E. murinus*. The RAPD analysis shows a close relation to *E. notaeus* and *E. deschauenseei*, but again not with *E. murinus*, which distinctly can be separated from the three smaller taxa.

7.3 Résumé

Dans le cadre de la présente thèse, ont été visités 29 collections scientifiques en Europe et Amérique du nord et du sud contenant une répresentation des anacondas. On y trouve également un propre travail sur le terrain en Bolivie, Brésil et Equador où 754 anacondas (*Eunectes* WAGLER, 1930) ont été examinés. Dans le meilleur des cas furent déterminées 84 caractères sur la couleur et description, morphométrie, écaillure, provenance et sexe pour chaque exemplaire. Cela permet pour la première fois l'étude des espèces d'anacondas sur une base de données étendue à l'ensemble de la zone de distribution. Également le savoir actuel ainsi que de nouvelles reconnaissances sur la reproduction, l'habitat, la nourriture, le comportement, la détention en terrarium et le commerce sont établis et discutés au cours de cette révision monographique.

La présence des espèces d'anacondas, qui fut j'usqu' ici insuffisant étudiée, sera tout d'abord démontrée au travers d'une cartographie représentant pour chaque espèce les multiples lieux de découverte. Ainsi se trouve répandu *E. murinus* non seulement à l'est des Andes amazoniennes, mais aussi loin dans le sud du Brésil, y compris haut-Pantanal et Paraguay. Contrairement aux exposés antérieurs, *E. murinus* et *E. notaeus* se partagent parapatrique. La propagation la plus nordique de cette dernière espèce va en Bolivie jusque dans le système amazonien. *E. deschauenseei* est l'espèce la moins étudiée. La première carte de sa découverte montre sa présence en bas de l'Amazone jusqu'à Santarém, sur la grande île Marajó et sur la côte d'Amapá ainsi qu'en Guyane française. La nouvelle espèce *E. beniensis* ne été découverte jusqu'à présent qu' au Beni amazonien et dans le Pando bolivien. Dans quelle mesure cette espèce coexiste avec *E. murinus* reste inconnu.

L'holotype de *E. barbouri* le spécifie au travers de ocelles dorsales à la place de taches noires. Cette particularité est plus ou moins prononcée et répandue sur l'ensemble du territoire d' *E. murinus.* Du fait du manque d'autres différences entre les deux espèces, on peut associer *E. barbouri* comme une variation de couleur à *E. murinus* et considérer ce dernier comme la seule espèce.

Également la sous-espèce *E. m. gigas* doit être apparentée à *E. murinus* puisqu'elle ne diffère, sur l'ensemble du territoire, que par une raie claire en région temporale. D'autres différences ne sont pas établies. Une nouvelle classification de sous-espèces pour *E. murinus* ne paraît pas significative, bien que des différences minimales de couleur et de description existent pour des régions déterminées en ce qui concerne le grand anaconda. De telles variations ne sont que d'ordre clinale et présentent. Donc *E. murinus* comme espèce monotypique.

E. notaeus et *E. deschauenseei* possèdent de grandes ressemblances extérieures et se laissent. À peine différencier par morphométrie et écaillure. *E. deschauenseei* a toutefois significatif moins et de plus grandes barres transversales dorsales en comparaison avec *E. notaeus*, ainsi que des taches noires latérales et jamais de centres clairs. Les analyses DNA (RAPD) montrent deux parentés très proches dont les spécifications phylogénétiques ne peuvent s'être changées que récemment. La diffusion disjonctive des deux spécimens ainsi que leurs différences expliquent le statu propre pour *E. deschauenseei.* Il est inconnu si les deux espèces peuvent concevoir des descendants fertiles, tant que cela soit probable puisque *E. notaeus* a déjà eut une descendance en captivité avec un spécimen phylogénétiquement éloigné, *E. murinu*s. Faute de preuves reçoit *E. deschauenseei* le statut d'espèce et doit être considérée comme espèce-soeur d'*E. notaeus.* Considérer *E. deschauenseei* comme espèce ou sous-espèce dépendant du concept d'espèce utilisé. Il est possible que les deux espèces forment ensemble avec *E. beniensis* un super espèce.

E. beniensis possède également des ressemblances phénétiques avec *E. notaeus* et *E. deschauenseei.* Néanmoins moins affirmées que chez les deux autres espèces. L'hypothèse initiale qu'il pourrait s'agir chez *E. beniensis* d'un hybride entre *E. notaeus* et *E. murinus*, ne corrobore en aucun cas, ceci à l'appui de l'écaillure et des caractéristiques d'apparence. Également, l'analyse RAPD, démontre une parenté proche avec *E. notaeus* et *E. deschauenseei*, néanmoins pas avec *E. murinus* qui se démarque ainsi distinctement parmi les trois espèces.

7.4 Resumen

En el curso de esta tesis fué estudiado material de 29 colecciones científicas de Europa, América del Norte y América del Sur. Incluyendo un trabajo de terrenno en Bolivia, Brasil y Ecuador fueron examindas un total 754 anacondas (*Eunectes* WAGLER, 1830). En el más favorable de los casos, para cada ejemplar fué posible tomar 80 datos estandarizados respecto a su folidosis, morfometría, coloración y dibujo, tal como su proveniencia y sexo. Numerosos datos adicionales, especialmente encuanto a lugares de colecta, han sido compilados por correspondencia y un amplio estudio de la literatura. En esta tésis por primera vez se hace un estudio que comprende todas las especies de anacondas basado en numerosos datos de toda su área de distribución geográfica.

Los lugares de occurrencia de especies de anacondas, no estudiados en forma satisfactoria hasta la fecha, ahora por primera vez son documentados por numerosos puntos de colecta y registrados en un mapa de distribución. De acuerdo a esto *E. murinus* no solo habita al Este de los Andes, sino también se distribuye hasta muy al Sur de Brasil incluyendo el Pantanal superior y Paraguay. De tal modo, contrariamente a muchos planteamientos anteriores, posee una amplia zona de vecindad con *E. notaeus*, y ambas especies pueden por esto ser consideradas como parapátridas. *E. notaeus* no solo se distribuye en el Bajo Río Paraná, el Río Paraguay con sus afluentes y el Pantanal, sino tiene su extencion más boreal hasta la Amazonía Boliviana. *E. deschauenseei* es la anaconda sobre la cual menos se sabía. El primer mapa de distribución de esta especie, confeccionado ahora, muestra que ha sido encontrada en el Amazonas inferior hasta Santarém, la gran isla amazónica Marajó y la región costera de Amapá y Guayana Francesa. La nueva especie *E. beniensis* Hasta ahora se conoce sólo del Beni amazónico y Pando de Bolivia. Se desconoce, si existe en simpatría con *E. murinus*.

Aparte de extensos estudios comparativos referente a coloración, dibujo, morfometría, folidosis, esqueleto de las especies de anacondas se presenta también el estado actual de conocimiento y nuevos resultados sobre la reproducción el hábitat, la alimentación, y el comportamiento.

El holotipo de *E. barbouri* fué descrito, puesto que posee ocelos dorsales en vez de manchas negras. Esta característica sin embargo aparece en forma más o menos pronunciada en toda el área de distribución de *E. murinus*. Como no pueden ser encontradas diferencias adicionales entre las dos formas, *E. barbouri* debe ser una variación de color y debe ser considerada como sinónimo de *E. murinus*.

También la subespecie *E. murinus gigas* debe ser considerada como sinónimo de *E. murinus*, ya que en toda el área de distribución puede haber una banda clara en la región temporal. Otras diferencias no han podido ser detectadas. Una nueva subdivisión de *E. murinus* en subespecies no se justifica, a pesar de que existen leves diferencias en coloración y dibujo de la anaconda grande en diferentes localidades. Debido a la gran area de distribución y la ausencia de diferencias significativas en la morfometría y la folidosis se puede hablar tan solo de variaciones clinales. La especie *E. murinus* se presenta por esto como especie monotípica.

E. notaeus y *E. deschauenseei* tienen grandes similitudes fenéticas y dificilmente pueden ser difenenciadas en morfometría y folidosis. Sin embargo *E. deschauenseei* tiene significativamente menos barras transversales que son más anchas y también manchas negras laterales más grandes, las que a diferencia de *E. notaeus* tienen centros claros. Los estudios de DNA (RAPD) indican taxa cercanos cuya especiación solo debe haber ocurrido recientemente. La distribución discontínua y las diferencias indicadas justifican asignar a *E. deschauenseei* su propia posición taxonómica.. Se desconoce si ambas especies pueden producir progenie fértil, pero esto es probable, puesto que *E. notaeus* incluso con *E. murinus*, que filogenéticamente está más distante, han producido híbridos en cautiverio. Como faltan pruebas de hibridación fértil, a *E. deschauenseei* provisionalmente se le reconoce el estatus de especie, la que debe ser considerada como especie hermana de *E. notaeus*. Si *E. deschauenseei* debe ser considerada como especie o subespecie por lo demás depende del concepto de especie que se aplica. Posiblemente ambas especies forman una superespecie en conjunto co la tercera *E. beniensis*

E. beniensis igualmente presenta semejanzas fenéticas con *E. notaeus* y *E. deschauenseei*, que sin embargo son menores que entre estas dos últimas. La hipótesis de que *E. beniensis* sería un híbrido entre *E. notaeus* y *E. murinus* no es sostenible por la folidosis ni el dibujo. También análisis de (RAPD) indican cercano parentesco con *E. notaeus* y *E. deschauenseei*, lo que no vale para *E. murinus*, que diefiere claramente de las tres especies mas pequeñas.

8. Literatur

ABALOS, J.W., E.C. BAEZ & R. NADER (1964): Serpientes de Santiago del Estero.- Acta. Zool. Lilloana 20: 211–283.

ABUYS, A. (1982): De slangen van Suriname, deel II: De families Aniilidae en Boidae. – Litteratura Serpentium 2(3): 112–133.

AMARAL, A. DO (1930): Contribuição ao conhecimento dos ophidios do Brasil. IV. Lista remissiva dos ophidios do Brasil. – Mem. Inst. Butantan 4: 71–125.

AMARAL, A. DO (1935): Contribuição ao conhecimento dos ophidios do Brasil. – Mem. Inst. Butantan 10: 87–97.

AMARAL, A. DO (1944): Notas sôbre a ofiologia neotrópica e Brasílica. VI. Formas de boíneos de recente registo. – Pap. Avul. São Paulo 5: 41–48.

AMARAL, A. DO (1948a): Ofídios do Pará. – Bol. Mus. Para. E. Goeldi São Paulo 10: 149–159.

AMARAL, A. DO (1948b): Serpentes gigantes. – Bol. Mus. Para. E. Goeldi 10: 211–237.

AMARAL, A. (1978): Serpentes do Brasil: Iconografia coloridã. Melhoramentos ed., Univ. de São Paulo: 246.

ANONYMUS (1963): Hybrid Anacondas. – Anim. Kingdom 66: 31.

ANONYM (1994): Internet: http://www.geo.de/wissen/94/06/ReichSchlangen.html.

ANTHONY, J. & R.G. SERRA (1950): Anatomie de l'appareil de la morsure chez „*Eunectes murinus*" L. (Boidae). Ostéologie, myologie, vaisseaux et nerfs. – Rev. Brasil. Biol. 10 (1): 23–44.

AQUINO-SCHUSTER, A.L., M. MOTTE & G. SEQUERA (1991): Relación del indígena Chamacoco con la herpetofauna del Alto Paraguay. – Bol. Mus. Nac. Hist. Nat. Paraguay 10: 11–22.

AQUINO, A.L., N. SCOTT & M. MOTTE (1996): Coleciónes de flora y fauna del Museo Nacional de Historia Natural del Paraguay (1996): Lista de anfibios y reptiles del Museo de Historia Natural del Paraguay (Marzo, 1980 – Setiembre, 1995). – Bol. Mus. Nac. Hist. Nat. Paraguay, Asunción: 332–400.

AQUINO, A.L., M. MOTTE, R. PALACIOS, A. YANOSKY, G. TEROL & C. MERCOLLI (1998): Fauna Amenzada del Paraguay: Anfibios y Reptiles. – Ministerio de Agricultura y Ganaderia, Subsecretaria de Estado de Recursos naturales y medio ambiente: 34–44.

ATTENBOROUGH, D. (1956): Zoo quest to Guiana. – London, (Lutterworth Press): 187.

BARRAN, E.F. & M.A. FREIBERG (1951): Nombres vulgares de reptiles y batracios de la Argentina. – Physis 58: 303–319.

BARTON, A.J. & W.B.JR. ALLEN (1961): Observations on the feeding, shedding and growth rates of captive snakes (Boidae). – Zoologica, New York 46: 83–87.

BAUCHOT, R. (Hrsg.) (1994): Schlangen. – Weltbild Verlag, Augsburg, 240 S.

BEÇAK, M.L., W.L. BEÇAK, F.L. ROBERTS, R.N. SHOFFNER & E.P. VOLPE (1971): Chromosome atlas: fish, amphibians, reptiles and birds. Vol. 1. – Springer Verlag, Berlin, Heidelberg, New York, 208.

BEDDARD, F.E. (1905): The rudimentary hind limbs of the Boine snakes. – Nature, London 72: 630.

BEDDARD, F.E. (1906): Contributions to the anatomy of the ophidia. – Proc. Zool. Soc. London 1906: 12–44.

BEEBE, W. (1946): Field notes on the snakes of Kartabo, British Guiana and Caripito, Venezuela. – Zoologica, New York 46: 11–21.

BELLAIRS, A. (1969): Die Amphibien und die Reptilien. – In: PARKER, H.W. & A. BELLAIRS, Enzyklopädie der Natur, Bd. 10, Lausanne, 135–285.

BELLAIRS, A. & J.D. BOYD (1957): Anomalous cleft palate in snake embryos. – Proc. Zool. Soc. London 129: 525–539.

BELLUOMINI, H.E. & A.R. HOGE (1957/8a): Operação cesariana realizada em *Eunectes murinus* (LINNAEUS, 1758) (Serpentes). – Mem. Inst. Butantan 28: 187–194.

BELLUOMINI, H.E. & A.R. HOGE (1957/8b): Contribuição à biologia de *Eunectes murinus* (LINNAEUS, 1785) (Serpentes). – Mem. Inst. Butantan 28: 207 215.

BELLUOMINI, H.E. & A.R. HOGE (1957/8c): Um caso de cópula heteróloga entre *Bothrops* e *Crotalus* (Serpentes) – Mem. Inst. Butantan 28: 91–94.

BELLUOMINI, H.E., A.F. MARANHÃO NINA & A.R. HOGE (1959): Contribuição à biologia do gênero *Eunectes* WAGLER, 1830. (Serp. Boidae). Estudo de seis ninhadas de „sucuris". – Mem. Inst. Butantan 29: 165–174.

BELLUOMINI, H.E. & T. VEINERT (1967): Notes on breeding anacondas *Eunectes murinus* at São Paulo Zoo. – Int. Zoo Yb. 7: 181–182.

BELLUOMINI, H.E., T. VEINERT & F. DISSMANN (1968): Datos sôbre a biologia e crescimento de *Eunectes murinus* (LINNAEUS, 1758). – Arqs. Mus. Nac. Rio de Janeiro 54: 63–64.

BELLUOMINI, H.E., T. VEINERT, F. DISSMANN, A.R. HOGE & A.M. PENHA (1976/7): Notas biológicas a respeito do gênero *Eunectes* WAGLER, 1830 „sucuris" (Serpentes: Boinae). – Mem. Inst. Butantan 40–41: 79–115.

BLOMBERG, R. (1955): Anakonda. – Eberhard Brockhaus, Wiesbaden, 195 S.

BLOMBERG, R. (1956): Giant snake hunt. – Nat. Hist. New York 65 (2): 92–97.

BOGERT, C.M. (1954): Amphibians and reptiles of the world. In: DRIMMER: The Animal Kingdom. – Garden City, (Doubleday & Co.) New York: 1328–1334.

BOULENGER, G.A. (1893): Catalogue of the snakes in the British Museum (Natural History). – Vol. I, London: 115–116.

BRANDES, C.-H. (1971): Über die Ernährung und das Wachstum der Gattung *Eunectes* WAGLER in der Gefangenschaft. – Veröff. Überseemus. Bremen, Reihe A, 4: 63–70.

BRANCH, W.R. (1981): Hemipenes of the Madagascan boas *Acrantophis* and *Sanzinia*, with review of hemipeneal morphology in the Boinae. – J. of Herpetol. 15(1): 91–99.

BUSH, M. & J. SMELLER (1978): Blood collection and injection techniques in snakes. – Vet. Med. / Small Anim. Clin. 73: 211–214.

CALDWELL M.W. & M.S.Y. LEE (1997): A snake with legs from the marine Cretaceous of the Middle East. – Nature 386: 705–709.

CALLE, P.P., J. RIVAS, M. MUÑOZ, J. THORBJARNARSON, E.S. DIERENFELD, W.F. HOLMSTROM, W.E. BRASELTON & W.B. KARESH (1994): Health assessment of free-ranging anacondas (*Eunectes murinus*) in Venezuela. – J. of Zoo and Wildlife Med. 25(1): 53–62.

CARILLO DE ESPINOZA, N. & J. ICOCHEA (1995): Lista taxonomica preliminar de los reptiles vivientes del Peru. – Publ. Mus. Hist. Nat. UNMSM (A) 49: 1–27.

CARROLL, R.L. (1993): Paläontologie und Evolution der Wirbeltiere. – Georg Thieme Verlag, Stuttgart, New York, 684 S.

CEI, J.M. (1993): Reptiles del noroeste, nordeste y este de la Argentina. Género *Eunectes*. – Mus. Reg. Sci. Nat. Torino, Monogr. 14: 498–499.

CHIPPAUX, J.-P. (1986): Les serpents de la Guyane française. – Collect. Faune Trop. 27: 1–165.

COPE, E.D. (1862): Synopsis of the species of *Holcusus* and *Ameiva*, with diagnosis of new West Indian and South American Colubridae. – Proc. Acad. Nat. Sci. Philadelphia 14: 20–82.

COPE, E.D. (1885): Catalogue of the species of batrachians and reptiles contained in a collection made in Pebas, Upper Amazon, by John Hauxwell. – Proc. Amer. Phil. Soc. 23: 94–103.

CORREA GOMES, D. & R. MAGALHAES PINTO (1978): Contribuição ao conhecimento da fauna helmintológica da região Amazônica – Trematodeos. – Atas Soc. Biol. Rio de Janeiro 19(1): 43–46.

CORREA, A. & V. DE PAUTASSI (1986): Catálogo sistemático de la colección de ofidios [Museo, Facultad de Ciencias Naturales, Universidad Nacional de Salta]. Primera parte. – Mus. Fac. Cienc. Nat., Univ. Nac. Salta, 44 S.

CUNHA, O.R. DA & F.P. DO NASCIMENTO (1978): Ofídios da Amazônia. X – As cobras da região leste do Pará. – Public. Avuls. Mus. Para. E. Goeldi 31: 50–51.

DESCHANEL, J.P. & N. CHASON (1978): Fortpflanzung von Anakondas (*Eunectes murinus*) im zoologischen Garten von Lyon. – Aquar. Terrar. Z. 31(3): 100–102.

DE LA RIVA, I. (1993): Ecología de una comunidad neotropical de anfibios durante la estación lluviosa. – Ph. D. Thesis, Universidad Complutense, Madrid: 365 S.

DE LA RIVA I., J. CASTROVIEJO BOLIBAR & J. CABOT NIEVES (1992): *Pseustes sulphureus* (WAGLER, 1824) (Serpentes: Colubridae) nueva especie para Bolivia y datos sobre la herpetofauna Boliviana. – Acta Zool. Lilloana 41: 215–218.

DE LEMA, T. (1994): Lista comentada dos répteis ocurrentes no Rio Grande do Sul, Brasil. – Comun. Mus. Cienc. Tecnol. PUCRS, Sér. Zool., Porto Alegre 7: 41–150.

DE SMET, W.H.O. (1978): The chromosomes of 23 species of snakes. – Acta Zool. Path., Antverpen 70 : 85–118.

DESSAUER, H.G., J.E. CADLE & R. LAWSON (1987): Patterns of snake evolution suggested by their proteins. – Fieldiana, Zool. 1376: 1–34.

DEVICENZI, G.J. (1925): Fauna erpetológia del Uruguay. – Ann. Mus. Montevideo 2(1): 1–65.

DIRKSEN, L. (1995): Zur Reptilienfauna Boliviens unter spezieller Berücksichtigung taxonomischer und zoogeographischer Aspekte. – Unveröf. Diplomarbeit der Rheinischen Friedrich-Wilhelm-Universität Bonn (ZFMK), 172 S.

DIRKSEN, L. (1999a): Mythos Anakonda. – Reptilia, Münster, 4(5): 34–37.

DIRKSEN, L. (1999b): Zur Kenntnis der Anakonda-Arten (Serpentes: Boidae: *Eunectes*. I. *Eunectes deschauenseei* DUNN & CONANT, 1936. – herpetofauna, Weinstadt 21(122): 12–21.

DIRKSEN, L. & W. BÖHME (1998a): Studien an Anakondas 1: Indizien für natürliche Bastardierung zwischen der Großen Anakonda *Eunectes murinus* und der Paraguayanakonda *Eunectes notaeus* in Bolivien, mit Anmerkungen zur Taxonomie der Gattung *Eunectes*. – Zool. Abh. Mus. Tierkd., Dresden 4:45–58.

DIRKSEN, L. & W. BÖHME (1998b): Studien an Anakondas 2: Zum taxonomischen Status von *Eunectes murinus gigas* (LATREILLE, 1801) (Serpentes: Boidae), mit neuen Ergebnissen zur Gattung *Eunectes* WAGLER, 1830. – Salamandra 34(4): 359–374.

DIRKSEN, L., E. BUONGERMINI, C. STRÜSSMANN & T. WALLER (1998): Protective balling-posture behavior in the genus *Eunectes*, WAGLER, 1830 (Serpentes: Boidae). – Herp. Nat. Hist. 6(2): 151–155.

DIRKSEN, L & I. DE LA RIVA (1999): The lizards and amphisbaenians of Bolivia (Reptilia, Squamata): checklist, localities, and bibliography. – Graellsia 55: 199–215.

DIRKSEN, L., J. KÖHLER, P.L. IBISCH & W. BÖHME (1995): Zur Herpetofauna der semihumiden Samaipata-Region, Bolivien. II Reptilien. – herpetofauna, Weinstadt 17(99): 15–28.

DIRKSEN, L., A. HILLE, D. TARKHNISVILI, T. WALLER & W. BÖHME: New phylogenetic results in the genus , WAGLER, 1830, based on the analysis of DNA and external morphology. – (in press.).

DIRKSEN, L. & P. STRIMPLE (2000): Auf der Suche nach der größten Anakonda. – Reptilia, Münste, 26, 5(6): 30–34.

DIXON, J.R. & P. SOINI (1977): The reptiles of the upper Amazon basin, Iquitos region, Peru. II. Crocodilians, turtles and snakes. – Ibid. Milwaukee Publ. Mus. Contrib. Biol. Geol. 12: 1–91.

DOWLING, H.G. (1961): How old are they and how big do they grow? – Anim. Kingdom 64: 171–175.

DUELLMAN, W.E. (1982): Quaternary climatic-ecological fluctuations in the lowland Tropics: frogs and forests. – In: PRANCE, G.T., Biological Diversification in the Tropics. Columbia Univ. Press New York: 389–402.

DUMÉRIL, A.M.C. & G. BIBRON (1845). Erpétologie générale ou histoire naturelle complète des reptiles, 7, Paris: 54.

DUNN. E.R. (1944): Los generos de anfibios y reptiles de Columbia, III. – Caldasia, Bogota 3(12): 155–224.

DUNN, E.R. & R. CONANT (1936): Notes on anacondas, with descriptions of two species. – Proc. Acad. Nat. Sci., Philadelphia 88: 503–506.

ELVEY, C. & K. NEWLON (1998): *Eunectes murinus* (Green Anaconda) and *Phrynops giba* (Gibba Turtle). Predation. – Herp. Rew. 29(2): 103–104.

ENGELMANN, W.-E. (1978): Gelbe Anakondas im Terrarium des Leipziger Zoo. – Aquar. Terrar. 25: 427–429.

FITZSIMONS, V. (1953): Length of anacondas. – Afr. Wild Life 7: 346–347.

FLOWER, S.S. (1937): Further notes on the duration of life in animals. – Proc. Zool. Soc. London 107: 84.

FRANK, W. & A. SCHEPKY (1969): Metastasierendes Lymphosarkom bei einer Riesenschlange, *Eunectes murinus* (LINNAEUS, 1758). – Path. Vet. 6: 437–443.

FREIBERG, M.A. (1954): Vida de batracios y reptiles Sudamericanos. – Editores: Cesarini, Buenos Aires, 192.

FROST, D.R. & D.M. HILLIS (1990): Species concept and practise: herpetological applications. – Herpetologica 46(1): 87–104.

FUGLER, C.M. (1984): Tercera contribution a la fauna herpetologica del Oriente Boliviano. – Ecología en Bolivia 5: 63–72.

FUGLER, C.M. (1986): Una lista preliminar de las serpientes de Bolivia. – Ecologia en Bolivia 8: 45–72.

FUGLER, C.M. & I. DE LA RIVA (1990): Herpetologia Boliviana: Lista provisional de las serpientes conocidas en el pais. – Mus. Nac. Hist. Nat. (Bolivia) Comunicación 9: 22–53.

FUGLER, C.M. & J. CABOT (1995): Herpetologia Boliviana: Una lista commentada de las serpientes de Bolivia con datos sobre su distribution. – Ecologia en Bolivia 24: 41–87.

GALLARDO, J.M. (1979): Compositión, distributión y origen de la herpetofauna Chaqueña. – In: DUELLMAN, W.E. (Ed.): The South American herpetofauna: its origin, evolution and dispersal. – Mus. Nat. Hist. Univ. Kansas, Monogr. 7: 299–377.

GASC, J.-P. & M.T. RODRIGUES (1980): Liste préliminaire des serpents de la Guyane française. – Bull. Mus. natn. Hist. nat. Paris, 4e. sér., section A, no 2, 2: 559–598.

GAY, M. (1993a): The green anaconda (*Eunectes murinus*). – The Reptilian Magazine 2(1): 14–17.

GAY, M. (1993b): Notes on the captive breeding of the yellow anaconda *Eunectes notaeus*. – Rephiberary 186: 7–8.

GIBBS, H.L., K.A. PRIOR & P.J. WEATHERHEAD (1994): Genetic analysis of populations of threatened snake species using RAPD markers. – Molec. Ecol. 3: 329–337.

GILMORE, R.M. & J.C. MURPHY (1993): On large anacondas, *Eunectes murinus* (Serpentes: Boidae), with special reference to the DUNN-LAMON record. – Bull. Chicago Herp. Soc. 28(9): 185–188.

GIORGI, W. (1970): *Salmonella newport* isolada de cobra sucuri (*Eunectes murinus*). – Biológico 37: 18.

GOMES, J.F. (1918): Contribuição para o conhecimento dos ofidios do Brazil. III (I). 1. Ofidios do Museu Paraense. 2. Descriçao de duas especies nova. – Mem. Inst. Butantan 1(1): 57–83.

GORZULA, S. & K. PILGRIMM (1992): Snakes of the family Boidae in the cooperative Republic of Guyana. An assessment of the trade and status of six species in 1992. – Biosphere consultancies, Ministery of Agriculture of Guyana, CITES Secretariat, Geneve, 42 S.

GOULD, S.J., P. ANDREWS, M. BENTON, C. JANIS, J SEPKOSKI & C. STRINGER (1993): Das Buch des Lebens. – Ebury Hutchinson / Random House, London, 256 S.

GREENWELL, J.R. (1992): Colonel Fawcett and the giant anaconda. – The ISC Newsletter 11 (2): 8–10.

GRIFFIN, L.E. (1916): A catalouge of the Ophidia from South America at present (June, 1916) contained in the Carnegie Museum, with description of some new species. – Mem. Carn. Mus. 7(3): 163–229.

HAAS, G. (1979): On a new snakelike reptile from the Lower Cenomanian of Ein Jabrud, near Jerusalem. – Bull. Mus. Nat. Hist. Natl. Paris Ser. 4 1: 51–64.

HAAS, G. (1980a): *Pachyrhachis problematicus* HAAS, a snakelike reptile from the Lower Cenomanian: ventral view of the skull. – Bull. Mus. Nat. Hist. Natl. Paris Ser. 4 2: 87–104.

HAAS, G. (1980b): Remarks of a new ophiomorph reptile from the Lower Cenomanian of Ein Jabrud, Israel. – In: Aspects of vertebrate history, in honor of E.H. COLBERT (edt. L.L. Jacobs). Flagstaff, AZ: Museum of Nothern Arizona Press: 177–202.

HAFFER, J. (1969): Speciation in Amazonian forest birds. – Science 165: 131–137.

HENDERSON, R.W., T. WALLER, P. MICUCCI, G. PUORTO & R.W. BURGEOIS (1995): Ecological correlates and patterns in the distribution of Neotropical boines (Serpentes: Boidae): a preliminary assessment. – Herp. Nat. Hist. 3(1): 15–27.

HENZL, M.J. (1991): Reptiliengesellschaft eines amazonischen Inselgebirges (Serranía de Sira, Peru): Höhenverbreitung, Habitatnutzung und biogeographische Beziehungen. – Unveröf. Diss. Univ. Wien, 172.

HERO, J.-M. & A. DOS SANTOS (1987): *Eunectes murinus* (anaconda). Reproduction. – Herpetol. Rev. 18(2): 36.

HEYMANN, E.W. (1987): A field observation of predation on a moustached tamarin (*Saguinus mystax*) by an anaconda. – Int. J. Primatol. 8(2): 193–195.

HOFFSTETTER, R. & J.-C. RAGE (1977): Le gisement de vertébrés Miocènes de la Venta (Colombie) et sa faune de serpents. – Ann. Paléont. (Vert.) 63(2): 161–190.

HOGE, A.R. (1947): Notas erpetologicas. 2. Dimorfismo sexual nos boideos. – Mem. Inst. Butantan 20: 181–188.

HOGE, A.R. & P.S. SANTOS (1953): Submicroscopic structure of „Stratum Corneum" of snakes. – Science, New York 118: 410–411.

HOLMSTROM, W.F. (1980): Observations on the reproduction of the common anaconda *Eunectes murinus* at the New York Zoological Park. – Herpetol. Rev. 11(2): 32–33.

HOLMSTROM, W.F. (1981): Observations on the reproduction of the yellow anaconda at the New York Zoological Park. – Int. Zoo. Yb. 21: 92–94.

HOLMSTROM, W.F. (1982): *Eunectes* (anacondas). Maturation. – Herpetol. Rev. 13(4): 126.

HOLMSTROM, W.F. & J.L. BEHLER (1981): Post-parturient behaviour of the common anaconda *Eunectes murinus*. – Zool. Garten N. ., Jena 51: 353–356.

HONEGGER, R.E. (1978): Geschlechtsbestimmung bei Reptilien. – Salamandra 14: 69–79.

HOOGMOED, M.S. (1979): The herpetofauna of Guianan region. – In: DUELLMAN, W.E. (Ed.): The South American herpetofauna: its origin, evolution and dispersal. – Mus. Nat. Hist. Univ. Kansas, Monogr. 7: 273–279.

HOOGMOED, M.S. (1982): Snakes of the Guianian region. – Mem. Inst. Butantan 40: 219–254.

HOOGMOED, M.S. & N. VACA (1990): Herpetofauna: In: FREY, R. (ed.): Report Expedition Perseverancia, 1990: 8–9, 19.

IBISCH, P. & W. BÖHME (1993): Zur Kenntnis der innerandinen Herpetofauna Boliviens (Provinz Arque, Dep. Cochabamba). – Herpetofauna 15 (84): 15–26.

IRVINE, F.R. (1954): Snakes as food for man. – Brit. J. Herpet. 1(10): 183–189.

JACOBI, E.F. (1961): Cure of *Eunectes notaeus* (COPE) from amoebiasis. – Bijdr. Dierk. 31: 49–50.

JÁCOMO, A.A. & L. SILVEIRA (1998): *Eunectes murinus*. Diet. – Herp. Review 29(4): 241–242.

JACOBSON, E.R., P.H. LONG, R.E. MILLER, L.W. KRAMER, B. BEEHLER, J.C. HARSHBARGER & C.D. BUERGELT (1986): Renal neoplasia of snakes. – J. Am. vet. med. Ass. 189(9): 1134–1136.

KEIRANS, J.E. (1972): Redescription of *Amblyomma fulvum* NEUMANN 1899 (Acarina: Ixodidae), a parasite of the giant anaconda in nothern South America. – J. med. Ent. Honolulu 9(2): 138–139.

KEMPER, S. (1996): Slogging through the „haunts of the anaconda". – Smithonian Features 27(6): 42–50.

KEMPF Mercado, N (1975): Ofidios de Bolivia. – Acad. Nac. cienc. Bolivia, 46 S.

KIRSCHNER, A. & H. SEUFER (1995): Der Königspython. Pflege und Zucht. – Kirschner & Seufer Verlag, Keltern-Weiler, 71 S.

KLINGELHÖFFER, W. (1959): Terrarienkunde, 4. Teil. Schlangen, Schildkröten, Panzerechsen, Reptilienzucht. – Alfred Kernen Verlag, Stuttgart, 380 S.

KLUGE, A. (1991): Boine snake phylogeny and research cycles. – Misc. Publ. Mus. Zool. Univ. Michigan 178, 58 S.

KÖHLER, J., L. DIRKSEN, P. IBISCH, G. RAUER, D. RUDOLPH & W. BÖHME (1995): Zur Herpetofauna des Sehuencas-Bergregenwaldes im Carrasco-Nationalpark, Bolivien. – herpetofauna, Weinstadt 96: 12–25.

KÖHLER, J., P. IBISCH, L. DIRKSEN & W. BÖHME. (1995): Zur Herpetofauna der semihumiden Samaipata-Region, Bolivien. II Reptilien. – herpetofauna, Weinstadt, 17(99): 15–28.

KORNACKER, P.M. (1999): Checklist and key to the snakes of Venezuela. – PaKo-Verlag, Rheinbach, 270 S.

KORNACKER, P.M. & U. DEDERICHS (1998): Herpetologische Eindrücke einer Venezuelareise – Teil 2: Die Llanos. – Elaphe 6(3): 68–73.

KUGI, G. & I. SAWADA (1970): *Crepidobothrium macroacetabula* n. sp., a cestode from the anaconda, *Eunectes murinus*. – Japanese J. Zool. 16(4): 181–183.

LANCINI, A.R. & P.M. KORNACKER (1989): Die Schlangen von Venezuela. – Verlag Graficas Armitano, Caracas, 381.

LATREILLE, P.A. (1801): Histoire naturelle des reptiles. – In: SONNINI, C.S. & P.A. LATREILLE. Déterville, Paris, Vol. 3, 335 S.

LEDERER, G. (1942): Fortpflanzung und Entwicklung von *Eunectes notaeus* COPE (Boidae). – Zool. Anz. 139: 162–172.

LEE, M.S.Y. & M.W. CALDWELL (1998): Anatomy and relationships of *Pachyrhachis problematicus*, a primitive snake with hindlimbs. – Phil. Trans. R. Soc. London B 353: 1521–1552.

LEHMANN, H.D., B. ROTH & C.C. SCHNEIDER (1969): Die Zecke *Amblyomma testudinis* (CONIL, 1877), ihre Entwicklung und ihre Wirkung auf den Wirt. – Z. Tropenmed. Parasit. 20: 247–259.

LEVITON, A.E., R.H. GIBBS, E. HEAL & C.E. DAWSON (1985): Standards in herpetology and ichthyology: Part 1. Standard symbolic codes for institutional resource collections in herpetology and ichthyology. – Copeia, Washington 1985(5): 802–832.

LINNÉ, C. v. (1758): Systema Naturae per Regna Tria Naturae, Secundum Classes, Ordines, Genera, Species cum Characteribus Differentiis, Synonymis, Locis. – 10e éd., Stockholm, 824.

LÜDICKE, M. (1962): Serpentes. – In: Handb. Zool. 7, 1. Hälfte, 5. u. 6. Lfg..

LÜLING, K.H. (1959): Fische und andere Tiere aus dem „Oriente" Perus. – Aquar. Terrar. Z. 14: 269–272.

LÜLING, K.H. (1969): Überraschende Geburt von Riesenschlangen. – Aquarium, Berlin 3: 177–178.

LUTTENBERGER, F. (1973): Die Geburt von Anakondas (*Eunectes murinus* [LINNAEUS, 1758]) in Gefangenschaft. – Aquaterra 10(2): 15–21.

LUTTENBERGER, F. (1984): Nachzucht der Paraguay-Anakonda (*Eunectes notaeus* COPE 1862) im Tiergarten-Schönbrunn, Wien. – Acta Zool. Path. Antverpen 78: 245–254.

MACHADO, C.E.M. & L.C. ABREU (1961): Notas preliminares sôbre a caça e a pesca no estado de São Paulo – III. Caça e Caçadores (1.a parte). – Bol. Industr. Anim. 19: 107–117.

MAKEY, D.G. & U.S. SEAL (1970): Serum Transferrin of a reptile, the anaconda, *Eunectes murinus*. – Int. J. Biochem. 1: 67–76.

MARTINS, M. & M.E. OLIVEIRA (1998): Natural history of snakes in forests of the Manaus region, central Amazonia, Brazil. – Herp. Nat. Hist. 6(2): 78–150.

MATTHEWS, R. (1995): Nightmares of nature. – Harper Collins Publisher, London, 256 S.

MATZ, G. (1981): Les Boidés ou serpents constricteurs. 7. *Eunectes* WAGLER. – Aquarama, Straßbourg 15(61): 37–39.

MATZ, G. (1986): Élevage de reptiles en captivité. – Recueil Med. Vet. Ecole Alfort 162(3): 255–265.

MAYR, E. (1942): Systematics and the origin of species. – Columbia Univ. Press, New York.

McDOWELL, S.B. (1979): A catalouge of the snakes of New Guinea and the Solomons, with special reference to those in the Bernice P. Bishop Museum. Part III. Boinae and Acrochordoidea (Reptilia, Serpentes). – J. Herpetol. 13: 1 – 92.

McNAMARA, T.S., R.A. COOK, J.L. BEHLER, L. AJELLO & A.A. PADHYE (1994): Cryptococcosis in a common anaconda . – Journal of Zoo and Wildlife Medicine 25(1): 128–132.

MEDEM, F. (1983): Los crocodylia de Sur America, Vol. II. – Inst. Cienc. Nat. Mus. Hist. Nat., Bogota, 276 S.

MEHRTENS, J.M. (1993): Schlangen der Welt. – Franckh-Kosmos, Stuttgart, 463 S.

MENGDEN, G.A. & A.D. STOCK (1980): Chromosomal evolution in serpentes; a comparison of G and C chromosome banding patterns of some colubrid and boid genera. – Chromosoma, Berlin 79: 53–64.

MENNE, H.A.L. (1954): Mijn belevenissen on Suriname en de Antillen (I). – Lacerta 12: 15–19.

MICHAELS, S.J. (1985): Ophiophagy in two captive boids *Eunectes murinus* and *Candola carinata paulsoni*. – Bull. Chicago Herp. Soc. 20(1): 25–26.

MIRANDA-RIBEIRO, A. DE (1924): Sobre a ampliação da área geographica de *Eunectes notaeus* COPE. – Bol. Mus. Nac. Rio de Janeiro 1: 363–364.

MOLE, R.R. (1924): The Trinidad snakes. – Proc. Zool. Soc., London 1924: 235–278.

MOLE, R.R, & F.W. URICH (1894): Biological notes upon some of the ophidia of Trinidad, B. W. I., with a preliminary list of the species recorded from the Island. – Proc. Zool. Soc., London 1894: 499–518.

MÜLLER, P. (1969): Herpetologische Beobachtungen auf der Insel Marajó. – Aquar. Terrar. Z. 22: 117–121.

MÜLLER, P. (1970): Über die *Eunectes*-Arten von Marajó. – Salamandra 6: 140–141.

MÜLLER, P. (1971): Herpetologische Reiseeindrücke aus Brasilien. – Salamandra 7: 9–30.

MURPHY, J.C. (1997): Amphibians and reptiles of Trinidad and Tobago. – Krieger Pub. Comp., Malabar, 245 S.

MURPHY, J.C. & R. HENDERSON (1997): Tales of giant snakes. – Krieger Publishing Company, Malabar, 221 S.

NEI, M. & W.H. LI (1979): Mathematical model for studying genetic variation in terms of restriction endonucleuses. – Pro. Nat. Acad. Sci. 76: 5269–5273.

NEILL, W.T. & E.R. ALLEN (1962): Parturient anaconda, *Eunectes murinus* LATREILLE, eating own abortive eggs and foetal membranes. – Quart. J. Florida Acad. Sci. 25: 73–75.

NIGRELLI, R.F. (1954): Some longevity records of vertebrates. – Trans. New York Acad. Sci. (2) 16 6: 296–299.

NORMAN, D.R. (1994): Anfibios y reptiles del Chaco Paraguayo. – Tomo 1. San José, Costa Rica, 281 S.

OSGOOD, D.W. (1978): Effects of temperature on the developement of meristic characters in *Natrix fasciata*. – Copeia, Washington 1978(1): 33–47.

O'SHEA, M.T. (1994): *Eunectes murinus gigas* (nothern green anaconda). Cannibalism. – Herpetol. Rev. 25(3): 124.

O'SHEA, M.T. (1999): Anaconda. – Pet Reptile 3/99: 24–28.

PACHECO, L.F. & J. APARICIO (1996): Reptiles. In: P. ERGUETA S. y C. de MORALES (Eds.): Libro rojo de los vertebrados de Bolivia. Centro de datos para la conservación (CDC), La Paz: 73 – 93.

PARKER, H.W. (1935): The frogs, lizards and snakes of British Guiana. – Proc. Zool. Soc. London 2: 505–530.

PÉREZ-SANTOS, C. & A.G. MORENO (1988): Ofidios de Colombia. – Mus. Reg. Sci. Nat. Torino, Monogr. 6, 517 S.

PÉREZ-SANTOS, C. & A.G. MORENO (1991): Ofidios de Ecuador. – Mus. Reg. Sci. Nat. Torino, Monogr. 11, 538 S.

PERKINS, L.B. (1955): Longevity of snakes in captivity in the United States as of January 1, 1955. – Copeia 3: 262.

PETERS, J.A. (1958): Miscellaneous notes on Ecuadorian snakes. – Herpetologica 14: 181–182.

PETERS, J.A. & B. OREJAS-MIRANDA (1970): Catalogue of the Neotropical Squamata. Part 1. Snakes. – Bull. US natn Mus. 297 (1): 347.

PETERS, J.A., B. OREJAS-MIRANDA, R. DONOSO-BARROS & P.E. VANZOLINI (1986): Catalogue of the Neotropical Squamata. Part 1+2. With new material by P.E. VANZOLINI. – Smiths. Inst. Press, Washington, 347 S.

PETZOLD, H.-G. (1982): Die Anakondas. – A. Ziemsen Verlag, Wittenberg Lutherstadt, 142 S.

PHILIP, C.B. (1986): A collection of four species of tabanid flies taken from an anaconda snake in Peru in May 1984. – Pan-Pacific Ent. 62(1): 23.

PHLEGER, C.F., D.G. SMITH, D.H. MACINTYRE & B.S. SAUNDERS (1978): Alveolar and saccular lung phospholipids of the anaconda, *Eunectes murinus*. – Canadian J. Zool. 56(4): 1009–1013.

POPE, C.H. (1955): The reptile world. – Alfred A. Knopf, New York, 325 S.

POPE, C.H. (1962): The six giants. – Nat. Hist. New York 71(6): 20–27.

PRANCE, G.T. (1982): Biological diversication in the Tropics. – Proc. of the 5. international symposium of the association for Tropical rainforests. Columbia Univ. Press, 714 S.

PRANCE, G.T. (1987): Biogeography of Neotropical plants. – In: T.C. WHITMORE & G.T. PRANCE, Biogeography and Quaternary history in tropical America. Oxford Sci. Publ.: 46–65.

PRIEWE, J. (1985): Tierhandel. – Natur 1985(4): 20–29.

QUELCH, J.J. (1898): The *Boa constrictors* of British Guiana. – Ann. Mag. Nat. Hist. Ser. 7, Bd. 1: 296–308.

RAGE, J.-C. (1994): Ursprung und Evolution der Schlangen. – In: BAUCHOT, R. (Hrsg.): Schlangen. Weltbild Verlag, Augsburg, 240 S.

RIQUIER, M.A. [jetzt: AULIYA, M.A.; Anmerkung des Verf.] (1998): Status, population biology and conservation of the water monitor (*Varanus salvator*), the reticulated python (*Python reticulatus*), and the blood python (*Python curtus*) in Sumatra and Kalimantan, Indonesia – Project Report Kalimantan. – Mertensiella 9: 119–129.

RIQUIER, M. (1999): Der längste Hautlieferant. – Terra 99(2): 11.

RIVAS, J.A. (1999a): Predatory attacks of green anacondas (*Eunectes murinus*) on adult human beings. – Herp. Nat. Hist. 6(2): 157–159.

RIVAS, J.A. (1999b): Tracking the anacondas. – Nat. Geographics 1999(1): 62–69.

RIVAS, J.A. (1999c): Natural history of the green anaconda with emphasis on its reproductive biology. – Unveröf. Diss., Univ. of Tennessee at Knoxville.

RIVAS, J.A., M.D.C. MUÑOS, J. THORBJARNARSON, W.F. HOLMSTROM & P. CALLE (1995): A safe method for handling large snakes in the field. – Herp. Rev. 26(3): 138–139.

RIVAS, J.A., J.B. THORBJARNARSON, M.C. MUÑOS & R.Y.OWENS (1999): *Eunectes murinus* (green anaconda). Caiman predation. – Herpetol. Rev. 30(2): 101.

ROBERTSON, M.M.K. (1998): Côro de Sucurí. – Reptiles Sep. 1998: 36–38.

ROSS, R.A. & G. MARZEC (1990): The reproductive husbandry of pythons and boas. – Inst. Herp. Research, Stanford, 270 S.

ROZE, J.A. (1957): Ofidios coleccionados por la expedicion Franco-Venezolana al alto Orinoco: 1951 a 1952. – Bol. Mus. Cien. Nat. 1 3/4: 179–195.

ROZE, J.A. (1966): La taxonomia y zoogeografia de los ofidios en Venezuela. – Univ. Central de Venezuela, Caracas, 362 S.

ROZE, J.A. (1970): Ciencia y fantasia sobre las serpientes de Venezuela. – Edt. Fondo de Cultura Cientifica, Caracas, 160 S.

SCHAL S. & W. ZIEGLER (1988): Messel – Ein Schaufenster in die Geschichte der Erde und des Lebens. – Verlag Waldemar Kramer, Frankfurt am Main, 315 S.

SCHMIDT, J. (1985): De Schauensee's Anakonda. – herpetofauna, Weinstadt 7(38): 22.

SCHMIDT, D. (1996): Riesenschlangen. – bede-Verlag, Ruhmannsfelden, 95 S.

SCHMIDT, K.P. & R.F. INGER (1957): Reptilien. – Droemersche Verlagsanstalt, Zürich: 186–187.

SCHÖTTLER, W.H.A. (1950): Copula zwischen *Bothrops* und *Crotalus*. – Aquar. – Terrar. Z. 3: 14.

SCHUBERT, G. (1884): Aus dem Berliner Aquarium. – Zool. Garden 25: 52–55.

SCHWEIZER, H. (1953): Die Anakonda (*Eunectes murinus*) als Schlangenfresserin. – Aquar. Terrar. Z. 6: 236–238.

SHINE, R. & M. FITZGERALD (1995): Variation in mating systems and sexual size dimorphism between populations of the Australian python *Morelia spilota* (Serpentes: Pythonidae). – Oecologia 103: 490–498.

SHINE, R. & M. FITZGERALD (1996): Large snakes in a mosaic rural landscape: the ecology of carpet pythons *Morelia spilota* (Serpentes: Pythonidae) in coastal Eastern Australia. – Biol. Conservation 76: 113–122.

SMITH, M. (1956): These are the reptiles of British Guiana. – Zoo Life 10: 116–119.

SMITH, M.A., A.D'A. BELLAIRS & A.E.W. MILES (1953): Observations on the premaxillary dentition of snakes with special reference to the egg-tooth. – J. Linn. Soc. (Zool.) 42: 260–268.

SPLETT, S. (1997): Pflanzenökologische Untersuchungen auf Weißsandfeldern in Zentral – und Südostbrasilien. – Martina Galunder-Verlag, Whiel, 220 S.

STAEDELI, J.H. (1961): Raising a giant snake. – Zoonooz 34(10): 4–7.

STARACE, F. (1998): Guide des serpents et amphisbènes de Guyane. – Ibis Rouge Editions, Guadeloupe, Guyana, 449 S.

STEINDACHNER F. (1903): Über einige Reptilien – und Fischarten des Hofmuseums in Wien. – Sitz. Math.-Naturwiss. Kl. Akad. Wiss. Wien 112(1): 15.

STEMMLER-GYGER, O. (1963): Eine Anakonda (*Eunectes murinus* L.) 32 Jahre in Gefangenschaft. – Aquaria 10: 30–31.

STIMSON, A.F. (1969): Liste der rezenten Amphibien und Reptilien. Boidae (Boinae + Boyleriinae + Loxoceminae + Pythoninae). – Das Tierreich, Berlin 89: 1–49.

STRIMPLE, P.D. (1986a): The green anaconda, *Eunectes murinus* (LINNAEUS). – The Forked Tongue 11(1): 5–9.

STRIMPLE, P.D. (1986b): Captive propagation of the green anaconda *Eunectes murinus murinus* (LINNAEUS). – The Forked Tongue 11(6): 5–9.

STRIMPLE, P.D. (1993): Overview of the natural history of the green anaconda (*Eunectes murinus*). Herp. Nat. Hist. 1 (1): 25–35.

STRIMPLE, P.D. (1994a): Husbandry of juvenile green anacondas (*Eunectes murinus*) in captivity. – The Vivarium 6(1): 52–54.

STRIMPLE, P.D. (1994b): Captive husbandry of green anacondas. – Reptile & Amphibian Magazine 31: 8–15, 18–19.

STRIMPLE, P.D. (1996): Captive reproduction of green anacondas (*Eunectes murinus*). – Advances in Herpetoculture 1: 109–118.

STRIMPLE, P.D. (1997): Anacondas: High drama at the water's edge. – Reptiles 5(11): 48–67.

STRIMPLE, P.D. (1999a): Second generation reproduction of green anaconda (*Eunectes murinus*). – The Forked Tongue 24(3): 2 – 4.

STRIMPLE, P.D. (1999b): Twenty years with anacondas. – The Forked Tongue 24(7): 10–13.

STRIMPLE, P.D. & L. DIRKSEN (2001): *Eunectes murinus* (Green Anaconda). Escape behavior and respiration. – Herp. Rev. 32(2): 106-107.

STRIMPLE, P.D., G. PUORTO, W.F. HOLMSTROM, R.W. HENDERSON & R. CONANT (1997): On the status of the anaconda *Eunectes barbouri* DUNN & CONANT. – J. Herpetol. 31(4): 607–609.

STRÜSSMANN, C. (1997): Hábitos alimentares da sucuri-amarela, *Eunectes notaeus* COPE, 1862, no Pantanal Matogrossense. – Biociências, Porto Alegre 5: 35–52.

STRÜSSMANN, C. & I. SAZIMA (1991): Predation on avian eggs by the boid snake, *Eunectes notaeus.* – Herpetol. Rev. 22(4): 118–120.

STRÜSSMANN, C. & I. SAZIMA (1993): The snake assemblage of the Pantanal at Poconé, western Brazil: faunal composition and ecological summary. – Stud. Neotrop. Fauna Environ. 28(3): 157–168.

TOWNSON, S. (1985): The captive reproduction and growth of the yellow anaconda *Eunectes notaeus*. – In: TOWNSON, S. & K. LAWRENCE: Reptiles. Breeding, behavioural and veterinary aspects. Brit. Herp. Soc., London: 33–44.

TRUTNAU. L. (1982): Einige Bemerkungen über die neuweltlichen Riesenschlangen der Gattung *Eunectes*. – herpetofauna, Weinstadt 17: 14–21.

UNDERWOOD, G. (1976): A contribution to the classification of snakes. – Publ. Brit. Mus. Nat. Hist. 653, 179 S.

URIBE HURTADO, C., F. CASTRO HERRERA & V. URIBE URIBE (1994): Naturaleza de la Orinoquia. Anfibios y reptiles del Llanos. – Santafé de Bogotá 1994, 96 S.

VANDEFORT, A.D. (1971): The anacondas. – Newsletter of the Kentucky Herp. Soc., Louisville 11: 7–10.

VANZOLINI, P.E. (1959): Notas sôbre a zoologia dos índios Canela. – Rev. Mus. Paul. N. S. 10: 155–171.

VANZOLINI, P.E. (1970): Zoologia sistemática, geografia e origem das espécies. – Sér. Tesis Monogr. Inst. Univ. São Paulo 3: 56 S.

VANZOLINI, P.E. & E.E. WILLIAMS (1970): South American anoles: the geographic differentiation and evolution of the *Anolis chrysolepis* species group (Sauria, Iguanidae). – Arq. Zool., São Paulo 19(1–4), 298.

VEINERT, T. & H.E. BELLUOMINI (1980/81): Observaçães do comportamento e da cópula heteróloga de sucuris em captiveiro – *Eunectes murinus murinus* (LINNAEUS) e *Eunectes notaeus* COPE, 1862. – Mem. Inst. Butantan 44/45: 391–402.

VEINERT, T., H.E. BELLUOMINI, H. IIZUKA & J.D.L. FEDULLO (1983/ 84): Necrose de ponta de cauda em *Eunectes notaeus* COPE, 1862 (Serpentes, Boidae, Boinae). – Mem. Inst. Butantan 47–48: 189–194.

VOGEL, Z. (1954): Aus dem Leben der Reptilien. – Artia Prag: 45–51.

WAGLER, J.G. (1830): Natürliches System der Amphibien, mit vorangehender Classification der Säugethiere und Vögel. – J.G. Cotta, München, Stuttgart und Tübingen, 354 S.

WALLER, T. (1988): La boa curiyu. – In CABAL, B. C. [ED]: Fauna Argentina. Vol. 2. Anfibios y reptiles. – Centro Editor de America Latina S.A., Buenos Aires: 1–52.

WALLER, T. & P.A. MICUCCI (1993): Estado actual del conocimiento de la biología, comercio y conservación de las boas neotropicales: Género *Boa* L. (1758) y *Eunectes* WAGLER (1830) (Reptilia: Serpentes: Boidae). – Informe Inédito. TRAFFIC Südamérica y Secretaría CITES, Buenos Aires, 121 S.

WALLER, T., P.A. MICUCCI & E.P. BUONGERMINI (1995): Distribución y conservación de la familia Boidae en el Paraguay. – Autoridad Científica CITES Paraguay, Secretaría CITES y TRAFFIC Sudamérica. Informe Inédito, Asunción, 57 S.

WEHEKIND, L. (1955): Notes on the foods of Trinidad snakes. – Brit. J. Herpetol. 2: 9–13.

WERNER, F. (1903): Briefliche Mitteilungen. *Eunectes notaeus*. – Zool. Garten 44: 28.

WILEY, E.O. (1978): The evolutionary species concept reconsidered. – Syst. Zool. 27: 17–26.

WILLIAMS, J.D. & F. FRANCINI (1991): A checklist of the Argentinian snakes. – Boll. Mus. Reg. Sci. Nat. Torino 9(1): 55–90.

WILLIAMS, J.D. & G. SCROCCHI (1994): Ofidios de agua dulce de la República Argentina. – Programa de fauna de agua dulce. Vol. 42 Reptilia, Fasc. 3 Ophidia Lepidosauria. – Mus. La Plata: 1–55.

YUKI, R.N. & R.M. SANTOS (1996): Snakes from Marajó and Mexiana Island, Pará State, Brazil. – Bol. Mus. Para. E. Goeldi, sér. Zool. 12(1): 41–53.

ZIEGLER & BÖHME (1997): Genitalstrukturen und Paarungsbiologie bei squamaten Reptilien, speziell den Platynota, mit Bemerkungen zur Systematik. – Mertensiella, Rheinbach 8, 207 S.

ZUCHOWSKA, E. (1989): Parasitologische Probleme bei einigen neotropischen Tierarten. – Erkr. Zootiere 31: 135–139.

Danksagung

Meinem Doktorvater W. Böhme (ZFMK, Bonn) gebührt mein ganz besonderer Dank für die Ermutigung und Betreuung bei der vorliegenden Dissertation. Wenn ich Revue passieren lasse, danke ich unter anderem für die Vermittlung vieler wichtiger Kontakte zu Wissenschaftlern und Museen, das Schreiben von Gutachten, das Schreiben gemeinsamer Veröffentlichungen, das Korrekturlesen der Dissertation, die vielen wertvollen Ratschläge und das Vertrauen in mich und meine Arbeit sowie für seine Bereitschaft, sich immer bei Fragen und Problemen mit diesen auseinanderzusetzen.

Beim Direktor des Museum A. Koenig C. Naumann (ZFMK, Bonn) bedanke ich mich für die wohlwollende Unterstützung und für die freundliche Übernahme des Korreferates dieser Dissertation.

T. Waller (IUCN + IBERA, Buenos Aires), P. Strimple (Ohio), C Strüssmann (PUCNR, Porto Alegre), J. Rivas (UT, Knoxville), M. Auliya (ZFMK, Bonn), E. Buongermini, (MNHNP, Asunción), R.N. Yuki (MPEG, Belém) und H. Smith (CU, Boulder), danke ich für den regen und sehr informativen, fachlichen Gedankenaustausch über die Gattung mit der größten Schlange weltweit.

Für die Leihgaben aus Museumssammlungen oder die Erlaubnis, Anakondamaterial in Museen zu untersuchen sowie die freundliche Unterstützung vor Ort danke ich R. Bezy (LACM, Los Angeles), J. Cadle (MVZ, Cambridge), E. Censky (CM, Pittsburgh), T. Daeschler (ANSP, Philadelphia), R. Drewes (CA, San Francisco), W.E. Duellman (KU, Lawrence), L.S. Ford (AMNH, New York), U. Fritz (MTKD, Dresden), F. Glaw (ZSM München), L. Gonzales (NKM, Santa Cruz de la Sierra), U. Gruber (ZSM, München), J. Hallermann (ZMH, Hamburg), H. Homann (UMB, Bremen), U. Joger (HLMD, Darmstadt), A.G. Kluge (UMMZ, Ann Arbor), G. Köhler (SMF, Frankfurt), C. McCarthy (BMNH, London), M. Motte (MNHNP, Asunción), C.W. Myers (AMNH, New York), G. Puorto (IB, São Paulo), A. Resetar (FMNH, Chicago), M.S. Riglos (NKM, Santa Cruz de la Sierra) J.P. Rosado (MVZ, Cambridge), D.A. Rossman (LSUMZ, Baton Rouge), G. Schneider (UMMZ, Ann Arbor), H. Schreiber (ZIS, Saarbrücken), J.A. Seigel (LACM, Los Angeles), J. Simmons (KU, Lawrence), B. Stein (MVZ, Berkeley), P.E. Vanzolini (MZUSP, São Paulo), H.K. Voris (FMNH, Chicago), D.B. Wake (MVZ, Berkeley), R.N. Yuki (MPEG, Belém), G. Zug (USNM, Washington D.C.) sowie den vielen hilfreichen Mitarbeiterinnen und Mitarbeitern der Museen und Institute.

P.L. Ibisch (FAN, Santa Cruz de la Sierra), B. Cacciolfi (New World Expeditions, Springboro), M.S. Riglos (MNK, Santa Cruz), L. Gonzales (MNK, Santa Cruz), P. Rebolledo (MNK, Santa Cruz) und R.N. Yuki (MPEG, Belém) danke ich für die logistischen Hilfen zur Feldarbeit und für die entsprechenden Genehmigungen für meine wissenschaftlichen Untersuchungen in Brasilien, Bolivien und Ecuador.

Der Alexander-Koenig-Stiftung (Bonn) danke ich für die großzügigen finanziellen Mittel für die Laborarbeiten im Museum A. Koenig und dem DAAD für die Gewährung eines 3-monatigen Forschungsstipendiums in den USA.

W. v. Königswald (Geologisch-Paläontologisches Institut Bonn) danke ich für das Erstellen von Gutachten für meine Forschungsstipendien.

Bei R. Runge und I. Rothin (RungeTV, Köln) bedanke ich mich für die Übernahme der Expeditionskosten nach Ecuador im Januar/Februar 2000 und die erfreuliche Kooperation.

A. Hille (ZFMK, Bonn), A. Magliani (ZFMK, Bonn), D. Tarkhnisvili (Georgien) und A. Schunke (ZFMK, Bonn) danke ich für die Zusammenarbeit während der Laborarbeiten im ZFMK.

Bei T. Waller (IUCN + IBERA, Buenos Aires) bedanke ich mich für das Senden von eigens gesammelten Blutproben aus Argentinien ebenso wie bei H.-J. Herrmann (Kölner Zoo) und Frau Blumenthal (Reptilienzoo Drachenfels) für die Genehmigung, ihren Riesenschlangen Blutproben zu entnehmen.

Für Fundortdaten von Anakondas aus Museumssammlungen oder eigenen Sichtungen danke ich F. Achaval (DZVU, Montevideo), A. Almendariz (EPN, Quito), G. Benyr (NMW, Wien), E. Buongermini (Asunción), F. Castro (UV, Cali), I. De la Riva (MNCN, Madrid), D.L. Dittmann (LSUMNS, Baton Rouge), N. Ellinger (Univ. Wien), M. Fabrezi, (MCN, Salta), B. Gottsberger (Univ. Wien), E. Gruber (Univ. Wien), G. und H. Hafner (Samaipata), R. Hartdegen (Univ. Dallas), M.B. Harvey (UTA, Arlington), C. Korda (Münster), W.E. Magnussen (INPA, Manaus), G. Matz (Angers), M. O'Shea (Bewdley), J.B. Rasmussen (ZMUC, Kopenhagen), J. Rivas (UT, Knoxville), L.O. Rodriguez (MUSM, Lima), R.R. Santiago (KU, Lawrence), G. Scrocchi, S. Kretzschmar (FML, Tucuman), H. Seligmann (HUJI, Jerusalem), M. Soares (MNRJ, Rio de Janeiro), C. Strüssmann (PUCRS, Porto Alegre), L. Trutnau (Altrich), P.E. Vanzolini (MZUSP, São Paulo), T. Waller (IUCN + IBERA, Buenos Aires), H. Werning (Natur und Tier - Verlag, Münster), A. Zuiderwijk, (ZMA, Amsterdam).

Für den großen Mut, im Juli 1998 in Bolivien mit mir auf die Suche nach der Gattung mit der größten Schlange der Welt zu gehen und die vielen Hilfen bedanke ich mich sehr herzlich bei A. Dittrich (Eitorf).

D. Embert (Univ. Bonn) danke ich für seine begeisterte Feldarbeit auf Marajó und die Untersuchungen von Anakondas im MPEG im Rahmen eines Laborblockes im Mai 1998.

S. Lötters (ZFMK) und J. Köhler (ZFMK) danke ich für das Ausleihen ihres Jeeps für meine Feldforschungen in Bolivien und ganz allgemein für die Kooperation in Sachen Bolivien.

J. Caldwell (WCMC, Cambridge) danke ich für die CITES-Handelsdaten von Anakondas der letzten 20 Jahre.

P.E. Vanzolini (MZUSP, São Paulo), C.W. Myers (AMNH, New York) und W. Böhme (ZFMK, Bonn) danke ich zu den Informationen zur Sammlung des Prinzen Maximilian von Wied-Neuwied.

M. Hoogmoed (RMNH, Leiden) danke ich für die vielen Fundortdaten aus eigenen Beobachtungen, gesammelten

Daten von Museumsexemplaren sowie wichtige Informationen zur Herpetologie von Surinam.

G. Zug (USNM, Washington) danke ich für die Informationen zum Holotypus der Paraguay-Anakonda.

R. Schlüter (St. Josef-Hopital, Troisdorf) stellte für mich Röntgenbilder der rudimentären Hinterextremitätenknochen her. Besten Dank.

Für das zur Verfügung stellen von Fotomaterial für meine Dissertation danke ich H. Bosch (Aquazoo & Löbbecke-Museum Düsseldorf), D. Embert (Univ. Bonn), G. Hafner (Samaipata, Bolivien), W. Holmstrom (WCS, New york), C. Korda (Münster), R. Prebeg (Powell, Ohio), P. Strimple (Cincinnati, Ohio), C. Strüssmann (PUCRS, Porto Alegre), T. Waller (IUCN + IBERA, Buenos Aires), M. Schmidt und H. Werning (Natur und Tier - Verlag, Münster).

Für Übernachtungsmöglichkeiten in Brasilien und in den USA, Computertips, Expeditionsausrüstung, Tierverpflegungen während meiner Reisen, viele gute Ratschläge und für die Unterstützung meiner Forschungen in verschiedenster Weise möchte ich meinen großen Dank aussprechen an R. Bermel (Mediguard, Bonn), S. Bonin (Quincy), U. Bott (ZFMK), F. Burbrink (LSUMZ, Baton Rouge), B. Cacciolfi (New World Expeditions, Springboro; 5$!), M. Dallinger (Mühldorf), F. Dirksen (Bornheim), K. Drescher (Univ. Bonn), M. Duarte (IB, São Paulo), J. Eden (Bonn), F.L. Franco (IB, São Paulo), C. Albuquerque (IB, São Paulo), K. Goertz (Bonn), C. Hledic (Dorchester), L. Huhnen-Venedy (Bonn), J. Lohrberg („Vegetable City"), G. Rauer (Bonn), V. Reinhard (Köln), D. Seligmann (New York), K. Schmidt (ZFMK, Bonn), C. Sheil (KU, Lawrence), R. Türnau (Hamburg), E.R. Wild (KU, Lawrence) und T. Ziegler (ZFMK, Bonn).

Den besten Dank für die Übersetzungen der Zusammenfassung ins Spanische an K. Busse (ZFMK, Bonn), ins Französische an G. Michal (Königswinter) und ins Englische an M. Auliya (ZFMK, Bonn) und P. Strimple (Ohio).

Für das Interesse, diese Arbeit zu veröffentlichen, und die gute Zusammenarbeit danke ich M. Schmidt und H. Werning (Natur und Tier - Verlag, Münster). Für das Korrekturlesen danke ich zudem H. Werning und K. Kunz (Natur und Tier - Verlag, Münster).

J. Dirksen (Peking) danke ich für Computerequipment und finanziellen Rückhalt während meiner Reisen 1998 und 2000.

Schließlich gebührt mein ganz besonderer Dank meinen Eltern, Heinrich und Helga Dirksen, die mich zu der Doktorarbeit ermutigt und wohlwollend die lange Zeit finanziell unterstützt haben und die Arbeit damit überhaupt ermöglichten. Auch für das Korrekturlesen und die vielen anderen Hilfen sei herzlichst gedankt.

Bild 123: Habitat von *E. murinus* aus Französisch-Guayana Foto: M. Schmidt

9. Anhang

Abkürzungen und Zeichen

Abb.	Abbildung
ASL	Afterspornlänge
Av.	Avenida (Straße)
bzw.	beziehungsweise
ca.	circa
cm	Zentimeter
D	Durchschnitt
Dep.	Departamento (Bundesstaat)
Do	Dorsalia
FL	Femurlänge
Fz.	Fazienda (großes Landhaus)
ges.	gesamt
GL	Gesamtlänge
IL	Infralabialia
ImL	Iliumlänge
kg	Kilogramm
K.	Kontakte der dorsalen Barren oder Punkte über der Körpermitte
Kap.	Kapitel
KB	Kopfbreite
KL	Kopflänge
km	Kilometer
KRL	Kopf-Rumpf-Länge
KU	Körperumfang
L	Länge
LZA	Länge zwischen den Augen
m	Meter
M	Männchen
mA	Milliampere
Max	Maxillare
mi	Milen
mm	Millimeter
Mun.	Municipio (Verwaltungsgebiet, vergleichbar der dt. Kreisebene)
n	Anzahl
N	Norden, nördlich
O	Osten, östlich
Pal	Palatinum
pers. Beob.	persönliche Beobachtung
pers. Mitt.	persönliche Mitteilung
Ptery	Pterygoid
s.	siehe
S	Süden, südlich
SAL	Schnauzen-Augen-Länge
SC	Subcaudalia
Sch.	Schuppe
SchB	Schädelbreite
SchL	Schädellänge
SwL	Schwanzlänge
SL	Supralabialia
SO	Suborbitalia
Tab.	Tabelle
UKL	Unterkieferlänge
V	Ventralia
vgl.	vergleiche
W	Weibchen
Z	Zähne
z.B.	zum Beispiel
M	Männchen
W	Weibchen
W	Westen, westlich
>	größer als
<	kleiner als
†	ausgestorben

Akronyme (nach Leviton et al. 1985)

AMNH: American Museum of Natural History, New York, USA
ANSP: Academy of Natural Sciences, Philadelphia, USA
BMNH: The Natural History Museum, London, Großbritannien
CAS: California Academy of Sciences, San Francisco, USA
CBF: Colección Boliviana de Fauna, La Paz, Bolivien
HLMD: Hessisches Landesmuseum, Darmstadt, BRD
HUJI: Hebrew University, Jerusalem, Israel
IB: Instituto Butantan, São Paulo, Brasilien
KU: Kansas University Natural History Museum, Lawrence, USA
LACM: Los Angeles County Museum, Los Angeles, USA
LSUMZ: Louisiana State University Museum of Zoology, Baton Rouge, USA

CM: Carnegie Museum, Pittsburgh, USA
FML: Fundacion Miguel Lillo, San Miguel de Tucuman, Argentinien
FMNH: Field Museum of Natural History, Chicago, USA
MCZ: Museum of Comparative Zoology,Harvard/Mass., USA
MNHN: Museum National d'Histoire Naturelle, Paris, Frankreich
MNHNM: Museo Nacional de Historia Natural Montevideo, Uruguay
MNHNP: Museo Nacional de Historia Natural, Asuncion, Paraguay
MNRJ: Universidade Federal do Rio de Janeiro, Rio de Janeiro, Brasilien
MPEG: Museu Paraense Emilio Goeldi, Belém, Brasilien
MTKD: Staatliches Museum für Tierkunde, Dresden, BRD
MVZ: Museum of Vertebrate Zoology, Berkeley, USA
NKR (NKM oder MHNNKM): Noel Kempff Mercado Museo, Santa Cruz de la Sierra, Bolivien
NRS: Naturhistoriska Riksmuseet Stockholm,Schweden
RMNH: Rijksmuseum van Natuurlijke Historie, Leiden, Niederlande
SCN: Sociedad de Ciencias Naturales La Salle, Caracas, Venezuela
SMF: Forschungsinstitut und Naturmuseum Senckenberg, Frankfurt/M., BRD
MACN: Museo Argentino de Ciencias Naturales „Bernardino Rivadavia", Buenos Aires, Argentinien
MCNC: Museo de Ciencias Naturales, Caracas,Venezuela
UF: Univ. of Florida, Florida State Museum, Gainsville, USA
UMB: Überseemuseum, Bremen, BRD
UMMZ: University of Michigan Museum of Zoology, Ann Arbor, USA
USNM: United States National Museum of Natural History, Washington, USA
UT: University of Tennessee, Knoxville, USA
UV: Universidad del Valle, Cali, Kolumbien
WCMC: World Conservation Monitoring Centre, Cambridge, Großbritannien
ZFMK: Zoologisches Forschungsinstitut und Museum Alexander Koenig, Bonn, BRD
ZMA: Zoologisches Museum Amsterdam, Niederlande
ZMB: Museum für Naturkunde der Humboldt-Universität Berlin, BRD
ZMH: Zoologisches Museum der Universität Hamburg, BRD
ZSM: Zoologische Staatssammlung, München, BRD
ZVC: Collection of Vertebrate Zoology, Wissenschaftliche Fakultät, Montevideo, Uruguay

Bild 124: Blick aus dem Flugzeug auf den Amazonas bei Manaus. Foto: H. Werning

Bild 125: Habitat von *E. murinus* in Französisch-Guayana. Foto: M. Schmidt

Anakondaschlange.

Brehms Tierleben